U0296216

中国营造学社测绘《蓟县独乐寺观音阁立面渲染图》（1932年）

1940年代测绘太庙后殿彩色图

悬空寺立面渲染，天津大学测绘

中国建筑史学史丛书

国家出版基金项目
NATIONAL PUBLICATION FOUNDATION

李婧 王其亨 著

中国建筑史学史丛书

中国建筑遗产测绘史

中国建筑工业出版社

图书在版编目（CIP）数据

中国建筑遗产测绘史 / 李婧，王其亨著. —北京：中国建筑工业出版社，2017.7
（中国建筑史学史丛书）
ISBN 978-7-112-20636-0

Ⅰ.①中…　Ⅱ.①李…　②王…　Ⅲ.①古建筑－建筑测量－建筑史－中国　Ⅳ.①TU198②TU-092.2

中国版本图书馆CIP数据核字（2017）第069751号

建筑遗产测绘是建筑历史与理论研究、建筑遗产保护的重要基础。中国建筑遗产测绘事业已有80年发展历程，由于长期未受到应有的重视，存在诸如管理机制不完善、标准要求缺失、专业人才匮乏等大量瓶颈性问题，严重制约着文化遗产研究、保护的良性发展。本书通过广泛查阅建筑遗产测绘领域主要学术团体、科研机构的测绘成果及相关历史文献，访问专家学者与技术人员，收集了大量的历史材料和信息。在此基础上，系统梳理自中国营造学社开创性引入西方测量方法调查古建筑以来，中国建筑遗产测绘实践与理念发展的历史进程，全面考察各个历史时期的重要事件、实践成果、理论与技术发展，尽可能总结不同历史阶段的建筑遗产测绘的发展变化脉络，就建筑遗产测绘领域中存在误区、争议或长期忽视的重要问题进行分析和探讨，对于解决测绘领域的发展瓶颈具有借鉴和参考意义。

丛书策划

天津大学建筑学院　王其亨
中国建筑工业出版社　王莉慧

责任编辑：董苏华
书籍设计：付金红
责任校对：王宇枢　张　颖

中国建筑史学史丛书
中国建筑遗产测绘史
李　婧　王其亨　著
＊
中国建筑工业出版社出版、发行（北京海淀三里河路9号）
各地新华书店、建筑书店经销
北京嘉泰利德公司制版
北京中科印刷有限公司印刷
＊
开本：787×1092毫米　1/16　印张：27¼　插页：1　字数：588千字
2017年11月第一版　2017年11月第一次印刷
定价：99.00元
ISBN 978-7-112-20636-0
　（30280）

总序

王其亨

　　史学，即历史的科学，包含了人类的一切文化知识，也是这些文化知识进一步传播的重要载体。历史是现实的一面镜子，以史为鉴，能够认识现实，预见未来。在这一前瞻性的基本功能和价值背后，史学其实还蕴涵有更本质、更深刻、更重要的核心功能或价值。典型如恩格斯在《自然辩证法》中强调指出的：

　　　　一个民族想要站在科学的最高峰，就一刻也不能没有理论思维。而理论思维从本质上讲，则正是历史的科学：理论思维作为一种天赋的才能，在后天的发展中只有向历史上已经存在的辩证思维形态学习。

　　　　熟知人的思维的历史发展过程，熟知各个不同时代所出现的关于外在世界的普遍联系的见解，这对理论科学来说是必要的。

　　　　每一个时代的理论思维，从而我们的理论思维，都是一种历史的产物，在不同的时代具有非常不同的形式，并因而具有非常不同的内容。因为，关于思维的科学，和其他任何科学一样，是一种历史的科学，关于人的思维的历史发展的科学。

这就是说，史学更本质的核心功能或价值，就在于它是促成人们发展理论思维能力，甚而站在科学高峰，前瞻未来的必由之路！

　　从这一视角出发，凡是读过《梁思成全集》有关中外建筑、尤其是城市发展史的论述，就不难理解，当初梁思成能够站在时代前沿，预见首都北京的未来，正在于他比旁人更深入地洞悉中外建筑历史，进而更深刻地认识到城市发展的必然趋势。

　　这样看来，在当下中国城市化激剧发展的大好历史际遇中，建筑史学研究的丰硕成果也理当被我国建筑界珍重为发展理论思维的重要资源，予以借鉴和发展。更进一层，重视历史，重视建筑史学，重视其前瞻功能和对发展理论思维和创新思维的价值，也无疑应当成为我国建筑界的共识，惟此，才能促成当代中国的建筑实践、理论和人才，真正光耀世界。

事实上，这一要求更直观地反映在学术成果的评价体系中。追溯前人的研究历史和思考方式，建立鉴往知来的历史意识，是学术研究的基本之功。研究是否位于学科前沿，是否熟悉既有研究成果，在此基础上，能否在方法、理论上创新，是研究需要解决的核心问题，在评审标准当中占有极大比例的权重。就建筑学科而言，这一标准实际上彰显了建筑史学的价值和意义，并且表明，建筑史学的发展，势必需要史学史的建构——揭示史学发展的进程及其规律，为后续研究提供方法论上开拓性、前瞻性的指导。如史学大师白寿彝指出：

> 从学科结构上讲，史学只是研究历史，史学史要研究人们如何研究历史，它比一般的史学工作要高一个层次，它是从总结一般史学工作而产生的。

以中国营造学社为发轫，以梁思成、刘敦桢先生为先导，中国建筑的研究和保护已经走过近一个世纪的历程，相关方法、理论渐臻完善，成果层出不穷。今日建筑史研究保护的繁荣和多元，与百年前梁、刘二公的筚路蓝缕实难相较。然而，在疾步前行中回看过去的足迹，对把握未来的发展方向无疑是极有必要的，学术史研究的价值也正在于此。然而，由于对方法论研究之意义和价值的认识不足，学界始终缺乏系统的、学术史性质的、针对研究方法和学术思想的全面分析和归纳。长期以往，建筑史学的研究方向势必漶漫不清，难于把握。因此，亟需对中国建筑史学史进行深入梳理，审视因果，探寻得失，明晰当前存在的问题和今后可以深入的方向。

顺应这一史学发展的必然趋势和现实需求，自1990年代以来，天津大学建筑学院建筑历史研究所的师生们，在国家自然科学基金、国家社会科学基金的支持下，对建筑遗产保护在内的建筑史学各个相关领域，持续展开了系统的调查研究。为获得丰富的历史信息，相关研究人员抢救性地走访1930年代以来就投身这一事业的学者及相关人物与机构，深入挖掘并梳理有关论著、尤其是原始档案与文献，汲取并拓展此前建筑界较零散的相关成果，在此基础上形成的体系化专题研究，系统梳理了近代以来中国建筑研究、保护在各个领域的发展历程，全面考察了各个历史时期的重要事件、理论发展、技术路线等方面，总结了不同历史阶段的发展脉络。

现在，奉献在读者面前的这套得到国家出版基金资助的"中国建筑史学史丛书"，就是天津大学建筑学院建筑历史研究所的师生们多年努力的部分成果，其中包括：对中国建筑史学史的整体回溯；对《营造法式》研究历史的系统考察；对中国建筑史学文献学研究和文献利用历程的细致梳理；对中国建筑遗产保护理念和实践发展脉络的总体归纳；对中国建筑遗产测绘实践与理念发展进程的全面回顾；对清代样式雷世家及其图档研究历史的系统整理，等等。

衷心期望"中国建筑史学史丛书"的出版有助于建筑界同仁深入了解中国建筑史学和遗产保护近百年来的非凡历程，理解和明晰数代学者对继承和保护传统建筑文化付出的心血以及未实现的理想，从而自发地关注和呵护我国建筑史学的发展。更冀望有助于建筑史学发展的后备力量——硕士、博士研究生借此选择研究课题，发现并弥补已有研究成果的缺陷、误区尤其是缺环和盲区，推进建筑历史与理论的发展，服务于中国特色的建筑创作和建筑遗产保护事业的伟大实践。同时，囿于研究者自身的局限性，难免挂一漏万，尚有待进一步完善，祈望得到阅览这套丛书的读者的批评和建议。

目 录

导言

可以说，建筑遗产测绘是一项看似简单平凡、实则内涵丰富的活动，因其技术原理简明，操作方法单调，往往被归为一类无甚奥趣的技术工作。如此而来的结果是，中国建筑遗产测绘事业诞生80多年后的今天，在我们的学术视野中，仍然没有这段历史的一席之位。由于长期未受到应有的重视，存在诸如管理机制不完善、标准要求缺失、专业人才匮乏等大量瓶颈性问题，严重制约着文化遗产研究、保护的良性发展。

鉴于此，本书意图系统回顾自中国营造学社开创性引入西方测量方法调查古建筑以来，中国建筑遗产测绘实践与理念发展的历史进程，全面考察各个历史时期的史实、成果，从中梳理出不同历史阶段建筑遗产测绘理论与技术的发展脉络并得出妥适的历史解释，以期对理解建筑遗产测绘自身及相关问题带来一些有益的作用。

本书以时间顺序为主线进行论述。首先回顾了西方和日本学者在中国进行的早期建筑调查测绘活动，分析了中国营造学社系统开展建筑遗产测绘的背景和条件，进而对民国时期中国营造学社、旧都文物整理委员会等机构的建筑遗产测绘活动进行考察，分析了上述活动的历史意义以及建筑遗产测绘对于古建筑维修向文物保护工程转化的作用。其次，将1949年以后文物建筑测绘的历程以1980年代为界分为前后两个阶段，分别对文物测绘的实践历程、管理体制、技术理念、人才培养等相关问题展开论述。最后，就建筑遗产测绘领域中存在误区、争议或长期忽视的重要问题进行分析和探讨。

为使读者更好地理解本书的主题，需事先澄清下述问题。

一、何为"建筑遗产"、"测绘"？

文化遗产的概念是由联合国教科文组织提出的，其中包括建筑类文化遗产，也称建筑遗产，是指从历史、艺术或科学角度看，具有突出、普遍价值的建筑单体或相互关联的建筑群体。① 与此相近的概念还有"文物建筑"和"历史建筑"。根据《中华人民共和国文物保护法》，文物建筑是指具有历史价值、艺术价值和科学价值的建筑物，以及与重大历史事件、革命运动和著名人物有关的，具有重要纪念意义、教育价值和史料价值的纪念性建筑物。② 文物认定的标准和办法由国务院文物行政部门制定，并报国务院批准。"历史建筑"的概念源于欧洲，目前不同国家或地区、组织机构对其定义不尽相同。按我国《历史文化名城名镇名村保护条例》，历史建筑是指经市、县级人民政府确定公布的具有一定保护价值，能够反映历史风貌和地方特色，未公布为文物保护单位，也未登记为不可移动文物的建筑物、构筑物。在我国的现时语境下，"文物建筑"和"历史建筑"分别为《文物保护法》和地方保护法规所保护，并且属于两套认定、管理体制，无法互涵。因此，本书使用"建筑遗产"，意在涵盖具有历史、艺术、科学价值的建筑物。在具体语境中，仍然采用"古建筑"、"文物建筑"等概念。

测绘是指用精确的、可重复的测量方法采集空间信息，并按比例表达。③ 因此，建筑遗产测绘是指应用测量学、图学的原理和方法，对建筑遗产的空间几何信息进行采集和表达的活动。

建筑遗产测绘的目的和需求不尽相同，通常从属于更大范畴的考察记录活动，如文物普查、建筑遗产调查、遗产保护勘察、修缮工程记录等等，难以绝对从中分离出来。因此，本书的研究对象以建筑遗产测绘为主，间或涉及上述各项相关活动。

二、建筑遗产测绘的意义

建筑遗产具有深厚的历史文化价值，是不可再生、不可替代的文化资源，是承载文明史和见证文化发展的珍贵财富。截至目前，我国已公布的文物保护单位中，仅全国重点文物保护单位已有 4296 处(前七批)，其中古建筑约占 60%。此外，各地具有一定保护价值和地方特色的建筑物，由市、县人民政府公布为历史建筑。随着我国建筑遗产保护事业的发展，建筑遗产的数量势必大幅度增加。当前，文化竞争力的影响与作用越来越突出，建筑遗产正在以"文化资源"的地位出现在

---

① 《保护世界文化和自然遗产公约》，联合国教育、科学及文化组织大会第十七届会议于 1972 年 11 月 16 日在巴黎通过。
② 《中华人民共和国文物保护法》第二条，2013 年 6 月 29 日第十二届全国人民代表大会常务委员会第三次会议通过。
③ RecorDIM.Documentation for conservation : A Manual for Teaching Metric Survey Skills. 2006.

政治、经济、文化等各个领域，成为经济建设和社会发展的文化内核。对建筑遗产继承、保护和利用的议题，正日益影响到经济文化和社会生活的各个方面。

建筑遗产测绘是建筑历史与理论研究和建筑遗产保护的重要基础。早在中国建筑史学创立之初，建筑实物测绘与历史文献典籍的结合为古代建筑研究开辟了治学门径，从而奠定了中国建筑史学方法论的基础。梁思成于1932年发表的首篇古建筑调查报告——《蓟县独乐寺观音阁山门考》中强调："研究古建筑，非作遗物实地调查测绘不可"，"结构之分析及制度之鉴别，在现状图之绘制"。[①] 又在1944年发表的《为什么研究中国建筑》中再次强调测绘的重要性："以测绘绘图摄影各法将各种典型建筑实物作有系统秩序的记录是必须速做的。因为古物的命运在危险中，调查同破坏力量正好像在竞赛。多多采访实例，一方面可以作学术的研究，一方面也可以社会保护。"[②] 同时，以测绘成果为基础的修缮设计文件在建筑遗产保护事业由传统模式至现代模式转折的过程中发挥了重要作用。此后随着建筑遗产保护体系的完善、保护水平的提高、保护范围的扩大，建筑遗产测绘的作用日益重要和广泛。基于我国建筑遗产研究保护的历史和现状，建筑遗产测绘的主要意义在于：

第一，测绘是科学记录建筑遗产的基本手段，为遗产保护工作的各个阶段提供重要基础。包括：完善文物保护单位"私有档案"；为文物保护工程修缮设计、工料核算、施工管理等提供科学依据；为文物保护规划中本体研究评估、划定本体保护范围和周边环境建设控制范围提供科学依据；是申报世界文化遗产中最具形象的表达和量化系统。

第二，建筑遗产测绘成果是全面、忠实反映建筑本体的科学资料，为建筑历史与理论研究提供坚实基础。自1930年代梁思成、刘敦桢等前辈学者开创中国建筑史学研究以来，经过80多年的历程和发展，建筑遗产测绘活动积累了极为丰富、宝贵的成果。秉承实物测绘与文献研究结合的基本学术路线，中国建筑历史研究取得了巨大进展，基本上解决了"是什么"层面的问题。进入"为什么"的理论研究阶段后，仍以测绘为重要基础，深入挖掘古代建筑尺度规律及其蕴含的建筑设计理论。因此，无论从建筑历史研究的广度还是深度来讲，测绘都是不可或缺的重要研究方法。

第三，建筑遗产测绘具有重要的宣传和教育作用。它不仅是培养文物保护人

---

① 梁思成.蓟县独乐寺观音阁山门考.见：中国营造学社汇刊，1932，3（2）.
② 梁思成.为什么研究中国建筑.见：中国营造学社汇刊，1944，7（1）.

才的基本内容和建筑学、城市规划、风景园林等专业的教学环节，也是增进大众遗产认知和提升民族文化情感的重要途径。

鉴于建筑遗产测绘对遗产保护的重要意义，2005 年，时任国家文物局局长的单霁翔专门强调，测绘是文物保护基础工作的重中之重，其重要性不管怎样估计都不过分：

> 在文物保护单位"四有"工作中，建立科学的记录档案是任务繁重、技术含量高的一项事务，而记录档案建立中最为繁重、技术含量最高的就是历史建筑的测绘工作了。历史建筑的测绘记录工作是文物保护基础工作的重中之重，是日常管理维护、从事基础研究、进行相关规划、设计和实施保护工程的基础环节和前提条件，其重要性不管怎样估计都不过分。[1]

三、为什么研究中国建筑遗产测绘史

由于历史积弊，我国的建筑遗产测绘工作长期缺乏统一管理和规范约束，始终处于自发、无序状态，导致建筑遗产测绘领域存在大量瓶颈性问题：

首先，我国建筑遗产测绘的管理机制亟待完善。文物保护法规与行业标准对于文物"四有"档案中文物建筑测绘的规定较为粗略，尚未设置量化评价标准和监管机制，对于国内建筑遗产测绘的机构规模、人员数量、技术水平和管理状况也缺少明确的统计核查职能。文物保护工程领域同样缺乏关于测绘记录的明确规定，致使忽视文物保护工程中文物测绘记录的现象时有发生，从而造成大量珍贵信息的流失。

其次，建筑遗产测绘领域缺乏明确的操作规程、技术要求和质量标准，亟需建设规范化体系。由于建筑遗产测绘属于基础技术性环节，长期未受到应有重视。一方面，系统的专业教材出版较晚，实践中多以口传心授的方式传承技术方法。另一方面，对于技术问题尤其是测量学相关知识和原理的理解，业内长期存在概念不清、术语混淆、分级分类不明确等多种误区，导致效率低下、管理不善、成果良莠不齐的局面。为此，中国工程院院士傅熹年曾多次撰文强调"我国目前尚无按统一要求精测的古代建筑图纸和数据"[2]，应当"及时订立一套严格的规范化

---

① 单霁翔.上栋下宇：历史建筑测绘五校联展——序.见：上栋下宇：历史建筑测绘五校联展.天津：天津大学出版社，2006.
② 傅熹年.关于唐宋时期建筑物平面尺度用"分"还是用尺来表示的问题.见：古建园林技术，2004（3）.

的测绘要求，尽可能取得完整准确精密的图纸"①。

再者，建筑遗产测绘长期面临专业人才严重匮乏的局面。国家文物局曾依托中国文化遗产研究院的前身，以短期训练班的方式集中培养古建筑保护人才，填补了各地专业力量的空白，但数量极为有限，与实际保护需求相去甚远。改革开放后，国家文物局积极主张与高等院校合作办学，先后举办进修班、大专班，但未能长期持续。近来，又有个别高校正式开设遗产保护专业，但招生数量甚少，就业趋向不稳定。综上所述，专项人才短缺问题一直存在，始终未得到有效解决。

最后，建筑遗产测绘需要进一步整合资源，促进交流合作共享。从学科历史来看，建筑遗产测绘源于西方建筑教育体系，单霁翔曾指出："历史建筑测绘源自高等学校。建筑院校参与历史建筑测绘具有不可替代的优势。"②我国建筑院校大规模开展建筑遗产测绘活动已逾70年，取得了丰硕的成果，成为遗产保护中不可或缺的重要力量。然而，限于管理体制的分割，高校的测绘活动长期处于自筹、自营、自发的状态，缺乏有效的保障。由于体制壁垒限制交流合作，高校重于研究与文物机构长于实践的优势难以互补，无形中阻碍了遗产保护向跨学科、跨领域的高层次发展，也延迟了资源配置最大效益的实现。

随着我国文化遗产保护事业的快速发展，保护体制逐步开放，为上述问题的解决打开了光明前景。2008年，国家文物局批准在天津大学成立文物建筑测绘研究重点科研基地，承担国内文物建筑测绘标准制定和相关研究工作，表明建筑遗产测绘正在由自发向有组织、无序向有序的方向转化，进入体系化建设阶段。

由于文物建筑测绘工作跨学科、跨领域的特点，长期以来未被纳入独立的研究视野，未能形成严谨系统的研究体系，几十年来的相关记载和论述处于空白。尽管随着文化遗产保护工作的日益加强，相关研究成果逐渐增加，但始终未对测绘的历史展开系统梳理。正如陈明达在《古代建筑史研究的基础和发展》一文中指出的，研究如何继续深入，是"需要回顾这一学科的创始并评价迄今的成果才能说明的"③。因此，建筑遗产测绘的历史发展进程亟需得到梳理、回溯，以厘清发展脉络和已有成果。一方面，以史为鉴，能够揭示产生现有问题的根本诱因，纠正长期以来的认识误区，为解决测绘领域的发展瓶颈提供借鉴和参考，为建筑遗产测绘的科学研究体系提供重要信息。另一方面，通过文献和口述记录，挽救

---

① 傅熹年.中国古代城市规划、建筑群布局及建筑设计方法研究.北京：中国建筑工业出版社，2001：208.
② 单霁翔.上栋下宇：历史建筑测绘五校联展——序.见：上栋下宇：历史建筑测绘五校联展.天津：天津大学出版社，2006.
③ 陈明达.古代建筑史研究的基础和发展.见：陈明达.陈明达古建筑与雕塑史论.北京：文物出版社，1998：177.

即将流失的历史信息，在已有的宏观建筑史学研究领域中进一步开拓新的研究方向，从而推动中国建筑史学研究和建筑遗产保护事业的发展。

四、研究现状述评

与建筑遗产测绘史实相关的学术研究，散见于各学术机构历史的综合性研究、对相关人物、事件的回顾性研究以及中国建筑史学史的研究成果当中。

关于中国营造学社的研究见于下述成果。1995 年，清华大学林洙女士在收集整理大量中国营造学社史料的基础上，撰写《叩开鲁班的大门——中国营造学社史略》[1]，系统回顾了中国营造学社的历史。2001 年，同济大学崔勇完成博士论文《中国营造学社研究》[2]，深入挖掘了中国营造学社的学术思想与历史贡献。此外，建筑史学界发表了大量相关的学术论文，包括回忆中国营造学社的学术活动、分析其学术思想，论述其学术成就等。[3] 上述成果以营造学社的学术思想评述为主线，未进行关于学社测绘方法、技术、理念的专门探讨。中国营造学社作为开创中国建筑遗产测绘事业的学术机构，对其测绘的历史、方法和学术思想进行回顾和总结，仍是需要填补的空白。

2005 年，中国文物研究所（今"中国文化遗产研究院"）在成立 70 年之际整理出版《中国文物研究所七十年》[4]，全面总结、展示了该机构自 1935 年旧都文物整理委员会以来的历史。其中汇集了多篇古建筑保护专家的回忆性文章[5]，对建筑遗产保护历程中的重要事件进行了回顾。2013 年，东南大学建筑历史与理论研究所对成立于 1950 年代的中国建筑研究室的历史进行整理研究，通过梳理史料和走访调查，追溯了中国建筑研究室的学术活动和重要成果，编写出版《中国建筑研究室口述史（1953–1965）》[6]，提供了大量口述历史信息。这两部著作是对两所机构发展史的系统梳理，其中涉及与建筑遗产测绘相关的历史回顾，为建筑遗产保护中的测绘历史提供了丰富的历史材料。

---

[1] 林洙. 叩开鲁班的大门——中国营造学社史略. 北京：中国建筑工业出版社，1995.
[2] 崔勇. 中国营造学社研究. 南京：东南大学出版社，2004.
[3] 例如，刘致平：《忆"中国营造学社"》（《华中建筑》1993 年第 11 期）；戴念慈：《中国营造学社的五大功绩》（《古建园林技术》1990 年第 2 期）；王贵祥：《中国营造学社的学术之路》（《建筑学报》2010 年第 1 期）；陈薇：《〈中国营造学社汇刊〉的学术轨迹与图景》（《建筑学报》2010 年第 1 期）；温玉清、王其亨：《中国营造学社学术成就与历史贡献评述》（《建筑创作》，2007 年第 6 期），等等。
[4] 中国文物研究所. 中国文物研究所七十年. 北京：文物出版社，2005.
[5] 如罗哲文《忆〈全国重要建筑文物简目〉》、余鸣谦《漫谈文整会》、杜仙洲《文物建筑保护的成绩与问题》等。
[6] 东南大学建筑历史与理论研究所. 中国建筑研究室口述史（1953–1965）. 南京：东南大学出版社，2013.

徐苏斌教授的专著《日本对中国城市与建筑的研究》①，追溯了近代以来日本学者对中国城市与建筑进行考察的目的、方法、内容和成果，是回顾日本研究中国建筑历史的重要成果，为研究日本学者对中国建筑考察测绘提供了重要的参考和线索。

学术界为纪念开创中国建筑史学并作出重要贡献的学术前辈，先后多次举办学术研讨会和纪念活动，对前辈学者的学术生涯和和学术思想进行回忆和评述，形成了相关的研究成果。②这些纪念性文章涉及一些学者对于古建筑测绘历史及相关背景的回忆，为本课题的研究提供了珍贵的历史材料。

关于中国建筑遗产测绘的技术原理、理念和操作方法的论述，最早见于梁思成先生1950年4月在北京市文物整理委员会演讲所遗留的手稿《中国建筑调查研究的技术》③。这篇演讲在中国营造学社长期实物测绘的基础上，详细总结了古建筑调查、测绘的程序、方法以及操作中的注意事项。1955年，古代建筑修整所就测绘方法进行内部讨论，形成了内部工作手册《纪念建筑物的测量方法》④。其中，对古建筑各部位的测量方法进行总结，并提出了整理测量数据的原则和方法。1976年，在此基础上进一步修改、补充，编写了全国文物系统的古建筑测绘教材《古建筑测量》和《古建筑制图》，收录于1990年出版的《中国古代建筑》⑤中。这套教材首次划分了测绘等级，并对测绘的一般方法和主要步骤进行了说明。

近十余年，国内建筑高校根据教学科研实践，陆续编写出版了多部古建筑测绘教材。西安建筑科技大学编写的《古建筑测绘学》（2003年）⑥对测绘的工具、程序、方法、原则进行了说明；天津大学编写的《古建筑测绘》（2006年）⑦系统介绍了测绘相关的测量知识、管理流程、各个阶段的具体方法和要求，以及古建筑变形测量与计算机辅助制图等内容，在国内建筑院校和文化遗产保护机构中得到广泛应用；北京建筑大学编写的《历史建筑测绘》（2010年）⑧则侧重于对测绘的发展沿革、涉及的学科领域以及不同研究、应用目标下测绘课题的实践方法进行说明。

---

① 徐苏斌.日本对中国城市与建筑的研究.北京：中国水利水电出版社，1999.
② 例如，《建筑创作》杂志社编选的《营造论——暨朱启钤纪念文选》，清华大学出版的《梁思成先生诞辰八十五周年纪念文集》，东南大学出版的《刘敦桢先生诞辰110周年纪念暨中国建筑史学史研讨会论文集》，等等。
③ 梁思成：《中国建筑调查研究的技术》（未刊稿），清华大学建筑学院藏。
④ 古代建筑修整所：《纪念建筑物的测量方法》（内部资料）。
⑤ 罗哲文.中国古代建筑.上海：上海古籍出版社，1990.
⑥ 林源.古建筑测绘学.北京：中国建筑工业出版社，2003.
⑦ 王其亨.古建筑测绘.北京：中国建筑工业出版社，2006.
⑧ 何力.历史建筑测绘.北京：中国电力出版社，2010.

2006 年开始，天津大学在国家自然科学基金项目支持下进行"文物建筑测绘及图像信息记录的规范化研究"，梳理了建筑遗产测绘的现状和问题，提出了针对性的应对策略，完成了多篇学位论文[①]，为建筑遗产测绘规范化体系的建构尤其是技术指导文件的编制奠立了理论基础。国家文物局文物建筑测绘重点研究基地（天津大学）成立后，联合清华大学、北京大学、东南大学、同济大学、北京工业大学，在中国文化遗产研究院、故宫博物院的协作下，完成《文物建筑测绘技术规程》的编制，提出了针对文物建筑测绘的专门性技术规范，填补了该领域的长期空白。

2016 年 4 月，由教育部组织召开"建筑遗产测绘关键技术研究与示范"成果鉴定会，对测绘基地成果进行鉴定。测绘基地成立后，长期致力于建筑遗产测绘的集成创新、技术整合、规范化管理及推广示范，形成了多种技术综合应用的测绘技术体系。其成果在国内外多处世界文化遗产、全国重大文物保护单位的测绘项目中得到运用和推广，在此次会议上，测绘基地的创新成果被鉴定委员会主任——中国工程院院士傅熹年、马国馨院士一致评价为"达到国际先进水平"。

纵观已有的研究成果，从建筑遗产测绘史研究的角度而言，存在着以下局限。首先，已有的建筑遗产测绘史实的回顾，附属于以某一研究者或研究机构为主题的历史研究中，缺乏以建筑遗产测绘历史为主旨的全面回顾和总结。其次，对建筑遗产测绘技术、理念的产生背景、发展、转变以及完善的进程还未进行系统化的研究。再者，对建筑遗产测绘在相关研究与保护领域中发挥的作用仍需进一步明确。另外，关于建筑遗产测绘的管理机制、人才培养等方面的问题也可进一步探讨。综上，对于中国建筑遗产测绘历史进行系统的回顾和总结，是当前建筑遗产保护领域应当面对的问题。

五、研究的方法

首先，作为一种技术手段，测绘的方法、深度和理念都体现在其成果中，即传统测绘方式下的二维线画图。通过查阅测绘的阶段成果（现场草图，即"测稿"）与最终成果，可以了解建筑遗产测绘的相关情况。其中，最终成果经过整理、修

[①] 包括《当前中国建筑遗产记录工作中的问题与对策》、《英国建筑遗产记录及其规范化研究》、《中国建筑遗产信息管理相关问题初探》、《中国建筑遗产记录规范化初探》、《三维激光扫描技术在古建筑测绘中的应用及相关问题研究》等。

饰过程，不及测稿反映的信息真切。因此，调查过程中尤为注意测稿的收集和研究。根据研究需求，笔者先后查阅了北京市档案馆、天津大学建筑学院、清华大学建筑学院、故宫博物院、中国建筑设计研究院建筑历史与理论研究所、中国国家图书馆、中国第二历史档案馆等机构，加上一些专业人士提供的个人收藏资料，获得了大量关键性材料和历史信息。同时，由于资料管理的权限问题，部分机构不提供资料查阅，掌握全部测绘成果有相当难度。

其次，采取"口述历史"的研究方法，通过访问建筑遗产测绘领域的相关人士，收集研究线索和史料。一方面，记忆是历史的本质，受访者对其经历的回忆本身就是研究材料，基于良好的记忆力甚至能够提供具体细节，对于还原历史情境大有帮助。另一方面，由于访问对象大多是建筑遗产测绘领域的专家、学者，在访谈交流的过程中，常常得到他们对某一历史阶段测绘理念、方法的解读和说明，这些不见于文字的珍贵论述使笔者受益匪浅。在课题研究过程中，笔者访问了国家文物局、中国文化遗产研究院、清华大学、天津大学、东南大学、同济大学、故宫博物院、湖北省古建筑保护中心、浙江省古建筑设计研究院、敦煌研究院等机构的专家学者近40人，获得了大量口述史料。在此基础上，结合其他历史材料，采取审慎的态度对口述史料进行核实、整理，从而明确相关研究问题，转化为具体的研究成果。

另外，不断搜集相关历史文献。不少文献曾作为内部资料发布，流传极少，却是研究建筑测绘的关键材料，具有极高的史料价值。例如，中国营造学社的正式出版物中，未发表过专门论述古建筑测绘的文章，而梁思成先生曾于1950年4月19日进行了《中国建筑调查研究的技术》的专题演讲。根据现藏清华大学的演讲手稿，这次演讲详细介绍了营造学社田野考察测绘的程序和方法，是研究营造学社测绘的重要材料。再如，1955年文整会内部的工作讨论文件《纪念建筑物的测量方法》是国内第一部针对古建筑测绘的工作手册，也是后来影响广泛的教材《古建筑测量》、《古建筑制图》的雏形。结合这一材料以及文化遗产研究院李竹君的回忆，进一步厘清了古建筑测绘方法、理念从1950年代至1970年代的产生、发展和变化过程。

六、研究拓展方向

中国的建筑遗产以木构建筑为主要类型。因其特有的结构方式和形态，木构建筑测绘涉及的问题相较其他类型更为复杂，也是长期以来建筑遗产测绘研究的主体。因此，本书重点探讨了木构建筑测绘的问题，对于石窟及石刻、古遗址、近代建筑等其他建筑类型的测绘历程未及系统详细整理，有待继续展开专题研究。

其他国家和地区尤其是文化相近、遗产相似、保护体系较为成熟的日本、韩国等东亚国家，在建筑遗产测绘方面的运行机制、操作方法和成果，对于审视中国的建筑遗产测绘历史无疑具有启发和借鉴的意义，也是日后需继续展开研究的方向。

中国古代建筑研究的重要目的是"古为今用"，自 1920 年代倡导"中国固有式"建筑以来，民族建筑复兴是建筑创作领域的永恒主题，数次掀起复古热潮，在形式、比例上参照模仿古代建筑是其基本手段。因此，历史上的几次建筑遗产测绘活动的开展都与建筑创作的实际应用具有一定相关性。随着建筑历史理论研究的深入，有待日后进行专门研究。

第一章

中国建筑遗产测绘活动的先导

　　以木结构为主的中国古代建筑，延续发展数千年，形成了一脉相承的独立体系。17 世纪以来，域外学者陆续进入中国考察建筑，其中部分采用西方测绘方法进行实测，形成了测绘、研究中国建筑的初步成果。20 世纪以来，西方历史学、考古学的实证主义学术思想的输入与测绘技术的近代化，都为中国学者自主开拓建筑史学领域预备了条件。一方面，以朱启钤为代表的传统学者广泛收集、整理古代建筑术书，进行文献学研究。其中，朱启钤于1919 年发现宋代建筑典籍《营造法式》，成为中国建筑研究史上具有重要影响的里程碑事件。另一方面，第一代留学海外的中国建筑师归国后，纷纷以倡导本国建筑文化为责任，其中部分学者率先开始了古建筑的研究和保护实践。在研究中国建筑史的共同驱动之下，不同学术背景的研究者自然地凝聚起来——1930 年，朱启钤创办中国营造学社，专事中国营造学之研究，在其悉心延揽下，受过西方建筑教育的梁思成、刘敦桢加入营造学社，引入西方测量方法开展古代建筑实物测绘，与古代建筑文献研究结合，开创了自主的中国建筑历史研究以及遗产保护事业。

一、域外学者对中国建筑的考察测绘活动

　　西方测绘学是指包括大地测量学、地图制图学、地圆说、经纬度测量等学说和方法在内的科学技术。最早使用这一技术测绘中国建筑遗产并进行相关研究的，是来自欧洲和日本的域外学者。他们随大航海时代的贸易扩张与殖民时期的坚船利炮进入中国的领地，出于各自不同的目的考察、研究中国建筑。当时采用的记录手段以摄影为主，对部分建筑进行了测绘，不仅保留了诸多珍贵的史料，对其后中国学者研究、考察中国建筑也产生了直接影响。

（一）18 世纪至 20 世纪初欧洲学者对中国建筑的考察测绘

1. 18 世纪欧洲的"中国热"与钱伯斯对中国建筑的测绘

自古代丝绸之路以后，中国与欧洲真正意义上的交往，是 16 世纪以来随着新航路的开辟和欧洲人向东方的扩展而开始的。最初进入中国的欧洲传教士在传播西学的同时，还致力于对中国的研究。他们返回欧洲的书信、报告、通讯中记载了大量关于中国的信息，尤其是 18 世纪耶稣会士编写的数百部有关中国的著作和报道，在中国与欧洲的文化交流中扮演了极其重要的角色。这些内容加上外交官、商人的回忆录、游记和信札，引发了欧洲学者对于中国的关注，许多著名的学者、知识分子开始研究中国。同时，西方各国纷纷展开对东方的海上贸易，产自中国的丝绸、茶叶、瓷器、漆器等商品作为文化载体，源源不断流向欧洲，成为各国争相求购的商品，进一步激发了欧洲人对于中国风物和中国情趣的热衷、好奇以及渴望了解中国的热情。

中国文化通过文字和商品西传欧洲后，掀起了整个欧洲社会波澜壮阔的"中国热"，中国风尚渗透至欧洲人生活的各个层面，产生了广泛且深远的影响。17世纪法语出现的新词"中国风"（chinoiserie）就用来指称受中国艺术品影响的欧洲艺术风格和欧洲人因倾慕中国而进行体现中国情趣的各类活动。[①]

欧洲的"中国热"同样体现在建筑和园林方面。自 17 世末，陆续有欧洲艺术家、文人、传教士撰文介绍中国造园艺术，其中以 18 世纪上半叶法国传教士王致诚的介绍最为深入。王致诚（Attiret Jean-Denis）是耶稣会的传教士，曾经长期为清廷皇室作画。1747 年，王致诚描述圆明园的书信在《耶稣会士书简集》上刊出，轰动了整个欧洲。在书中，他将圆明园描述为人间的天堂，并对欧洲与中国园林艺术进行比较。然而，这些叙述和赞美还停留在抽象的文字当中，中国建筑与园林的样貌仍存在于由此产生的想象和推测中。随后，英国人威廉·钱伯斯爵士（Sir William Chambers）在实地考察和研究的基础上，采用图学语言介绍中国园林，在欧洲引发了强烈的影响。

钱伯斯青年时从商，在各地航海、游历期间对建筑发生了浓厚的兴趣。1740年代，他两次随瑞典东印度公司到达中国广州，考察、测绘了当地的园林和建筑。此后，他专门到巴黎美术学院进一步研修建筑学。1757 年，钱伯斯的著作

---

① 许明龙.欧洲十八世纪中国热.太原：山西教育出版社，1999：120.

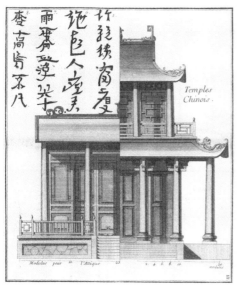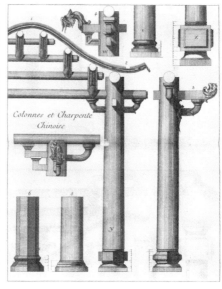

（a） （b）

图 1-1 钱伯斯《中国建筑、家具服装和器物的设计》插图。（a）中国某寺庙测绘图。（b）中国建筑的柱子和主体梁架（资料来源：William Chambers. Designs of Chinese Buildings,Furniture,Dresses,Machines and Utensils. London：Arno Press,1980）

《中国建筑、家具、服装和器物的设计》（Designs of Chinese Buildings，Furniture，Dresses，Machines，and Utensils）出版。这部书中绘制有大量中国建筑、家具、器物的插图（图 1-1），其中有 9 幅注有线段比例尺的建筑测绘图，以园林建筑为主，还包括园林、住宅、寺庙和塔。作为一名建筑师，钱伯斯对中国建筑和园林的理解也更为深刻。[①] 这部著作也为他带来了极大的声誉和影响，成为英国皇家宫廷建筑师。1762 年，钱伯斯主持了一座中国式的园林"丘园"的设计，在欧洲轰传一时。钱伯斯对于中国园林的见解不仅指导了设计实践，而且深化了欧洲人对中国园林艺术的认识，其影响持续了大约一个世纪。

2. 殖民时期西方人对中国建筑的考察测绘

18 世纪下半叶，在科学和理性主义思潮下，"中国热"逐渐降温，海外奇谈式的游记不再引人注目，取而代之的是对中国以至东方各个领域的专门研究，构成了东方学的学术体系。进入 19 世纪，东方语言学、考古发现、历史研究取得的巨大进展推动了东方学研究众多方面的发展，欧美各国纷纷建立东方学研究学会，并组织召开国际东方学会议。

随着东方考古的兴起，在亚洲中部出现了探险活动的热潮。鸦片战争后，中国逐渐沦为半殖民地、半封建社会，帝国主义国家纷纷在中国割占领土、划分租界，人口稀少但资源丰富的西北地区也成了帝国主义争夺的焦点之一。由于当时

---

① "他认为中国园林虽然处处师法自然，但并不摒弃人为，实际设计原则在于创造各种各样的景，以适应理智的或感情享受的各种各样的目的。"引自黄家瑾. 中国造园术在欧洲的传播. 中国园林，2008（12）.

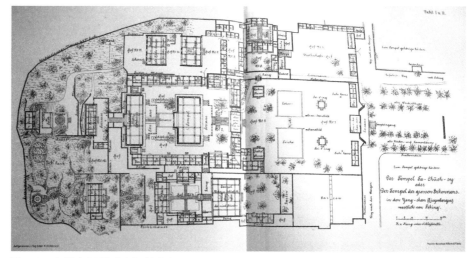

图1-2　大觉寺平面图（资料来源：Hildebrand Heinrich. Der temple Ta-chüeh-Sy Bei Peking. Berliner：A. Asher & Co.,1987. ）

国力贫弱、政府昏庸、官吏腐败、国民愚钝，给西方大肆掠夺中国古物创造了条件。敦煌藏经洞发现不久，留存千年的宝藏就一次次被外国强盗运出中国，流落海外，造成了我国文化史上无法弥补的巨大损失。

殖民文化时期，进入中国进行建筑考察研究的西方人也较以往增多。由于摄影技术的引入，建筑考察多以照片作为资料，并以旅行摄影集形式出版。也有少数人进行了测绘，如下文将要重点提到的德国工程师锡乐巴、德国建筑师鲍希曼、美国建筑师茂飞和瑞典学者喜仁龙。

（1）锡乐巴对北京大觉寺的考察测绘

锡乐巴（Heinrich Hildebrand）是德国工程师，曾在柏林高等技术学院学习工程学、建筑学和经济学。1886年，他被德国外交部派往中国北京，参与勘测、设计铁路修建工程。在中国期间，锡乐巴学习中国的语言、历史和文化，并对中国的建筑产生了浓厚兴趣。1892年，他考察并测绘了北京西山大觉寺，并于1897年出版了《北京大觉寺》（Der Tempel Ta-Chüeh-SyBei Peking）一书，其中收录了大觉寺平面图（图1-2）。

（2）鲍希曼对中国建筑的考察测绘

恩斯特·鲍希曼（Ernst Boerschmann，又译"柏石曼"）于1902年首次来到中国，游历了华北、胶东地区的古建筑，由此产生了研究中国建筑文化的强烈兴趣。1906年，鲍希曼再次来到中国，有计划地展开对中国建筑的全面考察，在3年时间内途经中国12个省份，对当地建筑进行考察研究，拍摄了数千张照片，并对其中少量建筑尤其是寺庙建筑进行了测绘（图1-3）。[1] 回国后，他将在中国

---

[1]　恩斯特·柏石曼著，沈弘译. 寻访1906—1909：西人眼中的晚清建筑. 天津：百花文艺出版社，2005：2-3.

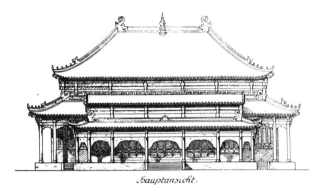

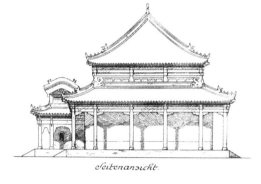

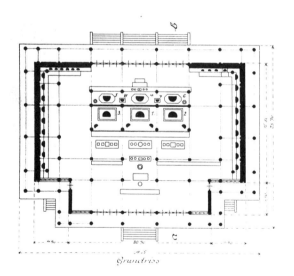

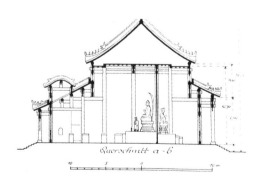

图 1-3　山西五台山显通寺测绘图

（资料来源：Boerschmann Ernst. Chinesische Architektur. Berlin：Ernst Wasmuth,1925.）

的考察成果出版为多部专著，包括《中国的建筑和宗教文化》（Die Baukunst und Religioese Kultur der Chinesen，Berlin，1911年）、《中国的建筑与景观》（Baukunst und Landschaft in China,Berlin, 1923年）、《中国建筑》（Chinesische Architektur, Berlin，1925年）、《中国的建筑陶器》（Chinesische Baukeramik, Berlin, 1927年）等等。在其著作中，鲍希曼不仅细致、直观地对中国建筑进行描述，对不同地域不同类型的建筑作了初步区别，并且透过建筑的形象、环境、空间布局等方面，对其中所体现的中国人的哲学观和宗教观进行了探讨。但是，鲍希曼的考察并不关注建筑的建造年代，因而具有一种"非历史性"，这也是不被后来的中国学者所肯定的重要原因。由于历史变迁，鲍希曼镜头中的大部分建筑已经不复存在，当时拍摄的照片成为永久珍贵的资料，对于中国建筑研究具有重要的参考价值。

（3）茂飞与中国古典建筑复兴

美国建筑师亨利·茂飞（Henry Killom Murphy，又译"墨菲"）毕业于耶鲁大学建筑系，1908年在纽约开办建筑事务所。1914年，以在华基督教会在中国建设教会学校为契机，茂飞来到中国开展建筑设计事业，陆续主持了多所教会大学的规划和建筑设计，包括长沙雅礼大学、福建协和大学、南京金陵女子大学、燕京大学、协和医科大学、上海复旦大学、圣约翰学院、苏州医学院以及广州岭南大学等。为表现出基督教对中国文化的适应性，教会方面采取文化调和的低调姿态，希望建筑在形式上体现出本土特色。因此，这些校园建筑大多为"中国古典复兴式"，即采用中国古典建筑样式进行设计，使用钢筋混凝土等新材料模仿中国古典建筑的形态，模拟出屋顶、屋身、台基的三段式构图以及梁、柱、斗栱等构件，在这一领域做出了积极的探索与尝试，形成了"中国古典建筑复兴"风格。

茂飞对中国传统建筑的理解，得益于他的浓厚兴趣以及对北京故宫等建筑的调查和学习。1914年，茂飞刚刚到达北京，便立刻前往故宫参观，在这座极度雄伟的皇宫里入了迷。他认定，故宫"是世上最完美的建筑群，如此的庄严和辉煌无处可寻"[1]。此后，他专程带领助手吕彦直，对故宫建筑进行考察，绘制了不少建筑图[2]，进一步加深了对中国建筑的理解。以实践为基础，茂飞发展了中国古典建筑复兴理论。在1926年发表的文章《中国传统建筑的适应性》中，他将新材料、新技术与传统样式的结合喻为旧瓶装新酒，并提出需要保留曲线

① Jeffrey William Cody（郭伟杰）: HENRY K.MURPHY,AN AMERICAN ARCHITECT IN CHINA, 1914–1935, Ph.D. Dissertation, Cornell University，1989 : 1.
② 杨永生，刘叙杰，林洙.建筑五宗师.天津：百花文艺出版社，2005 : 8.

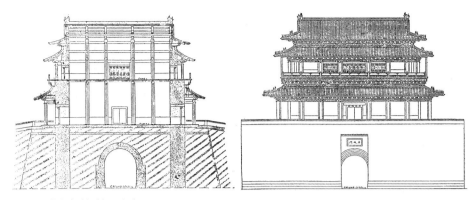

图1-4 北京阜成门剖面图与立面图
（资料来源：喜仁龙.北京的城墙和城门.北京：北京燕山出版社，1985：121、123）

屋面、轴线排列、清晰的结构、色彩、石砌基座等造型要素[①]，引发了广泛关注。茂飞的适应性建筑理论也极大地影响了近代中国的第一代建筑师，尤其是曾协助他考察故宫的助手吕彦直，其在日后设计的南京中山陵和广州中山纪念堂被认为是"中国固有式"建筑的代表作，实际上延续了茂飞的古典建筑复兴实践。

（4）喜仁龙对北京城门建筑的测绘

奥斯伍尔德·喜仁龙（Osvald Siren）是瑞典美术史学家。由于对中国艺术的热爱，自1920年代开始关注东方美术，先后5次访问中国，对建筑、园林、雕塑、绘画等多有涉猎，在中国艺术史领域著作颇丰。曾出版《北京的城墙和城门》（The Walls and Gates of Peking，Researches and Impressions）、《中国雕刻》（Chinese Sculpture）、《北京故宫》（The Imperial Palace of Peking）、《中国绘画史》（Histoire de Art Anciens）、《中国古代艺术史》（A History of Early Chinese Art）、《中国园林》（Gardens of China）等有关中国艺术的著述。

1921年，喜仁龙首次来到北京，进入故宫、颐和园、中南海、北海进行考察。与此同期，"鉴于北京城门的美"[②]，他用数月时间对北京的城墙和城门建筑进行了全面细致的考察和研究。由于政府的限制和监管，考察中不准架设脚手架。不过，当时的内务总长仍然允许他测绘部分城门建筑。因此，通过鲍梅斯特·泰勒（Baumeister Thiele）先生介绍，请来几位中国的绘图员，在喜仁龙的监理下对部分城门进行了测绘。这些图纸共50幅，包括平面图、立面图和剖面图（图1-4）。除立面图外，大都注有尺寸。结合史料与城墙碑记，喜仁龙对城墙和城门建筑作了历史研究和考证，并简单描述了建筑的结构和形式，还对城墙厚度进行分段测量。他认为，北京的城门是体现中国建筑一般规律的典范，却不断遭受破坏，所以希望"能够引起人们对北京城墙和城门这些历史古迹的新的兴趣"[③]。此次考察与研究的成果于1924年出版为《北京的城墙和城门》，是迄今为止关于北京城墙与城门最为完备翔实的资料。

① Henry Killam Murphy：The Adaptation of Chinese Architecture，Journal of Chinese and American Engineers 7，1926，no.3：7.
② 奥斯伍尔德·喜仁龙.北京的城墙和城门.北京：北京燕山出版社，1985：3.
③ 奥斯伍尔德·喜仁龙.北京的城墙和城门.北京：北京燕山出版社，1985：3.

（5）"欧洲中心论"下的东方建筑

19 世纪下半叶，在欧洲有关中国建筑的出版物中，出现了将中国建筑纳入世界建筑体系的研究著作，包括英国研究者詹姆斯·法古孙（James Fergusson）分别于 1855 年、1867 年出版的《建筑史图说手册》（Illustrated Handbook of Architecture of All Ages and All Countries）、《建筑的历史》（History of Architecture）以及英国学者班尼斯特·弗莱彻（Banister Fletcher）于 1896 年著写的《世界建筑史》（A History of Architecture）。法古孙曾对印度建筑进行多年实地考察和研究，他将《印度及东方建筑史》列为一卷，作为《建筑的历史》的一部分。在《建筑史图说手册》和《印度及东方建筑史》中，法古孙都提及了中国建筑，但他的材料并不来自实地考察，而是根据欧洲当时出版的中国旅行手册和摄影集，并且作出了中国没有东西可称为建筑的评价①，与他对印度建筑的研究深度无法相比，但毕竟是欧洲的较早涵盖中国建筑的体系化著述。弗莱彻的《世界建筑史》是世界最重要的建筑史学著作之一，它的初版以西方建筑文化发展为主线，再版时又加入印度、中国、日本、中美洲等非欧洲的建筑文化。由于作者"欧洲中心论"的文化观点，这些建筑被定义为"非历史性风格"，仅作了轻描淡写。书中著名的归纳建筑文化演进过程的"建筑之树"也是以西方建筑作为主干，按文化发展的顺序"生长"出埃及、希腊、罗马、中世纪、文艺复兴等阶段，其他地区建筑则未列入主干，而是作为早期建筑文化的次要分支。

（二）20 世纪初日本学者对中国建筑的考察测绘

19 世纪下半叶，日本在明治维新之后迎来了近代化黎明，开始学习西方科学研究体系，对本民族的历史、文化进行系统研究。为了探寻其文化根源，日本学者陆续展开对邻近的中国、朝鲜以至亚洲地区美术史、建筑史、考古史领域的文化研究，纷纷踏入周边国家进行实地考察。与日本保有千年文化交流史的中国，则成了日本学者考察研究的重要地区。在近代西方中心论的强势语境下，日本学者对中国的研究与西方学者的猎奇心态迥然不同，而是具有追溯自身文化的使命感与唤醒东方民族意识的责任感。此外，由于两国文化的渊源和相近性，日本学者在研究中国文化方面存在先天的优势，因此虽然较西方学者的研究起步较晚，但其成果在数量和深度上都快速地赶超了前者。

---

① 徐苏斌 . 日本对中国城市与建筑的研究 . 北京：中国水利水电出版社，1999：23.

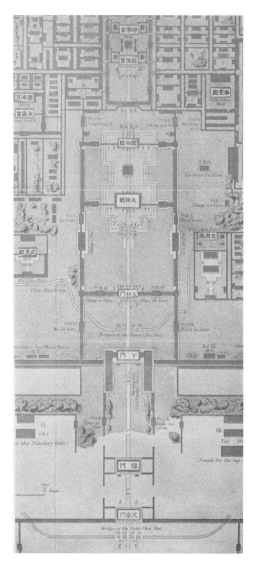

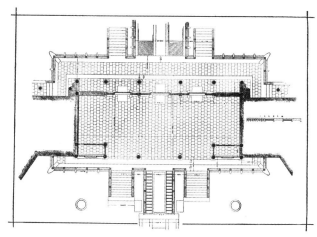

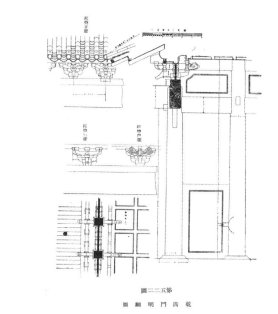

第五二二圖

乾清門明間翻圖

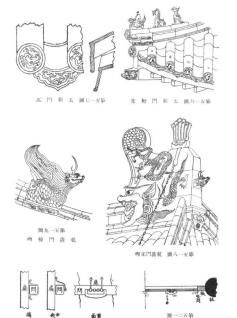

第五一七圖 太和門瓦門

第五一六圖 太和門軒先

第五一九圖 乾清門脊椽吻

第五一八圖 乾清門正脊吻

第五二〇圖 太和門中央 端門

太和門首面

第五二一圖 太和門扇屏

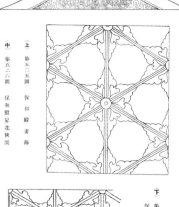

（上）第五二五圖 保和殿表飾

（中）第五二六圖 保和殿屋花狹間

（下）第五二七圖 保和殿屋花狹間

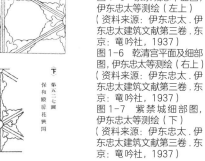

图1-5 紫禁城总平面图，伊东忠太等测绘（左上）
（资料来源：伊东忠太.伊东忠太建筑文献第三卷.东京：竜吟社，1937）

图1-6 乾清宫平面及细部图，伊东忠太等测绘（右上）
（资料来源：伊东忠太.伊东忠太建筑文献第三卷.东京：竜吟社，1937）

图1-7 紫禁城细部图，伊东忠太等测绘（下）
（资料来源：伊东忠太.伊东忠太建筑文献第三卷.东京：竜吟社，1937）

1. 伊东忠太与关野贞对中国建筑的考察测绘

（1）伊东忠太的考察

伊东忠太是第一个开始考察和研究中国建筑的日本建筑史家，他在东京帝国大学工科大学院研读期间，着手研究日本年代最早的木构建筑法隆寺。受到东方美术史家冈仓天心的影响，伊东忠太决定考察与日本建筑有关的国家，一是为了了解日本建筑的起源和传播路线，二是针对欧洲人对东方建筑不公正的评判。[①] 1901 年 7 月，伊东忠太一行到达北京，参观了颐和园、雍和宫、孔庙、紫禁城等处，并在紫禁城进行了为期 20 天的建筑考察与实测。由伊东忠太进行历史考察，土屋纯一担任测绘，小川一真担任摄影，奥山横五郎进行建筑装饰考察。主要完成了紫禁城总平面图（图 1-5）和重要殿座的平面图，如乾清宫平面图（图 1-6）、乾清门平面图、交泰殿平面图，以及吻兽、隔扇、雀替等局部特写（图 1-7）。回国后，根据此次考察内容发表和出版的著作有伊东忠太的《北京紫禁城建筑谈》、奥山横五郎的《北京紫禁城的建筑装饰》、伊东忠太与土屋纯一的《清国北京紫禁城殿门的建筑》，以及小川一真的《清国北京皇城写真帖》。

1902 年，伊东忠太开始第二次中国之行，在 3 年时间内途经北京、河北、山西、河南、陕西、四川、湖南、贵州等地，考察了大量古代建筑，对中国建筑有了较为全面的了解，其间还发现了云冈石窟，并介绍于世。1905 年至 1910 年，伊东忠太又进行了三次中国建筑考察，分别至东北、江浙以及潮汕地区。经过多次考察，伊东忠太将研究成果总结为《支那建筑史》，该书于 1925 年 8 月问世，成为日本第一部较为全面的中国建筑通史。伊东忠太在这部著作中总结了中国建筑的特征，为后来的研究者建立了中国建筑史研究的框架。

（2）关野贞的考察

关野贞是与伊东忠太同时期的日本建筑史家，他对中国建筑的考察也以探索日本建筑的根源为目的。关野贞的考察按文化传播路线逆流而上，从朝鲜开始，到中国东北，然后进入内陆，直至西域。从 1906 年起，关野贞先后进行了 10 次中国建筑考察。[②] 1929 年 4 月，关野贞受聘于东方文化学院，开始"支那历代帝

---

① 徐苏斌. 日本对中国城市与建筑的研究. 北京：中国水利水电出版社，1999：43.
② 1906 年，受日本内阁的派遣，关野贞第一次来到中国，考察了河南、陕西的石窟、陵墓和古建筑。第二年，又至山东进行石窟的补充调查。1913 年，关野贞到达中朝交界处的辑安，对高句丽文化的遗迹进行考察。1918 年至 1920 年，关野贞受日本文部省派遣，对中国古建筑保护情况进行考察，先后到达辽宁、北京、山西、河北、河南等地，回程中顺道考察了南方的江浙一带，完成了一次中国大旅行，在这次考察中发现了天龙山石窟。参见徐苏斌. 日本对中国城市与建筑的研究. 北京：中国水利水电出版社，1999.

王陵研究"课题的研究。为此，关野贞与助手竹岛卓一等人于1930年考察了中国南方苏杭地区的陵墓，又在1931年5月考察了北方的清东陵、明十三陵和清西陵。时值清东陵被盗，他们对清东陵进行了为期一周的测绘考察，绘制了100多张图，可惜在1945年的空袭中被烧毁。[①]

从清东陵返回北平途中，关野贞一行在路过蓟县时偶然发现了独乐寺。关野贞此前曾调查了大同华严寺，其建筑形式与独乐寺相似，据而推断独乐寺也是辽代建筑。为此，他们对独乐寺进行了摄影和测绘，但由于时间仓促，仅测绘了平、立面。回到北平后，关野贞访问了中国营造学社社长朱启钤和文献部主任阚铎，向他们介绍独乐寺的发现。阚铎在文献中找到记载，证明了独乐寺确是辽代建筑。关野贞以实物类比推断建筑年代的方法也使中国学者意识到实物考察的重要性。

在这几次考察的基础上，关野贞撰写了《中国文化史迹》、《支那历代帝王陵的研究》、《辽金时代的建筑与其佛像》等著作，成为研究中国古代建筑及佛教美术极其珍贵的资料。

2. 研究机构主持下的合作式考察

（1）"南满洲工业专门学校"的东北建筑研究

甲午战争与日俄战争之后，东北亚国际关系的格局发生了转折性改变，战争的胜利使日本军国主义得以迅速膨胀，对占领地的学术研究也成为大陆扩张的重要内容。1911年，日本在大连建立了"南满洲工业专门学校"及"满洲建筑学会"。此后，在校任职的伊藤清造、村田治郎、冈大路开始对东北建筑进行研究。1924年，伊藤清造带领两三名学生对沈阳故宫进行了测绘。1926年，伊藤清造、冈大路和村田治郎考察沈阳北陵，发表了《奉天昭陵图谱》。1929年，沈阳故宫的考察测绘成果出版为《奉天宫殿建筑图集》。从图集来看，当时主要测绘了沈阳故宫的总平面，以及崇政殿、大政殿、大清门、凤凰楼、清宁宫、翔凤楼、崇谟阁、文溯阁等各个单体建筑的平面，另外对檐柱及柱础、家具、栏杆等细部的纹样也做了记录（图1-8）。平面图作为测绘的主要内容，不仅全面详细，并且标注有尺寸。

（2）"满日文化协会"的热河保护

1931年九一八事变后，伪满洲国成立，向日本寻求力量从事热河的保护

---

① 徐苏斌. 日本对中国城市与建筑的研究. 北京：中国水利水电出版社，1999：108-109.

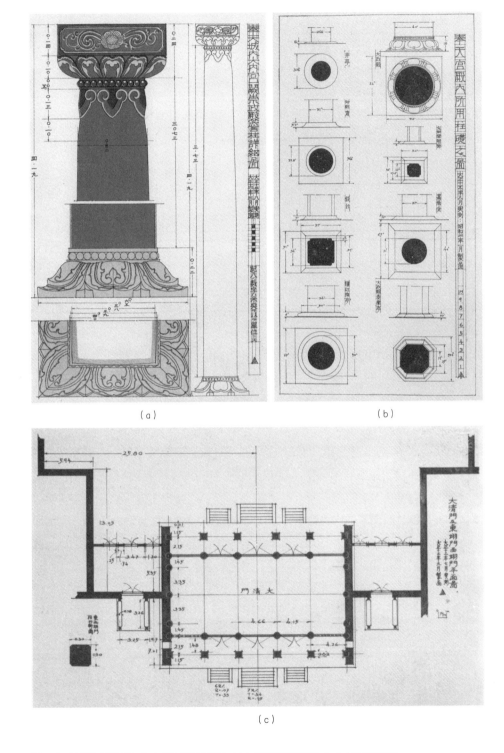

图1-8　沈阳故宫测绘图。(a)崇政殿檐柱详图; (b)各殿柱础实测图; (c)大清门平面图
(资料来源: 伊藤清造. 奉天宫殿建筑图集. 东京: 洪洋社, 1929: PL1、PL61、PL16)

和研究。为此，日本东方文化学院东京研究所的主要成员创立了"满日文化协会"，开始热河的文物整理和实物考察工作，其中就包括当时受聘于东方文化学院的伊东忠太和关野贞。1933 年，关野贞、竹岛卓一、荒木清三对热河的建筑进行了摄影和测绘。由于时间和人力有限，仅简略测绘了平面图。[①]关野贞还提出了热河的保护计划，其中专列出建筑考察事项，计划由伊东忠太、关野贞、村田治郎、竹岛卓一进行考察。1935 年，关野贞去世，由伊东忠太继续主持热河的保护工作。同年，热河重修工务所成立，伊东忠太一行六人来到热河，准备继续进行考察、测绘，并编写保护计划。由于上层决策原因，仅拨付调查费，热河保护计划未能实施。[②]此后，热河考察不了了之，测绘图也遭遇水淹，仅在后来出版的《热河故迹与西藏艺术》中收录了 18 幅图纸。[③]

上述内容主要为日本对中国建筑的考察中涉及测绘的部分。除此之外，日本学者与机构的考察还包括常盘大定对中国佛教史迹的考察、冢本靖对中国建筑装饰的考察、鸟居龙藏对辽代文化遗迹的考察等等，本书不再详述。

西方学者对中国建筑的考察涉及了不同时代、地域的建筑实物，并进行了不同类型建筑的分析研究，但由于认识的局限和文献考证的不足，其研究也大多呈现出一种非历史性，尚未形成学科体系。[④]而这一时期日本学者对中国建筑的研究虽然还处于起步阶段，其考察也多为普查或专题调查，其间进行的测绘大多以总平面和平面为主，较为简略，还未深入进行个体建筑的重点测绘，不过，日本学者将实证方法与文献研究结合，不仅成果颇丰，其研究深度也远远超过了当时西方学者的研究，并且深刻激励和影响了其后中国学者的研究。然而，不可否认的是，日本学者的研究迎合了帝国主义殖民扩张的需要，这种动机也使他们的研究成果很难被心怀强烈历史使命感和民族自尊心的中国知识分子所接受，反倒成为中国人研究中国建筑的推动力。

① 关于这次测绘，竹岛卓一在《承德——清代的文化》中提到："实测使用了 200 尺的钢尺，由于时间的限制就算是测绘一部分也是很困难的，所以利用了中国建筑的特征，从门开始往里测量了中心建筑的间隔和大小，以及中心轴线两侧的左右对称的配殿之间的距离，没有时间测量平面图上的柱间距就从对角线方向拍下建筑，然后用透视法在绘图桌上推测。"引自徐苏斌. 日本对中国城市与建筑的研究. 北京：中国水利水电出版社，1999：122.
② 徐苏斌. 日本对中国城市与建筑的研究. 北京：中国水利水电出版社，1999：157.
③ 徐苏斌. 日本对中国城市与建筑的研究. 北京：中国水利水电出版社，1999：157.
④ 尽管如此，"一个不争的事实是，对中国建筑的研究是西方人早于我们的，并且实际上他们的研究在很大程度上曾经影响过，甚至在某种意义上引导过我们的研究"。引自赵辰. "立面"的误会. 北京：生活·读书·新知三联书店，2007：163.

二、近代学术与技术的发展

（一）近代学术思潮

1. 史学界的实证主义思潮

19世纪科学技术的迅速发展，推动了自然科学理论化、系统化的全面繁荣。在"科学万能"观念的深刻影响下，自然科学的方法逐渐移入社会与人文学科，直接促进了史学家以自然科学崇尚实证的观念看待历史。在科学主义思潮的影响下，西方史学界诞生了以法国哲学家孔德创立的实证主义哲学为理论基础的实证主义史学。实证主义史学主张由史实出发，注重史料的搜集考证，在广泛搜集事实材料的基础上科学性地阐释历史发展的规律，并不断将自然科学和社会科学的新方法引入历史研究。实证主义在西方各国迅速发展，在19世纪下半叶迅速占领了欧洲史学的主要阵地。

事实上，中国传统学术中不乏严密的史学考据传统。清初名儒顾炎武开创的考证学，更是开清代朴学之风，并逐渐发展成为清代史学的主流——乾嘉朴学。乾嘉学派务求客观，不尚空谈，在广泛收集古籍、文献的基础上，运用汉儒训诂、考订的方法辨伪、校注、辑佚，在经学、史学、金石、地理、天文、历法等方面均有骄人的业绩。

鸦片战争之后，西学输入的步伐加快，西方文明的大量涌入促使国人不断更新观念。19世纪末20世纪初，通过梁启超的介绍与宣传，西方近代史学思想传入中国。梁启超于1901年至1902年发表著作《中国史叙论》和《新史学》，提出历史应为国民而作、根据进化的基本原理反映出全面文明史的观点。同时，梁启超建立了新的史料观念，主张充分撷取地理学、人类学、考古学、语言学、宗教学、政治学、法律学、经济学、生物学、物理学、化学等各种现代科学的新方法，以尽可能多地掌握史料。在"新史学"的思潮下，实证主义史学开始出现萌芽。

"五四"新文化运动之后，西方学说以更大规模输入中国。新文化运动的思想主导者胡适，在美国留学时师从实用主义哲学家杜威，回国后大力宣扬实践科学精神，在治学方法上提出"大胆假设，小心求证"的观点，体现出尊重事实的实证精神，对推动实证主义史学在中国的发展具有积极意义。此后史学界崛起的史学流派，如顾颉刚倡导的"层累地造成的中国古史"学说的疑古派和以王国维首创的"二重证据法"为主旨的考古派，都在不同程度上受到实证精神的影响并且推动了史料学的近代化。

早年受旧式教育和传统学术熏染的近代学者，对清代学术亦有深切领会，在吸收西方近代学术方法的同时，也充分地肯定了清代乾嘉朴学中蕴含的类似于西方科学精神的实证思想。以梁启超、胡适为代表的学术家，在积极沟通西方实证方法与乾嘉朴学方法的同时，认识到清代朴学囿于文字材料而未尝涉学实物材料的缺陷，大力倡导引入自然科学的方法进行史料的搜集与鉴别。[1]

20世纪初，大量举世罕见的地下文物问世，其中甲骨卜辞、汉晋简牍、敦煌遗书、明清内阁大库档案被称为学术界的四大发现。实物材料前所未有的呈现，引起史学家的极大瞩目。以此为契机，王国维于1917年提出了著名的"二重证据法"，以"纸上之材料"与"地下之新材料"互证，将西方近代实证主义方法与传统的乾嘉考据学结合，并成功运用于甲骨文、金文的研究，使其与古籍文献结合，考证了商周史地、礼制、文化等诸多方面。胡逢祥在《中国近代史学思潮与流派》中指出，二重证据法对史料的认识观是一大突破。[2]

2. 近代考古学的建立——从书本走向田野

清末以降，国门被迫开放，各国冒险家、寻宝者纷至沓来，在中国境内进行考古探险活动，并以此为名大肆盗掘、掠取珍贵文物出境，在深深刺痛国内学者的同时也激发了其建立中国自身考古学的愿望，并将辅之以人类学和地质学的现代考古学理论带入国人视野。民国初期，农商部地质调查所于1916年成立，聘请具有国际声誉的安特生、葛利普等外国考古学家，主持开展考古调查，先后发现了仰韶遗址、周口店遗址等众多史前遗迹，并迅速培养出一大批田野调查人员，开启了中国近代考古学研究的先河。

南京国民政府成立后，在傅斯年的努力筹建下，中央研究院历史语言研究所于1928年成立，集中了李济、陈寅恪、赵元任、董作宾等著名学者，从此打破了清末民初依靠外国人士、个别学者和机构零散从事考古研究的局面，考古学第一次纳入了国家学术体系，在国家力量支持下系统发展。以傅斯年为代表的"史

---

[1] 胡适曾指出："从梅麓的《古文尚书考异》到顾颉刚的《古史辨》，从陈第的《毛诗古音考》到章炳麟的《文始》，方法虽然是科学的，材料却始终是文字的。科学方法居然能使故纸堆里大放光明，然而故纸的材料终究限死了科学的方法，故这三百年的学术也只不过文字的美术，三百年的光明也只不过故纸堆的火焰而已。"胡适.治学的方法与材料.见：胡适文存第3集.合肥：黄山书社，1996：94-95.

[2] "与传统的以文献考证文献的研究方法相比，'二重证据法'特别强调地下材料的证史价值，并把这种价值提高到与文献并重的地位，深刻改变了史料的范围和性质，对史料的认识观是一大突破。"胡逢祥.中国近代史学思潮与流派.上海：华东师范大学出版社，1991：330.

语所学派"，竭力提倡科学性和客观性，以傅斯年提出的"史学便是史料学"为宗旨，将史料的发现和整理作为史学重心。[1] 同大多数近代学者相似，傅斯年早年亦受旧式教育，就读北大中国文学门时，曾受到章太炎学派不小的影响，对于乾嘉朴学的治学门径想必谙熟，对其同样持肯定态度。他在《历史语言研究所工作之旨趣》中指出，史语所治学宗旨的第一条即是"保持亭林百诗的遗训"，并且以此为基础，"因行动扩充材料，因时代扩充工具"，乃是"唯一的正当路径"[2]。正是在"上穷碧落下黄泉，动手动脚找东西"的实践口号下，史语所同仁连续发掘、整理史料，并相继发表考古报告，在考古发掘研究方面取得了十分显著的成绩，其中对殷墟的发掘一度轰动了国际学术界。基于考古材料的大量发现和研究的基础，也推动了中国历史研究的极大发展。

从方法论上讲，无论是梁启超的新史料观、胡适倡导的实用主义方法，还是王国维代表的"考古派"，或是傅斯年的"史料学派"，都可归于实证主义的范畴。有学者认为："一定意义上说，傅氏的史料学观点是对王国维'二重证据法'的进一步扩充和推广。"[3] 清末接受西方学理以来，随着"新史学"理论的传播、"五四"科学之风的熏染，以及考古学的现代化转型，国内学者在中西学术交融的道路上不断前行，以新史料的涌现和新方法的引入为机缘，成功继承了乾嘉朴学并糅合西方实证史学方法，大大促进了传统学术向现代学术的转变，深刻影响并启发了近代学术界。

3. 整理国故之风

近代西方文化入侵引发了民族文化的深重危机。清末知识界以章太炎、邓实、刘师培为主要代表人物，在 20 世纪之初兴起了一股国粹主义思潮。1905 年 1 月，国学保存会在上海成立，并于次年创办《国粹学报》，发表了大量宣传国粹的论文。同时，在日本东京成立"国粹振起社"，由章太炎担任社长，提出"振起国学，发扬国光"的口号。

章太炎将国粹定义为被清朝政权长期压抑的汉族历史记忆，即广义上的传统文化。由于继承了洋务派"中学为体，西学为用"的主张，国粹派并不排斥西方文化，而是采取"为我所用"的态度。在批判地继承、重塑国学传统的主旨下，国粹派对传统文化中哲学、美学、教育、语言、文字、音韵、训诂等方面进行了整理和研究，成绩不俗。

---

[1] 欧阳哲生主编.傅斯年全集第三卷.长沙：湖南教育出版社，2003：10.
[2] 欧阳哲生主编.傅斯年全集第三卷.长沙：湖南教育出版社，2003：8.
[3] 张书学.中国现代史学思潮研究.长沙：湖南教育出版社，1998：177.

虽然国粹派具有狭隘的种族主义思想和泥古不化的文化保守主义倾向，但毕竟是一次面对西方文化强势挑战的自觉回应，并引发了此后更大规模的"整理国故"运动。[①]

"五四"新思潮兴起后，传统文化受到新思潮的强烈冲击。一些中国学者发现，越来越多的西方和日本学者进入汉学研究领域并作出了成绩。要想在世界学术领域争一席之地，胡适说，"惟有国学"[②]。新文化派随即意识到，要推动新文化运动发展，有必要衔接起新旧两种文化，用科学方法对传统文化进行系统的整理。1919 年底，胡适发表《新思潮的意义》，开宗明义地提出"研究问题，输入学理，整理国故，再造文明"的口号，又在 1923 年《国学季刊》的《发刊宣言》中系统解说了国学研究的原则和方法。[③]"整理国故"的主张在社会各界产生了广泛影响，除了得到新文化人的积极欢迎外，包括旧派学者在内的其他学派也参与进来，迅速引起了全国范围内旧学整理的热潮，多地高校成立了国学研究机构，采用近代西学的范式进行课程分类和设置。

尽管胡适明确提出对待国故要用评判的态度、科学的方法作精确的考证，但众多学派学人的学术源流和治学方法不尽相同（如当时清华国学院的四大导师——王国维、梁启超、赵元任、陈寅恪就是不同时代和背景下的学术大家），在如何对待传统文化以及与西学的关系问题上存在差异，因而就"整理国故"的范围、方法、意义展开了全国范围的论争。正是由这些争论中，越来越多学者接受并选择西方科学的方法体系来重建国学。

在整个社会文化与学术转型的具体环境下，各领域的学术思想和理性思维都不可避免地受到上述种种历史思潮的影响和启示。在西方学术输入、整理国故之风兴起、史学与考古学实现近代化的历史背景下，中国建筑史学的诞生以及引入科学测绘方法进行民族建筑遗产的研究和保护，在短短十余年间取得突破与飞跃便不是偶然的了。

（二）测绘技术的近代化

中国古代测量与绘图技术历史悠久，但"测绘"一词直到清代才开始广

---

① "胡氏并不讳言其对'国故'的理解得益于章氏，顾颉刚更直接点明二者的历史联系。"陈平原.章太炎与胡适之关于经学、子学方法之争.见：陈平原、王守常、汪晖主编.学人第六辑.南京：江苏文艺出版社，1994.
② "要想能够有一种学术能与世界学术上比较一下，惟有国学。"引自胡适：《再谈谈整理国故》，1924 年胡适为东南大学国学研究班的演讲，参见许啸天编.国故学讨论集.上海：上海书店，1991：22.
③ 胡适提出整理国故的三大策略是：用历史的眼光来扩大国学研究的范围，用系统的整理来部勒国学研究的资料，用比较的研究来帮助国学的材料的整理与理解。

泛使用。"规"、"矩"、"准"、"绳"是自远古时期普遍使用的测量工具，汉代武梁祠画像石就绘有手持"矩"的伏羲和手持"规"的女娲的形象。在数千年历史中，测量工具得到了很大的发展，产生了圭表、司南等测定方位的仪器，以及称作"水平"的古代水准仪。同时，古代测量学也随着数学的发展得到促进。三国时期的刘徽在为《九章算术》作注时，研究并发展了西汉《周髀算经》中的重差术，著为《海岛算经》，运用相似三角形和勾股定理测量地形地貌，是测量学历史上的巨大成就。制图方面，中国古代在地图、城市和建筑的规划设计等相关领域形成了"计里画方"的制图传统。[①] 计里画方制图法基于中国古代"天圆地方"的理论，将地面视为平面，采用一定比例关系的正方形格网来控制测量物的方位和距离。由于在一定测量范围内忽略地表曲率并不会引起显著的测量误差，计里画方法是地圆学说和经纬度制图传入中国之前最科学的制图法。

16 世纪末，西方传教士进入中国，他们大多通晓天文、历算、地学知识，擅长测绘技术。意大利传教士利玛窦（Matteo Ricci）是第一个将西方地圆学说、投影绘图法、经纬度测量技术传入中国的西方人，他在明万历十年（1582年）来华，自制天体仪、日晷等仪器，与徐光启翻译《几何原本》、《测量法义》等书籍，对中国的测绘技术产生了极大影响。利玛窦之后，又有德国传教士汤若望（Johann Adam Schall von Bell）从欧洲带来浑天仪、地平晷、望远镜等仪器，并将伽利略《远镜说》一书译为中文。该书是中国第一本介绍西方光学知识的中译本，对光学测绘知识的传播和应用起到了重要作用。在西方科学知识的引入和影响下，明朝末期形成了中西方测绘技术相互融合的局面。

清代康熙、乾隆年间进行了两次大规模的实测地图活动。康熙朝，清廷组织在全国范围进行经纬度和三角测量，完成了全国地图的控制测量，所绘的《皇舆全览图》是中国第一幅经过经纬度测量的全国地图。此外，测绘教育也在清末发展起来，光绪时期，开办北洋测绘学堂、保定测绘学堂、京师陆军测绘学堂、两江测绘学堂以及地方测绘学堂十余所，测绘逐步发展为独立的学科门类。另外，在工科学堂和军事教育中也开始讲授测绘课程。清政府还先后派出近百名留学生前往日本等国学习测绘技术。经过这一时期的发展，技术水平在清末已逐步由传统测绘向近代测绘转变。

---

① 参见王其亨 . 古建筑测绘 . 北京：中国建筑工业出版社，2006：5.

民国政府成立后，设立军事测绘机构——陆军测量总局和各省陆军测量局，以及水利测量、交通测量、工程测量、地籍测量等专门机构，并系统制定全国和地方性的军事测绘规章制度。[①] 与建筑最为相关的工程测量，最先在北京开展，1914 年建立的京都市政公所下设测绘科，测量全市水准，并兼办房屋基线测绘。1928 年北平市工务局成立后，原测绘科改为测绘股，仍组织测绘房屋基线图业务。此外，上海、天津、南京、重庆等城市也先后成立测绘机构，进行城市、市政、交通、建筑等方面的测绘。民国的测绘教育在清末测绘教育的基础上继续发展，将京师陆军测绘学堂改为中央陆军测量学校，广东、广西、湖北、云南、浙江、陕西、东三省等地的地方陆军测绘学堂则改为陆军测量学校。中央陆军测量学校开办有大地测量、地形测量、航空测量、地图制印、测量仪器等专业，是当时国内最完备的一个测量学校。[②] 至 1939 年，中央及各地陆军测量学校共培养测绘技术人才两千多人。[③]

由于测绘技术的应用领域十分广泛，包括工程、铁路、水务、矿场、地产等等，除了政府开设的教育机构外，社会上也出现了职业速成类的测绘培训班。围绕军事需求培养的大量人才中，也有一部分分流至其他测绘应用领域。例如，行政院北平文物整理委员会工程处担任文物建筑测量、绘图事务的金豫震，就曾由中央防空学校毕业，后在东北边防军、平津卫戍司令部担任情报绘图。[④]

测量仪器的研制方面，由于缺乏仪器制造的专门人才，国内仪器生产厂商仅能制造小平板仪之类的低精度测量仪器，无法满足各地不同类别测绘活动对于中等精度的经纬仪、水准仪的大量需求。因此，销售测绘仪器的洋行应运而生，自国外进口大量测绘仪器，对中国仪器制造业的发展造成了很大的冲击。

综上，民国时期战事频繁、政局动荡，测绘事业在满足军事需求的基础上，有了进一步的专业划分，在大地测量、建筑、交通、市政等各个行业得到发展和普及，基本完成了传统测绘向近代测绘的转变。

[①] 如 1914 年以大总统令公布的《陆军测量标条例》，1926 年北洋政府出台的《各省陆军测量局组织条例》、《中央陆军测量学校组织条例》等等。

[②]《中国测绘史》编辑委员会编.中国测绘史·第 1 卷（先秦—元代）、第 2 卷（明代—民国）.北京：测绘出版社，2002：602.

[③]《中国测绘史》编辑委员会编.中国测绘史·第 1 卷（先秦—元代）、第 2 卷（明代—民国）.北京：测绘出版社，2002：608.

[④] 参见考试院河北山东考铨处对北平文物整理委员会工程处拟用人员的审查、通知书等，北京市档案馆藏，档案号 J142-001-00174.

图1-9　朱启钤先生像
（资料来源：朱启钤.营造论——暨朱启钤纪念文选.天津：天津大学出版社，2009：258）

三、实物测绘方法的确立

（一）朱启钤创立中国营造学社

朱启钤（图1-9），字桂辛，生于1872年，其一生经历丰富，曾治理学政、督办工务、经营实业，在政务、交通、市政等方面均有建树。对于朱启钤先生的生涯履历，仅就与本书主题相关部分作以下回顾。

朱启钤早年随侍姨丈瞿鸿机左右，由此进入宦途，曾经多次督办重大工程：1891年随瞿入蜀，赴泸州盐务总局任职，期间负责云阳大汤子新滩工事，首次接触工程施工事宜；1904年，经徐世昌推荐，朱与袁世凯相识，候政北洋，翌年被派负责天津习艺所的修建工程；1910年，筹建山东乐口黄河桥工程，对于工程上的勘察、设计、施工，事无巨细都亲自过问，甚至亲自下到施工沉井中视察。[①]津浦铁路由德国贷款，聘用德国工程技术人员，完全采用现代设计施工方法。朱启钤由此接触到了西方现代工程方法，得到了很大的启发，对于工程的兴趣日增。[②]

凭借多年主管工程的实践经历，朱启钤自1912年起历任民国交通总长和内务总长。1914年，朱启钤任内务总长时创立了"京都市政公所"并兼任市政督办，负责办理京师市政、道路及各项建筑工程。经过三年的实践，市政公所制定出一系列法规条令，严格规范建筑工程的各个程序，形成了京师城市建设的管理体系。作为民国初年重要的建筑修葺管理机构，京都市政公所承担了北平市内全部土木建筑工程，其中就包括诸多传统建筑的修缮，例如改建文华殿及修理文渊阁、午门、西方亭、太庙、社稷坛门及孔庙修缮等工程。[③]

① 朱启钤著，崔勇、杨永生编选.营造论——暨朱启钤纪念文选.天津：天津大学出版社，2009：164.
② 正如朱启钤之孙朱文极、朱文楷所述："当时，先祖乃文职官员，并无科技知识，但在接触铁路工程后，先祖蕴藏于内心的对建筑工程的喜爱与兴趣，受到了启发。其后，在先祖修建中央公园、疏通前门道路、规划建设北戴河海滨，以及创建中国营造学社等与工程有关的事业，半是启迪于斯。"引自朱文极、朱文楷.缅怀先祖朱启钤.见：朱启钤著，崔勇、杨永生编选.营造论——暨朱启钤纪念文选.天津：天津大学出版社，2009：163.
③ 参见吴廷燮.北京市志稿（一）.北京：北京燕山出版社，1997：324-325.

虽然从政数载，但朱启钤向来轻视辞章，崇尚实学。在政治界和工商界取得的卓著业绩，都显示出极具天资的管理和实干才能。^①因其素来对工程技术怀有热情，常借经管建筑工程之机接触工匠，了解到工匠口耳相传的经验与清代官修的《工程做法则例》等建筑文献，由此产生了对古代建筑的浓厚兴趣。^②

1919 年，朱启钤先生赴上海出席南北议和会议，途经南京的江南图书馆时，发现了钞本宋《营造法式》，随即委托商务印书馆影印出版，受到国内外的重视。《营造法式》是北宋将作监李诫奉敕编修的建筑官书，于元祐六年（1091 年）颁行。该书记载了建筑的制度和做法，规定了材料、用工定额，反映出当时的建筑设计和施工方法。由于长期关注营造领域，熟识工匠群体，朱启钤深知"道器分途、重士轻工之固习"^③造成工匠之辈能制作而未尝著书，建筑技术传其人而不传其学，难有文献留存。因此，《营造法式》作为沟通儒匠的媒介，乃历史长河中"星凤之仅存"^④，其研究中国营造学的夙愿也受到进一步鼓舞。^⑤南北议和会议后，朱启钤退出政坛，潜心学术。《营造法式》刊行后，因其"未臻完善"^⑥，朱启钤委托陶湘、傅增湘、罗振玉等诸多权威文献学家悉心校勘，于 1925 年再版刊行，世称"陶本"。同年，朱启钤创办"营造学会"，组织人员搜集、整理、研究古代营造资料。在此基础上，朱启钤于 1930 年正式成立"中国营造学社"（下称"学社"）并任社长，创办了国内首个研究古代建筑的学术机构。

多年从事建筑工程、重视实学的实践与思想基础都是激发朱启钤逐步踏入中国建筑史学研究领域并最终成立学社的重要动因。同时，他也已经敏锐地注意到西方学者开始了对中国建筑的研究^⑦，并认识到建筑遗产面临着"遗物摧毁，匠师笃老，薪火不传"^⑧的衰亡危机，因而"深惧文物沦胥，传述渐替"^⑨。经过多年悉心关注与研究，朱启钤对于中国建筑的渊源、用材、地缘性以及与西方建筑比较

① 朱启钤始终抱着实业救国的信念。任内务总长期间，曾改建正阳门、打通长安街、开放中央公园，办理多项实事。1917 年，又远离政界，转营实业，开始接办经营山东中兴煤矿公司。1918 年，朱启钤创办北戴河公益自治会，统一规划管理北戴河海滨的建设与开发，有效阻止了外国势力企图侵占海滨的野心。

② "启钤则以司隶之官。兼将作之役，门与往还者。颇有坊巷编纂。匠师耆宿。聆其所说。实有学士大夫所不屑闻。古今载籍所不经观。然此辈口耳相传，转更足珍者。于是蓄志旁搜。零闻片语。残鳞断爪。即见宝若拱璧。即见于文字而不为时所重者，如工程则例之类，亦无不细读而审详心。"引自朱启钤 . 中国营造学社开会演词 . 中国营造学社汇刊，1930，（1）.

③ 朱启钤 . 中国营造学社缘起 . 中国营造学社汇刊，1930，1（1）.

④ 朱启钤 . 李明仲八百二十周忌之纪念 . 中国营造学社汇刊，1930，1（1）.

⑤ "自得李氏此书。而启钤治营造学之趣味乃愈增。希望乃愈大。发现亦渐多。"引自朱启钤 . 中国营造学社开会演词 . 中国营造学社汇刊，1930，（1）.

⑥ "陶本"《营造法式》. 1925.

⑦ "欧风东渐，国人趋尚西式，弃制若土苴，迨欧美人来游中土者，睹宫阙之轮奂，惊栋宇之翚飞翻，群起研究以求所谓东方式者。"（宋）李诫 . 营造法式 . 上海：商务印书馆，1954.

⑧ 朱启钤 . 中国营造学社缘起 . 中国营造学社汇刊，1930，1（1）.

⑨ 朱启钤 . 中国营造学社缘起 . 中国营造学社汇刊，1930，1（1）.

之特点，已经形成了颇有见地的整体见解①，深刻认识到民族文化"万劫不磨之价值"②，产生了"欲举吾国营造之环宝，公之世界之意"③。而宋代建筑文献《营造法式》的发现正可谓承前启后的"钥匙"，令其看到了"上溯秦汉"、"下视近代"，从而"寻求全部营造史"之希望。④ 不惟如此，朱启钤具有深厚的文化造诣，以极富远见的文化学视野，定学社目标为全部文化史之贯通⑤，不仅包括彩绘、雕塑、织染、髹漆、铸冶、搏埴等实质的工艺技术，更涵盖无形的思想文化背景。⑥

综上所述，在特定的历史文化背景下，在种种因素的相互关联中，朱启钤率先打开了中国建筑史学的学术之门。正如罗哲文所指出的："是历史选择了朱启钤先生，也可以说是朱启钤先生选择了历史，这也是历史必然与偶然统一的结果。"⑦

（二）中国建筑师对中国传统建筑的考察

1. 近代中国建筑学的起步与"中国固有式"建筑

中国自古重士轻工，士大夫与手工匠人泾渭分明地处在不同社会阶层。传统营建体系下，各类建筑的设计与施工均为营造工匠承担，而没有西方现代意义上的"建筑师"职业。近代以降，国外传教士、商人陆续东入，西方的房屋建造技术亦伴随而至。鸦片战争之后，中国被迫开放，包括职业建筑师在内的西方建筑从业者纷至沓来，开始了在中国境内的建筑实践。他们引入的西方建筑行业知识与规则，深刻改变了中国传统的营建体系，促使国内建筑业在碰撞和交流中逐步实现了近代化转型。⑧

1895 年中国在甲午战争中战败，清政府开始清醒地认识到西方科学技术的

---

① "我中国古国宫室之制，数千年来踵事增华，递演递进，蔚为壮观。溯厥原始，要不外两大派。黄河以北，土厚水深，质性坚凝，大率因土为屋，由穴居进而为今日之砖石建筑。迄今山陕之民，犹有太古遗风者，是也。长江流域上古洪水为灾，地势卑湿，人民多栖息于木树之上，由巢居进而为今日之楼榭建筑。故中国营造之法，实兼土、木、石三者之原意而成。泰西建筑则以砖石为主，而以木为骨干者绝稀。此与我国不同之点也。"引自（宋）李诚. 营造法式. 上海：商务印书馆，1954.
② 朱启钤. 中国营造学社缘起. 中国营造学社汇刊，1930，1（1）.
③ 朱启钤. 中国营造学社缘起. 中国营造学社汇刊，1930，1（1）.
④ 朱启钤. 中国营造学社开会演词. 中国营造学社汇刊，1930，1（1）.
⑤ "研究营造学，非通全部文化史不可。而欲通文化史，非研求实质之营造不可。"引自朱启钤. 中国营造学社开会演词. 中国营造学社汇刊，1930，1（1）.
⑥ "然若专限于本身，则其于全部文化之关系，仍不能彰显。故打破此范围，而名以营造学社，则凡属实质的艺术，无不包括。由是以言，凡彩绘、雕塑、织染、髹漆、铸冶、搏埴、一切考工之事，皆本社所有之事。推而极之，凡信仰传说仪文乐歌，一切无形之思想背景，属于民俗学家之事，亦皆本社所应旁搜远绍者。"引自朱启钤. 中国营造学社开会演词. 中国营造学社汇刊，1930，1（1）.
⑦ 崔勇. 中国营造学社研究. 南京：东南大学出版社，2004：277.
⑧ 参见李海清. 中国建筑现代转型. 南京：东南大学出版社，2004：37-97.

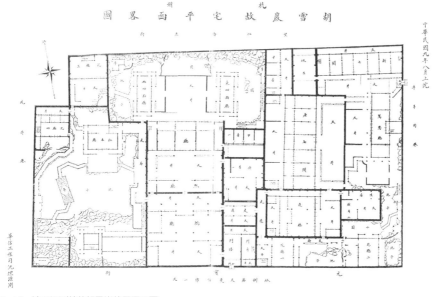

图 1-10 沈理源测绘的胡雪岩故居平面图
（资料来源：沈振森，顾放.沈理源.北京：中国建筑工业出版社，2011：27）

优越性。1901 年起，清政府颁布一系列新政，其中在教育方面实行了废除科举、举办新式学堂的新学政策，一方面开办新式教育，于 1904 年颁布了中国近代第一个全国性学制文件——《奏定学堂章程》，其中首次明确将土木学和建筑学列为大学堂工科科目。[1] 另一方面，增加留学生派遣力度，要求各省筹集经费选派学生留学。建筑学留学生分为留美、留日两大主要群体。清光绪三十四年（1908 年），美国国会决定将半数庚子赔款退还给中国，作为开办学校和资助中国赴美留学生之用。随后，两国商定由清政府负责建立留美预备学校，即 1911 年初成立的清华学校。此后十多年间，由清华学校派出的留美学生多达上千人。同时，因甲午战败，中国将目光投向了经过明治维新而日渐崛起的日本，积极学习日本工业救国的经验。1904 年，清政府选派使者赴日考察日本教育后，开始增大高等教育留学比例。此后至 1930 年，赴日学习建筑者多达 80 余人。[2] 1920 年代，留学海外的建筑学人陆续回国，纷纷投入建筑实践与建筑教育，激发了国内建筑学专业教育的萌芽。[3] 虽然数量有限，但这些新兴的建筑系对此后的中国建筑界起到不可估量的奠基作用。建筑学科的植入与专业人才的产生，为建筑实践、教育、学术研究的繁荣预备了条件，也促使了建筑行业的全面本土化。

---

[1] 赖德霖.中国近代建筑史研究.北京：清华大学出版社，2007：119.

[2] 徐苏斌.中国建筑留学小史.建筑师，1997（10）.

[3] 中国第一所建筑系是 1923 年成立的苏州工业专门学校建筑科，由毕业于日本东京高等工业学校建筑科的柳士英创办，并聘请了同系毕业的朱士圭、刘敦桢、黄祖森任教。此后，随着在民国教育事业兴起下综合性大学的出现以及回国建筑师的日渐增多，进一步催生了中国大学的建筑教育。首当其冲的是成立于 1927 年的中央大学建筑工程系，由美国俄勒冈大学毕业的刘福泰主持，先后聘请刘敦桢、谭垣、虞炳烈、鲍鼎等任教。1928 年，美国宾夕法尼亚大学毕业的梁思成、林徽因夫妇在东北大学成立建筑系，同校毕业的陈植、童寯随后加入。同年成立的还有北平大学艺术学院建筑系，由留学法国的汪申、华南圭、朱广才等组建。1937 年抗日战争爆发后，该校改名为北京大学工学院。此后，又有诸所高等院校陆续开办了建筑系。

图1-11　刘敦桢先生像
[资料来源：刘敦桢全集
（第十卷）.北京：中国建
筑工业出版社，2007：
285]

　　由于中国近代建筑史是在西方建筑文化的冲击和影响下被动发展的，本土建筑师深感提倡本国建筑文化之责任，将弘扬民族精神作为共同诉求。1920年，建筑师沈理源在杭州进行了胡雪岩故居的测绘工作，绘制了胡雪岩故居平面图（图1-10），这是目前发现的由我国建筑师用现代测绘方法绘制的最早的建筑测绘图。[①]沈理源先生留学于意大利拿波里（那不勒斯）大学建筑学专业，1915年回国成为执业建筑师。他首开国内历史建筑测绘的先河，恰是得益于留学期间受意大利古迹保护意识的耳濡目染。依据这份珍贵的图纸资料，胡雪岩故居在80年后得到原样修复，深刻体现了沈理源先生作为第一代中国建筑师保护历史建筑的远见卓识。

　　1925年，孙中山在北平逝世，总理丧事筹备委员会向海内外征集中山陵设计图案，由建筑师吕彦直获得首奖。此后，吕彦直又获选广州中山纪念堂和中山纪念碑的建筑设计。吕彦直毕业于美国康奈尔大学建筑系，曾作为美国建筑师茂飞的助手，跟随其测绘故宫，并参与了金陵女子大学和燕京大学的规划设计。[②]凭借中国古典建筑复兴的设计经验，吕彦直将西方建筑技术与中国民族建筑样式结合，成功创作出广受赞誉的民族形式建筑。

2. 刘敦桢对中国建筑的初期研究

　　刘敦桢（图1-11），字士能，出身于湖南新宁的名宦望族，从小受教于家馆，受传统文化熏陶，积淀了深厚的文史素养。1916年，刘敦桢进入东京工业大学学习，于1921年毕业于该校建筑科。1923年回国后，与同窗柳士英共创华海建筑师事务所，又同柳士英、朱士圭、黄祖森共同创办了苏州工业专门学校建筑科（下称"苏工专"）；1927年随该系并入国立中央大学工学院建筑工程系（下称"中大建筑系"）而迁往南京。

① 沈振森，顾放.沈理源.北京：中国建筑工业出版社，2011：26.
② 冷天.墨菲与"中国古典建筑复兴"——以金陵女子大学为例.建筑师，2010（4）.

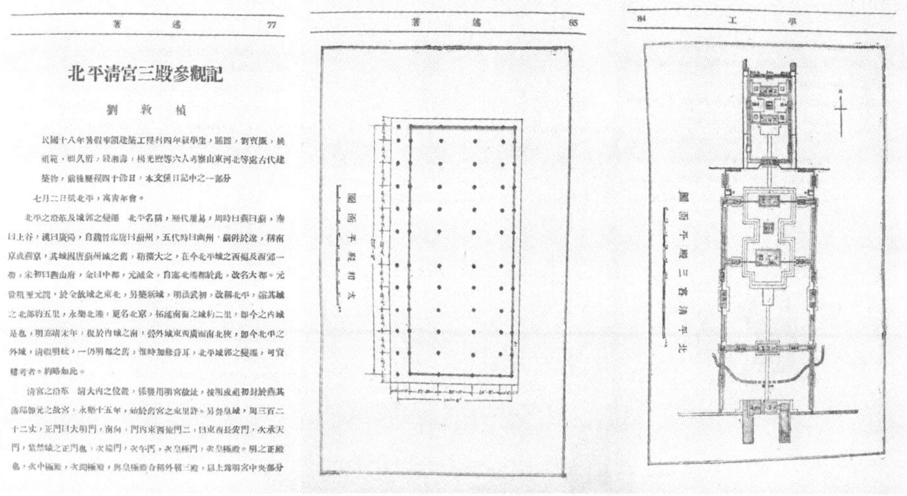

图 1-12　刘敦桢《北平清宫三殿参观记》书影 [资料来源：工学，1930，1（1）]

刘敦桢回国后，兼顾建筑实践、教学的同时，持续进行传统建筑的考察和研究。[1]1928 年，在潜心考察、研究传统建筑的基础上，刘敦桢写就《佛教对于中国建筑之影响》，发表于《科学》杂志第 13 卷第 4 期。1929 年暑假，刘敦桢率领国立中央大学建筑工程科四年级学生滕熙、刘宝廉、姚祖范、顾久衍、钱湘寿、杨光煦六人考察山东、河北的古代建筑，前后历程四十余日。[2]期间，参观故宫并测绘三大殿平面，考察成果《北平清宫三殿参观记》一文发表于国立中央大学工学院 1930 年 6 月出版的《工学》创刊号（图 1-12）。该文为国内第一篇古建筑考察研究报告，从形式、结构、艺术等方面提出故宫建筑的优点和缺点。这次考察也是中国最早的古建筑教学考察活动。1931 年夏，刘敦桢又率领助教濮齐材、张镛森以及高班学生，参观北平和曲阜的古建筑。[3]

同年，刘敦桢与卢奉璋维修南京栖霞山舍利塔，"创我国以现代科学方法修葺古建筑之首例"[4]，并设计建造南京中山陵光化亭，将传统木结构形式用于石构建筑。

刘敦桢研究传统建筑的动机源于日本留学时期。在日本，他曾目睹日本政府和民众保护古迹的热情与成果，意识到国内古建筑保护状况相差甚远，并由此立下保护古建筑的决心。[5]阅读弗莱彻的《世界建筑史》，更激发了他研究中国建筑

[1]　"1923 年执教苏工专后，刘先生利用假日遍访沪、宁、杭一带的古建筑和遗址。1926 年结识苏州工师首领姚补云先生后，常常共同踏访古建筑，相与切磋探讨。"引自刘敦桢先生生平纪事年表（1897—1968 年）. 见刘敦桢 . 刘敦桢全集（第十卷）. 北京：中国建筑工业出版社，2007：211.
[2]　刘敦桢 . 北平清宫三殿参观记 . 见：国立中央大学工学院 . 工学，1930，1（1）.
[3]　对于这次考察的时间，据刘敦桢的夫人陈敬女士回忆，是 1930 年："1930 年夏，士能率助教濮齐材、张镛森和部分高班同学（有戴志昂、辜其一、杨大金等）赴曲阜、北平参观古建筑。除了孔庙、故宫、北海、天坛、颐和园以外，还到了十三陵、香山、居庸关和长城。"而参加考察的张镛森先生回忆为 1931 年："1931 年夏，刘师率领助教濮齐材老师与我同学戴志昂赴北平考察、调查古建筑，各人随带行军床，借宿北京大学教室内。"笔者曾就此问题访问刘叙杰先生，据刘先生再次核实，考察应在 1931 年，其时张镛森先生刚刚毕业留校任助教。参见：陈敬口述、刘叙杰执笔 . 屐齿苔痕——缅怀士能的一生 . 见：东南大学建筑学院 . 刘敦桢先生诞辰 110 周年纪念暨中国建筑史学史研讨会论文集 . 南京：东南大学出版社，2009：179；张镛森 . 缅怀刘敦桢老师 . 见：东南大学建筑学院 . 刘敦桢先生诞辰 110 周年纪念暨中国建筑史学史研讨会论文集 . 南京：东南大学出版社，2009：197；2012 年 10 月 25 日笔者访问刘叙杰先生的记录（未刊稿）。
[4]　刘敦桢 . 刘敦桢全集（第十卷）. 北京：中国建筑工业出版社，2007：212.
[5]　东南大学建筑学院 . 刘敦桢先生诞辰 110 周年纪念暨中国建筑史学史研讨会论文集 . 南京：东南大学出版社，2009：186.

图1-13　梁思成先生像
[资料来源：梁思成全集
（第一卷）. 北京：中国建
筑工业出版社，2001：3]

史的想法。这也是他后来毅然决定前往营造学社的原因。他曾说：

　　　　日本和欧美建筑家常远来我国调查研究、摄影，为何身为中国人，面对如此丰富的文化遗产，反不去做考察研究呢？[①]

　　于是，刘敦桢归国后迅速、自觉地投入中国传统建筑的调查、研究、保护及阐扬。由《佛教对于中国建筑之影响》与《北平清宫三殿参观记》中可以看出，他已经开始研究并解读《营造法式》、《工程做法则例》这两部经典文献[②]，对石窟等早期建筑材料也有所涉及，并显露出深厚的考据功力。

　　1931年刘敦桢任学社校理期间，发表了两篇日本译文《法隆寺与汉、六朝建筑式样之关系》与《"玉虫厨子"之建筑价值》，深受社长朱启钤的重视，遂邀请正式入社，专门从事建筑史学研究。

3. 梁思成、林徽因对中国建筑的初期研究

　　梁思成（图1-13），1901年生于日本东京，籍贯广东新会，父梁启超。1924年，梁思成赴美国宾夕法尼亚大学建筑系学习，是中国第一代建筑师的代表人物。林徽因，原名徽音，1904年生于浙江杭州，父林长民。1924年与梁思成共赴宾夕法尼亚大学求学，因建筑系不招收女生而进入美术系学习。

　　宾夕法尼亚大学（简称"宾大"）建筑系的教学体系植根于巴黎美术学院传统，十分注重培养职业建筑师在建筑史方面的素养。建筑史类课程自第二学年起开设至毕业，分古代、中世纪和文艺复兴及近代三段，以及绘画史、雕塑史和装饰史

---

① 东南大学建筑学院. 刘敦桢先生诞辰110周年纪念暨中国建筑史学史研讨会论文集. 南京：东南大学出版社，2009：197.

② 略如"梁上之托座，系古代蜀柱遗制，唐、宋二代皆于驼峰上置斗栱，以承上部之梁如唐敦煌石刻，及宋李明仲《营造法式》所载，均上削下广，故外观极稳固（Stable）。"引自刘敦桢. 北平清宫三殿参观记. 见：国立中央大学工学院. 工学，1930，1（1）.

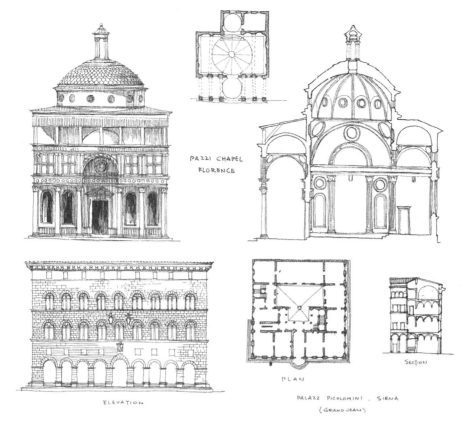

图 1-14　梁思成在宾夕法尼亚大学留学期间建筑史课程课外练习（资料来源：梁思成著、林洙编 . 梁 . 北京：中国青年出版社，2012：381）

等。其作用是"给予过去建筑的文脉"、"为理解设计风格奠定理论基础"。[1] 据费慰梅著《梁思成小传》："当时学生们被要求掌握古希腊、古罗马的古典柱式和欧洲中世纪、文艺复兴时期的纪念建筑。"[2] 教学中一大特色是学生每周 3 幅作业，徒手描绘一栋重要的历史建筑。[3]

　　在宾大学习期间，梁思成完全胜任建筑史方面的训练（图 1-14）[4]，此外，他还曾根据鲍希曼的中国建筑摄影集做了几次中国建筑的习题。[5] 据费慰梅回忆，梁思成曾对建筑史教授阿尔弗莱德·古米尔表示非常喜欢建筑史课程，从不知道世上有这么有意思的学问，当古米尔向他询问中国建筑史的情况，他回答说据他所知还没有文字的东西，中国人不重视建筑，但他本人是怀疑的。[6]

　　1925 年，梁思成在宾大收到父亲梁启超寄来的陶本《营造法式》，发现每一

① 单踊 . 西方学院派建筑教育史研究 . 南京：东南大学出版社，2012：166.
② Wilma Fairbank，Liang Ssu－ch'eng：A Profile，a Preface for A Pictorial History of Chinese Archi-tecture：A Study of the Development of Its Structural System and the Evolution of Its Types．MIT Press, Cambridge, MA, 1984.
③ 单踊 . 西方学院派建筑教育史研究 . 南京：东南大学出版社，2012：166.
④ 据费慰梅回忆："思成自己就提到过一些对于他以后在中国工作非常有用的宾大给建筑史学生出的习题的例子。典型的习作是根据适当的风格完成一座未完成的教堂的设计、重新设计一座凯旋门而在创意上不能背离当时的环境，或是修复毁坏了的建筑物。另外，他在一些展览会上看到的获得罗马奖学金的学生们搞的按比例缩小的罗马建筑图样也很有用。思成在宾大就读的最后一年中，他对意大利文艺复兴时代的建筑进行了广泛的研究。从比较草图、正面图以及其他建筑特色入手，他追溯了整个时期建筑的发展道路。"引自费慰梅 . 梁思成与林徽因 . 北京：中国文联出版公司，1997：32.
⑤ 费慰梅 . 梁思成与林徽因 . 北京：中国文联出版公司，1997：31.
⑥ 费慰梅 . 梁思成与林徽因 . 北京：中国文联出版公司，1997：31.

图1-15　梁思成和林徽因测绘沈阳北陵（资料来源：林洙．困惑的大匠梁思成．济南：山东画报出版社，1997：图版11）

字句都令人费解①，却坚定了研究中国建筑史的志向。②1927年，梁思成以优异的成绩获得硕士学位之后，进入哈佛大学研究生院，以《中国宫室史》为题申请攻读博士学位。在哈佛大学图书馆，梁思成看到国外学者研究中国建筑的著作③，使他认识到国外学者尤其是日本学术界已经开始对中国建筑进行实地考察和研究，同时也意识到，研究中国建筑必须回国进行实物调查。因此，梁思成与导师约定回国两年调查古建筑。④

1928年，梁思成与林徽因结婚并考察欧洲各地建筑，婚后回国，应邀在刚刚筹备建立的东北大学创办了建筑系，梁思成任系主任。在东北大学执教期间，梁、林常常在空闲时间调查、测绘沈阳北陵的建筑（图1-15）。⑤这次调查是他们首次测绘中国古代建筑，从中积累了不少经验。⑥

其时，中国营造学社社长朱启钤虑及学社缺少现代建筑学科的专门人才，又从梁启超处得知梁思成对古建筑研究素有兴趣，遂先后两次邀请梁、林加入。1931年，梁、林接受聘请，正式加入学社，举家迁往北平。梁思成担任法式部主任，林徽因担任学社校理，开始了中国建筑史研究的学术道路。

---

① "公元1925年'陶本'刊行的时候，我还在美国的一所大学的建筑系做学生。虽然书出版后不久，我就得到一部，但当时在一阵惊喜之后，随着就给我带来了莫大的失望和苦恼——因为这部漂亮精美的巨著，竟如天书一样，无法看得懂。"引自梁思成．注释·序．见：梁思成．梁思成全集（第七卷）．北京：中国建筑工业出版社，2001：10.

② "1925年父亲寄给我一部重新出版的古籍，'陶本'《营造法式》……我想既然在北宋就有这样系统完整的建筑技术方面的巨著，可见我国建筑发展到宋代已经成熟了，因此也就更加强了研究中国建筑史，研究这本巨著的决心。"引自林洙．建筑师梁思成．天津：天津科学技术出版社，1996：23.

③ 包括喜仁龙的《北京的城墙和城门》《北京的皇家宫殿》，鲍希曼的《图画中国》《中国建筑》，日本学者常盘大定和关野贞关于中国佛教碑刻的书。参见费慰梅．梁思成与林徽因．北京：中国文联出版公司，1997：36.

④ 林洙．中国营造学社史略．天津：百花文艺出版社，2008.

⑤ 张镈．怀念恩师梁思成教授．见：梁思成先生诞辰八十五周年纪念文集编辑委员会．梁思成先生诞辰八十五周年纪念文集．北京：清华大学出版社，1986：86.

⑥ "在他能够挤出来的空闲时间里，他丈量了沈阳郊区'北陵'的建筑物，那房檐翘起的大瓦顶和有着元支撑'幕墙'的木结构类似清宫在北京时期的陵墓。为了练习，他首次仔细丈量了建筑物并且作了最后图稿可以依据的记录。他是在宾大学习建筑史期间和看罗马大奖赛参赛者的图稿展览学到这门技术的。但他的试验失败了，他发现他的丈量不合乎绘制最后图稿的要求。他沮丧地说，'这代表我在追求我后来掌握了的技巧中的一个阶段。'比如，作为改进，他立即废弃了英尺和英寸，代之以公制。"引自费慰梅．梁思成与林徽因．北京：中国文联出版公司，1997：52.

（三）实物测绘方法的确立

1. 营造学会至学社初期的文献研究与图释工作

朱启钤很早即开始收集各种营造专书、档案、图籍、模型等各种史料。学社成立后，延续这一思路，明确将搜集与营造有关的资料作为学社工作的重要内容。在1929年致中华教育文化基金董事会函中，朱启钤规划了"继续研究中国营造学计划之大概"，包括"沟通儒匠、浚发智巧者"与"资料之征集者"两项内容。[①] 其中资料之征集，以搜集《工程做法则例》的相关籍本与样式雷图档为重点。

《工程做法则例》是清雍正十二年（1734年）官方刊印的营造专书，共七十四卷，包括二十七种建筑做法条例与应用料例工限，用于规范建筑做法与估算工料。在官订的《工程做法则例》之外，还流传着大量工匠抄本、工程籍本。朱启钤很早就认识到《工程做法则例》相关籍本的重要价值，对此"宝若拱璧"[②]，展开广泛搜求。

"样式雷"是供职清廷样式房、为皇家设计、修建建筑的雷姓世家的誉称。传世的大量图样、模型及文献被统称为"样式雷图档"。鉴于其弥足珍贵的价值，朱启钤自1914年便设法访求样式雷图档，至营造学社成立后，又明确以搜寻、整理、研究样式雷图档作为学社工作的重点之一。[③] 在广罗各类营造专书、样式雷图档、匠作抄本等典籍档案的基础上，学社设立文献组，进行文献的整理、校勘、编目、考证、编辑及出版，主要内容包括：编纂"营造词汇"、编辑《哲匠录》、改编《营造法式》为读本、编订《营造丛刊目录》、采辑《营造四千年大事表》，以及整理出版《园冶》、《营造法原》、《梓人遗制》、《工段营造录》等古代建筑书籍。

1921年，朱启钤游历欧美，体悟到图形思维对于建筑研究的重要意义。[④] 反观中国建筑，却因"无专门图籍可资考证"，以致"不能为外人道"，乃"士夫之责"[⑤]。为此，自营造学会起便积极尝试以图释手段进行文献研究。编著"陶本"《营

① 中国营造学社 . 社事纪要 . 中国营造学社汇刊，1930，1（1）.
② 朱启钤 . 中国营造学社开会演词 . 中国营造学社汇刊，1930，1（1）.
③ "学社使命，不一而足。……访问大木匠师，各作老工，及工部老吏样房、算房专家。明清大工，画图估算，出于样房、算房；本为世守之工，号称专家，至今犹有存者。"引自朱启钤 . 中国营造学社缘起 . 中国营造学社汇刊，1930，1（1）.
④ "庚辛之际，远涉欧美，见其一艺一术，皆备图案，而新旧营建，悉有专书，益矍然于仲明此作为营国筑室不易之成规。还国以来，搜集公私传本重校付样。"引自朱启钤 . 重刊营造法式后序 . 见：李诚 . 营造法式 . 商务印书馆，1933.
⑤ "如飞瓦担复檐，斗栱藻井诸制以为其结构，奇丽迥出西法之上，竞相放，特苦无专门图籍可资考证，询之工匠亦识其当然，而不知其所以然。夫以数千年之专门绝学，乃至不能为外人道，不惟匠氏之羞，抑亦士夫之责也。"引自朱启钤 . 石印营造法式序 . 见：朱启钤著，崔勇、杨永生编选 . 营造论——暨朱启钤纪念文选 . 天津：天津大学出版社，2009：53.

造法式》期间，朱启钤聘请老工匠按照清式做法为《营造法式》之两卷大木作重绘图样，并注以清代术语，以明清建筑实物与《营造法式》的对勘"证名词之沿革"。[①]另一部重要典籍《清工部工程做法则例》，虽然各卷原附木构架横断图一张，但因其简单粗陋，无法准确诠释实物。[②] 为此，朱启钤又聘请匠师补绘图样[③]，并参照北平宫殿核准，意在增进这部营造官书的可读性。[④] 然而，工匠终究缺乏科学绘图训练，又难免误读原书，使得图纸"没有运用比例尺"、"不大科学"[⑤]，以致"多不适用"[⑥]。此外，学社在编纂营造词汇期间，也制定了绘图解释名词的计划。[⑦]虽然朱启钤已有以图释文的方法意识，但这一计划只能依靠谙熟实物却不懂得科学绘图方法的工匠来实施，以致成效并不显著。

2. 日本学界的刺激

曾于 1901 年实测故宫建筑的日本学者伊东忠太，在 1930 年 6 月造访学社，并发表题为"支那之建筑"的讲演，提出了由中方负责文献考证、日方负责实物调查的合作意图。[⑧]

另一位日本学者关野贞在 1931 年发现蓟县独乐寺之后，也访问了学社社长朱启钤与文献部主任阚铎，示以独乐寺观音阁与应县木塔的照片，表明了与伊东忠太同样的态度——由学社负责文献研究，由日方负责实物调查测绘，甚至认为只有日方才有能力和经验进行测绘研究工作。[⑨]

① "惟图式缺如，无凭实验，爰倩京都承办官工之全匠师贺新赓等，就现今之图样按法式第三十、三十一两卷大木作制度名目详绘，增附并注今名于上。俾与原图对勘，觇其同异，观其会通，既可作依仿之模型，且以证名词之沿革。"引自陶湘. 识语. 见："陶本"《营造法式》. 1925.
② "原书每卷附图一张，为建筑物之大木架横断图，既嫌草陋，尤病不确。"引自本社纪事. 中国营造学社汇刊，1932，3（1）：183.
③《清工部工程做法则例》之整理由民国十六年开始，参见"中国营造学社概况"条，（民国）吴廷燮主编. 北京市志稿（六）·文教志（下）. 北京：燕山出版社，1990：186-190.
④ "嗣以清工部工程做法，有法无图，复纠集匠工，依例推求，补绘图释，以匡原著不足，中国营造学社之基，于兹成立。"引自本社纪事. 中国营造学社汇刊，1932，3（3）：178.
⑤ "他（朱启钤）拿出一卷图向我们展示，说这些图全是老木匠画的，由于没有运用比例尺，不大科学。"引自刘致平. 忆中国营造学社. 华中建筑，1993（12）.
⑥ "然此类匠家，对于绘图之法，绝无科学训练，且对原书做法，或误释或不解，以致所制各图多不适用。"引自本社纪事. 中国营造学社汇刊，1932，3（1）：183.
⑦ "凡营造所用，不论古今器物，即一瓦一椽之微，均拟为之考求其则例法式，并就其间架结构，为撰图样以作一精确之蓝本，俾传于世。"引自本社纪事. 中国营造学社汇刊，1930，1（1）.
⑧ "真正支那建筑之大成，非将文献与遗物调查至毫无遗憾不可。……至其具体方法，据鄙人所见，在支那方面，以调查文献为主；日本方面，以研究遗物为主。不知当否？"引自伊东忠太. 支那建筑之研究. 中国营造学社汇刊，1930，1（2）.
⑨ 杨永生，王莉慧编. 建筑史解码人. 北京：中国建筑工业出版社，2006：2-3.

3. 引入专业人才

朱启钤素来注重实学，始终秉持实物研究的思想，他在 1930 年《中国营造学社开会演词》中指出：

> 研求营造学，非通全部文化史不可，而欲通文化史，非研求实质之营造不可。①

根据刘宗汉先生的研究，朱启钤认为清代乾嘉考据学局限于文献考证而缺乏实物研究：

> 清人考释名物，往往只就文献考来考去，没有接触实际，所以往往考不清楚。②

因此，学社成立前就开始了辽金建筑考察，略如 1929 年 11 月朱启钤致函中华教育文化基金董事会提到：

> 然个人旅行中之踏查辽金遗物及同志分担之采集资料，于事实上、精神上之进行，固未尝或辍。③

正是由于实学思想与工程实践经历，朱启钤在改组成立营造学社时，百计延揽建筑及工程类人才——聘用陶湘的女婿、毕业于北洋大学土木系的刘南策为测绘工程司，以及建筑师事务所学徒出身、随朱启钤从事工程事项的宋麟徵为测绘助理，并在周诒春聘任建筑学专门人才的建议下④，聘请宾大建筑系毕业回国受聘于东北大学建筑系的梁思成、林徽因、陈植为名誉参校。如此，至 1930 年 7 月成立时，学社不再仅由文献学家和历史学家构成。⑤ 不久，任教于中央大学建筑系的刘敦桢、卢树森也任职学社校理。⑥

同时，朱启钤进一步认识到，经过数年系统整理，文献研究积微成著、渐成体系，必须进行实物考察，比照文献，以深入解读。⑦ 而日本学者认定中国古建

① 朱启钤. 中国营造学社开会演词. 中国营造学社汇刊，1930，1（1）.
② 朱启钤著，崔勇、杨永生编选. 营造论——暨朱启钤纪念文选. 天津：天津大学出版社，2009：199.
③ 中国营造学社. 社事纪要. 中国营造学社汇刊，1930，1（1）.
④ "周诒春为庚款项目能尽快获得成果，建议朱启钤聘任一些年轻的受过系统建筑教育的专门人才来工作。"引自林洙. 中国营造学社史略. 天津：百花文艺出版社，2008：36.
⑤ 常务人员包括：编纂兼日文译述阚铎、编纂兼英文译述瞿兑之、编纂兼测绘工程司刘南策、编纂兼庶务陶洙、收掌兼会计朱湘筠、测绘助理员宋麟徵. 参见本社纪事. 中国营造学社汇刊，1930，1（1）.
⑥ 中国营造学社. 本社职员最近题名. 中国营造学社汇刊，1930，1（2）.
⑦ "遗物虽多，而文献无考者众，整理每苦不得门径. 故对其历史及技术欲加以彻底之研究，势必征之文献，符之实物然后可也。"引自朱启钤. 中国营造学社概况. 见：吴廷燮主编. 北京市志稿（六）·文教志（下）. 北京：燕山出版社，1990：186-190.

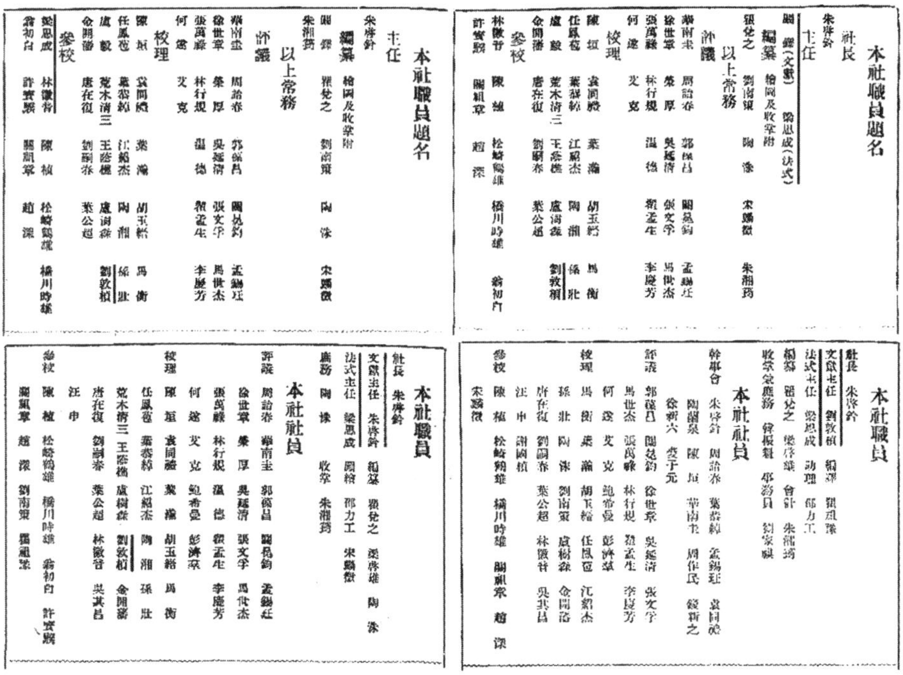

图 1-16 营造学社职员表。左上：1931 年 9 月；右上：1931 年 11 月；左下：1932 年 3 月；右下：1932 年 6 月 [资料来源：中国营造学社汇刊，1931，2（2）-1932，3（2）]

筑测绘研究必须由日本人代劳，亦激发了朱启钤自主研究中国建筑的决心。[①] 争夺研究话语权刻不容缓，朱先生决计吸纳建筑专才，独立开展实物研究。为劝说梁思成入社工作，"中华教育文化基金董事会"董事周诒春专程赴沈阳与其会面。[②] 在学社力邀下，1931 年 6 月，梁思成、林徽因夫妇离开东北大学，迁居北平。7 月，学社改组为文献、法式二组，任梁思成为法式部主任，邵力工、宋麟徵为测绘助理（图 1-16）。[③]

学社改组后，迅速着手实物调查。朱启钤将关野贞携来的独乐寺照片示以梁思成，征询他的意见，梁思成认为完全可以自力进行。[④]1931 年秋，法式组计划赴蓟县考察，但因"天津事变"的爆发而延后，直至 1932 年 4 月始成行。

1931 年 7 月，社员刘敦桢再次率领中央大学建筑系师生考察古建筑。赴北平参观学社工作后，计划与学社共同赴大同、太原、蓟州、正定等处实地调查，但因时局变化未能实施。经学社技师导引，中央大学师生考察测绘了北平智化寺。[⑤] 此后刘敦桢发表的第一篇实物调查研究报告《北平智化寺如来殿调查记》就是以

---

① 朱启钤在《函请中华教育文化基金董事会继续补助本社经费》中指出："窃念敝社为我国学术界研究中国建筑唯一之机关，数年来对于中国建筑界亦有相当之贡献，而欧美考古专家亦引为同调者，发疑问难，及探索材料、交换刊物，莫不认本社为标的。假使一旦停闭，则非但使国内青年研究斯学者感觉参考材料之断绝，而且使国际上自诩包办东方文化者所快意，此敝社同人所惴惴不甘者也。"引自本社纪事·函请中华教育文化基金董事会继续补助本社经费.中国营造学社汇刊，1934，5（2）.
② 林洙.建筑师梁思成.天津：天津科学技术出版社，1996：29-30.
③ "本年度七月依照改组计划，分为文献、法式两组，聘定社员梁思成君为法式主任，于九月一日开始工作，选定测绘助理邵力工、宋麟徵。"引自本社纪事.中国营造学社汇刊，1932，3（1）.
④ 杨永生、王莉慧编.建筑史解码人.北京：中国建筑工业出版社，2006：2-3.
⑤ 中国营造学社.社事纪要.中国营造学社汇刊，1932，3（1）.

这次考察为基础的成果。

1932 年 3 月，刘敦桢翻译日本学者的两篇文章——滨田耕《法隆寺与汉、六朝建筑式样之关系》与田边泰《"玉虫厨子"之建筑价值》，发表于《中国营造学社汇刊》第三卷第一期。译文中的大量订正及补充，显示出深厚的文献考证功力，引起朱启钤的注意。在朱启钤几度邀请下[①]，刘敦桢于 1932 年 7 月辞去中央大学建筑系教职，率家前往北平，入社担任文献部主任，开始专门从事中国建筑史研究。

在梁思成、刘敦桢的主持下，法式组主要负责实物调查研究[②]，文献组继续原有的文献研究工作，同时编辑《中国营造学社汇刊》。[③]自 1932 年 4 月，学社开始进行古建筑田野考察，并且引入西方现代科学方法进行古建筑测绘。从此，学社的研究方法发生了实质性变化，由文献考据转为与实物测绘结合的模式。这种学术思路的转变，源于两个动因，其一为激励自主研究中国建筑史学的外在推力，其二则正如朱启钤在《中国营造学社汇刊》第三卷第二期所说的"三年文献研究所产生自然之结果"[④]，即内在要求。

梁思成与刘敦桢都接受过西方现代建筑学的教育，又具备深厚的国学根底，是学贯中西的难得之才。美国著名学者费正清曾评价梁思成、林徽因夫妇"最具有深厚的双重文化修养"。[⑤]这种学术素养恰恰是从事中国建筑史研究的绝佳潜质，乃朱启钤所言"嗜古知新"；梁、刘二人又各有所长，即朱启钤所谓"各有根底"。[⑥]梁、刘二先生联袂，在实物调查与文献考证方面取得了重要成绩，可谓珠联璧合。对此，刘叙杰评价道：

> 朱启钤先生的抉择十分正确，将梁思成先生和刘敦桢先生两人的特点都发挥出来了，不但梁先生做了许多文献工作，刘先生也做了许多调查工作。作为古建筑研究者，这两方面的工作都是互补和不可缺失的。[⑦]

结合文献考证与实物测绘，梁思成、刘敦桢完成了一系列具有"与世界学术

① 参见东南大学建筑学院.刘敦桢先生诞辰 110 周年纪念暨中国建筑史学史研讨会论文集.南京：东南大学出版社，2009：179.
② "法式组工作主旨在建筑之结构方面，而研究结构法首须作实物之测绘。"引自中国营造学社.社事纪要.中国营造学社汇刊，1932，3（1）.
③ 法式组与文献组分别侧重于实物与文献研究，实际进行的研究工作多有交叉.
④ "至于来年工作大纲，将以实物之研究为主，测绘摄影则为其研究之方途。此项工作须分作若干次之旅行，关于南方实物之研究则拟与中央大学建筑系合作。此实为三年文献研究所产生自然之结果。"引自中国营造学社.社事纪要.中国营造学社汇刊，1932，3（2）.
⑤ 费正清.献给梁思成和林徽因.见：梁思成先生诞辰八十五周年纪念文集编辑委员会.梁思成先生诞辰八十五周年纪念文集.北京：清华大学出版社，1986：7.
⑥ "两君皆青年建筑师，历主讲席，嗜古知新，各有根底。就鄙人闻见所及，精心研究中国营造，足任吾社衣钵之传者。南北得此二人，此可欣然报告于诸君者也。"引自中国营造学社.社事纪要.中国营造学社汇刊，1932，3（2）.
⑦ 引自 2012 年 10 月 25 日笔者对刘叙杰先生的访谈记录（未刊稿）.

名家公开讨论"水准的学术成果，为中国建筑史学做出了重要奠基。朱启钤欣慰地表示："民国二十年，辛未，得梁思成、刘士能两教授加入学社研究，从事论著，吾道始行。"[1] 经朱启钤宏观布局、苦心延揽，建筑学英才梁思成、刘敦桢加盟入社，充分证明了朱启钤知人善任的决策水准与高瞻远瞩的学术眼光。

小结

　　中国学者系统开展建筑遗产测绘，是外部因素推动与内部力量自发的共同作用下形成的。域外学者的测绘和研究活动，无疑提醒并激励了中国人自主研究中国建筑的决心。在整个社会学术转型与科学技术近代化的推动下，中国传统学术开始向现代学术转型，中国营造学社在这一背景下应运而生。出于对现代学术与工程技术的了解，朱启钤在创建中国营造学社之初，已经前瞻性地意识到实物考察的必要性和重要性。为此，学社的人员自一开始便由文史类与工程类两方面学科背景共同组成，并且专门设立了测绘职务。按照前文所述民国时期测绘技术的发展状况，学社成员中具有建筑和工程背景的刘南策、宋麟徵很大程度上可能懂得并掌握测量技术。然而，测量技术仅仅是支撑建筑遗产测绘的重要条件之一，学社改组、开展实物测绘等一系列重要变革和突破都是在梁思成、刘敦桢入社后完成的。这说明，具有建筑学专业背景的认知和理解是进行建筑遗产测绘和研究必不可缺的首要前提。事实上，结合文献研究和实物调查，既是学社早期文献研究的自然结果，也是中国学者自主研究中国建筑的内在要求。

---

[1] 北京市政协文史资料研究委员会、中共河北省秦皇岛市委统战部编. 蠖公纪事——朱启钤先生生平纪实. 北京：中国文史出版社，1991：7.

第二章

中国营造学社的建筑遗产调查测绘

在朱启钤延揽下，受过西方建筑教育的梁思成、刘敦桢加入营造学社，引入西方测量技术开展古代建筑实物测绘，与古代建筑文献研究结合，为中国建筑史学创立了系统的方法论，并作为中国建筑遗产研究与保护的基本方法延续至今。在学社成立的十余年间，持续开展考察测绘活动，以极为有限的人员力量调查了北方及西南等地的各类建筑遗产，发现并记录了诸多珍贵的古代建筑实例，完成数以千计的测绘成果，为中国建筑史学的架构奠定了坚实的基础，在培养专业人才与推动古建筑保护实践等方面也有拓荒性的卓著贡献，成为中国建筑遗产研究与保护的光辉起点。

一、中国营造学社的建筑遗产调查测绘历程

（一）初肇——以清代官式建筑研究为"前理解"

宋《营造法式》和清工部《工程做法则例》，是中国古籍中论述官式建筑的仅有的两部建筑学专著。学社成立后，以《营造法式》和《工程做法则例》为核心展开文献研究，可谓建筑史研究的两大基石。如朱启钤所言，中国建筑所占的时间与空间范围至为浩瀚[1]，而时间上相距最近的明清建筑实例广泛、文献丰富，并且尚存清末营造匠家。因此，朱启钤提出由明清建筑上溯中古的研究路线。[2] 林徽因后来也阐明，由清式建筑入手研究建筑史乃"势所必然"，而解读清代建筑则例是其中的第一步。[3]

---

[1] "中国建筑在时间上包括上下四千余年，在空间上东自日本，西达葱岭，南起交趾，北绝大漠，在此时间与空间内之建筑，完全属于一个系统之下。"引自朱启钤.中国营造学社概况.见：吴廷燮主编.北京市志稿（六）·文教志（下）.北京：燕山出版社，1990：186–190.

[2] "先自研究清式宫殿建筑始。俟清式既有相当了解，然后追溯明、元，进求宋、唐，以期迎刃而决。"引自朱启钤.中国营造学社概况.见：吴廷燮主编.北京市志稿（六）·文教志（下）.北京：燕山出版社，1990：186–190.

[3] "不研究中国建筑则已，如果认真研究，则非对清代则例相当熟识不可。在年代上既不太远，术书遗物又最完全，先着手研究清代，是势所必然。有一近代建筑知识作根底，研究古代建筑时，在比较上便不至茫然无所依傍，所以研究清式则例，也是研究中国建筑史者所必须经过的第一步。"引自林徽因.清式营造则例·绪论.见：梁思成.清式营造则例.北京：清华大学出版社，2006：13.

　　在朱启钤的主理下，自营造学会时期即已展开清工部《工程做法则例》相关籍本的搜集和整理。1931 年，初入学社的梁思成按朱启钤嘱托承袭了此项工作，以《工程做法则例》和匠师抄本《营造算例》为课本，拜认曾亲身参加过皇家建筑工程的匠师为老师，对照故宫等处清代建筑实物，逐渐认识了清代建筑各部分的名目，进而熟悉了清式建筑做法。[①] 梁思成先生将研究所得于 1932 年 3 月写成"教科书性质"[②] 的《清式营造则例》，将清代官式建筑的做法及各部分构件的名称、权衡大小、功用进行系统解读[③]。由于研究结合了实物考察，并由老匠师指认讲解，大大促进了对于清代建筑与《工程做法则例》的理解。[④]

　　相较之下，《营造法式》则由于相关实物、工匠等研究资源的稀缺而具有更高的解读难度。[⑤] 另外，学社初期还未清晰认识到历史各期建筑之间的差别，而是认为自古以来建筑的区别只在于名称的变化。[⑥] 因此，对于《营造法式》的研究，最初以清式建筑研究为参照，解释宋代的营造术语，并进行两部文献的比较互证；又聘请工匠以清代官式建筑为样本，为《营造法式》增绘附图，"以证名词之沿革"[⑦]。至学社改组后，法式组在整理研究《工程做法则例》及匠师抄本的过程中，与《营造法式》对勘，逐渐发现宋、清建筑差异显著。正是基于这一突破，学社调查、测绘明清以前建筑实例的工作任务愈加明确和急迫。[⑧]

　　综上所述，学社由较为浅近的清代建筑工程籍本入手，借助实物考察与工匠口授，解决了清代官式建筑"是什么"的基本命题，初步形成了中国建筑的概念体系。清式建筑研究的一系列成果，为《营造法式》的深入研究和随之开展的大量田野考察奠立了重要根基。

---

① "我首先拜老木匠杨文起老师傅和彩画匠祖鹤州老师傅为师，以故宫和北京的许多其他建筑为教材、'标本'，总算把工部《工程做法》多少搞懂了。对于清工部《工程做法》的理解，对进一步追溯上去研究宋《营造法式》打下了初步基础，创造了条件。"引自梁思成.注释・序.见：梁思成.梁思成全集（第七卷）.北京：中国建筑工业出版社，2001：10–11.

② "我曾将《清工部工程做法则例》的原则编成教科书性质的《清式营造则例》一书。"引自梁思成.中国建筑之两部"文法课本".见：梁思成.梁思成全集（第四卷）.北京：中国建筑工业出版社，2001：301.

③ "将清代官式建筑的做法及各部分构件的名称、权衡大小、功用，并与某一部分地位上或机能上的联络关系，试为注释，并用图样标示各部正面、侧面，或面及与他部相接的状况。图样以外，更用实物的照片，标明名称，以求清晰。"引自梁思成.清式营造则例.北京：清华大学出版社，2006：5.

④ 对此，梁先生后来指出："幸有老匠师们指着实物解释，否则全书（《工部工程做法则例》）将仍难于读通。"引自梁思成.中国建筑之两部"文法课本".见：梁思成.梁思成全集（第四卷）.北京：中国建筑工业出版社，2001：296.

⑤ "研究《宋营造法式》比研究《清工部工程做法则例》曾经又多了一层困难；既无匠师传授，宋代遗物又少——即使有，刚刚开始研究的人也无从认识。"引自梁思成.中国建筑之两部"文法课本".见：梁思成.梁思成全集（第四卷）.北京：中国建筑工业出版社，2001：296.

⑥ "这一时期，受文献记载影响，有一个错误观点认为自古以来各时期建筑都是相同的（至少区别不大），其要点仅在于各时代的名称不同。"引自陈明达.中国建筑史学史（提纲）.见：贾珺主编.建筑史（第 24 辑）.北京：清华大学出版社，2009：149.

⑦ 陶湘.识语.见："陶本"《营造法式》，1925 年。

⑧ 陈明达.中国建筑史学史（提纲）.见：贾珺主编.建筑史（第 24 辑）.北京：清华大学出版社，2009：149.

（二）发兴——实物调查测绘的初步展开

1. 独乐寺调查一鸣惊人

1932 年 4 月，梁思成偕同邵力工、梁思达赴蓟县考察独乐寺，对两座辽代建筑——山门和观音阁做了详细调查测绘（图 2-1）。其间，梁思成将辽代实物与《营造法式》和已经谙熟于心的清代官式建筑、《工程做法则例》充分比对，初步推导出宋、辽与明、清建筑间的关联和差异。独乐寺调查后，梁思成写就《蓟县独乐寺观音阁山门考》，成为结合文献与实物研究的里程碑式论著，其学术水准一举超越了当时西方和日本对中国建筑的研究，开创了中国人调查研究古建筑的方法。[①]

独乐寺观音阁与山门建于辽统和二年（984 年），为当时已知最早的建筑实例，其发现对于中国建筑史的研究具有重大意义。首先，如梁思成先生所言，独乐寺在中国建筑时空序列上占据着重要位置。[②]再者，独乐寺的两座辽代建筑技术精湛、品第上乘，乃"古建筑中的上上品"、"最佳典范"。[③]作为第一个发现的早期建筑实例，独乐寺的线索和向导，仿佛暗夜中的星光，启迪了研究之路。[④]

作为第一篇古建筑调查报告，《蓟县独乐寺观音阁山门考》高屋建瓴地强调了实地调查测绘的必要性和重要性[⑤]，并且从原则、制度、教育等方面系统阐述了古建筑保护理念[⑥]，是中国营造学社引入实物测绘方法的开山之作，为中国古建筑的

---

① 傅熹年先生曾对该文作出透彻的评价："报告中……既深化了对《营造法式》的认识，也开始发现宋、辽建筑间的差异，形成了一篇实物与理论相结合的高水平研究论文，并为以后调查实测和研究古建筑提供了范式。就实物与理论、文献的结合而言，此文已过了当时日本方面对其本国古建筑研究的深度。在此文发表后，日本方面即不再提双方合作由他们负责实物调查研究的建议了。"引自杨永生，王莉慧编. 建筑史解码人. 北京：中国建筑工业出版社，2006：3.

② "以时代论，则上承唐代遗风，下启宋式营造，实研究我国建筑蜕变上重要资料，罕有之宝物也。"引自梁思成. 蓟县独乐寺观音阁山门考. 中国营造学社汇刊，1932，3（2）.

③ 陈明达. 独乐寺观音阁、山门建筑构图分析. 见：文物出版社编辑部编. 文物与考古论集（文物出版社成立三十周年纪念）. 北京：文物出版社，1986.

④ "独乐寺对研究古代建筑提供了很多启发和线索。起初我们测量、绘制图样、制造模型，对照着这两座建筑的一切，去了解唐、宋时期的建筑，去研究《营造法式》。以独乐寺所包含的技术、艺术，充当我们的向导。它曾打开我们的眼界，使我们从无知逐步走向有所知。"引自陈明达. 独乐寺观音阁、山门建筑构图分析. 见：陈明达. 陈明达古建筑与雕塑史论. 北京：文物出版社，1998：199.

⑤ "研究古建筑，非作遗物之实地调查测绘不可。……结构之分析及制度之鉴别……在现状图之绘制。"引自梁思成. 蓟县独乐寺观音阁山门考. 中国营造学社汇刊，1932，3（2）.

⑥ "保护之法，首须引起社会注意，使知建筑在文化上之价值；使知门、门在中国文化史上及中国建筑史上之价值，是为保护之治本办法。……破坏部分，须修补之，……有失原状者，须恢复之，……。二者之中，复原问题较为复杂，必须主其事者对于原物形制有绝对根据，方可施行；否则仍非原形，不如保存现有部分，以古建筑所受每旧时代影响之为愈。……愚见则以保存现状为保存古建筑之最良方法，复原非有绝对把握，不宜轻易施行。……在社会方面，则政府法律之保护，为绝对不可少者。……而古建筑保护之法，尤须从速制定，颁布，施行；每年由国库支出若干，以为古建筑修葺及保护之用，而所用主其事者，尤须有专门智识，在美术、历史、工程各方面皆精通博学，方可胜任。"引自梁思成. 蓟县独乐寺观音阁山门考. 中国营造学社汇刊，1932，3（2）.

图 2-1　独乐寺观音阁纵断面图（局部）[资料来源：中国营造学社汇刊，1932，3（2）]

调查研究创立了范式，并首次提出古建筑保护理念，成为中国建筑遗产研究和保护史上划时代的坐标性成果，其研究水准"说明中国学者的研究实力，使中国人增强了民族自信心，也削弱了日本人的气焰"[①]，提升了中国建筑史学的学术尊严。

2. 调查测绘方法日趋成熟

在蓟县调查时，梁思成意外地了解到，河北宝坻县有座结构特征与独乐寺相似的寺庙——广济寺。返回北平后，他设法取得寺庙的照片，果然颇似辽式建筑[②]，遂于当年 6 月立即前往宝坻调查。广济寺始建于辽，寺内仅存的辽代建筑三大士殿建于辽盛宗太平五年（1025 年）。这座辽代建筑顶部敞露，梁枋结构一览无余，令梁思成欣喜不已。[③]同样地，梁思成对三大士殿做了详细测绘，并以《营造法式》、《工程做法则例》作为主要资料进行比较。此外，与同为辽构的独乐寺建筑相互佐证，包括檐柱的比例尺度、斗栱的结构做法、屋面举折、用材大小在内的重要年代特征显示出一致性，从而初步获得了辽代建筑的共通之处。

同年，学社在中央大学建筑系师生考察测绘北平明代建筑——智化寺的基础上，进行补充测量并整理。9 月，刘敦桢发表《北平智化寺如来殿调查记》[④]，成为系统研究明代建筑的起点。此文依凭刘敦桢深厚的文献功底，对寺史做了翔实考证。鉴于智化寺在年代上位于宋、清之间，在叙述如来殿建筑形制时，刘敦桢将各部

① 杨永生，王莉慧编 . 建筑史解码人 . 北京：中国建筑工业出版社，2006：24.

② 梁思成 . 宝坻县广济寺三大士殿 . 中国营造学社汇刊，1932，3（4）.

③ "抬头一看，殿上部并没有天花板，《营造法式》里所称'彻上露明造'的。梁枋结构的精巧，在后世建筑物里还没有看见过，当初的失望，到此立刻消失。这先抑后扬的高兴，趣味尤富。在发现蓟县独乐寺几个月后，又得见一个辽构，实是一个奢侈的幸福。"引自梁思成 . 宝坻县广济寺三大士殿 . 中国营造学社汇刊，1932，3（4）.

④ 刘敦桢 . 北平智化寺如来殿调查记 . 中国营造学社汇刊，1932，3（3）.

分的尺寸、做法与《工程做法则例》和《营造法式》的规定相比较。其中，如来殿各梁枋断面的比例，正处在《营造法式》与《工程做法则例》规定值之间，进一步印证了梁思成先生在《蓟县独乐寺观音阁山门考》中提出的梁断面广厚比自唐以降逐渐减小的规律。文章末尾，将如来殿的各项特征归结为"与《工程做法则例》及清式建筑相似者"、"相异者"、"与《营造法式》及早期建筑相似者"，以及"尚未明确源流者"四类，首次阐释了宋代至清代建筑因袭相承之关系。

1931 年至 1932 年，莫宗江、陈明达进入学社，在梁思成、刘敦桢的指导下迅速成长，成为梁、刘的主要助手和外出考察测绘的重要力量。1932 年，学社利用中华教育文化基金会董事会补助经费，添置了经纬仪、照相机等器材[①]，摆脱了此前需要外借测量仪器的局面。[②]1934 年，又有东北大学建筑系毕业的赵法参、北平大学建筑系毕业的麦俨曾相继入社协助绘图、考察工作。随着学社测绘力量的加强和调查经验的增长，早期建筑的考察与研究渐入佳境。

学社联合河北省及各县政府搜寻河北境内古建筑，从而发现众多早期遗构，随即展开专门调查。1933 年 4 月，梁思成、莫宗江等考察正定古建筑，首次涉及与《营造法式》同期的宋代建筑——隆兴寺摩尼殿、转轮藏殿。现场目睹众多与《营造法式》相合的做法，令他们"高兴到发狂"。[③]转轮藏殿斗栱下昂施用华头子、角梁头刻蝉肚纹、椽子与柱头皆有卷杀、普拍枋比例宽扁等特征，都与《营造法式》所述符合或相似。据此，梁思成在报告中反驳了关野贞将其定为清代建筑的结论。而根据摩尼殿诸多契合《营造法式》的年代特征（如副阶式的平面配置，叉手、驼峰、襻间的构造方式），梁思成推断其至少为北宋遗物，在后来的 1978 年大修中得到证实。[④]《正定调查纪略》的行文，不再似前两期报告那般，对于每一构件、形制的名词作详细解释说明，而是驾轻就熟地运用相关营造术语。由此表明，学社的考察研究已经脱离了名词考证的起步阶段，并以熟识建筑各部分形制特征而具备了建筑断代的学术功力。

山西大同是辽金两朝的西京，占据着特殊的地理位置，具有复杂的文化交流史。相应地，大同留存的诸多宗教建筑，涵盖了辽金至明清的各个时期，体现出不同时代背景下建筑文化的递嬗变迁。1933 年 9 月，学社法式组、文献组共同前往大

---

① 本社纪事.中国营造学社汇刊，1933，4（2）.
② 考察蓟县独乐寺所用测量仪器，是由清华大学工程学系提供借用的。参见梁思成.蓟县独乐寺观音阁山门考.中国营造学社汇刊，1932，3（2）.
③ "发现藏殿上部的结构，有精巧的构架，与《营造法式》完全相同的斗栱，和许多许多精美奇特的构造，使我们高兴到发狂。"引自梁思成.正定调查纪略.中国营造学社汇刊，1933，4（2）.
④ "1978 年摩尼殿大修时，在阑额及斗栱构件上发现多处题记，证明此殿建于北宋皇祐四年（1052 年）。"引自梁思成.梁思成全集（第二卷）.北京：中国建筑工业出版社，2001：13.

同，以梁思成、刘敦桢为首，调查了华严寺、善化寺以及大同城楼和钟楼等古建筑，详细测绘了辽代建筑四例——华严寺薄伽教藏殿与海会殿、善化寺大雄宝殿与普贤阁，金代建筑两例——善化寺三圣殿与山门。期间，又往返调查了云冈石窟和应县木塔。同年12月，梁思成、刘敦桢共同发表《大同古建筑调查报告》。

截至大同古建筑调查结束，学社考察的元代以前的早期建筑已达十余例，对于早期建筑做法和《营造法式》有了初步的认识与理解。因此，《大同古建筑调查报告》抛开了清代建筑与《工程做法则例》的"拐杖"，在已调查的实例间进行具体测量数据的直接对比，并且就一些重要的年代特征如平面配置、耍头形制、斗栱构件尺寸、普拍枋断面、屋顶举折之折线等，绘制直观的比较图。在此基础上，进一步总结辽代建筑的特征，分析大同地区辽、宋、金建筑之间的相互影响与过渡，尝试厘清辽至清建筑形制特征的源流嬗变，开拓了中国古代建筑史的分期研究。

（三）拓展——紧凑密集的大规模调查测绘

探寻早期建筑的田野考察旗开得胜，印证了文献考证与实物测绘结合的学术路径。此后，这一方法成为中国建筑史学研究的不二法门。随着学社文献考据与实物断代的功力渐进，以及田野考察方法的日趋成熟，由此迸发大规模调查乃必然之路。同时，因找寻早期遗构而暂缓明清建筑测绘为一时之权，大量清代建筑文献与档案亟待结合实物测绘展开系统研究。此外，随着日寇侵华战略的全面推进，大规模的抢救性考察迫在眉睫。于是，1933年秋，大同调查之后，学社采取双管齐下的统筹战略：一方面，由一处建筑或一个地县的重点调查转入一个地区的长途田野考察；另一方面，兼顾明清建筑实物调查，派遣专人长期测绘北平明清官式建筑。自1933年至1937年，各地古建筑调查与北平明清官式建筑测绘并行，取得粲然可观的成绩。

1. 大规模田野考察

1934年起，学社田野考察工作大致分为梁思成、莫宗江、麦俨曾一组，刘敦桢、陈明达、赵法参一组，于每年春秋二季兵分两路展开。这一时期的考察多为辗转数个县市的长距离考察。同此前的调查活动相比，行程更为密集，区域更加广泛，以期尽快掌握北方地区古建筑的实物材料。随着日军侵略步伐的逼近，学社竭尽全力考察，效率令人惊异。① 相应地，由于时间紧迫，调查后先以择要记述调查收获的初步报告发表见刊，计划将详细调查报告留待整理后发行《古建筑调查报告专刊》。以下略述各次考察经过。

1934 年 8 月，梁思成、林徽因夫妇与他们的美国好友费正清、费慰梅夫妇考察了山西晋汾地区十余县的古建筑。晋汾一带的明清建筑与清代官式建筑迥异，多保有古风，宋元时期的做法"比比皆是"。其中引起梁、林注意的有：太原晋祠、赵城广胜寺、文水开栅镇圣母庙、汾阳龙天庙等。尤其是赵城广胜寺诸殿简洁巧妙的大木结构形式，深得梁、林的赞誉。同年 9 月，刘敦桢与莫宗江、陈明达考察河北西部的定兴、易县等地，重点考察测绘了定兴北齐石柱和易县清西陵。10 月，梁思成、林徽因应浙江省建设厅之约，南下杭州商讨六和塔重修计划，测绘了杭州闸口白塔及灵隐寺双石塔。随后又至浙江宣平、金华考察，发现了元代建筑延福寺大殿和天宁寺大殿。延福寺大殿为元中期建筑，尚保留多处宋代做法，其月梁、梭柱、柱櫍皆合《营造法式》之制。②

1935 年 2 月，梁思成奉教育、内政两部之命，赴山东曲阜勘察孔庙修葺工程，对孔庙建筑做了详细测绘，后在此基础上完成《曲阜孔庙之建筑及其修葺计划》。5 月，刘敦桢带领陈明达、赵法参再赴河北西部调查，在曲阳北岳庙德宁殿初次见到符合《营造法式》身内金厢斗底槽、副阶周匝的平面形式。8 月，刘敦桢借暑期休假旅行之便调查苏州的古建筑，又于 9 月偕学社同仁梁思成、卢树森、夏昌世同往苏州作详细考察。此行调查了北宋罗汉院双塔、瑞光塔、虎丘云岩寺塔和元代虎丘山门、苏州诸多园林建筑，以及南宋遗构——玄妙观三清殿。10 月，刘敦桢及陈明达、邵力工、莫宗江调查测绘了北平护国寺千佛殿、舍利塔以及北平的数座喇嘛塔。③

1936 年 5 月起，刘敦桢与陈明达、赵法参调查河南省北部的古建筑，期间又与梁思成、林徽因共同考察了洛阳龙门石窟。河南之行收获颇丰，发现了 9 处早期遗构④，以及唐宋时期的墓塔 300 余座。其中，建于北宋宣和七年的嵩山少林寺初祖庵大殿，在年代和地理位置上均接近于公元 1100 年刊布于北宋首府开封的《营造法式》，不仅建筑形制多与《营造法式》吻合，其斗栱结构也是自学社

---

① 例如，1936 年 10 月至 11 月间，竟然调查了冀鲁豫交会处 16 个县市的 160 处遗构。参见林洙 . 中国营造学社史略 . 天津：百花文艺出版社，2008：137.
② 本社纪事 . 中国营造学社汇刊，1935，5（3）.
③ 本社纪事 . 中国营造学社汇刊，1935，6（2）.
④ 分别为北宋的济源县济渎庙寝殿、登封县少林寺初祖庵大殿，金代的济源县奉先观大殿、修武县二郎庙正殿，元代的济源县济渎庙拜殿、玉海临水亭、登封县会善寺大殿、博爱县城内观音阁与月山寺观音阁。参见本社纪事 . 中国营造学社汇刊，1936，6（3）.

调查以来最与《营造法式》接近者，对于建筑史研究具有重要价值。梁思成、林徽因在结束龙门石窟的调查后，继续东行，会同麦俨曾调查了山东中部十二县市的建筑遗构。除发现并测绘了章丘县常道观大殿、文庙大成殿、清净观正殿等早期建筑外，还调查了近二百座石塔。①

1936 年 10 月至 12 月，梁思成、莫宗江、麦俨曾再赴晋汾地区，对前次预查中发现的重要建筑进行详细测绘。② 随后，一行人继续奔赴陕西，调查西安及周边的建筑遗迹，包括唐代石塔两座——西安慈恩寺大雁塔、长安香积寺塔，西安青龙寺、卧龙寺、宝庆寺，以及数座古代帝王陵。大雁塔门楣上镌刻的佛殿图，忠实再现了唐代殿堂建筑的形象，清晰描刻出大木结构和构造式样，成为学社研究唐代建筑的重要材料。与此同时，刘敦桢率陈明达、赵法参、王璧文第三次赴河南、河北、山东调查，调查测绘了河北新城的辽代建筑——开善寺大雄宝殿、山东嘉祥文庙的汉画像石、肥城的汉代郭巨祠，以及多座早期砖石塔。

1937 年 5 月，刘敦桢、赵正之、麦俨曾再赴河南、陕西二省调查。在中央研究院邀约下，参与了 1937 年中央研究院组织的河南登封周公测景台调查，与中央研究院天文学专家高平子、考古学家董作宾合作发表《周公测景台调查报告》③，并且同杨廷宝合作拟定《登封县告成镇周公庙修缮工程做法》《登封县三阙修缮工程做法》。④ 此次考察调查了 19 个县市的 180 处建筑及遗址⑤，在归后的第 7 天即爆发了卢沟桥事变。

尽管日本学者关野贞在对中国进行六次考察后，曾于 1932 年妄断"中国和朝鲜一千岁的木料建造物，一个亦没有"⑥，但学社同仁对寻找宋、辽之前更为古老的木构建筑，始终怀有极大的希望与热情。在漫长的旅程中，虽然屡次听闻唐建木构的消息，亲眼所见后却又是后期重建的产物，往往令其"一夜的希望顿成泡影"⑦，但他们仍然不放弃搜寻唐代木构遗物的信念，终于在山西五台见到了

① 本社纪事. 中国营造学社汇刊, 1936, 6（3）.
② 计有：太原永祚寺双塔及大殿、晋祠圣母庙、叔虞祠、奉圣寺舍利塔及住持墓塔；天龙山石窟及圣寿寺；赵城广胜寺、明应王殿及壁画、洪洞泰云寺龙祥观、弥勒寺、火神庙、文庙、东岳庙；临汾平阳府文庙、临汾文庙大云寺砖塔、云泉宫正殿、崇宁寺正殿；汾阳县文庙及城隍庙、善惠寺；新绛县文庙、武庙、龙兴寺等。参见本社纪事. 中国营造学社汇刊, 1937, 6（4）.
③ 1937 年 7 月 5 日，中央研究院与商务印书馆达成契约，准备高平子、刘敦桢、董作宾所著《周公测景台调查报告》作为《国立中央研究院专刊》之一发表，1939 年 5 月正式出版。参见《中央研究院关于调查兴修河南登封周公测景台等古迹的有关文书》，中国第二历史档案馆藏，档案号 393-0-0268.
④《杨廷宝刘敦桢编制〈河南登封县告成镇周公庙修缮工程做法〉及登封告城分和置废沿革图》，中国第二历史档案馆藏，档案号 393-0-2426.
⑤ 林洙. 中国营造学社史略. 天津：百花文艺出版社, 2008：39.
⑥ 关野贞著，刘敦桢、吴鲁强译. 日本古代建筑物之保存. 中国营造学社汇刊, 1932, 3（2）.
⑦ 梁思成、林徽因. 晋汾古建筑预查纪略. 中国营造学社汇刊, 1935, 5（3）.

图2-2　佛光寺大殿测绘工作照 [资料来源：梁思成 . 梁思成全集（第一卷）. 北京：中国建筑工业出版社，2001：7]

隐匿于深山的唐代建筑佛光寺东大殿。1937 年 6 月，梁思成、林徽因、莫宗江、纪玉堂一行第四次前往山西考察，在五台山外围的偏僻村落找到佛光寺时，咨嗟惊喜。继续探视，遂见东大殿梁架上部"叉手"之制，为多年调查所得唯一孤例，如获至宝。根据大殿梁底遗留的题记与殿外经幢题刻的互证，确定为唐代大中十一年（857 年）所建（图 2-2）。[1] 佛光寺大殿是当时中国境内已知的年代最早的木结构建筑遗构，也是荟萃唐代建筑、雕塑、书法、绘画艺术于一身的精品，被梁思成誉为国内古建筑之"第一瑰宝"。而日本学者关野贞、常盘大定撰《支那文化史迹》收入了五台山佛光寺大殿照片，却不能知其为唐代建筑。[2] 佛光寺的发现，最终不负学社持之以恒寻找古代建筑遗产的信念。[3]

　　发现佛光寺，是学社自进行古代实物考察以来最为振奋的成就。梁思成将佛光寺的调查研究成果写就《记五台山佛光寺建筑》一文，为唐代建筑研究和中国建筑史学提供了重要的实证材料。在古建筑调查测绘史上写下了光辉的一页，更激发了此后学界继续寻找早期建筑的信心。此次调查是战前的最后一次田野考察，期间还发现、测绘了唐宋间木构建筑过渡形式的重要实例——榆次永寿寺雨花宫。[4] 梁思成等一行人返回不久，北平即告沦陷。

　　自 1932 年起，至 1937 年，学社的考察对象由最初以寺庙为典型代表的木构公共建筑，扩展至包括石构在内的塔、牌楼、民居、园林、陵墓、石窟、桥梁等各种建筑类型，以及造像、石刻、经幢等附属文物。经过日夜兼程的辛苦考察，学社成

① 1964 年 7 月，山西省文物工作委员会对大殿勘察时发现的若干题记，进一步证明了梁思成对这座唐代木构建筑年代鉴定的准确性。参见罗哲文 . 山西五台山佛光寺大殿发现唐、五代的题记和唐代壁画 . 文物，1965（4）.
② 杨永生，王莉慧编 . 建筑史解码人 . 北京：中国建筑工业出版社，2006：3.
③ "旅途僻静，景至幽丽，至暮，得谒佛光真容禅寺于豆村附近，瞻仰大殿，咨嗟惊喜。国内殿宇尚有唐构之信念，一旦于此得一实证。……佛光寺正殿魁伟整饬，为唐大中原物。除建筑形制特点历历可征外，梁间尚有唐代墨迹题名，可资考证。佛殿施主为一人，其姓名书于梁下，又见于阶前石幢，幢之建立则在大中十一年（857 年）也。殿内尚存唐代塑像三十余尊，唐壁画一小横幅，宋壁画数区。此不但为本社多年来实地踏查所得之唯一唐代木构殿宇，实亦国内古建筑之第一瑰宝。"引自梁思成 . 记五台山佛光寺建筑 . 中国营造学社汇刊，1944，7（1）.
④ 后由莫宗江于 1945 年发表研究成果《山西榆次永寿寺雨花宫》于《中国营造学社汇刊》第七卷第二期。

员以惊人的效率完成了华北大部分区域及中原地区重要古建筑的调查（表 2-1），获取了大批测绘数据、图纸和照片①，对古代建筑的研究和保护具有重大历史意义。

1934—1937 年学社古建筑调查测绘简表　　　　表 2-1

考察地区	考察地县	考察时间	考察人	已发表的相关文献与成果	重要调查对象
山西晋汾地区	太原、汾阳、文水、孝义、介休、灵石、霍县、赵城	1934 年 8 月	梁思成、林徽因、费正清、费慰梅	梁思成、林徽因：《晋汾古建筑预查纪略》	赵城广胜寺（元）、太原晋祠（宋）、文水开栅镇圣母庙（元）、汾阳龙天庙（元）
河北西部	定兴、易县、涞水、涿县	1934 年 9 月	刘敦桢、陈明达、莫宗江	刘敦桢：《易县清西陵》、《定兴县北齐石柱》、《河北省西部古建筑调查记略》	定兴石柱（北齐）、易县开元寺毗卢殿（辽）
浙江	杭州、宣平、金华	1934 年 10 月	梁思成、林徽因、刘致平	《杭州六和塔复原状计划》	宣平延福寺（元）、金华天宁寺（元）、杭州闸口白塔（宋）、灵隐寺双石塔（宋）
山东	曲阜	1935 年 2 月	梁思成、莫宗江	梁思成：《曲阜孔庙之建筑及修葺计划》	曲阜孔庙修缮
河南	安阳	1935 年 5 月	梁思成	—	天宁寺大殿（金）
河北西部	保定、安阳、安平、安国县、定县、曲阳、蠡县、正定	1935 年 5 月	刘敦桢、陈明达、赵法参	刘敦桢：《河北省西部古建筑调查记略》、刘敦桢：《河北古建筑调查笔记》	安平圣姑庙（元）、曲阳北岳庙德宁殿（元）、定县开元寺料敌塔（宋）
江苏	苏州	1935 年 8 月②	刘敦桢、梁思成、卢树森、夏昌世	刘敦桢：《苏州古建筑调查记》	玄妙观三清殿（南宋）、罗汉院双塔（宋）、瑞光塔（宋）、虎丘云岩寺塔（宋）、虎丘山门（元）

---

① 据林洙在《中国营造学社史略》中的统计，"1932 年至 1937 年，学社田野考察所至县市达 137 个，经调查的古建殿堂房舍有 1823 座，详细测绘的建筑有 206 组，完成测绘图稿 1898 张。"引自林洙．中国营造学社史略．天津：百花文艺出版社，2008：151．

② 按《中国营造学社汇刊》第六卷第二期《本社纪事·调查苏州古建筑》："社员刘敦桢乘本年暑期休假之便，旅行苏州，对北宋罗汉院双塔，虎丘塔，南宋玄妙观三清殿，及北寺、瑞光二塔，作初步调查。嗣于九月初旬，偕社员梁思成、卢树森、夏昌世至苏，做详细之考察。"《苏州古建筑调查记》所述"民国廿五年夏"疑有误，暂以《中国营造学社汇刊》记载时间为准。

续表

考察地区	考察地县	考察时间	考察人	已发表的相关文献与成果	重要调查对象
北平	—	1935 年 10 月	刘敦桢、陈明达、邵力工、莫宗江	刘敦桢:《北平护国寺残迹》	护国寺（明）、妙应寺白塔（元）
河南北部	新乡、修武、博爱、沁阳、济源、汜水、洛阳、孟津、偃师、登封、密县、巩县、开封	1936 年 5 月至 7 月	刘敦桢、陈明达、赵正之	刘敦桢:《河南省北部古建筑调查记》《河南古建筑调查笔记》《龙门石窟调查笔记》《告成周公庙调查记》	净藏禅师塔（唐）、登封少林寺初祖庵大殿（宋）、济源奉先观大殿（金）、济渎庙拜殿（元）、修武二郎庙正殿（元）
山东中部	历城、开封、章邱、临淄、益都、潍县、长清、泰安、滋阳、济宁、邹县、滕县	1936 年 6 月	梁思成、林徽因、麦俨曾	—	章丘文庙大成殿（金）、常道观大殿（元）、清净观正殿（元）
山西晋汾地区	太原、赵城、洪洞、临汾、汾阳、新降、太谷	1936 年 10 月	梁思成、莫宗江、麦俨曾	—	赵城广胜寺（元）、太原晋祠（宋）、临汾云泉宫正殿（宋）
河北、河南北部、山东西部	涿州、新城、行唐、邢台、大名、磁县、安阳、汲县、滑县、武涉、滋阳、嘉祥、济宁、肥城、泰安、景县	1936 年 10 月至 11 月	刘敦桢、陈明达、赵正之、王璧文	刘敦桢:《河北省北部古建筑调查记》、刘敦桢:《河北、河南、山东古建筑调查日记》	新城开善寺大雄宝殿（辽）、山东嘉祥文庙画像石（汉）、肥城郭巨祠（汉）
陕西	西安、长安、咸阳、兴平	1936 年 11 月	梁思成、莫宗江、麦俨曾	—	西安慈恩寺大雁塔（唐）、长安香积寺塔（唐）
陕西、河南北部	西安、长安、临潼、户县、咸阳、宝鸡、虢镇、渑池、浚县、沁阳、孟县、汤阴、安阳、宝山、耀县、武安、涉县	1937 年 5 月	刘敦桢、赵正之、麦俨曾、梁思成、林徽因	刘敦桢:《河南、陕西两省古建筑调查笔记》	登封周公庙、西安钟楼（明）、虢镇万寿寺（明）、渑池文庙大成殿（明）、鸿庆寺石窟、宝山龙岩寺（明）、临潼秦始皇陵、华清池、咸阳周文王陵、周武王陵、唐顺陵
山西	榆次、五台、繁峙、代县	1937 年 6 月	梁思成、林徽因、莫宗江、纪玉堂	梁思成:《记五台山佛光寺建筑》;梁思成:《记五台山佛光寺建筑》（续）;莫宗江:《山西榆次永寿寺雨花宫》	五台佛光寺东大殿（唐）、榆次永寿寺雨花宫（宋）

（资料来源:根据《中国营造学社汇刊》各期、《中国营造学社史略》《梁思成全集》《刘敦桢全集》以及清华大学建筑学院信息中心藏中国营造学社测稿整理）

2. 北平明清官式建筑测绘

1932 年开始，借助社长朱启钤的广泛人脉与北平的地缘优势，学社陆续受到北平市工务局、故宫博物院、古物陈列所等官方机构的委托，拟制北平明清建筑的修理计划，借此进行了多处官式建筑的勘察和测绘。[①] 此外，1934 年 9 月，刘敦桢、莫宗江、陈明达等赴河北易县清西陵调查、测绘，翌年 3 月发表《易县清西陵》。[②]1935 年 2 月，梁思成奉教育、内政部之命，赴曲阜勘察孔庙修葺工程，详细测绘并拟就修葺计划，9 月发表《曲阜孔庙之建筑及其修葺计划》。[③] 又据《汇刊》报道，1936 年至 1937 年，学社曾测绘故宫及北海建筑。[④]

然而，《汇刊》所载上述片断，却远非学社组织和实施明清官式建筑测绘的全部图景。如林洙《中国营造学社史略》提到，学社在 1934 年至 1937 年间受中央研究院委托，曾系统开展北平故宫以及市内其他明清建筑的测绘[⑤]，"全部测绘工作因为抗日战争爆发而中断，已测绘的图稿也没有全部整理绘制出来"[⑥]。现藏清华大学建筑学院的 700 余张北平明清官式建筑铅笔图稿（下称"图稿"）与 167 张墨线图纸，作为学社测绘计划的初步成果，展现了这段鲜为学界了解的学术历程：至少从 1933 年 10 月开始[⑦]，学社着手测绘故宫，并陆续展开北平市内其他明清建筑的测绘。在极端严峻的局势下，大量抢救性调查研究在即，学社兼负诸多要务。因此，北平建筑测绘并非连续进行，而是占据了各年的不同时段，包

---

① 按《中国营造学社汇刊》，计有："1932 年，学社代拟北平内城东南角楼与故宫南薰殿修理计划，并测量勘查。"引自中国营造学社汇刊，1932，3（4）."1934 年 2 月，邵力工、麦俨曾勘查测绘景山五亭，梁思成、刘敦桢编制修葺计划，9 月发表《修理故宫景山万春亭计划》。"引自本社纪事. 中国营造学社汇刊，1934：5（2）."1935 年 9 月，梁思成率麦俨曾等测绘摄影故宫文华殿文渊阁，并调查传心殿及内阁大库。"引自本社纪事. 中国营造学社汇刊，1935，6（2）.

② 刘敦桢. 易县清西陵. 中国营造学社汇刊，1934，5（3）.

③ 梁思成. 曲阜孔庙之建筑及其修葺计划. 中国营造学社汇刊，1935，6（1）.

④ "1936 年 4 月，梁思成率邵力工等测绘故宫角楼及南海新华门；5 月，林徽因率刘致平、麦俨曾等测绘北海静心斋建筑。"引自本社纪事. 中国营造学社汇刊，1936，6（3）."1937 年 3 月，梁思成率邵力工等继续测绘故宫文华、武英等殿，及东、西华门等处建筑。"引自本社纪事. 中国营造学社汇刊，1937，6（4）.

⑤ "1934 年中央研究院拨款五千元给学社，要求学社将故宫全部建筑都测绘出来，出一本专书。这项工作由梁思成负责，所有殿堂及各门由梁思成率邵力工、麦俨曾、纪玉堂测绘，次要建筑如小朝房、小库房等由邵力工负责。……除故宫外还测了安定门、阜成门、东直门、宣武门、崇文门、新华门、天宁寺、恭王府等处。"引自林洙. 中国营造学社史略. 天津：百花文艺出版社，2008. 对于中央研究院要求营造学社测绘故宫一事，2012 年笔者访问林洙女士时，林女士回忆此事件为撰写《中国营造学社史略》书稿时访谈学社成员得知。2012 年笔者访问清华大学王贵祥教授得知，王教授也曾听闻前辈学者提及此事。

⑥ 林洙. 中国营造学社史略. 天津：百花文艺出版社，2008：150. 梁思成先生在《中国建筑史》中引用了"北京故宫三大殿平面图"，并注释称："著者为中央博物院于民国二十四五年间测绘摄影，图稿现存北京——梁注。"参见梁思成. 中国建筑史. 天津：百花文艺出版社，1998：288. 另：中国青年出版社出版的《大拙至美：梁思成最美的文字建筑》一书附赠有故宫测绘图笔记本，当中收录了 16 幅学社测绘故宫的墨线图。

⑦ 根据图稿上标注的日期，清华大学建筑学院所藏图稿中，最早完成的是 1933 年 10 月绘制的太和门平面、午门平面、午门东半部亭子平面。

括 1933 年 10 月、11 月，1934 年 4 月、5 月、7 月、10 月、11 月，1935 年 8 月、9 月，以及 1936 年 4 月。个别单体建筑的测绘时间也不集中，如协和门的测稿分散于 1934 年 1 月、4 月、11 月完成。

截至 1937 年 6 月 30 日，距离七七事变仅余一周，已完成了故宫、社稷坛、北海静心斋、大高玄殿、景山五亭、护国寺、妙应寺、智化寺、孔庙、文丞相祠、恭王府、安定门、阜成门、东直门、宣武门、崇文门等的测稿，涵盖了宫殿、坛庙、苑囿、府邸、城门等建筑类型。其中，自 1937 年 4 月初，时局的迅速恶化，促使测绘工作进度骤然加快。从测稿来看，自 4 月初至 6 月底，几乎每一天都有新的图稿完成。从一连串密集的日期当中，能够体会到学社成员抓紧最后时机进行测绘的急迫心境。

根据图稿及林洙《中国营造学社史略》的相关记述，此项工作由梁思成主持，并参与初期测量，1933 年测绘端门、太和殿、太和门、午门等处的图稿，都留下了梁思成的字迹，其中如"午门东半部南首亭子平面图"上留有"成"字署名（图 2-3）。后期交由邵力工负责，带领固定人员四至六人从事现场实测（图 2-4）。其间，因九一八事变流亡到北平的东北大学建筑系学生也参与了部分测绘工作。[①] 1936 年之后，图稿稿纸改版，增加了人名栏，多次出现"邵"、"蔡"、"李"、"霍"、"纪"、"邵碧贞"署名的字样，就反映了这一史实。学社成员莫宗江、纪玉堂也曾赴现场测量，如 1937 年 5 月测绘北平恭王府的图稿上出现了"莫"、"纪"、"智"、"吴"署名的字样。

遗憾的是，此项测绘事业因战事而中辍，殊为可惜。三年之后，朱启钤约见华北基泰工程司负责人兼天津工商学院教授张镈，表达了对传统建筑瑰宝难逃兵火之灾的忧虑，提出测绘以留存真迹的建议。随后，张镈与伪建设总署签约承揽测绘北平中轴线建筑，带领天津工商学院师生于 1941 年至 1944 年完成实测。此次测绘以大量数据翔实、制图精美的成果饮誉学界，在一定程度上弥补了学社未竟之功。

（四）尾声——战时的考察与总结

抗日战争爆发后，学社部分成员迁往西南后方，几年来调查所得的大量资料也存入天津英资麦加利银行的保险库中。1937 年 10 月，梁思成、刘敦桢两家随北京大学、清华大学、南开大学组成的西南联合大学迁至湖南长沙，次年 4 月又迁往昆明。此后，刘致平、莫宗江、陈明达也相继而至。梁、刘于昆明重组学社，

---

① 林洙 . 中国营造学社史略 . 天津：百花文艺出版社，2008：90.

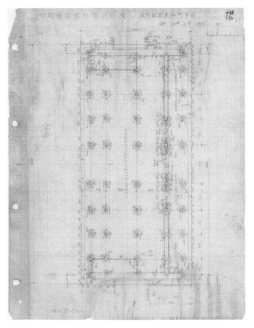

图2-3 故宫太和门平面，梁思成测绘，1933年10月20—21日（资料来源：清华大学建筑学院提供）（左）
图2-4 邵力工测绘故宫西库房（资料来源：林洙.中国营造学社史略.天津：百花文艺出版社，2008：150）（右）

在中英庚款董事会的继续资助下，在西南后方展开古建筑调查测绘。[①] 根据西南五省的史地文化特点与遗物价值，学社斟酌考虑并权衡缓急，决计以价值显著的四川汉阙与崖墓、云南的民居与佛教建筑为先，西康、广西、贵州次之。[②] 1938年10月，刘敦桢偕同刘致平、莫宗江、陈明达[③]，由所在地昆明及周边地区入手调查。11月起，又前往大理—丽江一线调查，涉足了云南西北部10个县市，考察直到次年1月底结束。1939年8月，梁、刘共同考察川康地区古建筑，分两路进行，历时半年之久，共计调查35个县市的730余处遗物。[④]

1940年6月，中央博物院筹备处与学社协议，由学社调查西南诸省古建筑与附属艺术，供其制造模型与陈列展览之用。合作时间暂定一年半，至1941年12月止。所需经费，由中央博物院按月拨付五百五十元，作为工作人员一部分薪给及全部文具杂费，其总额为国币九千九百元。[⑤] 至1941年底，共调查了云南13县、四川29县、西康2县，调查对象涵盖了民居、庭园、商店、会馆、衙署、寺观、祠庙、塔幢、牌坊、城堡、桥梁、闸坝、坟墓、碑阙及壁画、雕刻、塑像、家具、金属物等多种，"靡不兼收并蓄"[⑥]，可谓业绩斐然。

西南地区由于地处僻远，其建筑既保留了部分唐宋古制，又在一定程度上受

---

① "在抗战期间，我们在物质方面日见困苦，仅在捉襟见肘的情形下，于西南后方做了一点实地调查。但我们所曾调查过的云南昆明至大理间十余县，四川嘉陵江流域，岷江流域，及川陕公路沿线约三十县，以及西康之雅安庐山二县，其中关于中国建筑工程及艺术特征亦不乏富于趣味与价值的实物。就建筑类别论：我们所研究的有寺观，衙署，会馆，祠，庙，城堡，桥梁，民居，庭园，碑碣，牌坊，塔，幢，墓阙，崖墓，莠墓等。就建筑艺术方面言：西南地偏一隅，每一实物，除其时代特征外，尚有其他地方传统特征，值得注意。此外如雕塑，摩崖造像，壁画等'附艺'，在我们调查范围者，多反映时代及地方艺术之水准与手法，亦颇多有趣味之实例，值得搜集研究。"引自复刊词.中国营造学社汇刊，1944，7（1）.
② 刘敦桢.刘敦桢全集（第四卷）.北京：中国建筑工业出版社，2007：1.
③ 此时梁思成因颈椎软组织硬化症发作，暂时无法进行野外考察。
④ 林洙.中国营造学社史略.天津：百花文艺出版社，2008：174.
⑤ 刘敦桢.刘敦桢全集（第四卷）.北京：中国建筑工业出版社，2007：1.
⑥ 刘敦桢.刘敦桢全集（第四卷）.北京：中国建筑工业出版社，2007：1.

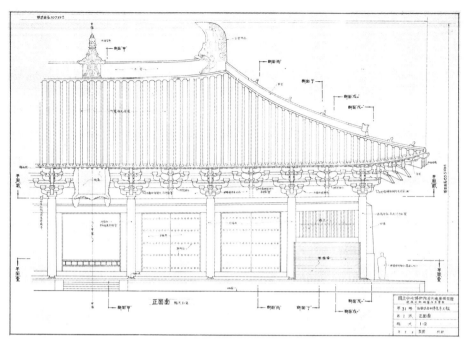

图 2-5 国立中央博物院古代建筑模型图——山西五台山佛光寺大殿正立面，1930 年代（资料来源：中国文化遗产研究院提供）

到北方官式建筑和相邻地区建筑的影响，并延续着当地的独创做法，往往具有杂糅现象。因此，学社的考察除了以《营造法式》等营造文献和已经调查的北方建筑实例作为基础对照资源，同时进行邻近地区建筑的比较和建筑地域特点的归纳。云南安宁的曹溪寺大雄宝殿，材高接近辽代建筑蓟县独乐寺观音阁，并且保留了"七朱八白"、华栱下施替木的早期做法。刘敦桢根据寺内碑记以及与镇南县元代建筑文昌宫相同的驼峰、镌刻花纹样式等，认为该殿为元构。①

川渝地区保存大量汉代以至隋唐的墓阙、崖墓、石刻。因此，除木构建筑外，学社重点调查了这类遗物以及西南地区的石塔、民居，还测绘了华西大学博物馆藏汉明器，进一步丰富了唐以前的古代建筑研究材料。调查四川雅安汉代高颐阙后，刘敦桢以测绘数据证实，高颐阙各构件尺寸存在一定的比例，并推测这种尺度规则为宋代"材栔"制度之前身②，从而以建筑学视角扩展了以往多以美术史方法进行的高颐阙研究。此外，学社注重寻访当地工匠，从中调查、了解西南地区的建筑名词。

1940 年冬，学社随中央研究院历史语言研究所迁往四川南溪县李庄。此后，由于战争关系，中美庚款下降乃至断绝，学社经费受到严重影响，加上各方面条件的限制，大规模考察测绘被迫中断。驻留李庄期间，莫宗江、卢绳、罗哲文对宜宾旧州坝白塔、宋墓进行了调查测绘；刘致平对四川广汉的古建筑特别是民居进行了调查和测绘；陈明达和莫宗江分别参加了中央博物院对彭山崖墓和成都王健墓的考古发掘工作。

抗日战争后期，实物调查日益艰难，学社开始系统整理已有的调查测绘资料，

① "殆云南僻处边陲，式样变迁恒较中原诸省较迟，故其元代木建筑，往往酷类中原南宋所建。"引自刘敦桢.云南西北部古建筑调查日记.见：刘敦桢.刘敦桢全集（第三卷）.北京：中国建筑工业出版社，2007：254.
② 刘敦桢.刘敦桢全集（第三卷）.北京：中国建筑工业出版社，2007：281.

展开理论研究，陆续进行了"佛塔"、"明清故宫建筑"、"宋《营造法式》注释"等专题性研究。[①]同时，应中央博物院筹备处之邀，学社为博物院绘制了上百张模型图（图 2-5）[②]，以制作用于展览的古建筑模型。

1942 年起，梁思成接受国立编译馆的委托，正式着手编写《中国建筑史》，在学社同仁的协理下，以历年调查、测绘积累的大量实物资料为基础，按年代梳理排列，归纳出中国古代各时期建筑之特征与演变之脉络，于 1944 年完成了这部第一次由中国人著述的较为系统的建筑史专著，建立了中国建筑史学发展历程中一座重要的里程碑。

抗战期间，学社在极端困难的条件下，仍然不遗余力地投入田野考察，继续拓宽调查对象的范畴，发现了大量兼具地方特色和其他文化影响的古建筑遗存。这一时期对于西南地区古建筑的调查和研究（表 2-2），在一定程度上丰富了研究材料的地域性和多样性，在与先前调查的北方建筑相互比较中，中国建筑史的结构得到了强化。1942 年后，营造学社因经费缺乏基本上停顿了工作。抗战胜利后，由于时局改变、经费不济、人员变动等因素，学社的考察研究工作难以为继，最终于 1945 年走向了解体。

二、中国营造学社测绘的学术思想

（一）实物调查测绘的方法论来源

古建筑测绘的学科背景复杂且多样。学社的实物调查同样具备这一特点——梁思成、刘敦桢以西方"学院派"建筑体系为基础，结合传统文献学、近代历史学、考古学、美术史学的方法和理论，开辟出一条呈现梁、刘二人教育背景和时代特征的古建筑科学考察之路。

1. 史学的实证思想

前文已述及，近代西方实证主义思想对于史学界与考古学界产生了深刻影响。在国内，史学大家王国维创立"二重证据法"、考古学权威傅斯年提出"史

① 温玉清. 二十世纪中国建筑史研究的历史、观念与方法——中国建筑史学史初探. 天津：天津大学，2006：90.
② 卢绳. 卢绳与中国古建筑研究. 北京：知识产权出版，2007：370.

1937 年—1944 年学社古建筑调查测绘简表（资料来源：作者自绘）　表 2-2

考察地区	考察地县	考察时间	考察人	已发表的相关文献与成果	重要调查对象
云南	昆明、曲靖、富民、安宁、楚雄、镇南、下关、大理、丽江、鹤庆、邓川、剑川、宾川、凤仪、姚安	1938 年 10 月至 1939 年 1 月	刘敦桢、刘致平、莫宗江、陈明达	刘敦桢：《云南之塔幢》①、《昆明附近古建筑调查日记》②、《云南西北部古建筑调查日记》③、《云南古建筑调查记》(未完稿)④、《云南一颗印》⑤	昆明真庆观大殿（明）、安宁曹溪寺大雄宝殿（元）、镇南文昌宫（元）
四川	巴县、重庆、仁寿、乐山、峨眉、夹江、眉山、彭山、新津、成都、郫县、灌县、新都、广汉、德阳、绵阳、梓潼、广元、昭化、阆中、南部、蓬安、渠县、乐池、南充、蓬溪、潼南、大足、合川、雅安、宜宾、南溪、芦山	1939 年 8 月至 1940 年 2 月、1940 年 7 月至 1941 年 12 月	刘敦桢、梁思成、莫宗江、陈明达	刘敦桢：《川、康古建筑调查日记》⑥、《川、康之汉阙》⑦、《川、康地区汉代石阙实测资料》⑧、《西南古建筑调查概况》⑨、梁思成：《西南建筑图说》(一)四川部分、(二)云南部分⑩	蓬溪鹫峰寺、雅安高颐汉阙、梓潼文昌宫、芦山姜维庙、成都鼓楼南街清真寺、前蜀永陵、灌县安澜桥、绵阳汉平阳府君阙、夹江千佛崖、广元千佛崖、彭山崖墓
四川	宜宾	1943 年至 1944 年	莫宗江、卢绳、罗哲文、王世襄	莫宗江：《宜宾旧州坝白塔宋墓》⑪、卢绳：《旋螺殿》⑫、刘敦桢：《四川宜宾旧州坝白塔》⑬、王世襄：《四川南溪李庄宋墓》⑭	李庄旋螺殿（明）、旧州坝白塔宋墓
四川	成都	1944 年	刘致平	刘致平：《成都清真寺》⑮	

① 刘敦桢.云南之塔幢.中国营造学社汇刊，1945，7（2）.
② 刘敦桢.刘敦桢全集（第三卷）.北京：中国建筑工业出版社，2007.
③ 刘敦桢.刘敦桢全集（第三卷）.北京：中国建筑工业出版社，2007.
④ 刘敦桢.刘敦桢全集（第四卷）.北京：中国建筑工业出版社，2007.
⑤ 刘敦桢.云南一颗印.中国营造学社汇刊，1944，7（1）.
⑥ 刘敦桢.刘敦桢全集（第三卷）.北京：中国建筑工业出版社，2007.
⑦ 刘敦桢.刘敦桢全集（第三卷）.北京：中国建筑工业出版社，2007.
⑧ 刘敦桢.刘敦桢全集（第三卷）.北京：中国建筑工业出版社，2007.
⑨ 刘敦桢.刘敦桢全集（第四卷）.北京：中国建筑工业出版社，2007.
⑩ 梁思成.梁思成全集（第三卷）.北京：中国建筑工业出版社，2001.
⑪ 莫宗江.宜宾旧州坝白塔宋墓.中国营造学社汇刊，1944，7（1）.
⑫ 卢绳.旋螺殿.中国营造学社汇刊，1944，7（1）.
⑬ 刘敦桢.刘敦桢全集（第四卷）.北京：中国建筑工业出版社，2007.
⑭ 王世襄.四川南溪李庄宋墓.中国营造学社汇刊，1944，7（1）.
⑮ 刘致平.成都清真寺.中国营造学社汇刊，1944，7（1）.

料学"观念的同时,这种重视实证的科学思想在相关学科领域也获得了广泛认同,其中就包括了旧学渊源深厚的传统学者朱启钤和兼具中西方双重文化修养的梁思成、刘敦桢。朱启钤在建立学社之初,就确定了实物调查的研究路线:"远征搜集,远方异域,有可供参考之实物,委托专家,驰赴调查,用摄影及其他诸法,采集报告,以充资料。"① 1932年,学社的古建筑调查启程,梁思成在第一篇调查报告《蓟县独乐寺观音阁山门考》中,也明确地阐释了古建筑实物考察的思想来源和方法论意义:"近代学者治学之道,首重证据,以实物为理论之后盾,俗谚所谓'百闻不如一见',适合科学方法。艺术之鉴赏,就造形美术言,尤须重'见'。读跋千篇,不如得原画一瞥,义固至显。秉斯旨以研究建筑,始庶几得其门径。……造形美术之研究,尤重斯旨,故研究古建筑,非作遗物之实地调查测绘不可。"②

可以说,正是史学界的实证思想推动着学社同仁踏上古建筑调查的学术征程,将建筑史学研究方法引入了文献与实物互证的现代治学途径。

2. 古典主义建筑教育背景

梁思成、刘敦桢、林徽因在20世纪初接受的建筑学专业教育,都根源于巴黎美术学院以古典主义为重要传统的建筑教育体系。梁思成、林徽因就读的宾夕法尼亚大学建筑系,更是巴黎美院建筑教育体系在美国的领跑者。在秉承"新古典主义"的宾大建筑系,仍以古希腊、古罗马、文艺复兴时期建筑作品的美学原则奉为典范,专设旅行奖金以供获奖者赴欧洲旅行参观速写。③ 建筑史教学中,学生徒手描绘重要的历史建筑,在此过程中掌握古典建筑的柱式、比例、样式和风格。同赴宾大建筑系学习的陈植先生回忆,担任梁思成设计导师的斯敦凡尔特教授就曾在巴黎美术学院深造。④ 据费慰梅回忆,梁思成在宾大就读的最后一年中,对意大利文艺复兴时期的建筑进行了广泛的研究,并且在展览会上看到罗马奖学金获得者按缩小比例绘制的罗马建筑图样。⑤ 这些经历成为梁思成、林徽因日后

① 引自朱启钤 . 中国营造学社缘起 . 中国营造学社汇刊,1930,1(1).
② 梁思成 . 蓟县独乐寺观音阁山门考 . 中国营造学社汇刊,1932,3(2).
③ 童寯 . 童寯文集第一卷 . 北京:中国建筑工业出版社,2006:223.
④ 陈植 . 缅怀思成兄 . 见:梁思成先生诞辰八十五周年纪念文集编辑委员会 . 梁思成先生诞辰八十五周年纪念文集 . 北京:清华大学出版社,1986:3.
⑤ 费慰梅 . 梁思成与林徽因 . 北京:中国文联出版公司,1997:32.

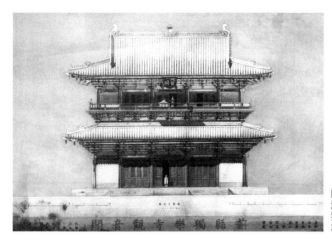

图 2-6　蓟县独乐寺观音阁立面渲染图（资料来源：陈明达．蓟县独乐寺．天津：天津大学出版社，2007：47）

实地考察研究古建筑的直接渊源。[①]

　　基于古典主义的建筑教育背景，梁思成、林徽因在实地考察中，通过大量形制分析判断建筑的风格与年代，并逐渐归纳出各时代建筑的演变和发展规律。同时，学社的制图方法和绘图风格也具有浓厚的"学院派"意味：无论测绘的正式成果图还是草稿都显示出扎实的绘图功力和极佳的表现水准，而那些精彩的水彩渲染测绘图也来自古典建筑水墨渲染的传统技法（图 2-6），堪称艺术品。另外，梁思成、林徽因长期重视学社学员的绘图训练，将"学院派"的绘图方法用于培养年轻的绘图员和研究生。[②]

　　莫宗江、陈明达、麦俨曾等进入学社后，由绘图生成长为研究生甚至梁思成、刘敦桢的助手。在学社培养下，他们的绘图和绘画达到相当高的水平，其中以莫宗江最为突出。莫宗江为调查报告绘制了大量测绘图，并为《中国建筑史》绘制了插图。这些图纸线条流畅，层次鲜明，布局考究，富有韵律和美感。而他在考察现场徒手绘制的草图，笔法洗练、线条洒脱、虚实得宜，充分显示出精湛的绘图功力和高超的艺术造诣。

3. 结构理性观点

　　西方建筑理论中的结构理性观点也对梁思成、林徽因的建筑历史价值观形成了深刻影响。结构理性主义于 19 世纪 50 年代由法国建筑理论家维奥莱 – 勒 – 迪

① 梁思成后来也曾谈道："学社的研究方法是复古主义和形式主义的，是从美国和巴黎学来的。美国有罗马学院和雅典学院，得了罗马金或雅典奖金的人，可以去那里住上三年，钻文献、照相、测绘古建筑，我就学了他们的办法，把建筑看作是纯粹的造型艺术。"参见《全国建筑历史学术讨论会 1958 年 10 月 13 日上午大会梁思成发言记录》（手稿），中国建筑设计研究院建筑历史与理论研究所藏，转引自温玉清．二十世纪中国建筑史研究的历史、观念与方法——中国建筑史学史初探．天津：天津大学，2006.
② 莫宗江在回忆梁思成对后辈的培养时谈道："在周末梁常带我到他家去，于是他就和林先生把他们收集的最好的速写、素描、渲染，都是些精品，拿来给我看。这些就是我的教材，我喜欢哪张，就让我拿走回去细看。梁还把弗莱彻（Fletcher）著的建筑史给我看并告我说，这本书的插图全部是由他的一位助手画的，他希望我好好学习日后能为他写的建筑史画一套插图。他还说，我们的绘图水平一定要达到国际最高标准。"引自林洙．中国营造学社史略．天津：百花文艺出版社，2008：97.

克（Eugene-Emmanuel Viollet-le-Duc）提出，但是这一理性传统渊源深厚，衍生于 13 至 15 世纪流行的哥特建筑。哥特建筑有强调技术因素的传统，是最早的结构理性建筑。随着 16 世纪以来对哥特建筑的专门研究，哥特建筑精巧的结构技术获得建筑理论领域的重视。在 18 世纪中期建筑界兴起的复古思潮中，古典复兴与哥特复兴成为两大潮流，并在 18、19 世纪之交影响至美国。法国建筑师在古典思想与哥特风格这两个相互矛盾的体系之间徘徊，始终在尝试将其结构之优点纳入古典主义建筑之中。[①] 在此趋势下，"学院派"建筑教育也兼收并蓄地吸纳了这两个理论体系。因此，梁、林在古建筑考察中，兼具理性主义和古典主义的评价标准，提倡美学与结构的高度统一，以形式风格与结构机能是作为分析建筑年代的判定要素。

4. 建筑技术理念

测量与绘图技术是土木建筑类专业的基本技能，梁思成、刘敦桢在实地考察中能够运用测绘方法自不必说。此外，针对建筑的结构与构造问题，他们多次运用现代土木工程材料力学、结构力学等方法进行分析计算，解决建筑技术层面的问题。例如，调查蓟县独乐寺时，梁思成将实测观音阁梁宽与梁高近乎"2：1"之断面比例，同宋《营造法式》"3：2"、清官式建筑"12：10"的规定相比较，对照现代力学的结论，得出力学随时代退步的感慨[②]；又与清华大学的结构学家蔡方荫协作，按照力学理论，根据测绘数据，计算独乐寺观音阁五架梁之荷载，并推算出最大挠曲弯矩、挠曲应力与切应力，得到该梁的安全率系数。调查广济寺的过程中，梁思成由结构受力分析发现三大士殿阑额担负的荷载极重，经计算比较发现，实际荷载竟超出安全荷载数倍，从而得出阑额为三大士殿"结构方面最不合理之点"[③] 的结论。再如，故宫博物院因文渊阁楼面的凹陷问题委托学社代为勘察，梁、刘与蔡方荫一同对故宫文渊阁进行勘察，通过结构分析、计算，得出楼面下陷的原因并制定相应的修理办法。

值得一提的是，刘敦桢接受的日本建筑教育，虽然也属于巴黎美术学院教学体系的范畴，但是由于直接因袭英国的建筑教育体系，因而向有重视建筑技术的

---

① 单踊.西方学院派建筑教育史研究.南京：东南大学出版社，2012：67-68.
② "岂七八百载之经验，反使其对力学之了解退而无进耶？"引自梁思成.蓟县独乐寺观音阁山门考.中国营造学社汇刊，1932，3（2）.
③ 梁思成.宝坻县广济寺三大士殿.中国营造学社汇刊，1932，3（4）.

传统，并且发展为技术与艺术并重的体系。[1] 因此，刘敦桢的第一部调查报告——《北平智化寺如来殿调查记》显示出很多技术特点。例如，他采用 0.5 厘米甚至 0.1 厘米作为测量数据单位；在图纸成果中直接标注了大量数据；报告中的立面图与剖面图，多为重点反映建筑某部分结构或构造的图纸。另外，绘制构造剖面详图 [2] 也显露出他对建筑构造的关注。而梁思成的首部调查报告《蓟县独乐寺观音阁山门考》以图式比例尺限定尺度，避免直接在图中标注数据，除斗栱详图之外的图纸都涵盖了完整的建筑实体，以及渲染技法在测绘图中的运用，都具有"学院派"教育注重图纸视觉美感的特点。[3] 两份调查报告的不同之处（表 2-3），也正是梁、刘所受建筑教育体系各自特点的投影。在梁思成、刘敦桢合作完成的《大同古建筑调查报告》中，建筑的平面图与断面图标注了轴线尺寸，或许就是二人在考察实践交流中达成的共识吧。

《蓟县独乐寺观音阁山门考》与《北平智化寺如来殿调查记》的比较　　表 2-3

	《蓟县独乐寺观音阁山门考》（梁思成）	《北平智化寺如来殿调查记》（刘敦桢）
测量数据精度	1 厘米、0.5 厘米	0.5 厘米、0.1 厘米
图纸内容	除斗栱详图，都是完整建筑，重视整体效果	构造分析图
尺寸标注	比例尺	直接标注数据

（资料来源：作者自绘）

5. 西方建筑历史理论研究与保护方法

梁思成、刘敦桢、林徽因踏入建筑历史研究与保护之路均受到西方国家及日本的建筑历史与理论研究的影响，以及建筑遗产现代保护方法的触动。梁思成曾在《为什么研究中国建筑》一文中介绍了文艺复兴以来西方建筑历史理论研究与保护修葺实践。[4] 刘敦桢在日本学习期间，也深刻体会到日本政府和民间注重古

---

[1] 钱锋、伍江. 中国现代建筑教育史（1920—1980）. 北京：中国建筑工业出版社，2008：20.
[2] 《北平智化寺如来殿调查记》中包含了如来殿天花楼板构造剖面图和万佛阁楼楼梯详图等构造详图。
[3] 需要指出的是，梁思成先生将调查报告与古建筑修缮计划中的测绘图划分为"学术研究"与"工程实践"两种性质。在他的文章《曲阜孔庙之建筑及其修葺计划》《修理故宫景山万春亭计划》中，由于测绘图承担着辅助设计、施工的作用，所需测量数据也相应地完整标注在图纸上。关于古建筑修缮设计中的测绘及成果分析，详见第三章相关内容。
[4] "西洋各国在文艺复兴以后，对于建筑早已超出中古匠人不自觉的创造阶段。他们研究建筑历史及理论，作为建筑艺术的基础。各国创立实地调查学院，他们颁发研究建筑的旅行奖金，他们有美术馆博物院的设备，又保护历史性的建筑物任人参观，派专家负责整理修葺。"引自梁思成. 为什么研究中国建筑. 中国营造学社汇刊，1944，7（1）.

迹保护的理念。[①]

　　梁思成、刘敦桢、林徽因的西方建筑教育背景，使他们直接承袭了建筑历史理论的研究方法体系。在西方建筑遗产保护思想的耳濡目染下，面对国内文物保护观念缺乏、传统建筑频遭破坏的艰难境地，他们适时地将古建筑研究与保护结合起来，使古建筑测绘融入保护实践，建立了具有中国特色的古建筑保护方法体系。

6. 考古学方法

　　正如日本学者伊东忠太所说，建筑史学与考古学具有很深的亲缘性[②]，研究对象都是历史遗物与遗迹，方法论与工作程序也相近，因而有着千丝万缕的联系。考古学理论进入中国，促使传统的金石学走向田野考察，同时也启发了整个近代学术界。事实上，学社调查古建筑与考古学的田野考察在方法上是同源的。学社以《营造法式》作为断代标准，按建筑形制建立的年代谱系，本身就是考古类型学在中国古代建筑研究当中的应用和延伸。

　　学社田野考察的程序和方法也同考古调查方法如出一辙——测绘古建筑相当于田野资料的收集和记录，而完成调查报告相当于田野考古中的撰写调查报告阶段。在学社的古建筑调查报告中，详细记录旅行经过的部分也正是源自田野考察报告"科学性"的观念。对于这一点，梁思成曾强调：旅行详记是科学报告的必要部分。[③]"旅行的详记因时代情况之变迁，在现代科学性的实地调查报告中，是个必要部分，因此我将此简单的一段旅程经过，放在前边也算作序。"[④]

　　学社的古建筑学家与历史语言研究所的考古学家，对于对方的研究领域也表示出极大关注。梁思成就十分关心考古领域的动态。[⑤]梁思成的弟弟——考古学家梁思永是中国近代田野考古学的奠基人之一。他于1930年留美回国后，进入史语所考古组工作，自1931年起参与了史语所组织的安阳侯家庄商代大墓的发掘工作，发现大量墓葬遗迹。出于对考古的浓厚兴趣，梁思成在1935年专门随

---

① 对此，刘叙杰先生曾回忆道："由于日本政府和民间都很注意保护古迹，所以至今还有不少早期建筑保存完好。父亲在课程学习和旅行参观中有时会看到这些，很为它们的宏丽外观与巧妙结构赞叹不已。"引自刘叙杰.创业者的脚印——记建筑学家刘敦桢的一生.见：东南大学建筑学院.刘敦桢先生诞辰110周年纪念暨中国建筑史学史研讨会论文集.南京：东南大学出版社，2009：186.

② 徐苏斌.日本对中国城市与建筑的研究.北京：中国水利水电出版社，1999：80.

③ 引自梁思成.宝坻县广济寺三大士殿.中国营造学社汇刊，1932，3（4）.

④ 引自梁思成.宝坻县广济寺三大士殿.中国营造学社汇刊，1932，3（4）.

⑤ 他曾在《蓟县独乐寺观音阁山门考》中提到："去岁西北科学考察团自新疆归来，得汉代木简无数，率皆两千年物，墨迹斑斓，纹质如新。"引自梁思成.蓟县独乐寺观音阁山门考.中国营造学社汇刊，1932，3（2）.

梁思永赴安阳参观史语所的考古发掘。[①] 1936 年，刘敦桢等人赴河北、河南、山东调查时，史语所正在安阳进行第十四次殷墟考古发掘。刘一行人到达安阳时，与主持殷墟发掘的石璋如偕往考察安阳天宁寺。[②] 从中可以看出，作为考古学家的石璋如对于地面遗存研究也十分关注。

因而，学社与考古学界的交往非常密切，先后多次进行考察研究合作。梁思成就曾在 1933 年 8 月被聘为史语所通信研究员。[③] 1937 年，刘敦桢参与中央研究院组织的河南登封周公测景台调查，与中央研究院天文学专家高平子、考古学家董作宾合作发表《周公测景台调查报告》。[④]

战事爆发后，学社随同国内高校、科研机构共同南迁，与考古界的来往更为密切。1938 年，学社在昆明恢复工作，因借用图书设备，与史语所形成了依附关系，不久又跟随史语所转移至昆明郊区的龙泉镇龙头村。[⑤] 随后，刘敦桢主持展开云南古建筑考察，与史语所吴金鼎偕往考察大理古建筑，共同调查测绘了崇圣寺、白王坟。[⑥]

1940 年冬，学社再次随史语所辗转迁入四川南溪县李庄，与史语所、中央博物院相邻而居。学社的主要工作人员划归博物院编制，薪金也由博物院负担。[⑦] 此后，学社参与了史语所、博物院主持的考古发掘。1942 年，陈明达代表学社参加了中央博物院由李济、曾昭燏主持的彭山汉墓发掘工作，完成墓葬建筑的测绘图以及《彭山崖墓建筑》一文。[⑧] 1943 年，史语所与中央博物院筹备处组织"琴台整理工作团"，在吴金鼎主持下进行前蜀王建墓"永陵"第二阶段的发掘。学社派莫宗江参加发掘，完成了永陵实测图及内部雕刻写生，可惜《王建墓调查报告》因故未能发表。[⑨] 史语所发掘殷墟、彭山崖墓的材料也成为梁思成写作《中国建筑史》与《图像中国建筑史》的实物证据。

综上所述，由学社成员与考古学界的密切交往与合作不难推断，双方的田野

① 林洙.中国营造学社史略.天津：百花文艺出版社，2008：116.
② "11 月 5 日，星期四，晴。上午九时，石璋如先生偕往天宁寺参观。"引自刘敦桢.河北、河南、山东古建筑调查日记.见：刘敦桢.刘敦桢全集（第三卷）.北京：中国建筑工业出版社，2007：190.
③ "（二十二年）八月二十二日，任李景聃、李晋华为历史语言研究所助理员，并改聘梁思成为通信研究员。"引自《中央研究院大事记草稿》，中国第二历史档案馆藏，档案号393-2-8（1）.
④《中央研究院关于调查兴修河南登封周公测景台等古迹的有关文书》，中国第二历史档案馆藏，档案号393-0-0268.
⑤ 林洙.中国营造学社史略.天津：百花文艺出版社，2008：168.
⑥ 刘敦桢.刘敦桢全集（第三卷）.北京：中国建筑工业出版社，2007：233-238.
⑦ 刘致平.忆中国营造学社.华中建筑，1993（4）.
⑧ 参见陈明达.陈明达古建筑与雕塑史论.北京：文物出版社，1998：304.
⑨ 该报告的插图草稿发表于《未完成的测绘图》。参见梁思成等著.未完成的测绘图.北京：清华大学出版社，2007：154-195.

考察方法在体系同源的基础上得到进一步相互影响和借鉴。在李庄完成的《图像中国建筑史》中，梁思成先生就曾肯定了学社古建筑考察方法的考古学属性：

> 这个研究机构自1929年创建以来，在社长朱启钤先生和战争年（1937—1946年）中的代理社长周贻春博士的富于启发性的指导之下，始终致力于在全国系统地寻找古建筑实例，并从考古与地理学两个方面对它们加以研究。①

（二）田野调查测绘的研究思路

1. 目标：建立中国建筑史

中国营造学社开创之初，朱启钤便明确了"研求营造学"、"通全部文化史"、"非研求实质之营造不可"的学术思想。梁、刘入社后，由古代建筑文献与晚近的清式建筑入手学习，为上溯唐宋以至更古的实物研究奠定了基础。之后，系统寻找古建筑实例进而建立中国建筑史成为学社的首要目标。在1932年的第一次古建筑调查之前，学社除了对北方清代官式建筑已有的基本了解，面对几千年广袤土地的偌大空白，仍然是无尽的未知。中国建筑史自身所处的窘境和邻国学者的强势，都加剧了学社同仁倾力找寻年代更早的建筑、迅速搭建中国建筑史构架的迫切心情。在如此情境之下，面对新发现的古代建筑遗构，其历史年代以及在建筑史体系中占据的位置和构成意义是最先受到关注的，年代考证和形制调查也就成为田野考察的主要内容。②

初期考察中，《工程做法则例》与清代实物作为主要的参考材料，为早期遗构与《营造法式》的解读、互证发挥了显著的作用。如第一次调查中，对明清建筑的既有了解，就成为解读独乐寺辽代遗构的重要参照：以斗口作为测绘的度量标准③，随时将清式做法与辽代实物、《工程做法则例》与《营造法式》充分比对，都透露出梁思成对明清建筑做法的熟稔。经过两三次考察后，学社逐渐脱离了名词考证阶段，更抛开了"清式"拐杖的扶助。到调查大同古建筑时，

① 梁思成.图像中国建筑史.天津：百花文艺出版社，2001：62-63.
② 对此，刘敦桢先生曾以明代智化寺的研究为例，作出精辟的论述："明、清宫殿建筑异于唐、宋二代者，究至若何程度，其变化起于何时，经过状况若何，受外来影响者何在，皆为研究我国建筑史亟宜讨论之点。至于搜集实例，定其先后，辨其异同，阐明其时代之特征，期与文献互相印证又为首要之图，则不待言也。"引自刘敦桢.北平智化寺如来殿调查记.见：刘敦桢.刘敦桢全集（第一卷）.北京：中国建筑工业出版社，2007.
③ 陈明达.独乐寺观音阁、山门的大木作制度（上）.见：张复合主编.建筑史论文集第15辑.北京：清华大学出版社，2001：73.

学社凭借已经调查的十余案例之间的对比，形成了初步的年代分期研究。此后，随着考察的继续深入，新实例持续出现，资料迅速积累，学社判断实物年代的"证据"日渐充足，调查效率随之提高。总之，学社将所有已知的文献、实物及图像材料及时运用于新个案的形制比较与年代考证。在不断比较、对照中，各时代建筑演变的脉络浮现直至清晰，中国建筑史的体系也趋近完善与立体。

2. 对象：以大木结构为调查重心

遵循结构理性的建筑观点，古代建筑中的大木结构成为学社调查测绘的主体。他们倾注大部分精力于大木特征的研究，并以此作为建筑时代判断的标准，更是以描述建筑结构为调查报告之"唯一目的"："我国建筑之结构原则，就今日已知者，自史后迄于最近，皆以大木架构为主体。……本文以阐明各建筑之结构为唯一目的，于梁架斗栱之，不厌其繁复详尽，职是故也。"[①]

相应地，学社对于映射大木结构形式、如"X光线照片"[②]一般的断面图给予了特别重视。[③]大木结构中，又以中国建筑最显著之特征与结构上最关键之部分——斗栱为重点。鉴于复杂多变的结构形制、兼具功能与装饰的二元性，斗栱自然是最能代表建筑技术与艺术辩证关系的标志。由于斗栱突出的结构作用，梁思成在1932年考察广济寺时就指出，斗栱与梁枋分别是建筑内外构架的结构重心。[④]

梁思成、林徽因还将斗栱类比于西方古典主义建筑的柱式（图2-7），原因即在于斗栱制度演变的历史意义（图2-8）与"以材为祖"权衡整座建筑的标尺意义。[⑤]因此，学社视斗栱为古代建筑结构演进之代表，作为判断建筑年代的典型坐标，屡次论述斗栱对于断代研究的重要性。如梁思成、林徽因在《平郊建筑杂录》（续）一文中所提到的："建筑各部构材，在中国建筑中占位置最重要的，

---

① 引自梁思成、刘敦桢 . 大同古建筑调查报告 . 中国营造学社汇刊，1933，4（3、4）.

② 在广济寺考察时，梁思成对三大士殿的结构逻辑充满赞美之词，并形容其梁架结构如同"x光线照片"一样清晰直观："在三大士殿全部结构中，无论殿内殿外的斗栱和梁架，我们可以大胆地说，没有一块木头不含有结构的机能和意义的。在殿内抬头看上面的梁架，就像看一张X光线照片，内部的骨干，一目了然，这是三大士殿最善最美处。"引自梁思成 . 宝坻县广济寺三大士殿 . 中国营造学社汇刊，1932，3（4）.

③ "这种结构始终保持着自己的机能，而这正是从这种条理清楚的木构架的巧妙构造中产生出来的；其中每个部件的规格、形状和位置都取决于结构上的需要。所以，研究中国的建筑物主要就是研究它的骨骼。正因为如此，其断面图就比其立面图更为重要。"引自梁思成 . 图像中国建筑史 . 天津：百花文艺出版社，2001：61-62.

④ "外檐构架，最重要的是斗栱，内檐构架，最重要的乃是梁枋。"引自梁思成 . 宝坻县广济寺三大士殿 . 中国营造学社汇刊，1932，3（4）.

⑤ 例如，"斗栱者，中国建筑所特有之结构制度也。……其在中国建筑上所占之地位，犹柱式（order）之于希腊、罗马建筑；斗栱之变化，谓为中国建筑制度之变化，亦未尝不可，犹柱式之影响欧洲建筑，至为重大。"引自梁思成 . 蓟县独乐寺观音阁山门考 . 中国营造学社汇刊，1932，3（2）. 以及 "斗栱不唯是中国建筑独有的一个部分，而且在后来还成为中国建筑独有的一种制度。……这制度与欧洲文艺复兴以后希腊、罗马旧物作所制定的法式，以柱径之倍数或分数定建筑物各部一定的权衡极相似似。所以这用斗栱的构架，实是中国建筑真髓所在。"引自林徽因 . 绪论 . 见：梁思成 . 清式营造则例 . 北京：清华大学出版社，2006：10.

图 2-7　中国建筑之"柱式"（ORDER）——《中国建筑史》插图
[资料来源：梁思成.梁思成全集（第四卷）. 2001：10]

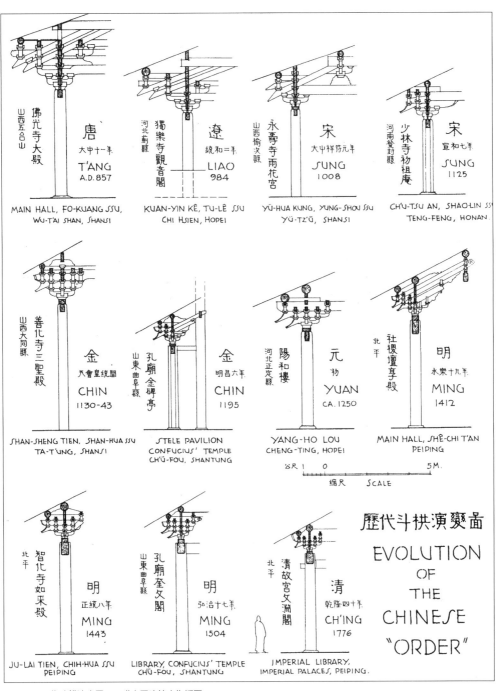

图 2-8 历代斗栱演变图——《中国建筑史》插图
[资料来源：梁思成 . 梁思成全集（第四卷）. 2001: 211]

莫过于斗栱。斗栱演变的沿革，差不多就可以说是中国建筑结构法演变史。在看多了的人，差不多只需一看斗栱，对一座建筑物的年代，便有七八分把握。"[1]

诚然，梁、林结构理性分析方法的局限受到了有关学者的批评[2]，但如果考虑到学社研究中国建筑所处的历史语境，便不难理解，以西方结构理性原则评价中国建筑，不仅出于对西方中心论的抗衡，也是积极寻求中国建筑的合理性。[3]

3. 手段：形制分析与年代鉴定

从学社遗留的测绘材料来看，当时详细测绘所记录的数据是十分全面的，大致分为下面五类：

① 表示建筑规模的控制性尺寸。例如面阔、进深、台基尺寸等；

② 用于计算权衡、比例的尺寸。例如：

举高、前后檐檩槫距——屋面举折；

檐柱中至飞头平出檐——檐出与柱高之比；

阑额、普拍枋广、厚——阑额、普拍枋断面比；

柱径、柱高——柱径与柱高比；

柱的收分；

梁栿广、厚——梁栿断面比例；

③ 斗栱尺寸，即斗栱分件的长、宽、高；

④ 其他尺寸，出现很少。

其中第二类尺寸，即涉及比例的尺寸，所占比重最大。建筑各部分的权衡比例，是视觉上最突显之特征。以建筑学、美术史学的视角，加上艺术家的敏感性，当梁思成首次面对一座古代建筑时，往往迅速捕捉到建筑外观呈现出的风格。对于建筑外观的印象，他使用"雄大坚实"、"纤弱细小"等词汇进行描述，其中尤以斗栱与屋顶为视觉要素。在林徽因发表于1932年的《论中国建筑之几个特征》一文中，就能读到对于中国建筑屋顶结构之美的高度赞赏。[4] 因而，斗栱和屋面这两

---

[1] 引自林徽因、梁思成.平郊建筑杂录（续）.中国营造学社汇刊，1935，5（4）.

[2] 台湾学者汉宝德说："数十年来，我们对明清宫廷建筑的看法是犯着一种结构的机能主义的错误。带着这副眼镜的人，认为结构是建筑的一切，结构的真理就是建筑的真理。这是一种清教徒精神，未始不有其可贵之处，然而要把它错认为建筑学的惟一真理，则去史实远矣。"另一位台湾学者夏铸九也说："结构理性主义逻辑所造成的'结构决定论'，'不自觉地化约了空间的社会历史建构过程，产生了非社会与非历史的说法。'"转引自赖德霖.梁思成、林徽因中国建筑史写作表微.见：赖德霖.中国近代建筑史研究.北京：清华大学出版社，2007：322.

[3] 参见赖德霖.中国近代建筑史研究.北京：清华大学出版社，2007：313–330.

[4] "这个曲线在结构上几乎不可信的简单，和自然，而同时在美观方面不知增加多少神韵。"引自林徽因.论中国建筑之几个特征.中国营造学社汇刊，1932，3（1）.

处特征得到重点关注，成为判断建筑年代的首要依据。[1] 例如："除去斗栱梁枋的本身以外，它们相互垒构出来的结果，举折的权衡——屋盖的轮廓，是这座建筑物外观上最有特征，最足注意之点。"由多部学社调查报告的纪行描写可知，早期建筑常以"伟大之斗栱"、"深远之檐出"、"屋顶和缓之斜度"显示出建筑形制的古老，而这些一眼便知的外观信息，决定着学社调查成员初临现场的兴奋抑或失望。在匆忙而简略的考察中，"斗栱雄大、出檐深远"也成为预判建筑年代的两个主要标准。

由于梁思成、林徽因古典主义的建筑教育经历和美术史的观察视角，对于建筑比例尺度的研究是实物调查测绘的核心。相应地，大多数从原始数据库分离出来公布于调查报告的测量数据，都是为了求得相关的比例值。研究者切实在意的是作为时代划分依据的权衡比例，因此，甚至直接报告比例计算的结果而不再引述原始测量数据。在学社的调查报告中，比例数值涉及以下各项：

① 宏观的比例（与建筑外观有密切关联）。包括屋面举折、前后出檐、两山出际、柱径比柱高之比、斗栱占柱高之比；

② 细部的比例。包括断面高厚比、檐出与飞子出之比、泥道栱、瓜子栱、令栱的长度关系等。

通过实物测绘的科学手段，对于建筑风格的感性认识量化为数据，提高了结论的客观性与精确性。

至于第三类尺寸——斗栱尺寸，首先用于标准材的确定。学社在考察初期就已经认识到古代建筑木材标准化的制度，并且以多个栱枋高的平均值作为建筑的标准材栔尺度。通过实物与实物、实物与《营造法式》标准材的比较，明确材栔制度的演变规律。例如，调查三座辽代遗构之后，梁思成发现，辽代建筑标准材断面比为 3：2，栔之厚近乎《营造法式》规定的 2 倍，用材大小亦符合《营造法式》二等材用于五间、七间殿的规定。[2] 测绘大同薄伽教藏殿后，其材栔值与前三处辽构相同，因而"颇疑此数为辽中叶面阔五间殿阁最通行之尺寸"。[3]

以材份制为桥梁，学社将《营造法式》规定尺度与实物测量数据进行充分比对。起初，根据标准材，将《营造法式》规定的各构件材栔值换算为数据，与实测数据相比。后来则将实测数据换算为材栔值，从设计角度进行解读，这一转变在大同古建筑调查中最为显著。《大同古建筑调查报告》中，在"平面规模"之后，"建筑各部分形制"之前，加入了"材栔"一项，将建筑的标准材作为实物论述的前提。

① 引自梁思成.宝坻县广济寺三大士殿.中国营造学社汇刊，1932，3（4）.
② 梁思成.宝坻县广济寺三大士殿.中国营造学社汇刊，1932，3（4）.
③ 梁思成、刘敦桢.大同古建筑调查报告.中国营造学社汇刊，1933，4（3、4）.

后述部分的实测数据也都换算为材栔值，与《营造法式》制度对比。①《大同古建筑调查报告》的结尾，将已调查的重要早期建筑各部分数据的材栔值列表、绘图，进行详细对比，从而归纳出辽宋金建筑的各自特点与嬗变源流。

其次，由于斗栱的结构与标尺意义，学社的调查报告常以较大篇幅描述斗栱形制、构件尺寸，与《营造法式》和其他实例进行对比，得到斗栱形制演变的规律。学社将斗栱形制作为判断古建筑年代的重要标准，这一方法此后一直为古建筑保护工作者沿用。②

总之，根据比例尺度的演变，加上参照《营造法式》、《工程做法则例》中明确的尺寸规制，一套以比例特征来权衡建筑年代的谱系便随之产生。在鉴定大同华严寺薄伽教藏殿的年代时，梁思成根据该殿与宝坻广济寺三大士殿重要数据的对比以及题记考证，确定其为辽代所建，并且指出，日本学者伊东忠太之前误判该殿为金代遗物，概因未做建筑结构、形式的分析比较。③

4. 结论：时代嬗变源流

学社以调查测绘为手段，不断进行建筑形制的比较分析，促使单体建筑或者某一构件、做法于历史演变的序列之中获得定位。④随着个案的集腋成裘，建筑随时代嬗变的脉络也渐渐清晰。⑤经过不懈努力，至1942年梁思成书写中国建筑史的论著时，学社调查积累的建筑案例已经足够串连起唐以后的历史时期。其中宋、辽、金遗物平均二十年就有一例。⑥因此，在这部首次系统阐述中国建筑发展脉络的论著中，梁思成指导助手莫宗江绘制出一系列历代典型建筑案例的整体或细部演变图，以发展、进化的观念解释、说明中国建筑体系的发展与形制的演变（图2-9、图2-10）。

---

① 例如："蜀柱高四十八公分，等于材高二倍，宽十五公分，与材厚等。阑额高三十八公分，厚十五公分，等于材厚。……其露出平棊藻井下者，仅四椽栿与乳栿二种，皆为直梁。后者高一材二栔，厚一材，较法式所云尺寸稍小。"引自梁思成、刘敦桢. 大同古建筑调查报告. 中国营造学社汇刊，1933，4（3、4）.
② 楼庆西. 中国古建筑二十讲. 北京：生活·读书·新知三联书店，2004：364.
③ 梁思成、刘敦桢. 大同古建筑调查报告. 中国营造学社汇刊，1933，4（3、4）.
④ 略如："观音阁、山门，其年代及形制，皆适处唐宋二式之中，实为唐宋间建筑形制蜕变之关键，至为重要。"引自梁思成. 蓟县独乐寺观音阁山门考. 中国营造学社汇刊，1932，3（2）. "此处所见则一昂是假，一昂是真挑起，同时耍头后尾也挑起。这个或许可以说是晚宋初明前后两种过渡的式样。且可作昂的蝉递演变最实在的证例。"引自梁思成. 正定古建筑调查纪略. 见：梁思成. 梁思成全集（第二卷）. 北京：中国建筑工业出版社，2001：27-28.
⑤ 例如在《宝坻县广济寺三大士殿》中对屋面举折随时代变化的认识："举屋之法，辽宋虽同是以举高之度为先决问题，但因所定高度不同，其结果宋式反与用另一个方法定举架的清式相似，而辽式较宋清的举度都和缓。至于折屋之法，辽宋是完全相同的。然则宋式在辽清之间，与它们各有一相同之点，其间蜕变的线索，仿佛又清楚了一点点了。"引自梁思成. 宝坻县广济寺三大士殿. 中国营造学社汇刊，1932，3（4）.
⑥ "以木结构言，在唐代仅得一例，而宋、辽、金遗物，曾经中国营造学社调查测绘者，则已将近四十单位，在此三百二十年间，平均每二十年，已可得一例，亦可作时代特征之型范矣。"引自梁思成. 中国建筑史. 天津：百花文艺出版社，1998：222.

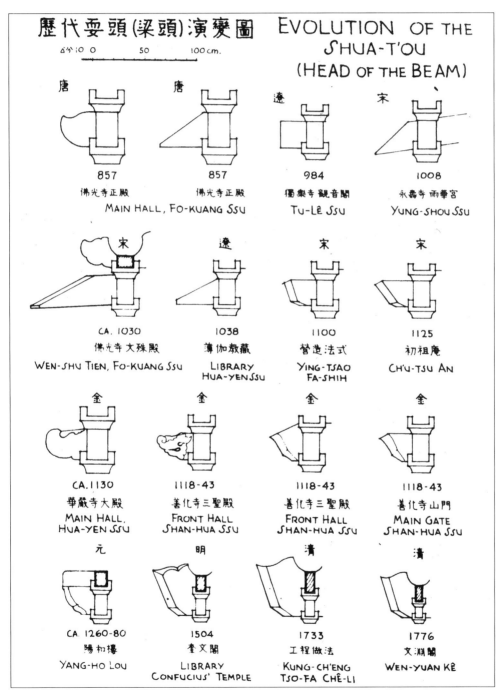

图 2-9　历代耍头演变图——《中国建筑史》插图 [资料来源：梁思成 . 梁思成全集（第四卷）. 2001：218]

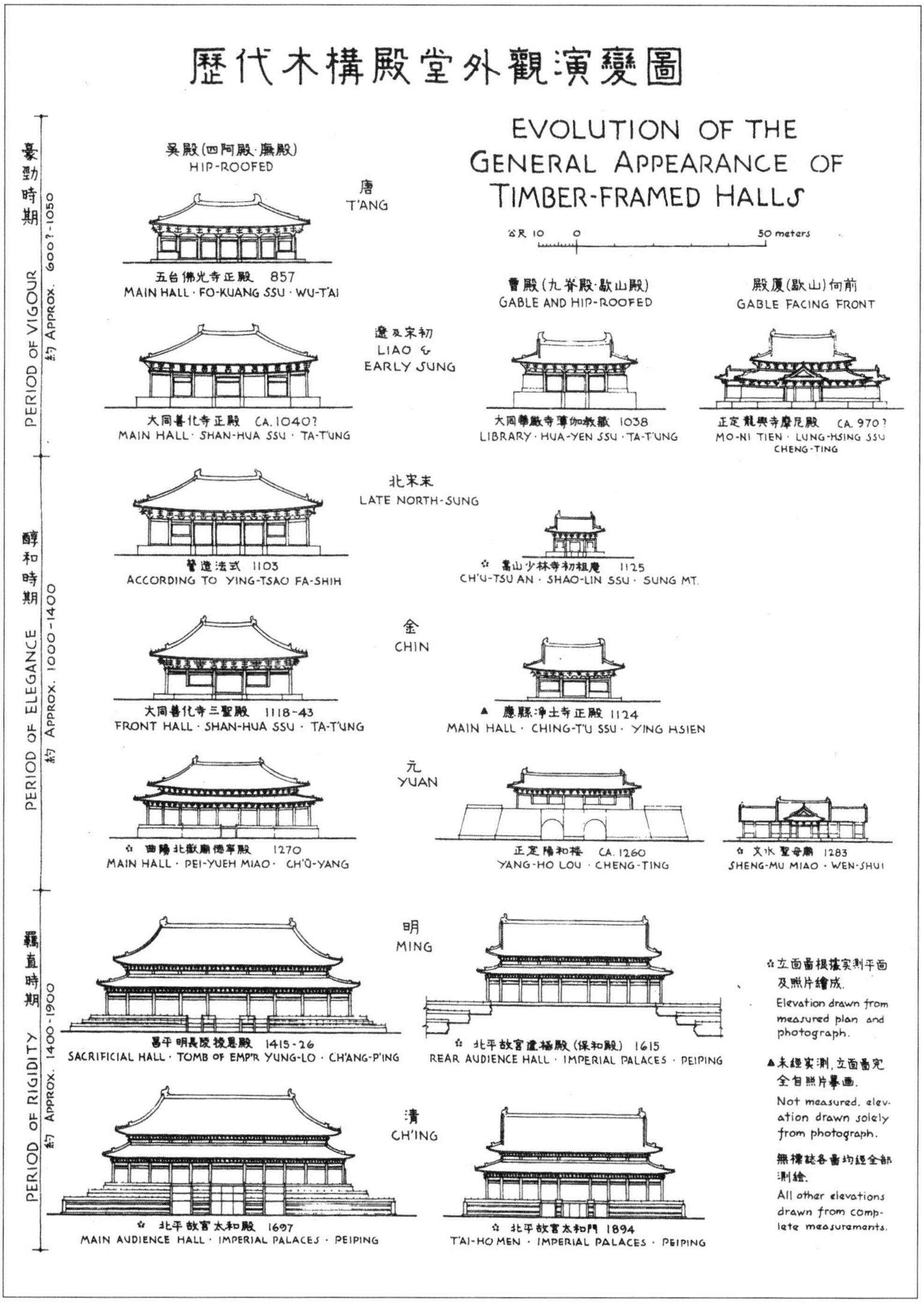

图 2-10　历代木构殿堂外观演变图——《中国建筑史》插图 [资料来源：梁思成 . 梁思成全集（第四卷）. 2001：220]

（三）明清官式建筑测绘的研究思路

1. 行远自迩——解读早期建筑的"跳板"

《营造法式》面世后，大量生僻难懂的术语成为解读文本的最大障碍。[①] 相较之下，明清建筑年代相去最近、实物"唾手可得"、文献留存丰富，加之清末匠家尚存，由此入手进而上溯早期建筑乃"势所必然"。[②] 事实上，早在校勘《营造法式》之际，朱启钤即已聘请工匠以清代官式建筑为《营造法式》增绘附图，以明清建筑实物与《营造法式》的对勘"证名词之沿革"。1931 年 9 月担任法式部主任的梁思成先生，拜工匠为师，以北平故宫建筑和清工部《工程做法则例》、工匠抄本为例，迅速掌握了清代官式建筑各部构件的名称、权衡大小、功用。次年 3 月，梁先生写就《清式营造则例》，对清代官式建筑的术语名词及做法进行系统解读，完成了清代建筑研究至为重要的基础工作。

基于各时代建筑存续的内在联系，清代建筑研究的初步成果为进一步理解《营造法式》及早期建筑搭设了稳固的"跳板"。在学社旋即进行的田野考察中，对于明清官式建筑的已有认识成为解读早期遗构的重要参证。在明清建筑"前理解"的辅助下，早期建筑各部位的实体与《营造法式》所载术语之间逐一达成关联，文本内容的解读也随之迎刃而解。这一实质性突破，对于嗣后学社展开大规模古建筑调查、厘清各时代建筑的形制特征嬗变，以及完成《中国建筑史》这部里程碑式的专著，无疑具有重要的奠基意义。

2. 研机综微——深入明清建筑综合研究

明清官式建筑丰富的实物遗存、翔实的档案文献、活态的工艺传承，以及便利的地理位置，为学社的相关研究活动提供了得天独厚的机遇。作为中国建筑史学不可逾越的基石，明清官式建筑研究在社长朱启钤的通盘计划与运筹帷幄之下，一直是学社循序深入的学术根底。

经过长期广泛搜罗，学社汇集了大量清代建筑文献及档案，其中包括清廷样式房雷氏家族的传世图样、模型及文献，即后世所称"样式雷图档"。鉴于其

---

① "法式一书，读者引为难晓者，乃名件部位之难定，非尺度不明也。"引自陈仲篪. 识小录. 中国营造学社汇刊，1935，5（4）.
② 梁思成. 清式营造则例. 北京：清华大学出版社，2006：13.

珍贵价值，朱启钤自 1914 年便设法访求样式雷图档。几经辗转，学社与北平图书馆陆续搜购、收藏雷氏余存及散流于市的图档逾万件[1]，由学社绘图员暨图书馆馆员金勋着手整理编目。图档数目庞大，大多未标名目、朝年，外加流经渠道多样，已形成了驳杂无序的混乱状况。编目历时三载，未有显著成效。此时，朱启钤清醒意识到，样式雷图档的整理和研究辅车相依，须由工程实例逐一入手展开系统研究。[2] 循此理路，学社文献部主任刘敦桢借故宫文献馆整理清内务府档案之际，系统整合重修圆明园工程的相关内廷档案与样式雷图档，并辅以印证大量清人笔记，以 1933 年发表的《同治重修圆明园史料》系列成果，系统揭示了圆明园变迁、重修的经过以及工程勘察设计施工、管理运作的种种细节。刘敦桢在篇首开宗明义地指出，文章正是受到朱启钤综合性研究思路的敦促与引导。[3]《同治重修圆明园史料》成为开创清代皇家园林工程个案研究的经典范例，也为清代建筑的系统研究提供了启示：后续研究必须依托建筑专才，全面考察清代皇家建筑实物遗存，逐一落实工程项目个案，从而展开清代建筑及样式雷图档的综合研究。

嗣后，学社双管齐下，仍沿袭文献与实物互证的学术路径，继续拓展明清建筑的基础研究。一方面，由供职于故宫文献馆[4] 的学社编纂单士元担纲，系统发掘、梳理清代皇家建筑文献档案。[5] 另一方面，兼顾密集田野考察的同时，统筹安排明清实物的调查研究，由此着手展开故宫及其他北平明清建筑的长期测绘。此前，因早期遗构的考察拓荒而暂缓测绘明清建筑，为学社一时之权。待田野考察初现成效、清代文献研究循序渐进之际，测绘明清官式建筑实为当务之急，在日寇侵华的险恶时局下更是迫在眉睫。面对存量浩繁的皇家建筑，学社同仁义不旋踵，分工部署，以有限的人力与惊人的效率取得了令人瞩目的业绩。

1934 年 9 月，刘敦桢偕莫宗江、陈明达赴河北易县清西陵调查测绘，于次

① 史箴, 何蓓洁. 高瞻远瞩的开拓, 历久弥新的启示——清代样式雷世家及其建筑图档早期研究历程回溯 [J]. 建筑师, 2012（1）.
② 参见史箴, 何蓓洁. 高瞻远瞩的开拓, 历久弥新的启示——清代样式雷世家及其建筑图档早期研究历程回溯 [J]. 建筑师, 2012（1）.
③ "本文……惟着手之初, 系以样式房雷氏为导线。……朱先生因有《样式雷考》之编著, 嘱桢整比清季工程, 于雷氏有关者, 以资参证。"刘敦桢. 同治重修圆明园史料. 中国营造学社汇刊, 1933, 4（2）.
④ 单嘉玠. 单士元. 北京: 文物出版社, 2008: 48-66.
⑤ 至 1937 年, 明清建筑史料的编纂辑录工作已大致告竣, 成果略有：单士元编纂《明代营造史料》, 连载于《中国营造学社汇刊》第四卷第一期至第四期、第五卷第一期至第三期（1933 年 7 月至 1935 年 3 月）；单士元、王璧文编著《明代建筑大事年表》, 1937 年 2 月由学社出版发行；单士元编著《清代建筑年表》, 稿件随学社其他资料移存天津, 遭水灾浸毁。1953 年, 由中国科学院资助, 单士元重新补充校对残稿。几经波折后,《清代建筑年表》终于 2009 年作为《单士元集》第三卷付梓出版。

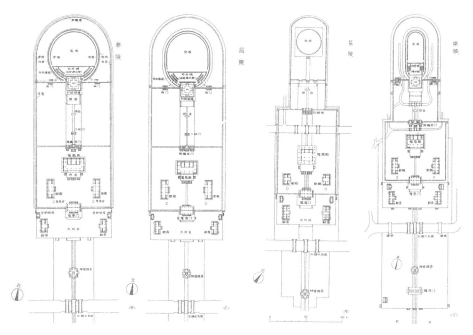

图 2-11　清西陵帝陵平面图 [资料来源: 中国营造学社汇刊, 1935, 5（3）]

年 3 月发表《易县清西陵》（图 2-11）。文章结合文献考据与实物测绘，解读清
西陵的建置沿革与平面配置，又比较研讨明、清陵寝的发展源流与变迁轨迹，开
启了清代陵寝建筑研究的先河，同时仍恪遵朱启钤的研究理路，综合利用样式雷
陵寝建筑图档、《惠陵工程全案》、《崇陵崇妃园寝工程做法册》以及崇陵工程照
片等，对隐秘已久的地宫构造进行研究和图解。需着重指出的是，《易县清西陵》
以平面配置为核心，与样式雷图档比对验核，以实物判析图纸实现了样式雷图档
综合研究方法的重要拓展。[①] 刘敦桢将实物测绘纳入样式雷图档综合研究体系，
延伸并践行了朱启钤的治学方略。循次而进，清代皇家工程个案系列研究的推进
企踵可待。尽管囿于时局剧变尚未展开，但学社持续测绘北平明清官式建筑毕竟
为此构筑了平台，其高远的学术思想更是为其后的研究提供了珍贵的启示。

三、中国营造学社测绘的技术路线

　　学社引入现代科学方法对建筑遗构进行实地调查测绘，为中国建筑遗产
的研究与保护奠立了重要基石，关于测绘技术与方法却鲜有专门论著问世。
梁思成曾在 1950 年 4 月 19 日以《中国建筑调查研究的技术》[②] 为题在北京市
文物整理委员会作专门演讲 [③]，可谓学社十余年持续调查测绘活动的技术总结

① "调查西陵，即以测绘平面配置为主要工作。并以雷氏诸图所载尺寸，换算公尺，与实状核校，于是诸图中何者为
　　初稿，何者为实施之图，亦得以证实。"引自刘敦桢. 易县清西陵. 中国营造学社汇刊，1935，5（3）.
② 梁思成：《中国建筑调查研究的技术》（手稿）——1950 年 4 月 19 日专题演讲，清华大学建筑学院藏。
③ 笔者 2015 年 4 月 13 日访问清华大学林洙女士的记录（未刊稿）。

图 2-12　梁思成《中国建筑调查研究的技术》手稿
（资料来源：清华大学建筑学院提供）

（图 2-12）。此外，学社现场考察留存的测量图稿[1]以及调查报告中的"纪行"内容，蕴含着大量的技术信息，使得学社实施测绘活动的过程有迹可循。对上述材料的整合研究，清晰、完整地反映出学社的测绘方法与技术思想。

（一）调查测绘程序 [2]

按《中国建筑调查研究的技术》演讲手稿，调查测绘依次分为"前期准备"、"外业工作"、"整理研究"三个阶段。

1. 前期准备

实地测绘之前进行多方面的计划筹备，是确保现场工作顺利实施的重要前提。

（1）前期研究

首先应收集文献材料，调查相关记录、传闻，探访询问，征求建筑物的图画、照片。在此基础上进行前期研究，了解当地的历史地理、人文环境、建筑物的修造沿革，对考察对象的年代、价值作出初步预判。文献准备包含六类：[3]

（一）地方志；（二）游记；（三）图画照片；（四）垂询；（五）传闻；乃至（六）歌谣诗词之类。

为筹集相关材料，学社前辈常常颇费苦心。例如，1930 年，梁思成就曾写信"探

---

① 现藏于清华大学建筑学院。
② 学社的调查测绘程序大体以梁思成先生的演讲为纲，根据其他相关材料进行梳理。
③ 梁思成：《中国建筑调查研究的技术》（手稿）——1950 年 4 月 19 日专题演讲，清华大学建筑学院藏。

投山西应县最高等照相馆"，设法获得了应县木塔的照片。[1]

（2）工具准备

其次，"工欲善其事，必先利其器"，需要准备的工具包括：[2]

测量用：平板仪或测量仪，水平仪，皮尺，折尺，钢尺，比例尺，算尺，细麻绳，望远镜，放大镜，铅笔，自来水笔，墨水，图钉，小刀，彩色铅笔，水彩色及笔，速写拍纸簿，日记本，绘图蜡纸（不必需）。

拍照用：照相机，三足架，大小各一，胶卷胶片，感光表，黄光镜，镁粉或灯。或自带冲洗设备。

拓碑用具：纸，砚，墨，拓包。

另外，根据学社《民国二十一年度甲项收支表》[3]可知，1932年学社添置了经纬仪。

（3）生活准备

外出考察前，需要全面考虑衣食住行的实际需求，对于伤、病等极端情况也要尽量未雨绸缪。通常要预备的生活用品包括：[4]

"衣，冬暖，夏凉，雨具。

食，劳动工作，营养极重要。力求正常化。小瓶，刀，糖，盐，锅，筷，碗。

住，防病，蝇，蚊，虱。铺盖，行军床。挂衣绳，钉锤。面盆（盒子），大张白报纸，草纸。

病，药，消炎，消毒，救伤，消化，□□。

每次出发前开单子，工作中发现缺点即记下，改正，补充，经过多次之后，自然得到最合用的行装。"

2. 外业工作

（1）预查与分工

抵达考察地之后，先周览当地建筑遗物，依照对象的重要形制特征，作出年

---

[1] 梁思成. 梁思成全集（第一卷）. 北京：中国建筑工业出版社，2001：316.

[2] 梁思成：《中国建筑调查研究的技术》（手稿）——1950年4月19日专题演讲，清华大学建筑学院藏。

[3] 本社纪事. 中国营造学社汇刊，1933，4（2）.

[4] 梁思成. 中国建筑调查研究的技术（手稿）——1950年4月19日专题演讲，清华大学建筑学院藏。

代预判与价值评估①，然后按照对象的数量、价值以及考察的人力、时间确定工作计划，分配工作任务。②另外，根据测量现场的情况，预备合用的梯子或者雇请当地工匠搭设脚手架，满足攀登测量的工作需要。③

（2）测稿绘制与文献记录

按学社的经验，分工以三人一组最佳，一人摄影，一人绘制测量图稿，一人抄录碑文并搜寻文献资料。④测量图稿包括"总平面、各个建筑物平面、断面，细节，并写生"。⑤摄影按照由大到小，由全面到局部的顺序。原则是"研究对象之内外最好每一方寸都摄入镜头，并且由不同方向摄取"，并最好能摄取生活状态。⑥文献记录以寻找建筑本身的年代题记为先，然后抄录碑文，条件充足时尽量拓片。

学社使用的测量草图稿纸为印有"中国营造学社实测记录"题签的坐标纸，分两种版式：一种仅有图名栏、图号栏，另一种增加了测绘时间和测绘人名两栏信息。改用新版测稿的时间大约在 1936 年。测稿中出现了学社成员梁思成、刘敦桢、林徽因、莫宗江、陈明达、邵力工、赵法参、麦俨曾等人的姓名简称。

（3）实测

测量图稿完成之后，进入实测阶段，分为以下步骤。

平面测量：仍为三人合作，"平面为二人拉尺，原画人写尺寸"⑦，将数据注记于平面草图。例如大同华严寺大殿考察中，梁思成摄影，刘敦桢、林徽因、莫宗江共同测量平面尺寸。⑧

梁架与斗栱测量：一人登高测量，一人将数据注记于断面草图、斗栱草图。

---

① 林徽因的堂弟林宣先生回忆："当然我对他们工作情况略知一二，如梁先生和他第一个助手莫宗江先生到目的地总是直奔斗栱。据我观察，林先生却对'风格特征'如'开间规律'、'生起'和'侧脚'观察入微。归来后必定要对照'法式'的'经典定义'详加考证。其工作量有时反而超过梁先生。"引自林宣．林徽因先生的才华与华年．见：杨永生编．建筑百家回忆录．北京：中国建筑工业出版社，2000：48．
② 略如《正定调查纪略》所述："这一天主要工作仍是将全寺详游一遍，以定工作的方针。……寺的主要部分，如此看了一遍。次步工作便须将全城各处先游一周，依遗物之多少，分配工作的时间。"引自梁思成．正定调查纪略．见：梁思成．梁思成全集（第二卷）．北京：中国建筑工业出版社，2001：3-4．
③ 梁思成先生在宝坻调查中曾提到这方面的情况："但是屋檐离地面 6 米，不是普通梯子所上得去的；打听到城里有棚铺，我们于是出了重价，用搭架的方法，扎了一道临时梯子，上登殿顶。"引自梁思成．宝坻县广济寺三大士殿．中国营造学社汇刊，1932，3（4）．
④ 参见梁思成：《中国建筑调查研究的技术》（手稿）——1950 年 4 月 19 日专题演讲，清华大学建筑学院藏。
⑤ 梁思成：《中国建筑调查研究的技术》（手稿）——1950 年 4 月 19 日专题演讲，清华大学建筑学院藏。
⑥ 梁思成：《中国建筑调查研究的技术》（手稿）——1950 年 4 月 19 日专题演讲，清华大学建筑学院藏。
⑦ 梁思成：《中国建筑调查研究的技术》（手稿）——1950 年 4 月 19 日专题演讲，清华大学建筑学院藏。
⑧ "乃变更工作顺序，下午调查华严寺大殿，思成摄影，徽音与敦桢、莫宗江三人，共量殿之平面尺寸，并抄录碑文，纪载结构上特异诸点。"引自梁思成、刘敦桢．大同古建筑调查报告．中国营造学社汇刊，1933，4（3、4）．

例如蓟县独乐寺考察中，梁思达爬高测量，邵力工记数。[1]高处作业是实测中最为繁重、困难、危险的步骤。为了训练学社成员的攀高能力，在四川李庄无法外出考察时，梁思成常常带领年轻人练习爬杆能力。[2]

屋顶测量：包括屋面构造的调查和屋面构件的测量，称作"顶上之行"[3]。

细部测量：如栏杆、槅扇、雀替。

仪器测量：测量建筑总体尺寸、方位角度。

对于重要建筑物，在条件允许的情况下，测量的同时检查记录损坏情况，为将来的修理作准备。[4]

（4）绘制仪器图稿以及数据检查

如果现场时间允许，最好在现场使用制图仪器绘制图稿，以检查尺寸是否遗漏，并及时补测。[5]学社使用坐标纸，以及梁思成在演讲中提到的比例尺、算尺，都是出于此方面的考虑。

3. 整理研究

（1）文献研究

将现场所得题记、碑刻等材料整合对证，以此为线索搜寻更多的文献材料，尽量廓清建筑历史沿革与年代范围：

文献方面进一步研究，搜求资料，与当地所得资料对证。[6]

（2）绘图

以测量图稿为基础，参照实物照片，绘制成正式的墨线图纸，用于发表和出版。

---

[1] "主要和一位姓邵的先生（即邵力工），一起丈量独乐寺的山门。我爬上山门当中的门头去量尺寸，邵先生在下面把我报的数字记录下来，每个斗栱的尺寸，都必须量准记清，学社的人当然任务更重更忙。"引自林洙.中国营造学社史略.天津：百花文艺出版社，2008：93.

[2] "院内还有一棵大桂圆树，在树上拴了一根竹竿，梁思成每天领着几个年轻人爬竹竿，为的是有条件外出测绘时，没丢掉爬梁上柱的基本功。"引自林洙.中国营造学社史略.天津：百花文艺出版社，2008：179.

[3] 梁思成.梁思成全集（第一卷）.北京：中国建筑工业出版社，2001：318.

[4] 例如调查应县木塔时，"检查损坏处以备将来修理"。引自林徽音.闲谈关于古代建筑的一点消息.见：梁思成.梁思成全集（第一卷）.北京：中国建筑工业出版社，2001：318.

[5] "实测图稿做完之后，细心检查有无遗漏尺寸。中间如缺少一个尺寸，往往'失去联络'，不能衔接。若能在当地用Ｔ画一正式图稿最好。"引自梁思成：《中国建筑调查研究的技术》（手稿）——1950年4月19日专题演讲，清华大学建筑学院藏。"Ｔ"应代表丁字尺——笔者注.

[6] 梁思成：《中国建筑调查研究的技术》（手稿）——1950年4月19日专题演讲，清华大学建筑学院藏.

（3）年代分析

分析比较实物各个部位的尺寸、比例，推导出建筑各部分的建造年代。

（4）撰写调查报告

在调查研究的基础上，汇集调查测绘、文献研究、分析考证的研究成果，撰写出科学、翔实的调查报告，及时发表在《中国营造学社汇刊》或者《古建筑调查报告》专刊。

（二）调查测绘等级划分

学社的田野考察过程中，根据现实的工作条件与测绘对象的价值确定测绘范围、成果表达内容以及技术手段，具有很强的针对性、实效性、适应性。

1. 测绘广度分级

按照测绘范围，学社的实测调查活动大致可分为典型测绘、简略测绘、摄影调查三个等级，即梁思成先生在正定古建筑调查中所谓的"详细测量"、"略测"及"只摄影"三种方式。[1] 刘敦桢在《西南古建筑调查概况》中，进一步解释了考察深度的分级与标准。[2]

综览学社的测绘图稿与成果可以看出，典型测绘的建筑多为年代较早的遗构[3]，测量稿通常包括平面图、断面图、斗栱详图、立面简图和其他局部详图，正式成果有平面图、立面图、剖面图、斗栱详图等，现场采集数据包括大木作全部构件的样本尺寸以及部分瓦石作、附属文物的尺寸；简略测绘的建筑遗产多为元、明遗物，测量稿大略分三类：第一类仅记录平面，其中大多数测绘为此类；第二类仅记录斗栱，例如吴县角直保圣寺大殿、定兴慈云阁、正定隆兴寺御书楼、佛香阁等；第三类记录平面和斗栱，例如苏州吴县玄妙观三清殿、长清灵岩寺转轮藏殿、清化观音阁。这种模式在学社 1935 年以后广泛、密集的田野考察中运

---

① "计摄影或测量的建筑物十八处,细测量者六处,略测者五处,其余则只摄影而已。"引自梁思成.正定调查纪略.中国营造学社汇刊, 1933, 4（2）.

② "处理调查对象之方法,依其本身之重要程度,暂区为三类：（1）普通建筑及附属艺术,除照片外,仅附以说明。（2）次要者,除照片与说明外,另加平面图。（3）最重要者,再加立面图、剖面图与比例尺较大之局部详图,以供制造模型之用。"引自刘敦桢.西南古建筑调查概况.见：刘敦桢.刘敦桢全集（第四卷）.北京：中国建筑工业出版社, 2007：1.

③ 按学社测稿,测量达到这一等级的建筑有：大同善化寺大雄宝殿、下华严寺薄伽教藏殿、海会殿、曲阜孔庙奎文阁、大成殿、安平圣姑庙大殿、榆次永寿寺雨花宫、正定隆兴寺摩尼殿、正定文庙大成殿、正定关帝庙正殿、曲阳北岳庙、赵城广胜上寺前殿、毗卢殿。

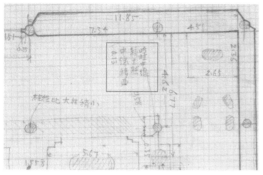
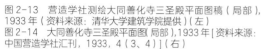
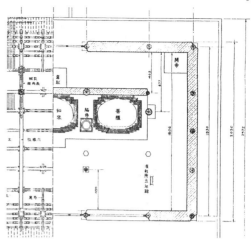

图2-13 营造学社测绘大同善化寺三圣殿平面图稿（局部），
1933年（资料来源：清华大学建筑学院提供）（左）
图2-14 大同善化寺三圣殿平面图（局部），1933年[资料来源：
中国营造学社汇刊，1933，4（3、4）]（右）

用较多，并且影响了1949年之后的古建筑普查。[1]

记录平面、斗栱是学社简略测绘中的普遍做法，实际情况亦有例外。比如，1936年学社调查长清灵岩寺时，除了测量建筑平面外，还绘制有柱础、佛座以及门构件的详图。这说明，调查者的关注与调查对象的价值决定了现场考察的重点。

典型测绘中，选择保存较为完整、变形较小或最便于测量的典型样本进行测量，以所得数据代表同类型结构、构件的标准尺寸。按照这一原则，对称性构架以一侧为样本，重复性构件以一例或多例为样本。具体表现为：平面图稿中，开间、进深尺寸标注单侧，同类柱子选择其中一例标注尺寸；断面图稿中，绘制中轴线一侧图样；斗栱、椽子、瓦垄等大量重复性构件，以个例为样本绘制图样或者仅注记尺寸。

虽然学社在几何数据获取方面遵循样本测量的方式，但并非一味机械化统一调查结果。对于样本与实物之间较大的几何差异或构造差别，也做了大量的标识和记录。比如：大同善化寺三圣殿横断面上平榑下枋位置标有"此枋只次间有"，铺作栌斗下驼峰位置标有"西有东缺"的字样[2]；大同善化寺三圣殿的平面图稿中，在佛坛东北角的柱子角的柱子断面处标注"此柱中线较大柱中线移西0.13"（图2-13），这一情况就如实反映在《大同古建筑调查报告》的正式墨线图纸上（图2-14）。

2. 测绘精度分级

从现存的测量图稿、墨线图纸以及调查报告可以看出，学社测绘根据测量对象尺度与图纸绘制比例选择适用的精度，按数据的最小读数单位可分为三级（表2-4）：

（1）以1厘米为最小读数单位。相关数据包括：组群尺度；单体建筑控制尺寸，如开间、进深、柱高、檩高、步架水平间距；多数大木构件的尺寸，如柱径、

---

[1] 笔者2011年12月16日访问中国文化遗产研究院李竹君先生时，李先生回忆，1958年遗产研究院的前身古代建筑修整所组织多个普查小组，分赴各省区考察古建筑，要求调查报告中绘制平面图以及斗栱大样，效仿的就是营造学社简略调查的模式。

[2] 参见中国营造学社测稿，清华大学建筑学院藏。

营造学社测量尺寸与最小读数单位举例　　　　表 2-4

最小读数单位	测量部位	实例	来源
1cm	平面开间、进深	柱间距由西至东：4.24、5.55、6.26、7.14、6.26、5.51、4.24 柱间距由南至北：3.82、5.08、5.08、5.08、4.16 （单位：m）	大同善化寺大雄宝殿平面图稿
	柱高	见图 2-16 （单位：cm）	赵城广胜下寺山门断面图稿
	檩高		
	步架水平间距		
	梁枋		
	柱径	37—46 不等 （单位：cm）	太原晋祠圣母庙献殿平面图稿
5mm—1cm	斗栱	坐斗 34，底 25，高 20，耳 9，平 3.5，欹 7；散斗 19×18×11，底 14.5，耳 4，平 2.5，欹 4.5 （单位：cm）	安平圣姑庙测绘图稿
	普拍枋	普拍枋 10×25.5（单位：cm）	
		普拍枋 22.5×32.5 （单位：cm）	赵城广胜上寺前殿测绘图稿
	材栔尺寸	材 16×10.5；栔 6.5、8、7.5 （单位：cm）	安平圣姑庙测绘图稿
		材 11.5×16.5 （单位：cm）	赵城广胜上寺前殿测绘图稿
	椽径	飞子 9.5，椽径 15 （单位：cm）	正定隆兴寺摩尼殿测绘图稿
		飞子 7.5×6.5 （单位：cm）	安平圣姑庙测绘图稿
1mm	壁藏	壁藏下檐经橱之柱，立于地栿上，正面宽 10.5 公分，进深不明，高 1.35 公尺。上檐用圆柱，径 8.8 公分，高 80.8 公分	大同华严寺薄伽教藏殿与天宫楼阁（资料来源：《大同古建筑调查报告》）
		（壁藏平坐斗栱）出跳之长第一跳 7.6 公分	
		阑额高 7.6 公分，……普拍枋高 2.8 至 3.3 公分不等，平均为 3 公分，……壁藏上下檐之水平长度，自栱眼版之表面，至飞子外皮，同为 59.7 公分	
		壁藏勾栏之高为 26.1 公分	

（资料来源：作者自绘）

梁枋的广、高、厚。通常反映在建筑组群总体图稿和建筑全局图稿中，如总平面图、组群剖面图、单体平面图、单体断面图等。

（2）以 1 厘米或 5 毫米为最小读数单位。相关数据包括小木构件、较小的大木构件和瓦石构件、附属物，如斗栱尺寸及材栔尺寸、普拍枋尺寸、椽径、门窗细部尺寸、屋面瓦尺寸。通常出现在建筑局部图稿中，如斗栱详图、门窗详图等。

（3）以1毫米为最小读数单位，主要用于测量小木作构件。大同薄伽教藏殿壁藏与天宫楼阁的测绘就系统使用毫米为最小读数单位。

学社在不同程度的考察基础上，形成了不同深度的调查报告。王世仁先生曾将学社的调查报告归纳为"研究报告"、"调查纪略"、"调查报告"、"综合报告"四种模式。[①] 此外，由于时局日益紧迫，考察周期变短，《汇刊》也难全部容纳，只能先以纪略或简报刊载于《汇刊》，另编《古建筑调查报告》专刊行世。[②]

（三）田野考察调查测绘方法

1. 测绘原则

（1）先控制后碎部

"由控制到碎部"是测量学的重要基本原则，即通过测量具有控制意义的控制点以进一步实施碎部测量。学社测绘以通面阔、通进深、台明尺寸、各步架举高与水平步距、柱高、斗栱高等作为平面和剖面的控制性尺寸。按照这一原则测量，误差分布比较均匀，也可以减少尺寸叠加所累积的误差。

（2）分层级记录

学社测绘采取适宜的比例尺，记录不同尺度范围下的控制尺寸和碎部尺寸，目的明确，层级清晰。整体结构和控制性尺寸通过建筑平面、断面进行记录，详细构造方式和细节尺寸则通过大量局部详图表达。比如，在建筑断面图中，简略勾勒斗栱轮廓，留白内部，使斗栱作为独立的整体纳入整个建筑，至于具体细节则在比例更为适宜的斗栱详图中表达。

相应地，选择适合的图样形式，择要记录所需数据，方法灵活，繁简得当。重复性构件的数量、角梁的投影距离、重要的结构空间尺寸等信息多以简图形式记录——将各开间范围内的椽子数量、斗栱攒数、瓦垄数等标注在立面简图上；翼角起翘高度与水平冲出距离通过屋顶简图表示；出檐距离以檐部剖面简图表示（图2-15）。

---

① 王世仁. 大师与经典——写在《刘敦桢全集》出版之前. 见：东南大学建筑学院. 刘敦桢先生诞辰110周年纪念暨中国建筑史学史研讨会论文集. 南京：东南大学出版社，2009：24.
② "古建筑调查报告专刊：本社近年来调查之古建筑，非《汇刊》篇幅所能容纳者，由梁思成刘敦桢二君，另编《古建筑调查报告》专刊行世。"引自本社纪事. 中国营造学社汇刊，1935，5（4）.

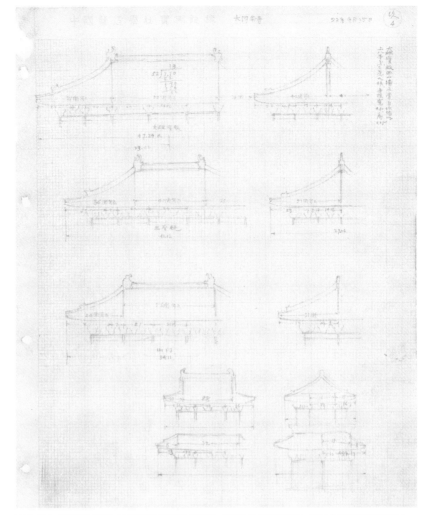

图 2-15　营造学社测绘大同善化寺建筑立面简图，1933 年（资料来源：清华大学建筑学院提供）

（3）连续读数

在条件许可时，测量观测采用连续读数的方式，能够避免分段测量叠加导致的误差积累，并提高现场作业效率，适用于建筑遗产测绘中平面、断面的测量。这种科学高效的测量方法至少在 1935 年 2 月测绘曲阜孔庙建筑时就已经被梁思成等人实施运用了（图 2-16）。此后的学社测量图稿也多有体现，整理如表 2-5。

营造学社连续读数测量方法的具体实例　　　　　　　　　　表 2-5

测稿名称	测绘时间	测绘人
曲阜孔庙各建筑平面（未刊稿）	1935 年 2 月	梁思成、莫宗江
曲阜孔庙奎文阁纵剖简图（未刊稿）	1935 年 2 月	梁思成、莫宗江
嵩山中岳庙正殿平面（未刊稿）	1936 年 6 月	陈明达绘
长清灵岩寺平面（未刊稿）	1936 年 6 月	梁思成绘
长清灵岩寺五花殿遗址（未刊稿）	1936 年 6 月	未知
代县谯楼平面（未刊稿）	1937 年 7 月	纪玉堂测，莫宗江绘

（资料来源：作者自绘）

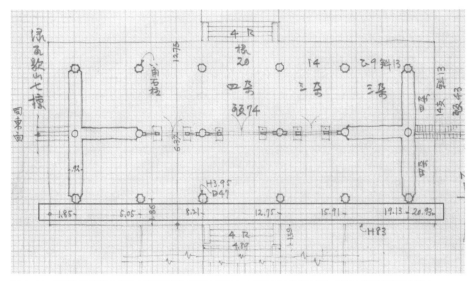

图 2-16 营造学社测绘曲阜孔庙弘道门平面图稿（局部），1935 年（资料来源：清华大学建筑学院提供）

梁思成的助手莫宗江，是学社调查测绘的主要人员之一。据莫宗江的高足、清华大学建筑学院王贵祥教授回忆，莫先生在指导其研究生测绘的过程中，曾经强调过连续读数方法对于减少误差的重要性。[①] 莫宗江的教学实践与学社的测量图稿相互印证，说明连续读数是学社实施古建筑测量的重要原则之一。

2. 测量记录方法

（1）仪器测量

建筑外部形体的控制性尺寸，多由仪器测量。根据学社测稿与采用的仪器、工具推测，当时使用水准仪测量场地高差，使用经纬仪测定各控制点的水平、高程角度，使用皮尺测量距离，注记在测稿中。整理绘图时，按照角度距离交会法（极坐标法）计算出控制点的位置（图 2-17）。

（2）手工测量

测量建筑各部分细节尺寸与建筑内部梁架的控制性尺寸由手工操作完成。

建筑内部梁架的控制性尺寸，包括柱脚的水平间距以及各梁、檩的高程与水平间距。柱脚间距可以由皮尺测量获得。各梁枋高程，均以室内地面为基准进行标注（图 2-18），应是借助细麻绳，将其与皮尺一并垂地读数而得。檩的高程与水平间距为叠加计算而得的间接数据结果。

建筑各部分细节尺寸使用钢尺、折尺测量的可能性较大。梁思成在 1950 年的演讲中将具体的测量手段及相应的注意事项进行了详细总结：

柱料径：将就木料，各个柱径不同，也不一定准确的圆，最量周求径。

宋柱卷杀，清柱收分，其他时代各有不同，分段量径（或量周求径），用三三

---

① 笔者 2012 年 12 月 21 日访问王贵祥先生的记录（未刊稿）。

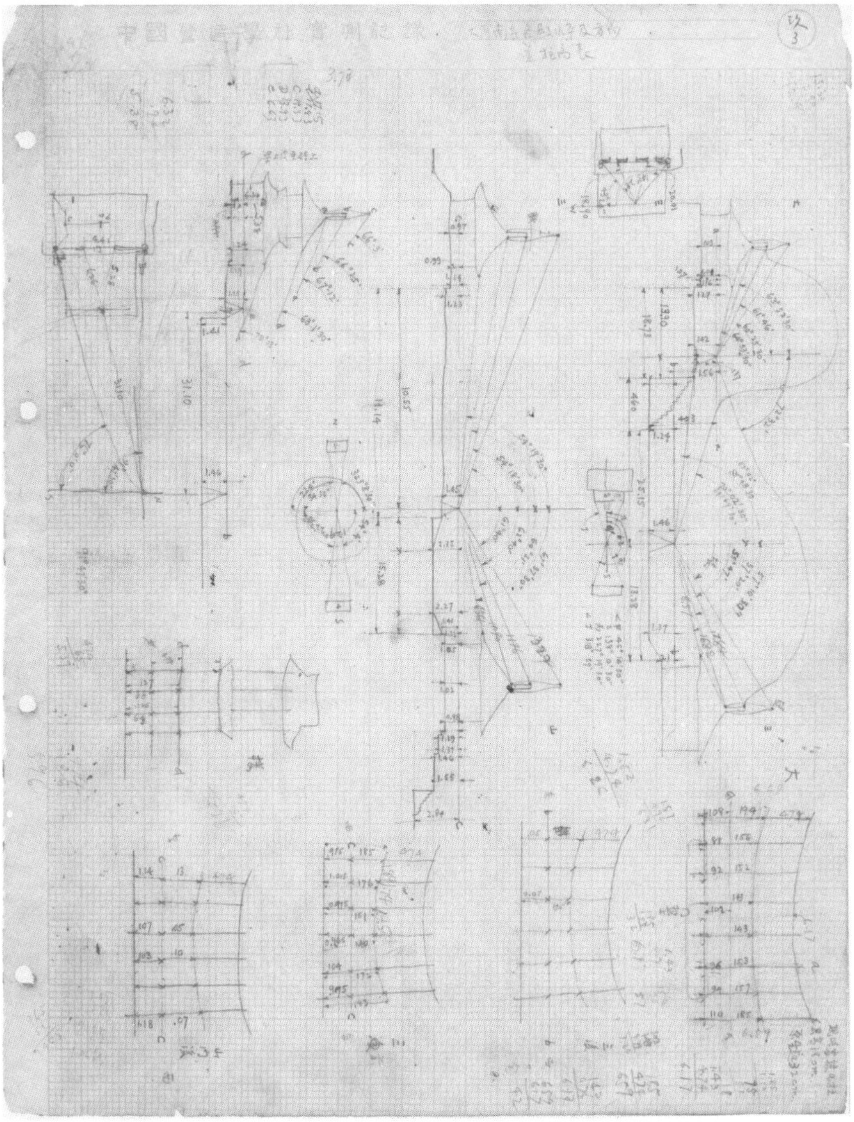

图 2-17　营造学社测绘大同善化寺仪器数据图稿，1933 年（资料来源：清华大学建筑学院提供）

制分九段（宋卷杀法）。特别注意柱头"急杀"。量所有柱间的柱脚距离与柱头距离，以求得侧脚。砌在墙内的柱的位置，用屋外总尺寸，屋内总尺寸，减去求得。其与砖墙的比例（外面多少厚，里面多少厚）。斗栱先量材栔，要多量几朵，取得平均数，因木材受气候及压力，反应各有不同。测量出跳，注意偷心计心，单栱重栱，有无半栱或替木。量各栱，长度，卷杀，注意量足材单材。用硬纸板描出栱头卷杀，或用软纸用手"拓"出。最好再量各瓣之长。量昂嘴，耍头或桃尖梁头。量角柱上阑额出头及其花纹。量墙的上下厚度，注意墙的收分，注意墙的结构法（如大同华严寺的木骨，独乐寺及应县塔的木篱抹灰）。四阿顶注意有无推山。注意檐椽的长度，层数，排列，卷杀。注意瓦顶各作的样式与安排法。注意其他各部的"拐弯抹角"的处理方法。①

---

① 引自梁思成：《中国建筑调查研究的技术》（手稿）——1950 年 4 月 19 日专题演讲，清华大学建筑学院藏。

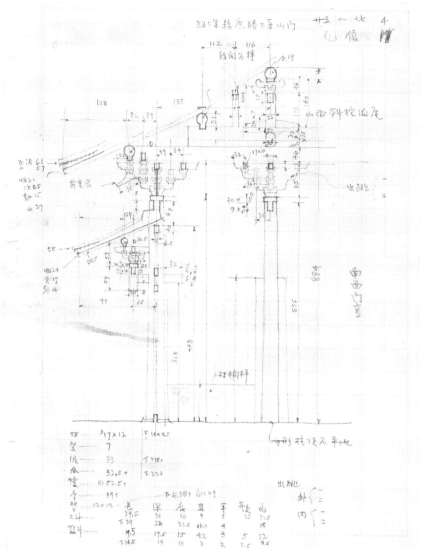

图 2-18 营造学社测绘赵城广胜寺下寺山门横断面图稿，1936 年（资料来源：清华大学建筑学院提供）

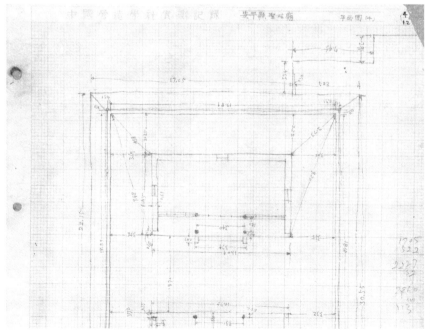

图 2-19 营造学社测绘安平圣姑庙平面图稿（局部），1936年（资料来源：清华大学建筑学院提供）

此外，在 1936 年绘制的安平圣姑庙平面图稿中，标注了平面对角线尺寸，说明学社在测绘过程中有意识地对平面的扭闪程度进行测量（图 2-19）。

（3）数据处理

如前文所述，学社测量重复性构件，通常选取测量多个样本。在样本数据不唯一的情况下，需要将其处理、转化成标准数值，并以此代表这类构件的典型数量特征，作为绘图、形制分析和比较研究的重要依据。例如：材栔值、柱径、斗栱、椽径、瓦口宽等（参见图 2-18）。

按学社的调查研究报告与测量图稿，在多个数值中以最大、最小值之平均数（极差平均数）作为标准数值。[①]

（4）记录方法

学社调查记录的信息通过图纸、文字、照片、写生和日志的形式呈现。

大部分测量数据记录在平面、断面、详图上。比如：各架梁、槫的底皮垂地距离，各槫水平距离，檐出水平距离，雀替、柱、驼峰与外檐斗栱水平距离，飞子上皮至仔角梁下皮垂直距离，撩檐椽上皮至角梁下皮垂直距离等。重复性构件的数量、编号记录于立面简图。

图稿中常常附有文字标注，内容涉及结构特征、构造特征、形制特征、特殊或无图样可供标注的测量数据、环境信息、附属物信息、重复性构件的标准尺寸等（表 2-6）。[②]

值得注意的是，重复性构件的标准尺寸几乎出现在每一例详细测绘建筑的测量图稿中，以文字形式注记在图样周边。这说明，标准数值尤其是材栔值的确定，是现场测量中的重要工作内容。

除了测稿中的文字记录外，梁思成、刘敦桢二位先生将考察日程、工作进度、建筑的历史沿革、重要特征以及现场感受随时记录在日记中，留下了大量的第一手调查资料。文字记录与测量图稿具有同样重要的价值，是后续研究和撰写调查

---

① 略如大同下华严寺薄伽教藏殿的柱高与材栔值测量："殿内柱自五十七至六十公分不等；而以前金柱为最大，分心柱与后金柱次之。其平均数五八·五公分。"引自梁思成、刘敦桢. 大同古建筑调查报告. 中国营造学社汇刊，1933，4（3、4）.

② 学社测稿中部分注记文字以大同善化寺三圣殿测稿为例："1. 太平梁略近梢间；2. 有推山；3. 明间西边梁较东边梁约低半材；4. 北面乳栿较次间梁低约半材；5. 花瓶高 129，瓶座高 18，合高 73；6. 殿外石□高 114；7. 正面及山面生头木约一间距；8. 山面有生起；9. 正面瓦兽正稀，山面中稀而两旁密；10. 檐柱础 99；11. 阶条石宽 33 厚 15；12. 月台阶条石宽 28 厚 15；13. 殿内北面大金柱础 142；14. 群肩高 81；15. 群上有木骨一层高 11；16. 砖高 8；17. 第二步上栿四层上最上一层出头；18. 墙为红色；19. 墙肩木骨上又有插入之木骨，隔 86、87、76 不等，高 3 公分半，宽 13、11、15、18 不等。"引自中国营造学社测绘大同善化寺手稿，清华大学建筑学院藏.

学社测稿中的文字记录列举 表2-6

信息类别	记录内容	来源
结构特征	有推山	大同善化寺三圣殿测稿
	山面有生起	大同善化寺三圣殿测稿
	大殿进深为十架橼	赵城广胜上寺测稿
构造特征	大雄宝殿西山墙有木骨计群肩高102公分，内最上为内骨一层，群上砖九层又木骨一层，五层又木骨一层者五，又砖六层木骨一层，又五层木骨一层者二，再上砖三层，再上为墙肩木骨及砖，在能量得之范围内，每层皆八公分	大同善化寺大雄宝殿测稿
	无替木，门口中央45°斜补间棋（斜棋只在上面两跳），正门口补间铺作60°斜棋而无一正棋	大同上华严寺测稿
形制特征	藻井内翼形棋与外檐翼形棋同	大同善化寺大雄宝殿测稿
测量数据	殿内北面大金柱础142	大同善化寺三圣殿测稿
	群肩高81	大同善化寺三圣殿测稿
位置信息	如寺在西南隅上寺巷，系南北街，其寺门东之东西胡同，□上寺巷，又名上寺东巷。出东巷即下寺坡，下寺在焉	赵城广胜上寺测稿
附属物信息	大殿前有殿名韦驮殿，韦驮殿前为老爷殿，内供关帝像	赵城广胜上寺测稿
	西面梢间中心□两碑，外万历九年，内成化元年	大同上华严寺测稿
标准尺寸	材 20×16 栔 11 坐斗 53，底 40，高 30，平 7，欹 14，耳 11 散斗 15×13，底 19，高 15，平 5，欹 7，耳 4 泥 48+48+材 慢 15+15+材 普拍枋 19×36 阑额 16×25 椽径 15 飞子 9.5 筒瓦 16 连檐 10 望板 7 瓦口 6 椽径 32 上檐角梁 27×25 仔角梁 24×23 下檐角梁 28	正定隆兴寺摩尼殿测稿

（资料来源：作者自绘）

报告的基础材料。此外，学社通过摄影、写生、速写的手段，记录调查对象整体或局部的形式与细节。这些图像材料更加清晰、直观地展现出建筑的空间层次，对于建筑的研究与保护都是十分珍贵的材料。

3. 绘图方法

学社田野考察的图稿均为徒手绘制。从图面尺寸与标注数据的对应关系来看，其中一部分具有较严格的比例关系，以至标出图式比例尺，就笔者所见整理如表 2-7。

学社测量图稿中按比例绘制者　　　　　　表 2-7

图稿名称	有无图式比例尺	调查时间	备注
正定文庙大成殿横断面	无	1933 年	同时调查的正定隆兴寺未按比例绘制测稿
正定文庙大成殿纵断面	无	1933 年	
正定文庙大成殿角科平面	无	1933 年	
大同善化寺大雄宝殿平面	无	1933 年	
大同善化寺大雄宝殿横断面	无	1933 年	
大同善化寺三圣殿平面	无	1933 年	
大同善化寺三圣殿横断面	无	1933 年	
正定阳和楼前关帝庙正殿平面	有	1933 年	
正定阳和楼前关帝庙正殿横断面	有	1933 年	
正定阳和楼前关帝庙正殿纵断面	有	1933 年	
正定阳和楼前关帝庙大门横断面	有	1933 年	
正定阳和楼前关帝庙栏杆、夹杆石详图	有	1933 年	
广胜下寺明应王殿平面	无	1936 年	大致按比例
灵岩寺辟支塔头层断面、第二层南北断面	无	1936 年	辟支塔其他图稿未按比例
汾阳峪道河龙天庙平面	无	1936 年	共 1 张测稿
太原晋祠圣母殿平面	有	1936 年	
榆次永寿寺雨花宫平面	无	1937 年	雨花宫断面图未按比例

（资料来源：作者自绘）

按比例绘制的图稿仅占少数，也并非按同一建筑整套进行。可以推测的是，这类图稿是最初的图稿与正式图稿的中间成果，即梁思成所说的用仪器绘制的"正

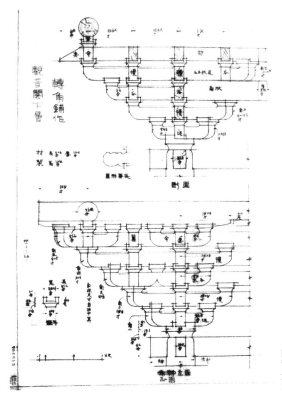

图 2-20 观音阁下层转角铺作，1933 年，营造学社测绘的中间成果（资料来源：陈明达．蓟县独乐寺．天津：天津大学出版社，2007：50）

式图稿"[1]，用于预先校验草图数据。值得一提的是，这些手绘图样虽然不构成精确的比例关系，但相差并不大，充分显示出绘图者准确的尺度感和图像表达力。同样地，也有使用尺规绘制的更为精确的正式图稿，例如独乐寺观音阁铺作详图，就是分析研究材栔值、铺作构件术语、尺寸的中间性成果（图 2-20）。

墨线图是学社调查报告的重要部分，也是出版、发表的正式成果，具有以下三个方面的特点：

（1）翔实细致

在有限的图纸比例下，仍然不失细节表达，如断面、立面图中对于兽吻、槅扇、屋脊、瓦椽、佛像的细致描绘。

（2）技术性

尺度计量方面，梁思成、刘敦桢的方法在学社调查初期有所不同：梁思成以图式比例尺作为尺度标准，代表成果如《蓟县独乐寺观音阁山门考》、《宝坻县广济寺三大士殿》；刘敦桢以图式比例尺与大量数据标注共同表达尺度，如《北平智化寺如来殿调查记》。后在二人合作的《大同古建筑调查报告》中，标注了平

---

① "实测图稿做完之后……若能在当地用 T（笔者注：指丁字尺）画一正式图稿最好。"引自梁思成：《中国建筑调查研究的技术》（手稿）——1950 年 4 月 19 日专题演讲，清华大学建筑学院藏。

面图与断面中的控制性尺寸。

墨线图为尺规作图，线型以细节描绘为最细，轮廓线较粗，剖断线最粗，以此强化空间进深与层次感。

平面图、斗栱详图的剖断位置，填充材料图例；部分剖面图剖断位置留白。推测因比例尺较小，梁、檩断面不适合表达材质图例。

（3）艺术性

前文已述，学社的图面表达水准很高，在线条、字体、布局等方面都有严格考究的标准，并且受学院派教育影响而绘制渲染图，显示出高超的绘图功力与艺术造诣。

（四）明清官式建筑测绘方法

相比同期并行的古建筑田野考察，学社在 1933 年至 1937 年间对北平明清官式建筑的测绘，除了仍然贯行分层级记录典型样本的测量方法外，还具有下述特点：

首先，除了通常的平面、横断面、纵断面、斗栱详图之外，图稿还包括坎窗坎墙详图、槅扇详图、栏杆详图、匾额详图、连楹门簪详图等，不一而足。除建筑实体外，针对重要建筑单体记录了大量彩画、陈设、纹饰、附属物的形制、尺寸、色彩、工艺等信息。对于故宫三大殿等重要的单体建筑，更是不厌其详地记录了几乎全部细节。如太和殿一项的图稿便达到 78 张，包括宝座、台阶束腰花纹、栏杆抱鼓、须弥座石刻、日晷、金缸、殿前陈列的详图以及建筑诸多部位的彩画图样。其中太和殿雀替彩画一稿，线条十分考究，流畅柔美，浓淡相宜，并以英文缩写字母注释各部分的颜色信息，极具艺术表现力（图 2-21）。

其次，鉴于明清官式建筑体系严密、做法统一的特点，学社专门制备了三类数据表，即梁架、斗栱、琉璃瓦作的数据表，用于记录样本数据。数据表条目翔实，涵盖了当时已知的明清官式建筑各作的名目和做法，填写时按测绘对象对号入座（图 2-22）。预制表格的使用，不仅有助于构件测量与数据提取的有条不紊，并能用于现场核查以避免测量遗漏，同时也促使初学者快速熟悉古建筑的各个部分，在一定程度上提高了测绘工作效率，也反映出测绘力求真实、精确和完整性的严格标准。

另外，多数明清官式建筑图稿为尺规作图，并注明比例尺。在稿纸上能够看到制图者换算图上尺寸时用铅笔加重坐标格线交点的痕迹。墨线图纸线型分明、

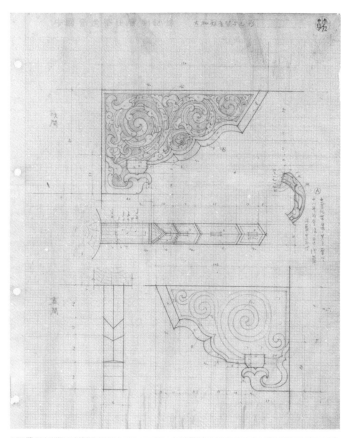

图 2-21　营造学社测绘故宫图稿"太和殿雀替与色彩"（资料来源：清华大学建筑学院提供）

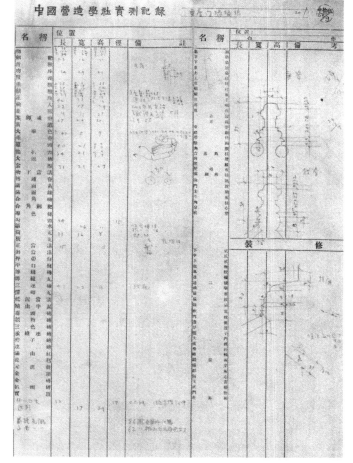

图 2-22　营造学社测绘故宫贞度门琉璃作数据记录表（资料来源：林洙. 中国营造学社史略. 天津：百花文艺出版社. 2008：164）

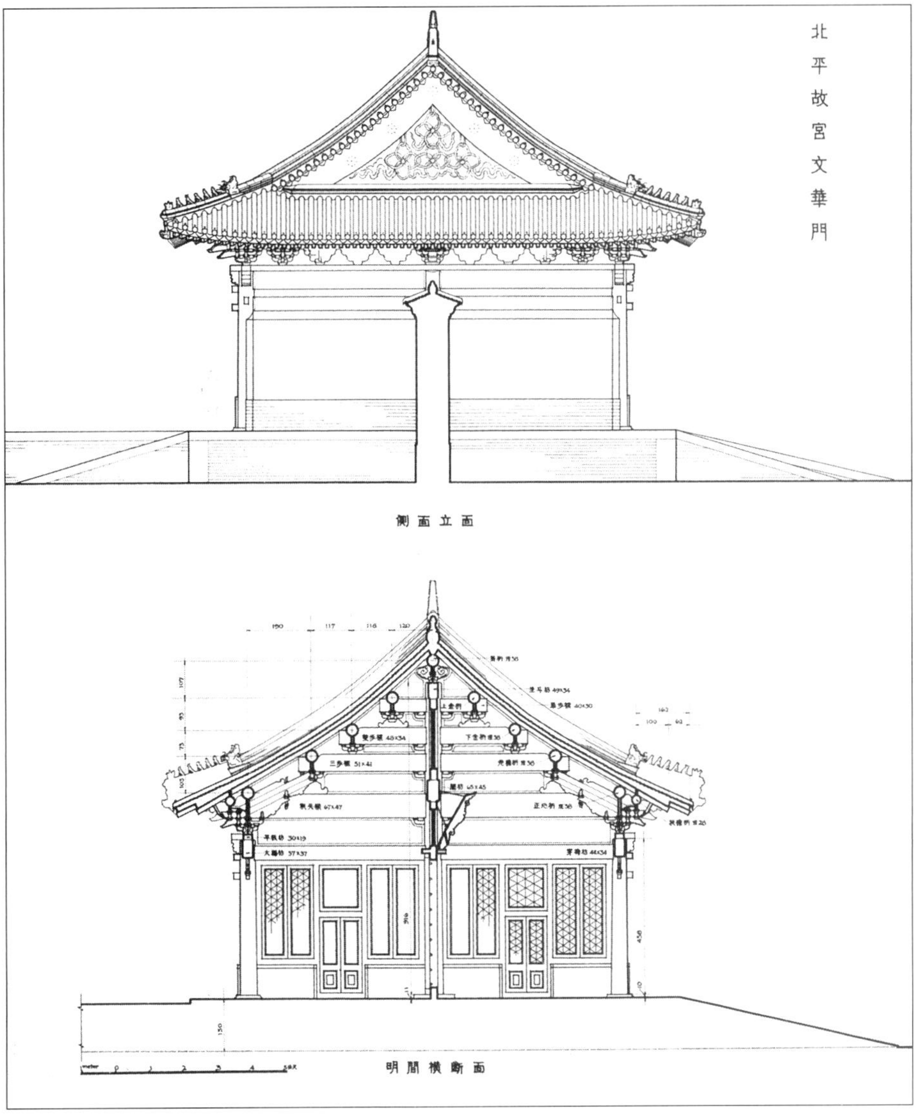

北平故宫文华门

側面立面

明間橫斷面

图2-23　北平故宫文华门侧面立面、明间横断面，营造学社测绘（资料来源：清华大学建筑学院提供）

绘制精良，断面图标注有大木构件术语和断面尺寸，以及步架间隔、柱高等控制性尺寸（图2-23）。尺规绘制的测稿规矩严谨，更有利于检验尺寸和发现错漏，并且表明当时对于尺寸的准确性和图样的精确性均设定了严格的标准。

可以说，学社测绘北平明清官式建筑的工作时长[①]、记录范围和图稿深度都更胜一筹。在学社探求"全部文化史"[②]的开阔视野下，北平明清官式建筑所承载的历史文化信息亦获得充分关注，堪称一次物质文化遗产和非物质文化遗产的综合记录。在建构中国建筑史的迫切目标下，田野考察以年代考证与大木结构分析为重，不拘细节、有的放矢的测绘理念正合乎这一情境。在当时，基于明清官式

[①] 根据学社测绘图稿与已发表的古建筑调查报告统计，田野考察测绘中，单体建筑的测绘时间通常不超过四天，明清官式建筑的单体测绘通常需要十余日。

[②] 朱启钤在成立中国营造学社时，高瞻远瞩地指出，研究中国建筑史须站在全部文化史的至高视点："因全部营造史之寻求，而益感于全部文化史之必须作一鸟瞰。……研求营造学，非通全部文化史不可，而欲通文化史，非求实质之营造不可。"引自朱启钤.中国营造学社开会演词.中国营造学社汇刊，1930，1（1）.

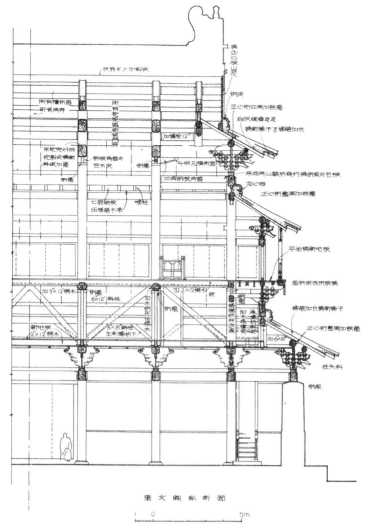

图 2-24 曲阜孔庙奎文阁纵断面图，1935 年 [资料来源：中国营造学社汇刊，1935，6（1）]

建筑的已有释读与清代皇家建筑综合研究的光明前景，深入测绘北平官式建筑不仅可行更是必要的。

（五）修缮勘察测绘方法

　　基于明清建筑文献丰富、实物众多的特点，学社在大规模田野考察、找寻早期建筑的同时，深入明清建筑的系统研究，并借助朱启钤的广泛人脉与北平的地缘优势，与北平市工务局、故宫博物院、古物陈列所等官方机构展开建筑遗产保护合作——自 1932 年起陆续受托承担故宫文渊阁、东南角楼、南薰殿、景山五亭的修缮设计。[①] 在这几次为数不多的保护实践中，学社将古建筑测绘与工程前

---

① 1932 年 10 月，学社受故宫博物院委托，由梁思成、刘敦桢、蔡方荫勘察故宫文渊阁楼面，制定修理计划。同年，学社拟定北平内城东南角楼修理计划与修复故宫南薰殿图样及说明书。1934 年 2 月，学社拟定景山五亭修理计划与鼓楼平座及上层西南隅角梁修理说明。

期勘察结合，逐渐形成了以前期勘察测绘为基础的修缮设计模式，在1935年梁思成先生完成的《曲阜孔庙之建筑及修葺计划》[①]中详加完善。

1934年3月发表的《修理故宫景山万春亭计划》中，万春亭实测图已经初步体现出不同于调查测绘图的特点：不仅详细尺寸、构件术语、断面材质的标注一应俱全，还将残损状况直接注在图纸相应位置，并且用虚线标示出变形构件的初始位置，直观反映出建筑结构的变形情况。

1935年9月梁思成勘察曲阜孔庙建筑后，发表《曲阜孔庙之建筑及修葺计划》。其中，以测绘图为底本、附加建筑残损现状与修理措施标注的设计图得到进一步完善。具体表现为：以建筑平面图作为底图，标注建筑尺寸，引注残损状况和修理做法。至于孔庙的两座重要建筑奎文阁与大成殿，更添加了横、纵断面，将修缮设计措施明确定位在建筑结构中（图2-24）。与之相应的是，文章针对各类构件各种破坏情形的修理原则、办法进行了图解说明。

学社的田野调查与修缮勘察都以测绘为重要手段，但背后的目标与理念略有差异。田野考察以研究为目的，通过测绘了解建筑的形制、结构特征，并结合文献考证，分析建筑的年代与做法。修缮勘测以保护性修理为目的，历史研究作为价值评估的前提。现场勘测除了调查建筑的形制做法外，残损现状是考察的重中之重。例如，在曲阜考察的测稿中，除了测量图稿外，有大量关于建筑残损状况的现场文字记录。其中，大成殿与杏坛的现状记录如下：[②]

（大成殿）下额枋与平板枋离；角斗下落；正心桁脱离；角梁劈；椽子多朽；榫卯多脱；角梁椽子向下滑脱；草架柱子及穿二多朽；山花裂；梁架大部脱榫，木枋完好；全部上额枋弯朽；斗栱平身科完好；墁基完好方正；踏道象眼移动；月台栏干移动；地面砖全破裂；南面下檐额枋全换；西面下檐额枋完好；北面下檐额枋朽甚；东面下檐额枋不甚好（缺角替一）；上檐四角下弯（内角梁劈）；下檐东北角仔角梁加接部分倾；下檐东南角仔角梁套兽脱离（此部漏甚）（兽仙人缺）；上檐东南角仔角梁倾斜甚；石柱头彩画宜洗去；上角斜坐斗压扁；飞椽刻去深卯□；瓦顶挑顶；南面踏道移动。

（杏坛）梁架尚方正；外檐八角柱；明间石柱，角木柱，石柱上红色；内四柱旧批蔴上又新批蔴；彩画奇劣；下檐瓦尚完好；檐边多毁；东面博脊中弹；北面中部椽飞朽；上檐瓦亦走动；墁基及栏干全部倾斜。

① 梁思成.曲阜孔庙之建筑及修葺计划.见：梁思成.梁思成全集（第三卷）.北京：中国建筑工业出版社，2001.
② 引自学社测绘曲阜孔庙建筑的图稿，清华大学建筑学院藏。

以测量图稿为基础，将现场文字记录的残损情况落实定位在具体图样中，针对各处情形拟制的修理措施也一并标注图中，最终形成的孔庙建筑修理计划实测图不只具有可用于材料预算的尺寸信息，更是清晰反映实物现状和修缮理念的载体。

（六）评析与启示

1. 测量广度

学社调查报告中的正式墨线图多不注尺寸，加之考察测绘时间通常较短，致使业界普遍形成了学社测绘较为粗略的印象，并统称其为"法式测绘"。对于"法式测绘"的定义，学术界的认识略有出入。以往主要有两种看法，一是从测量广度出发，认为法式测绘的测量广度低于典型测绘①；二是从数据来源的真实性出发，认为法式测绘是根据关键尺寸，按照《营造法式》或《工程做法则例》推算出建筑其他部分的尺寸。②

通过前文对学社测绘技术层面的分析可知，学社涉及测绘的调查，按测量广度可分为典型测绘和简略测绘两个级别。按学社测量图稿，典型测绘的数据采集至少涉及大木结构的全部构件类型，测量广度超过了"法式测绘"只测量重要构件的程度。简略测绘以测量平面和斗栱为主，也不宜划归至"法式测绘"一类。就图纸数据的真实性而言，学社简略测绘后整理发表的墨线图多为平面图和斗栱详图，不涉及其他大木结构，也因此不具备推导数据的条件。典型测绘形成的墨线图以测量图稿为基础。很明显，此类图稿无论平面抑或断面的尺寸，都形成了完整的数据链，这也就表示，正式图纸的绘制都有实测数据作为根据。

---

① "这是一种最简便的测量，也叫作'法式测量'。它适于全国重点文物保护单位价值较低的单体建筑及省（市、区）级文物保护单位中的多数单体建筑。对一些重要建筑物，有时限于架木、时间和人力等条件不齐备；或是在文物普查中发现较大价值的古建筑时，也采用这一等级的测量。"引自罗哲文主编.中国古代建筑.上海：上海古籍出版社，2001：3.30.《中国古代建筑》中第四章"古建筑测量"、"古建筑制图"以中国遗产研究院李竹君先生编写的古建筑测绘教材为原型，对于典型测绘与法式测绘的区别未做详细区分，详见本书第四章相关内容。李竹君先生认为，法式测绘是测量斗口、材栔值和建筑的重要尺寸，再参考照片进行绘图。参见2011年12月16日笔者访问李竹君先生的记录（未刊稿）。

② "法式测绘，即按照营造法式绘制理想状态的建筑图。法式测绘对于相对按照法式建造的官方宫殿类建筑比较有效，往往可以通过测量几个关键尺寸，就可以依照法式推算出其他相关尺寸，从而绘制出图。甚至于量一个柱础就可以绘制整个大殿。"引自周克勤等.近景摄影测量技术在数字城市中的应用.北京测绘，2007（1）.

2. 测量精度

在学社的测稿中，控制性尺寸以及重要的大木构件尺寸读数单位为 1 厘米或 0.5 厘米，重要的小木尺寸精确到毫米。基于古代木构建筑的设计规律、施工规律以及变形等因素[①]，其精度标准能够满足研究需要，测绘读数单位的层级设定也相当清晰，符合当时当境对于建筑设计基本思想的探讨和分析需要。

事实上，正是因为学社自成立之初，就"以匠为师"、"沟通儒匠人"，在工匠的帮助下解读清代建筑，完成了古代建筑研究的基础工作，并在这一过程中了解到营造工具、加工工艺等操作层面的具体问题，从而对古代建筑施工与变形误差的关系产生了深刻的认识，因而并未在测量技术层面一味追求高精度。[②]

综上所述，学社在长期调查测绘实践中总结出一套科学缜密的技术流程和方法，其背后是根据测量学原理进行分级控制测量的现代工程学理念。由测绘明清官式建筑的情形，可知学社已经具备丰富的实测经验与详细测绘的能力。然而，在建构中国建筑史的迫切目标下，根据对象价值和现实需求，有的放矢、分级测绘的技术思想，是合乎当时情境的必经之路。同时，学社典型测绘的深度能够满足建筑形制分析的需求，可谓在时间、工具、条件等一系列限制因素下的最优选择。虽然时局动荡、交通不便、条件艰苦，学社的调查测绘仍然效率惊人，数据翔实，足可称道。

四、中国营造学社建筑遗产测绘研究的成就及影响

（一）奠基中国建筑史学治学方法

营造学社的治学方法是由传统的文献考订起步的。经朱启钤高瞻远瞩的运筹帷幄，梁思成、刘敦桢等入社展开建筑实物调查，成为中国人独立进行现代科学意义上的古建筑实地考察测绘的光辉起点，在邻国学者轻视中方学术实力的言论

---

① 详见本书第七章相关内容。
② 我们可以在学社的调查报告中看到多处相关的表述："观音阁山门各部栱枋之高，自 0.241 米至 0.25 米不等。工匠斧锯之不准确，及千年气候之影响，皆足为此种差异之原因，其平均尺度则为 0.244 或 0.245 米。"引自梁思成. 蓟县独乐寺观音阁山门考. 中国营造学社汇刊, 1932, 3（2）."千年来屡经修葺，坎补涂抹之处既多且乱，致使各柱涂肥瘦不同，测究非易。"引自梁思成. 蓟县独乐寺观音阁山门考. 中国营造学社汇刊, 1932, 3（2）."时间风雨的侵蚀，施工时之不精确，都足以使建筑物略变原形。"引自梁思成. 宝坻县广济寺三大士殿. 中国营造学社汇刊, 1932, 3（4）.

面前捍卫了学术尊严。

梁思成、刘敦桢源自传统的国学根基、留学形成的建筑学专业素养，以及在国外接受的相关学科的熏染，再加上国内学术新思潮的影响，致使学社的建筑测绘活动凝聚了丰富的学科视角。中国建筑史学也因此而一跃成为构建在多个学科之上的学术体系。在文献考证加实物调查的研究方略下，学社的调查研究达到了相当高的学术水准，甚至超过了早先一步进入中国建筑史学研究领域的日本学者，引起中外学界的广泛关注。社长朱启钤"与世界学术名家公开讨论"的宿志也得以实现。[①]

文献考证结合实物测绘的方法开辟了中国建筑史学的科学之路，为中国建筑史学创立了系统的方法论，并作为最核心的学术传统延续至今，成为后续的建筑遗产研究与保护的基本方法，影响极其深远。[②]

可以说，1949年以后建筑遗产保护研究相关领域的发展，如建筑历史理论研究、建筑遗产保护理论与修缮工程、建筑遗产普查与保护单位制度、相关法律法规建设等，大多以学社的方法体系为建构基础。学社的实物测绘方法成为建筑遗产记录的基本范式，并随着学社成员在文物界与建筑界发挥的重要作用，成为1949年以后建筑遗产测绘两大主力——文物部门与建筑类高校的方法源流，对于今日的建筑遗产测绘事业仍有借鉴意义。

（二）奠立中国建筑史学研究基础

学社的研究重点转入实物调查测绘后，频繁外出考察成为工作常态。短短十载间，足迹遍及190余县市。[③]经长途跋涉，发现了大量的早期建筑遗存，绘制测绘图纸近两千张[④]，并发表了一系列高水准的调查研究报告。借助测绘手段，学社由解读古代建筑文献、辨认实物名称入手，进而熟悉历史各期的建筑特征，开始建构起古代建筑的年代谱系，对建筑"材份制"的设计原理有了初步的认识，并着手进行分类型、分地域等专题性研究。一言以蔽之，学社的古建筑测绘与研

---

① 对此，傅熹年评价道："把研究中国古代建筑作为一门专门学术，建立在现代建筑学、美术史和文献学的基础上，中国学术界公认是自中国营造学社开始，也代表了当时的最高水平。"引自杨永生，王莉慧编．建筑史解码人．北京：中国建筑工业出版社，2006：1.
② 陈明达对此总结道："开始的工作就是到外面去调查、测量，回来绘成图，再跟《营造法式》等古籍对照，逐步摸索。……我们各处去找古建筑，测量、制图，对照着古代典籍研究。稍有认识后，又试着按照两部典籍的记录，绘制图样。……这几乎成了几十年来研究工作的基本方法。"引自陈明达．关于营造法式的研究．见：张复合主编．建筑史论文集（第11辑）.1999：51.
③ 林洙．中国营造学社史略．天津：百花文艺出版社，2008：186.
④ 林洙．中国营造学社史略．天津：百花文艺出版社，2008：186.

究，开启了建筑史学多个核心命题的研究，相关研究领域的后续深入与扩展均直接或间接地以学社的研究成果作为基础，并从中受益良多。[①]

俗话说："无米难为炊。"学社接踵进行的大规模田野考察，在有限的时间内最大限度地预备了构筑中国建筑史的必需材料。陆续发现的建筑遗构好似由点及线，搭建出建筑史的基本框架。1944 年，梁思成写出了第一部具备系统性、科学性的《中国建筑史》专著，便是学社数十次调查测绘成果的全面总结。这部论著的完成不仅标志着学社"建立中国建筑史"的学术目标的初步实现，并且有力地辩驳了西方学者对于中国建筑的曲解。现场调查的实证，加上严密的考证，为中国建筑正名，摆脱了"毫无进步"、"千篇一律"、"缺乏艺术价值"的浅薄评价。

（三）解读宋《营造法式》

《营造法式》面世后，大量生僻难懂的术语成为理解文本的最大障碍。[②]基于对《营造法式》术语及其价值的深刻认识，学社始终以解读《营造法式》文本与术语为重要任务。校勘完成"陶本"《营造法式》时，朱启钤便提出了图解、整比术语名词，编纂营造辞典的思路。[③] 1930 年学社成立后，更将这项工作作为重要任务之一[④]，最终因人事变动等原因未能完成，甚是遗憾。[⑤]

相比之下，大量清代建筑实物的"唾手可得"、经历工程实践的匠师尚存，为读懂《工程做法则例》提供了便利。通过匠师讲解与对照实物，梁思成入社一年便完成了《清式营造则例》。基于不同时代建筑的相关性，清代建筑文献与实物的研究成为解读《营造法式》的"跳板"。以此为过渡，学社迅速转向实物调查测绘，在实物、测绘图的对照佐证下，取得《营造法式》解读的实质突破。[⑥]

---

① 英国著名科学技术史专家李约瑟就曾指出："学社时期直接凭借史借及测绘，积累了大量的研究成果，除发表在《汇刊》中以外，也是解放后在考古学类期刊中大量与建筑有关的论文的基础。"引自李约瑟.中国科学技术史(中译本).香港：中华书局，1975：20.

② "法式一书，读者引为难晓者，乃名件部位之难定，非尺度不明也。"引自陈仲篪.识小录.中国营造学社汇刊，1935，5（3）.

③ "《看详》及'总释'各卷于古今名物，皆援引经史逐类详释，尤于诸作异名再三致意，诚以工匠口耳相传，每易为方言所限。然北宋以来，又阅千载，旧者渐佚，新者渐增，世运日新，辞书林立，学者亟应本此义，例合古今中外之一物数名及术语名词，续为整比，附以图解，纂成营造辞典，庶几传关群言用祛未窭。"引自朱启钤.石印《营造法式》前序.见："丁本"《营造法式》，1919.

④ "今宜将李书读法用法，先事研究，务使学者，融会贯通，再博宋图籍，编成工种实用之书。营造所用名词术语，或一物数名，或名随时异，亟应逐一整比，附以图释，纂成营造词汇。既宜导源训诂，又期不悖于礼制。古人宫室制度之见于经史百家者，皆宜取证。……纂辑营造词汇：于诸书所载，及口耳相传，一切名词术语，逐一求其理解，制图摄影，以归纳方法，整理成书，期与世界各种科学辞典，有同一之效用。"引自朱启钤.中国营造学社缘起.中国营造学社汇刊，1930，1（1）.

⑤ 参见林洙.中国营造学社史略.天津：百花文艺出版社，2008：85.

⑥ 陈明达.古代建筑物研究的基础和发展.文物，1981（5）.

早期建筑考察对于《营造法式》辨名识物的效用，在 1932 年 4 月的第一次实物调查中就得到显著体现。面对独乐寺的两座辽代实物，原本根据《营造法式》文本所勾勒的暂存于头脑中的构件形体、结构做法等一系列构想，在实体面前获得了充分的核实与校正。同时，这两座早期实例也解释了诸多明清建筑未承袭而载于《营造法式》的做法，消除了先前研究中的若干疑点，梁思成本人更称之为"开了窍"。①

实物调查测绘成为疏通文本与实物的捷径，直接推动了《营造法式》内容及术语的解读。1932 年，学社调查蓟县、宝坻的三座辽代遗构之后，在实物测绘的对照下，有关《营造法式》的疑惑明了颇多。同年底，学社旋即部署编写《〈营造法式〉新释》，意图尽快将实物与《营造法式》对照佐证的研究成果整理出版。②

通过文献与实物的反复对照，学社在田野考察中不断发现契合《营造法式》术语的实证。例如，在宝坻广济寺三大士殿见到的"彻上露明造"、"连栱交隐"，正定隆兴寺摩尼殿见到的"叉手"，曲阳北岳庙德宁殿见到的"身内金厢斗底槽、副阶周匝"的平面形式，都令他们激动不已。随着田野考察的持续进行，《营造法式》所载名词、形制、做法等，在实物调查中逐步得到落实，经过构件辨认，再比较实测数据与《营造法式》规定尺寸、分析形制，最终归纳出时代特征和源流演变。

学社的调查报告也反映出深入解读《营造法式》的过程。在最初发表的《蓟县独乐寺观音阁山门考》、《宝坻县广济寺三大士殿》中，对涉及的早期构件名称，先做解释，再援引、比较《营造法式》的相关内容，然后得出初步的判断。③ 经过大量的考察实践，建筑术语的辨识积沙成塔，逐渐形成了一套以《营造法式》为标准的早期建筑用语体系。而《大同古建筑调查报告》之后的考察成果，多省略名词解释环节，在行文间直接引用术语，并且将构件名称、做法标注在测绘图上，反映出《营造法式》术语研究的进程。

然而，对于《营造法式》与早期建筑的研究，不可避免地受阶段性认识的局限。例如，"角柱生起"这个早期建筑的重要特征，在最初的独乐寺与广济寺测绘中就曾被忽略。后被朱启钤发现，经刘敦桢等人补测，独乐寺观音阁的资料得以修

---

① 梁思成.《营造法式》注释序.见：梁思成.梁思成全集（第七卷）.北京：中国建筑工业出版社，2001：10.
② "《营造法式》为我国建筑最古之颐书，……近社员梁思成君援据近日发现之实例佐证，经长时间之研究，其中不易解处，得以明了者颇多。梁君正将研究成果，作《〈营造法式〉新释》，预定于明春 3 月，本社《汇刊》四卷期一中公诸同好。其琉璃彩画则由刘敦桢君整理注释，一并付刊。"引自本社纪事·古籍之整理.中国营造学社汇刊，1932，3（4）.
③ 略如梁思成对蓟县独乐寺山门柱的描述："山门柱十二，皆《营造法式》所谓'直柱'者是。……前后柱脚与中柱脚之距离为 4.38 米，而柱头间则为 4.29 米……按《营造法式》卷五：'凡立柱，并令柱首微收向内，柱脚微出向外，谓之侧脚。……，山门柱之倾斜度极为明显，且甚于《营造法式》所规定，其为'侧脚'无疑。"引自梁思成.蓟县独乐寺观音阁山门考.中国营造学社汇刊，1932，3（2）.

正。① 对此，梁思成一直挂怀于心，转年测绘正定隆兴寺时特别注意了角柱生起。②此后的大同古建筑调查中，专门绘制了善化寺大雄宝殿檐柱生起尺寸草图并对三圣殿"生起"做法作了文字记录。

再如，调查宝坻广济寺三大士殿时，还未明确纵架两山梁栿的宋代称谓，而以清代所称"顺梁"暂为代替。而在学社晚期发表的两篇报告《记五台山佛光寺的建筑》与《山西榆次永寿寺雨花宫》当中，已经娴熟地运用这一构件所对应的《营造法式》"丁栿"一词。这表明，大量调查测绘实践有效推动了实物与文献的互证、互融、共通。

此外，对于《营造法式》研究的核心问题——中国古代建筑尺度设计规律，学社也通过实物测量与文献的对照分析，获得了初步认识（图 2-25）。在第一次独乐寺考察中，就已经意识到木材标准化的规律。之后的实物调查中，标准材数据成为测量记录的一项重要内容。在《大同古建筑调查报告》中，以材栔值作为建筑各部分测量数据的单位，显示出学社对于宋代材分制的初步理解。尽管认识尚浅，但学社的已有成果为后续的古代建筑设计理念的探索奠定了基础。

（四）辅助图解古代建筑典籍

学社由古代营造文献入手研究，以宋《营造法式》与清《工程做法则例》两部建筑法典为重心，形成了架构中国建筑史学的基石。为弥补原著无图之不足，朱启钤很早就意识到补图的重要性，先后尝试为《营造法式》、《工程做法则例》附绘图样，希望通过图解的手段诠释文献，以增进文献的可读性，同时将文字的描述转化为精确的图样。由于初期未进行实物测绘，仅能聘请熟悉清式建筑实物却不懂科学绘图方法的老工匠担任具体绘图工作，导致成果多不适用。

梁思成、刘敦桢入社后，《工程做法则例》与《营造法式》的研究都以实物调查测绘为突破口，进展迅速。在解决了"是什么"的基本问题后，下一步即是编写解释性文本作为原书的释读。为形象阐释建筑本体的几何特征，仍采取以图释文的方式，为文本附加图样。与此前图释不同的是，以科学方法绘制正投影图，

---

① "在对河北蓟县独乐寺观音阁的初测中，就未绘出生起，经朱启钤老先生根据《营造法式》提出，后来我和莫宗江等五人再去测绘才予以修正。" 引自刘敦桢. 中国木结构建筑造型略述. 见：刘敦桢. 刘敦桢全集（第六卷）. 北京：中国建筑工业出版社，2007：227.

② "我们若再细看，则见各面的檐柱，四角的都较居中的高，檐角的翘起线，在柱头上的阑额，也很和谐的响应一下，《营造法式》所谓'角柱生起'此是一实证。在蓟县独乐寺及宝坻广济寺也有同样的做法，惜去年研究时竟疏忽未特别加以注意，至今心中仍耿耿。" 引自梁思成. 正定调查纪略. 中国营造学社汇刊，1933，4（2）.

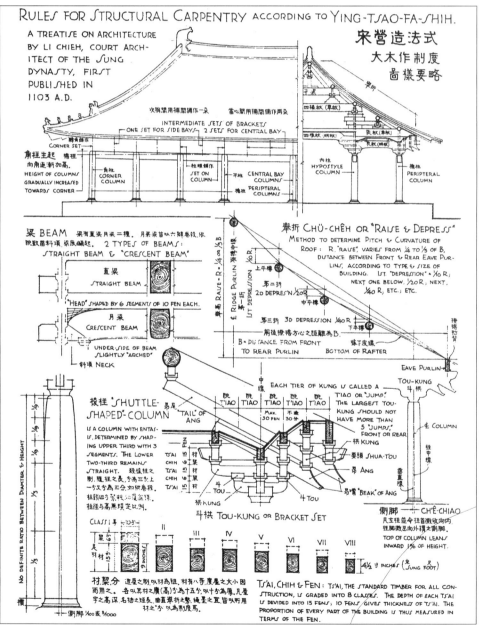

图2-25 宋《营造法式》大木作制度图样要略《中国建筑史》插图 [资料来源：梁思成. 梁思成全集（第四卷）. 北京：中国建筑工业出版社，2001：11]

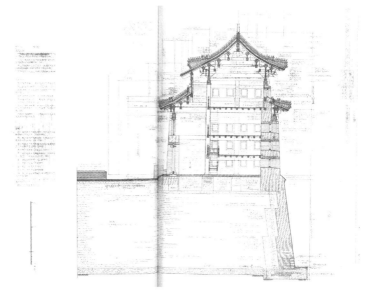

图 2-26　清工部《工程做法则例卷十五》图解——重檐七檩歇山转角楼（资料来源：梁思成．清工部《工程做法则例》图解．北京：清华大学出版社，2006：60-61）

准确地诠释了建筑形体。可以说，学社长期的实物调查测绘，作为文献解读的实证，为补图提供了重要依据。

梁思成主持法式组之后，接手补图工作，为《工程做法则例》各卷绘制正投影图。[1] 1932 年，在写作《清式营造则例》的同时，梁思成完成了《工程做法则例》卷一至卷廿七的图解，请邵力工根据草图绘成正式图纸（图 2-26）。[2] 然而，此项工作因战火被迫中断，图纸未能最终完成，其后又历经沧桑方得付梓出版。[3]

绘制正式图纸期间，梁思成曾将附注、参考材料连同待改正的问题注记于图中。其中，"符号"一栏分列出绘图所参照的各项依据，并对应图上各部分标记的数字序号。例如，图六"清工部工程做法则例卷二"的补图"参照营造算例补图；参照谢谭录记抄本补图；参照北平实测及匠师谈述补图；参照清九卿议定物料价值卷 3 第 42 页补图；参照内廷圆明园内工诸作现行则例瓦作做法册补图；参照工部简明做法册第 11 卷补图；参照罗篠云工程杂记抄本上□卷补图；参照本则例卷 4 补图；参照钦定大清会典事例卷 957 工部制造库工作第 2 页补图。"[4]

可知，除了匠作抄本、内廷档案、工部做法册等文献材料以及工匠谈述之外，补图还以"北平实测"为参照，是图样上最常引注的参考依据；27 卷图样中，有 13 卷图样标有参考依据，其中均包含此项。显然，正是 1933 年至 1937 年间，学社测绘北平明清官式建筑，为《工程做法则例》补图的深入提供了实物材料，填补了文献表述的"盲区"。

自 1932 年学社开展田野考察后，《营造法式》的解读在实物测绘的促进下，

① 本社纪事．中国营造学社汇刊，1932，3（1）.
② 梁思成．清工部《工程做法则例》图解．北京：清华大学出版社，2006：2.
③ 梁思成．清工部《工程做法则例》图解．北京：清华大学出版社，2006：2.
④ 梁思成．清工部《工程做法则例》图解．北京：清华大学出版社，2006：20-23.

可谓一日千里。在 1932 年底着手编写的《营造法式新释》中，"依据原书比例与实例所示，逐项另绘新图数十幅，俾读者图文互释知宋代建筑究作何"，并且因为图版过大，决定专刊精印。[①] 学社南迁后，在实物调查成果的基础上，学社同仁开始系统整理《营造法式》的研究成果，展开《营造法式》注释工作，并且指出，在文本校勘已取得阶段性进展的基础上，当务之急是进入到建筑实体的解读，使用现代科学的投影图进行图释。[②]

与《工程做法则例》类似，《营造法式》各版本原图也缺乏科学性与准确性。梁思成将其总结为：（1）非正投影画法；（2）没有比例尺概念；（3）未标注尺寸；（4）没有文字注解；（5）线型不明确；（6）绘图错误等诸点。[③] 因此，自 1939 年至 1945 年，在莫宗江、罗哲文的协助下，完成了"壕寨制度"、"石作制度"和"大木作制度"的部分图样，用正投影方式将原文所述的构件名称、建筑做法绘制为几何线图，并详细注明术语名词和相关数据，为《营造法式》文本配备了确凿印证的图像说明。这一成果直至 1980 年代才得以正式出版。

补图本身是将文字描述具象化为二维图形的过程。换言之，是两种表达逻辑之间的转译。而实物是设计意图的具体实现，与图形同属于具象的几何形范畴。如果忽略操作与误差等现实因素，补图与实物之间的转换仅限于维度的改变。因此，实物测绘对于补图具有极大的参证价值，不仅逾越了语言与图形之间的沟壑，也增进了文献与实物的互证研究，使单纯源于文本的认识得到修正和强化。

（五）推动建筑遗产保护实践

近代以来，中国社会经历了由传统社会向现代社会的剧烈变革。在西方文化的冲击下，国人对待传统文化的心态发生了巨大转变。建筑界也不例外。文物保护观念的缺乏、审美价值观的西化、战事持久不息，都导致传统建筑的破坏速率与日俱增，面临前所未有的巨大危机。在这种情境下，学社开创中国古代建筑研究的同时，不断呼吁社会力量保护建筑遗构，并展开了对于建筑遗产保护理念与

---

① 本社纪事·营造法式新释.中国营造学社汇刊，1933，4（1）.
② "在这以前的整理工作，主要是对于版本、文字的校勘。这方面的工作，已经做到力所能及的程度。下一阶段必须进入到诸作制度的具体理解，而这种理解，不能停留在文字上，必须体现在对从个别构件到建筑整体的结构方法和形象上，必须用现代科学的投影几何的画法，用准确的比例尺，并附加等角投影或透视的画法表现出来。这样做，可以有助于对《营造法式》文字的进一步理解，并还可以暴露其中可能存在的问题。我当时计划在完成了制图工作之后，再转回来对文字部分做注释。"梁思成.注释·序.见：梁思成.梁思成全集（第七卷）.北京：中国建筑工业出版社，2001：8-9.
③ 梁思成.梁思成全集（第七卷）.北京：中国建筑工业出版社，2001：14.

实践的探索，对于中国建筑遗产保护事业产生了深远影响。作为其中不可或缺的基础环节，古建筑测绘起到了具体且关键的作用。

1. 科学记录

学社大规模的古建筑测绘活动，为调查发现的各时期重要建筑留取了大量的科学记录资料。正如梁思成先生所说，迅速调查测绘即是对于古建筑可能遭遇不测命运的抗衡。[①] 在学社同仁备尝艰苦的努力下，经过数十次考察，学社以惊人的效率完成了大量建筑的测绘图纸和草稿。然而，仍有部分遗构难逃厄运，在学社调查之后惨遭毁坏，其中不乏价值卓殊的案例（如大同华严寺海会殿、易县开元寺观音殿、毗卢殿、药师殿）。全凭学社及时的测绘记录，后续学术研究才有资料可循，实为不幸中之万幸。

2. 文物避难

学社为配合军方保护避让文物需求而提供的重要古迹详细目录，正是建立在大规模调查测绘的实践基础上。抗日战争末期，梁思成在重庆编写《战区文物保存委员会文物目录》。这套目录共 8 册，中英文对照，列举了沦陷区 15 个省市的重要古迹，以使盟军在反攻敌占区时注意保护文物。其中又专门加入了木建筑、砖石塔、砖石建筑的鉴别原则，告知军方最简单直观的古迹判断方法，力求尽可能保障战区文物的安全。1949 年，解放军代表找到梁思成，请他编写《全国建筑文物简目》，以供人民解放军作战及接管时保护文物之用。[②] 这份目录增至 22 省，涉及 467 处古迹，再次为文物避难作了预先防范。这两套战区文物目录基本上代表了学社对全国范围内建筑遗产保存情况的了解程度，其中的绝大部分古迹是经过学社实地调查测绘的[③]，可以说是学社抢救性调查测绘厚积薄发的成果。

3. 修缮设计应用

测绘是学社积极探索并推广现代文物保护理念与方法的基础手段，也是实现

---

① "以测绘绘图摄影各法将各种典型建筑实物作有系统秩序的记录是必须速做的。因为古物的命运在危险中，调查同破坏力量正好像在竞赛。多多采访实例，一方面可以作学术的研究，一方面也可以促进社会保护。"引自梁思成 . 为什么研究中国建筑 . 中国营造学社汇刊，1944，7（1）.

② 林洙 . 梁思成与《全国重要建筑文物目录》. 见：张复合主编 . 建筑史论文集（第 12 辑）. 北京：清华大学出版社，2000.

③《全国重要建筑文物简目》中，经梁思成标注的有 319 处建筑为学社实地调查。

传统修缮向现代修缮模式转变的突破环节。

朱启钤的大量实践经历加上"深惧文物沦胥,传述渐替"①的忧虑,使他颇为关注古迹的保护。任内务总长期间,朱启钤发起成立京都市政公所,其代办的建筑工程就包括大量的北平古建筑修葺工程。②学社成立之初,朱启钤又积极筹备,于 1931 年发起修理故宫角楼,由古物陈列所勘估兴修,完工后请学社专家勘验并撰写报告。③学社开展第一次田野考察后,梁思成在《蓟县独乐寺观音阁山门考》中首次高屋建瓴地提出了现代的文物建筑保护理念。④此后,鉴于明清官式建筑研究的突破、朱启钤久历宦途的广泛人脉,以及地处北平的地缘优势,学社由北平明清建筑入手,开始了文物建筑保护实践。自 1932 年至 1935 年,受北平市政当局、古物陈列所、北平市工务局与故宫博物院等官方机构的委托,学社陆续承担了故宫文渊阁楼面、东南角楼、南薰殿、景山五亭的修理计划。⑤此外,梁思成还应浙江省建设厅邀请,主持六和塔修缮计划。⑥经过数次实践,学社的古建筑保护方法和理念渐成体系。1935 年 2 月,梁思成受命勘察曲阜孔庙修葺工程,在《曲阜孔庙之建筑及修葺计划》中系统提出了古建筑保护修缮的原则和方法,"为我国文物古迹的保护修缮工程提供了一份体例完备的经典性范本"⑦,被誉为"带范例性质的划时代著作"⑧。

学社的古建筑保护实践理论探索,以及与官方机构的建筑遗产保护合作,对于随后的北平市文物整理计划的制定与专门机构的设立,无疑具有启示与促进

① 朱启钤.中国营造学社缘起.中国营造学社汇刊,1930,1(1).
② "本公所自办地方工程如各节所述,而国家工程及尚由国家管理之工程委托代办者亦所常有,如内外城垣之补缮,坛庙、殿宇之修葺,内务部署之岁修,各官厅之建筑,河道水闸之浚修,望火楼、钟鼓楼之建筑等,凡百余件,而尚未竣工者不计焉。"引自吴廷燮.北京市志稿(一).北京:北京燕山出版社,1997:384.
③ 本社纪事.中国营造学社汇刊,1931,2(1).
④ 包括唤醒公众保护意识与社会保护力量、建立古建筑保护法规、培养专门保护人才的重要性,并且提出了科学修葺古建筑的准则:"破坏部分,须修补之,如瓦之翻盖及门窗之补制。有失原状者,须恢复之,……二者之中,复原问题较为复杂,必须主其事者对于原物形制有绝对根据,方可施行;否则仍非原形,不如保存现状之为愈,以志建筑所受每时代影响之为愈。古建筑复原问题,已成建筑考古学中一大争点,在意大利教育部中,至今尚为悬案;而思恩则以保存现状为保存古建之最良方法,复原非有绝对把握,不宜轻易施行。……最重要的问题,乃在保持阁内现状,不使再加毁坏,实一技术问题也。"引自梁思成.蓟县独乐寺观音阁山门考.中国营造学社汇刊,1932,3(2).
⑤ 1932 年 10 月,学社受故宫博物院委托,由梁思成、刘敦桢、清华大学蔡方荫勘察故宫文渊阁楼面并制定修理计划。同年,学社代拟北平内城东南角楼修理计划,并受古物陈列所之托,为修复故宫南薰殿拟具图样及说明书。1934 年 2 月,学社代拟景山五亭修理计划,由邵力工、麦俨曾勘察绘图。同年 9 月,北平工务局修理鼓楼平座及上层西南隅角梁,请学社帮同设计,由刘敦桢、邵力工勘察绘图,拟具说明。
⑥ 梁思成.杭州六和塔复原状计划.中国营造学社汇刊,1932,5(3).
⑦ 王其亨.历史的启示——中国文化遗产保护的历史与理论.见:古迹遗址保护的理论与实践探索——〈中国文物古迹保护准则〉培训班成果实录.北京:科学出版社,2008:31.
⑧ 高亦兰.梁思成学术思想研究论文集.北京:中国建筑工业出版社,1996:21-23.

作用。^①1935 年，我国首个古代建筑修缮保护的专门机构——旧都文物整理委员会及北平文物整理实施事务处成立，随即实施北平市一、二期文整工程，同时任命学社专家为委员审核督察，并连续三年缄聘学社为技术顾问咨询指导^②，正式开启了中国的文物建筑保护研究事业。学社以实测图与说明书共同反映建筑现状与维修措施的设计方法，也随着学社直接参与北平文整工程而进入官方文物保护体系，成为中国建筑遗产保护方法之圭臬。^③

（六）促进建筑创作

近代以来的民族文化危机，激发了"中国固有式"建筑文化复兴。与建筑师的目标一致，营造学社调查研究古代建筑最终目的在于创作具有民族精神的现代建筑。在《为什么研究中国建筑》一文中，梁思成强调了研究古代遗物对于复兴民族建筑的意义："除非我们不知尊重这古国灿烂文化，如果有复兴国家民族的决心，对我国历代文物，加以认真整理及保护时，我们便不能忽略中国建筑的研究。……今日中国保存古建之外，更重要的还有将来复兴建筑的创造问题。欣赏鉴别以往的艺术，与发展将来创造之间，关系若何我们尤不宜忽视。……在这样的期待中，我们所应作的准备当然是尽量搜集及整理值得参考的资料。……研究实物的主要目的则是分析及比较冷静的探讨其工程艺术的价值，与历代作风手法的演变。知己知彼，温故知新，已有科学技术的建筑师增加了本国的学识及趣味，他们的创造力量自然会在不知不觉中雄厚起来。这便是研究中国建筑的最大意义。"^④20 世纪二三十年代，建筑设计领域涌现出大量的传统形式建筑。然而，由于设计者对传统建筑缺乏详细的研究，模仿浮于表面，甚至出现形式与结构相悖的情形。梁思成认为，出现此等问题的原因在于设计者"对于中国建筑权衡结构

---

① 学社不仅多次承担制定北平市内古建筑修理计划，并同相关机构之间联系紧密。掌理北平工务事物（包括古建筑调查记载及保护事项）的北平市工务局，其前身"京都市政公所"就是由时任内务总长的朱启钤先生主持设立的。基泰工程司也经由学社举荐而成为文整工程设计承揽机构。曾主管工务局缮设计事务、后担任旧都文整会技正的林是镇先生与基泰工程司设计负责人杨廷宝先生，均是学社社员。此外，社员刘南策先生凭借长期研究古建筑的经验，于 1935 年担任工务局技正，负责文整会委托的文整设计。再加上朱启钤、梁思成、刘敦桢三位先生作为文整会技术顾问，学社此前的保护修缮实践对于文整事业的影响与促进可谓不言而喻。

② "本年一月，北平市文物整理实施事务处，缄聘本社为基数顾问，参加市内古建筑修葺工作。"引自本社纪事.中国营造学社汇刊，1935，5（4）."本年度本社仍继续担任北平市文物整理实施事务处技术顾问"，引自本社纪事.中国营造学社汇刊，1936，6（3）."本年度本社仍继续担任旧都文物整理实施事务处第二次工程技术顾问"，引自本社纪事.中国营造学社汇刊，1937，6（4）.

③ 详见第三章。

④ 引自梁思成.为什么研究中国建筑.中国营造学社汇刊，1944，7（1）.

缺乏基本的认识"①，"均注重外形的模仿，而不顾中外结构之异同处"②。

学社于1935年出版的《建筑设计参考图集》正是在此种情形下，应当时一部分开业建筑师的要求③而总结的建筑设计参考资料——由梁思成主编、刘致平编纂，将营造学社调查测绘的相关成果辑为图集。梁思成在该书"序"中指出，营造学社于实物调查中积累的数千幅照片可以帮助建筑师深入详细地认识传统建筑，作为设计创作之参考："应该认真地研究了解中国建筑的构架，组织及各部做法权衡等，始不至落抄袭外表皮毛之讥。创造新的既须要对于旧的有认识；……我们除去将数年来我们所调查过的各处古建筑，整个的分析解释，陆续地于《中国营造学社汇刊》发表外，现在更将其中的详部（detail）照片，按它们在建筑物上之部位，分门别类——如台基，栏杆，斗栱……等——辑为图集，每集冠以简略的说明，并加以必要的插图，专供国式建筑图案设计参考之助。"④同年，梁思成作为顾问参与国立中央博物院设计方案的评选，指导并协助徐敬直、李惠伯入选方案的修改。博物馆各部分的设计，参照了学社考察的辽宋建筑实例与宋《营造法式》的形式、尺度、比例，使之重新整合为一座具有辽宋时代风格的现代建筑。⑤

梁思成及学社同仁积极促进测绘成果向设计参考资料的转化，并且在创作实践中运用调查研究成果，都清晰表明了对于调查测绘直接促发建筑创作的明确态度。1954年，梁思成在《中国建筑的特征》⑥一文中，将建筑构件喻为"词汇"，构件之间的结构关系喻为"文法"，进一步提出了建筑"可译性"的创作理论，对共和国初期民族形式的建筑创作产生了重要影响。

（七）培养专门人才

作为中国建筑史学研究的开山机构，中国营造学社不仅造就了朱启钤、梁思成、刘敦桢等古建筑研究与保护的开山宗师，而且培养出刘致平、莫宗江、陈明达、邵力工、赵正之、卢绳、王璧文、罗哲文等学术精英。其中最可称道的是莫宗江、陈明达二位先生，他们10余岁入社，长期跟随梁思成、刘敦桢、林徽因三位大师，

① 梁思成.梁思成全集（第六卷）.北京：中国建筑工业出版社，2001：234.
② 梁思成.梁思成全集（第六卷）.北京：中国建筑工业出版社，2001：234.
③ 陈明达先生曾经回忆："学社接受了不少开业建筑师的捐助，应他们的要求，出版了一些古建筑的图样供他们搞建筑设计时参考。"引自陈明达.从营造学社谈起.见：陈明达.陈明达古建筑与雕塑史论.北京：文物出版社，1998：215.
④ 梁思成.建筑设计参考图集序.见：梁思成.梁思成全集（第六卷）.北京：中国建筑工业出版社，2001：236.
⑤ 赖德霖.走进建筑，走进建筑史.上海：上海人民出版社，2012：82-121.
⑥ 梁思成.梁思成全集（第五卷）.北京：中国建筑工业出版社，2001：179-184.

协助进行大量考察测绘工作，逐渐由绘图生成长为研究生，最终成为学术和艺术造诣精深的建筑史学家。

1949 年以后，营造学社的成员分散各个机构，仍然是中国建筑研究保护的核心力量，成为共和国文物保护研究事业的奠基者，领衔建筑史学研究、建筑教育、文物保护决策与实践等多个领域，做出了瞩目的成就。其中，刘致平以园林建筑和伊斯兰教建筑为课题，于 1950 至 1960 年代进行广泛的建筑遗产调查，出版《中国建筑类型与结构》、《中国伊斯兰教建筑》等著作。陈明达先后在文化部文物局和文物出版社就任，对共和国初期的文物保护和出版事业起到了巨大影响，此后又专力从事《营造法式》及古代建筑设计方法的研究，其专著《营造法式大木作研究》对以材份为模数的古代建筑设计方法进行深入解析，取得了建筑史研究的突破性进展。莫宗江执教于清华大学建筑系，培养了大量专业人才与学术骨干，先后带领研究生调查河北涞源阁院寺辽代建筑、福建福州华林寺宋代建筑，以深入考察为基础进行个案研究，深化实践了学社的调查研究理路。卢绳作为天津大学建筑历史学科创始人，于 1953 年开创了天津大学古建筑测绘实习，先后主持承德避暑山庄及外八庙、沈阳故宫及关外三陵等古建筑群的大规模测绘，形成了天津大学测绘研究清代皇家园林的优势传统。罗哲文进入文化部文物局从事古建筑保护与研究，对推动中国建筑遗产保护事业的发展起到了重要作用。在学社成员的影响下，1949 年以后的古建筑保护与研究，均直接或间接传承营造学社的理念和方法，并不断发展，形成了新的图景。

（八）古建筑测绘研究的社会影响

积极展开古建筑调查研究的同时，学社也深刻认识到唤醒社会力量共同关注、参与古建筑保护的重要性。为了更好地转化利用调查成果，向国内外学术团体提供参考资料，学社多次聘请工匠制作古建筑模型，还曾为建筑院系和建筑事务所代制模型，供研究、教学、展览之用。[①] 在四川李庄时期，学社与中央博物院筹备处曾计划为日后展览制作古建筑模型，由莫宗江、陈明达绘制应县木塔模型图，卢绳绘制清工部工程做法图。共和国成立后，应县木塔图纸

---

① 例如："本社为普及营造知识起见，拟制古建筑模型多种，供展览及研究之用。现已将国内最古木建筑独乐寺观音阁，照原物二十分之一大小，制成木模型一座，并制其他辽金斗栱模型数种。"引自本社纪事.中国营造学社汇刊，1935，5（3）。"本年度内，本社前后接受国立北洋工学院，国立交通大学唐山工院，天津中国工程司，丹麦加尔斯堡研究院等处委托，监制中国建筑模型多种，供讲授及学术上参考之用。又代上海华盖建筑事务所监制清式彩画标本多种。"引自本社纪事.中国营造学社汇刊，1934，5（2）。

提供给文整会制作成模型，至今陈列在国家博物馆。

此外，学社多次参与国内外展览，展出测绘图、模型等研究成果。1932 年，学社组织北平学术团体联合展览会。1933 年，学社受邀参加芝加哥世博会，向国际社会展示发扬中国传统建筑文化。1936 年 4 月，上海建筑协会、中国建筑师学会、中国营造学社等学术团体共同发起举办的中国建筑展览会上，学社展出应县木塔正立面图、圆明园盛时鸟瞰图、赵县安济桥测绘图等古建筑实测图 60 余幅，以蓟县独乐寺观音阁模型、历代斗栱模型 10 余座，以及学术论著《清式营造则例》和《中国营造学社汇刊》，并由梁思成进行了题为《我国历代木建筑之变迁》的讲演。[①]1937 年 2 月，学社于北平万国美术会陈列室举行中国建筑展览，展出实测图、复原图、工程做法补图共 10 余幅，模型 10 余座，以及照片 200 余幅。仅仅一周时间便有观众数千人，引起巨大的社会反响。[②]

测绘图以及据此制作的模型形象直观、可读性强，对于宣传普及专业知识、开展公众教育具有显著优势。通过积极向国民展示相关研究成果，充分发挥了社会效益，为传播古代建筑价值及保护思想作出了有益探索，体现出学社强烈的社会责任感和使命感。

小结

在中国建筑史学研究开创之初，引入现代科学方法对建筑遗构进行实地调查测绘，是中国营造学社的重要贡献。学社持续十余年的艰苦工作和大量成果，为中国建筑史学的架构奠定了坚实的基础，其测绘的方法、理念、技术对 1949 年以后的古建筑保护和研究均产生了深远而广泛的影响。

营造学社辉煌学术成就的背后，充满着鲜为人知的艰辛与磨难。在数次外出考察中，学社成员常常遇到食宿、安全、健康甚至生命难以保障的险恶境地。途中既有土匪抢劫之险，又有寒流袭身之苦，以至于要把报纸夹在毛毯中围在身上利于保暖。[③]寻找佛光寺途中，甚至彻夜艰难行进在崎岖陡峻的山崖边（图 2-27）。因连续野外作业而导致"双手皴裂，不能工作"更是常态。刘敦桢在

---

① "参加上海市中国建筑展览会：二十五年四月，上海市博物馆举行中国建筑展览会，本社出品有辽独乐寺观音阁，及历代斗栱模型十余座，古建筑像片三百余幅，实测图六十余张，并由社员梁思成君出席讲演我国历代木建筑之变迁."引自本社纪事.中国营造学社汇刊，1936，6（3）.

② "古建筑展览：今春二月，本社借北平万国美术会陈列室举行中国建筑展览。计陈列汉、魏迄清照片二百幅，各附以简明说明，模型十余件，实测图复古图及工程做法补图共十余幅，并本社全部出版物。为时一周，观众数千人."引自本社纪事.中国营造学社汇刊，1937，6（4）.

③ 林洙.中国营造学社史略.天津：百花文艺出版社，2008：132.

图 2-27　1937 年，梁思成等骑驮骡进五台山寻找佛光寺 [资料来源：梁思成 . 梁思成全集（第一卷）. 北京：中国建筑工业出版社，2001：7]

调查笔记中常常述及夜宿山野，因蚊虫蚤类所攻，终夜难以安眠。测绘应县木塔时，梁思成双脚悬空攀爬至塔刹，更是无比惊险。[①]

即使如此，学社成员仍乐观坚定、热情满溢，一旦发现有价值的遗构便欣喜若狂。在刘敦桢致张镛森的信中，达观的心境表露无遗：

调查古建筑往往地处荒僻，须长途跋涉，车马劳顿；室外荆棘满地，室内尘土满屋，甚至有蛇蝎毒伤人。必须意志坚定，不辞劳苦，始克有成，反觉内心滋乐！[②]

必须强调的是，学社主要的灵魂人物梁思成、刘敦桢、林徽因，皆出自家境优渥的名门望族，又是留学归国的建筑精英，如果从事执业建筑师，生活将颇为充裕富足，但仍义无反顾地选择了艰苦的学术道路。

正是学社成员不计名利的高情远致，与深重的民族责任感，支持着他们在剧变洪流的岁月里持之以恒进行"逆时代"的古建筑调查。美国学者费正清夫妇深受感动，称他们是非凡、伟大的人物。[③] 经历了现实的种种磨难与颠沛流离的战乱之苦，其精神能量却愈加充沛，以难以置信的效率完成了令世界瞩目的学术成就，创造出中国建筑史学研究的光辉起点。时至今日，营造学社古建筑调查测绘的技术思想和学术信念，仍然值得镜鉴、学习，以及缅怀。

---

① "当我们上到塔顶时已感到呼呼的大风仿佛要把人刮下去，但塔刹还有十多米高，唯一的办法是攀住塔刹下垂的铁链上去，但是这九百年前的铁链，谁知道它是否已锈蚀断裂，令人望而生畏。但梁先生硬是双脚悬空地攀了上去，我们也就跟了上去，这样才把塔刹测了下来。"引自林洙 . 中国营造学社史略 . 天津：百花文艺出版社，2008：102.

② 张镛森 . 缅怀刘敦桢老师 . 见：东南大学建筑学院 . 刘敦桢先生诞辰 110 周年纪念暨中国建筑史学史研讨会论文集 . 南京：东南大学出版社，2009：197.

③ "我为我的朋友们继续从事学术研究工作所表现出来的坚韧不拔的精神而深受感动。"引自费正清 . 对华回忆录 . 北京：知识出版社，1991：269. "这两位非凡的人物，他们生活在一个剧变的时代，历尽了磨难，处处受到生存的威胁，但仍能坚持下去，为中国建筑研究作出了伟大的贡献。这是一件了不起的事。"引自费慰梅 . 梁思成与林徽因——一对探索中国建筑史的伴侣序 . 北京：中国文联出版公司，1997：Ⅳ.

第三章

旧都文物整理委员会及其他机构的建筑遗产测绘

清末以后，政学两界逐步意识到古物保护的重要性，相继采取调查古物、颁布法令等措施促进古物保护的宣传实施。1935 年，我国首个由政府设置并管理的文物保护机构——旧都文物整理委员会及其实施事务处成立，专门从事古代建筑的修缮保护工程。文整会发起北平文整工程，结合测绘对北平市 40 余处明清建筑进行维修，标志着文物意义上古建筑修缮的开端。1937 年抗日战争爆发后，国内众多有识之士因忧虑历史古迹遭战争毁坏，纷纷成立机构组织，如教育部艺术文物考察团、西北史地考察团等，进行文化古迹考察，在乱世中抢救性留取了珍贵资料。其中，在朱启钤策划下，由基泰工程司、大中工程司持续四年对北京中轴线建筑进行的大规模详细测绘，完成了数百张珍贵的图纸，是一次极有意义的活动。

一、明长陵测绘与文整会的成立

（一）清末民初的文物保护思想与实践

晚清民初，伴随着"西学东渐"的进程，近代考古学、文博保护观念、博物馆、图书馆等纷纷传入中国。传统金石学得到极大拓展，考据之学蔚然成风，引发了学界对研究、保护古物的重视。以康有为为代表的诸多学者力主保存国粹，积极宣传文物保护思想。同时，连年战乱造成文物的严重破坏、流失，形势严峻。1909 年，清政府民政部下发《保存古迹推广办法》，详细列出古物范围及保存办法。翌年，学部、民政部下令各省调查古物。文物保护得以初步施行。

1916 年，民国政府内务部发布《保存古迹暂行办法》，饬令各省开展文物普查工作，并且将古建筑作为独立的调查类别，可谓清末《保存古迹推广办法》和古物调查的延续。随着民族工商业的兴起，国家经济、文化、教育事业进入"黄金时期"。1920 年代初起，"整理国故"之风逐渐勃发，保护传统文化成为彰显民族自信、促进学术研究、凝聚国人精神的重要途径。自 1928 年起，民国政府陆续公布《名胜古迹古物保存条例》、《寺庙登记条例》等法规条例。同年成立的"中央古物保管委员会"，在行使古物保管职权的同时，展开大量古物、古迹的调查、研究、保护、修缮工作。1930 年，行政院发布《古物保存法》及相关实施条例，为文物保护事业提供了法律保障。

1928 年，北京更名北平，北平市政府在京都市政公所的基础上成立北平市工务局。[1] 工务局掌理北平全市工务事物，包揽道路、河渠、公私建筑、市政、卫生等项。其下设四科：第一科分管会计、总务，第二科分管设计、测绘，第三科分管施工、库务，第四科分管勘察、审核。1929 年 2 月 1 日府令公布的"北平特别市工务局组织细则"规定，第一科掌理事务包括"关于古建筑物之调查记载及保护事项"，第二科掌理事务包括"关于古迹及树木维护整理之计划事项"。[2] 根据《工务合刊》的记载，1931 年至 1932 年北平市工务局承担的工程事务中，涉及古建筑修缮的项目包括：修理中南海新华门楼、补修东便门东角楼、修理西安门东南角楼屋梁以及大高殿牌楼油饰。[3] 这一时期的古建筑修缮工程仍属一般建筑工程，并未以文物的概念衡量修缮对象。

（二）文整会成立与明长陵修缮工程

1933 年 6 月，时任北平市长的袁良，鉴于北平为历代旧都，集中了宫殿、坛庙、苑囿等古代建筑艺术精华，意图将北平规划建设成为国际瞩目的世界文化都市。袁良主张借鉴欧美国家城市规划与市政建设的经验方法，倡导制定了《北平市游览区建设规划》等一系列城市建设计划。同时，由于北平市内文物古迹多有残毁，实有系统保护维修之必要，北平市政府于 1934 年 11 月着手制定北平市文物整理计划，并呈请国民政府行政院驻平政务整理委员会（下称"政整会"）核示批准。[4]1935 年 1 月，旧都文物整理委员会及其执行机构北平文物整理实施事务处（下称"旧都文整会和文整处"）相继成立，成为我国第一个由政府设置并管理的文物保护专业机构。

1935 年 1 月，袁良奉行政院及政整会之令，命北平市工务局遵照办理明长

---

① 1914 年，由朱启钤发起成立京都市政公所，负责北京的城市建设和管理事务，其业务范围就包括了代办古建筑修葺工程。
② 北平特别市工务局.工务特刊.北京：北平特别市工务局，1929：213-214.
③ 北平市工务局.工务合刊.北京：北平市工务局，1933：174.
④ 中国文物研究所.中国文物研究所七十年（1935-2005）.北京：文物出版社，2005：199.

陵修理事宜。①工务局即派第二科技士尹家珍、技佐姚立恒、测绘员潘毅衍三人赴现场勘测。尹、姚负责测绘，潘负责摄影。尹、姚首先测绘了长陵平面，绘出草图，然后对建筑进行详细勘察。因当时屋顶积雪，杂草丛生，"无法窥见其残毁状况"，只能"半赖观察，半惟推断"。②此次勘测共十一日。平面图绘成后，由尹、姚负责估计全部修缮工款。3月，七家厂商赴长陵勘估，招标后定为中和木厂承包。5月开始施工并仍由尹、姚二人监工，6月底告成。

明长陵修缮开始于旧都文整会及文整处筹备建设初期。随着文整工程正式实施，长陵修缮后期转由文整处拨款、验收和管理。明长陵修缮工程处于文物建筑保护历程的特殊时间点，既是文整计划的先发之箭，又有别于稍后旧都文整会组织运作的文整工程，是古建筑修缮由一般性工程向文物保护工程转折的节点，具有历史特殊性。

1. 明长陵修缮工程反映的文物保护理念

（1）文物建筑修缮之先河

正如《三十七年行政院北平文物整理委员会工作概要》所述，长陵修缮工程实发文物整理工程之先声："民国二十三年，行政院驻平政务整理委员会……发起修缮长陵，此为文物整理事业之先河；次年设置旧都文物整理委员会，暨实施事务处，专司其事，直隶于行政院"③，是首次明确具备了文物含义的建筑修缮工程。

（2）历史文化价值

作为承载着历史文化的重要礼制建筑，帝王陵寝自古便是官方高度重视和积极保护的对象。明长陵也因此被认定为区别于坛庙、城楼等延续使用建筑的历史遗物，具有显著的历史价值。袁良在致工务局的训令中指出："查明陵建筑伟大庄严，于吾国历史文化关系甚巨。……殊不足以保古迹而壮观瞻。"④工务局局长谭炳训也认为，长陵与持续使用的古代建筑物应采取不同的修缮原则："因为长陵是历史上的遗物，具有绝对的时代性，而坛庙，牌坊，城楼之类，则是有继续时间性的，这两类建筑物，应当采取的修缮原则，自然大不相同了。"⑤可见，虽

① 方立霏、鹿璐.1935年北平市重修明长陵史料.北京档案史料，2009（4）：3.
② 北平市政府工务局.明长陵修缮工程纪要.北京：怀英制版局，1936.
③ 刘季人.旧都文物整理委员会及修缮文物纪实.北京档案史料，2009（4）：272.
④ 方立霏、鹿璐.1935年北平市重修明长陵史料.北京档案史料，2009（4）：3.
⑤ 北平市政府工务局.明长陵修缮工程纪要.北京：怀英制版局，1936：3.

图 3-1 《明长陵修缮工程纪要》书影
（资料来源：北平市政府工务局 . 明长陵修缮
工程纪要 . 北平：怀英制版局 .1936）

然同为古建筑修缮，长陵因"绝对的时代性"而具备显著的历史价值，符合"古迹"的内涵，并由此引发了修缮理念的转变。同时也说明，虽然 1928 年颁布的《名胜古迹古物保存条例》中，古建筑已作为单独类别列入文物范围，但当时的文物价值判断仍沿袭传统观念。

（3）刊发首部文物建筑工程报告

基于长陵重大的历史价值和社会效益，长陵修缮工程也极受重视。为此，工务局编修了《明长陵修缮工程纪要》（下称《纪要》，图 3-1），由行政院驻平政整会委员长兼内政部部长黄郛、北平市市长袁良、北平市工务局局长谭炳训纷纷作序。谭炳训总结道："明长陵的修缮，则在文整计划实施之前，可以说是文整工程的先导，所以修缮明长陵的意义与经验，很值得重视；编辑这部工程纪要的动机即在于此。"[①]

《纪要》堪称首部文物建筑工程报告，详细记述了长陵修缮工程的始末，包括查勘过程、修缮做法、估价招标经过、监工报告、监工日记等内容，留存了实物照片、测绘图等珍贵的档案资料，使这一历史性的工程获得了恒久鉴证。直至今日，文物建筑工程报告的出版仍十分重要。《纪要》的体例和内容虽然不够成熟和完备，但已经反映出政府对于民族遗产保护的重视以及北平市工务局高瞻远瞩的气魄。

2. 明长陵祾恩殿测绘

（1）建筑遗产记录

祾恩殿是明长陵的主体建筑，其规模、格局仅稍逊于故宫太和殿。祾恩殿维修施工基本告竣时，尹家珍、姚立恒对祾恩殿内外部进行了测绘，完成了平面图、

---

① 北平市政府工务局 . 明长陵修缮工程纪要 . 北京：怀英制版局，1936：3.

图 3-2 明长陵祾恩殿正面图（资料来源：北平市政府工务局.明长陵修缮工程纪要.北平：怀英制版局，1936）

图 3-3 明长陵祾恩殿横断面图（资料来源：北平市政府工务局.明长陵修缮工程纪要.北平：怀英制版局，1936）

正面图、侧面图、横断面图、纵断面图，均按 1：100 比例尺绘制（图 3-2、图 3-3）。

测绘祾恩殿契合了当时发扬国光、宣扬民族精神的思潮，目的在于对这一建筑遗产进行记录并永久保留。对此，谭炳训阐明：

> 本纪要的内容，除报告施工经过外，还有修缮前后工程摄影，和长陵的平面图，祾恩殿的详细构造图等；各图之测制，虽未必十分精确，而借此可使名闻寰宇发扬国光的建筑，有一个比较确切的记录，流传于永久，是很有重大意义的。[①]

祾恩殿测绘图缜密细致，字体优美考究，图面未标注尺寸而代之以比例尺，与学社古建筑调查报告中的测绘图类似。1934 年，学社曾应北平市工务局邀请协助鼓楼建筑的修缮设计。谭炳训也在《纪要》序言中直接引用了《汇刊》第四卷第二期刘敦桢先生《明长陵》一文的内容。[②] 由这两所机构之间的紧密交流，以及祾恩殿测绘图的表达形式，有理由推测祾恩殿测绘借鉴了学社的古建筑测绘的方法和成果。

[①] 北平市政府工务局.明长陵修缮工程纪要.北平：怀英制版局，1936：3.
[②] 北平市政府工务局.明长陵修缮工程纪要.北平：怀英制版局，1936：3.

（2）学术研究的眼光

《纪要》将长陵建筑与紫禁城、祾恩殿与太和殿，在结构、规模及细部上进行比较研究，并引用《中国营造学社汇刊》中刘敦桢在《明长陵》一文中对祾恩殿材料和工艺的分析，凸显其"不愧为国之环宝"的极高价值。这表明，工务局在长陵修缮工程中，已经有意识地利用相关研究对修缮对象进行价值评估。

祾恩殿测绘不仅出于记录的目的，更在于对建筑遗产的深入研究——通过详细测绘，"可知建筑形式及构造方法之概况"[1]，进而为"中国固有式"建筑的设计提供研究资料。20世纪二三十年代，由民族文化复兴引发的"中国固有式建筑"，虽然整体上保持了中国传统建筑的形态，但本质上运用的是西方建筑技术和材料，采取种种构造手法模仿传统建筑的屋面曲线。谭炳训认为，"中国固有式建筑"未能从根本上复兴传统建筑，原因即在于建筑师对传统建筑缺乏实质的认识：

> 民国十五年吕彦直先生设计的总理陵墓，其布局也未能超出长陵的规模，不过仅仅从外观上采取了几点印象，至于构架及详部上就更无从比较了……当时国内工程家，对于中国旧建筑还缺乏有系统的研究和深刻的认识，所以雄伟庄严的长陵，竟未能乘那机会发扬光大起来，的确可惜。[2]

因此，长陵修缮工程中的测绘和研究最终是为了深入研究传统建筑，继而设计出真正发扬传统精髓的新建筑，这与学社成立的主旨"研究中国固有之建筑术，协助创建将来之新建筑"[3]道同契合。

3. 明长陵修缮工程的历史意义

虽然明长陵修缮工程已经具有建筑遗产记录的理念，但可以肯定的是，对祾恩殿的详细测绘并非出于明长陵修缮的实际需要，二者之间也无直接关系。根据《纪要》所载，就工程本身而言，尹家珍、姚立恒在前期勘测时测绘了长陵平面，并根据平面图估计修缮工款，满足了工程需求。而祾恩殿测绘是在竣工之际完成的：

> 祾恩殿之雄壮宏伟，尤有足多，开工之初，即拟绘制全图，以备参考。惟本局监工人员，只有二人，已感不敷分配，测绘工作，实无暇兼顾……迨各项工程相继告竣，仅余品级台伐树一项，因手续关系，不能动工，遂利用余暇，饬工人扎设梯架，将全殿各部分别测量……要不过借此一图，可知其

---

① 北平市政府工务局.明长陵修缮工程纪要.北平：怀英制版局，1936：18.
② 北平市政府工务局.明长陵修缮工程纪要.北平：怀英制版局，1936：3.
③ 朱海北.中国营造学社简史.古建园林技术，1999（4）.

建筑形式及构造方法之概况而已。[①]

"利用余暇",也说明测绘祾恩殿不是流程内的必要工作。从"以备参考"、"可知其建筑形式及构造方法之概况"来看,详细测绘祾恩殿的目的在于学术研究和建筑设计参考,不同于学社为拟制设计图而进行的前期勘测,并不直接作用于修缮工程。也即是说,虽然明长陵修缮开文整工程之先河,具备了文物保护理念,但在技术层面仍属于传统的工匠修缮。

二、旧都文物整理委员会及其实施事务处的建筑遗产保护测绘

（一）文整会与文整工程沿革

1. 旧都文整会时期

1935 年 1 月,旧都文物整理委员会成立,隶属于国民政府行政院驻平政务整理委员会（下称"政整会"）。[②]旧都文物整理委员会的职责有:"一、指挥监督关于执行整理旧都文物之各项事宜;二、审核关于整理旧都文物之设计;三、筹划保管关于整理旧都文物之款项;四、凡关于整理旧都文物有应与其他机关协商者,由本会商请主管机关处理。"[③]

1 月 15 日,旧都文整会函知北平市政府,依照文整会组织规程以及第一次会议议决,委托北平市政府负责执行整理文物事宜。为了另设处所"以专责成",市政府成立北平市文物整理实施事务处（下称"文整处"）[④],具体负责北平市内文物整理工程的修缮设计、宣传事务、筹拨整理修缮专款、资料编辑等事项。由此,便形成了由旧都文整会负责监管审核,文整处负责具体实施的文物建筑保护专门机构体系。

1935 年 5 月起,北平第一期古迹名胜修缮工程开工,至 1936 年 9 月告竣。[⑤]

① 北平市政府工务局. 明长陵修缮工程纪要. 北京:怀英制版局,1936:18.
② 委员主席先后由政整会主席黄郛、陶履谦兼任,委员计有吴承湜（内务部）、王冷斋（北平市政府）、曲建章、马衡（故宫博物院）、李诵琛、梁思成（营造学社）、富保衡（北平市工务局）等担任。
③ 北平市政府秘书处第一科统计股主编. 北平市统计览要.1936.
④ 北平市政府秘书处第一科统计股主编. 北平市统计览要.1936.
⑤ 计有明长陵、内外城垣、城内各牌楼（正阳门五牌楼、东西长安街牌楼、金鳌玉蝀牌楼、东四牌楼、西四牌楼、东西交民巷牌楼等）、东南角楼、西安门、地安门、钟楼、天宁寺、天坛（圜丘、皇穹宇、祈年殿及殿基台面、祈年门、祈年殿配殿及围墙、祈年殿南砖门及成贞门、皇乾殿、北坛门及西天门、外坛西墙）、国子监辟雍、碧云寺总理衣冠冢（金刚宝座塔）、玉泉山玉峰塔、碧云寺罗汉堂、西直门外五塔寺、妙应寺白塔、中南海紫光阁等。参见中国文物研究所. 中国文物研究所七十年. 北京:文物出版社,2005:207.

1936 年 11 月起，第二期古迹名胜修缮工程开工，至 1938 年 1 月竣工。[①] 这一时期的文整工程主要通过委托具有建筑设计施工技术实力和操作管理经验的机构代为办理，文整会对工程各环节进行审核监督及验收。当时受托单位主要为北平市工务局和基泰工程司。为此，工务局第二科聘营造学社刘南策作为科长和技正，下设文整建筑股，由技士葛宏夫担任主任，专事拟制文整工程设计图说等技术工作。

"七·七事变"之后，北平沦陷。1938 年 3 月，文整处接到日伪北平特别市公署训令裁撤，移交给伪临时政府下设的建设总署，第二期文整工程中未完成的部分也由建设总署都市计划局营造科接手。抗战期间，北平文物整理修缮工程项目规模较小，仅有故宫、颐和园、中南海等一般性修缮及保养工程。[②]

2. 北平文整会时期

1945 年 10 月，抗日战争胜利后，北平市政府重新组建北平市工务局，下设文物整理工程处，原由伪建设总署管理的北平文物整理工程也移交该处。[③] 随着抗战后相关人员逐渐回归北平，行政院拟恢复组建北平文物整理委员会。1947 年 1 月 1 日，行政院北平文物整理委员会正式恢复成立，决议正式接管北平市工务局文物整理工程处。文整会负责制定整理计划和预算并审核工程计划，文整处作为执行机构具体负责相关事宜，从而延续并再次形成了文整会与文整处各司其职的保护机制。至 1948 年 6 月完成的文整工程包括故宫部分建筑、北海部分建筑、颐和园部分建筑、钟鼓楼、智化寺东西配殿、安定门箭楼、颐和园等工程。[④]

1949 年新中国成立后，文整会及文整处更名为"北京文物整理委员会"。此后，经过历次改革和长期发展，曾先后称作"古代建筑修整所"（1956 年）、"文物博物馆研究所"（1962 年）、"文物保护科学技术研究所"（1973 年）、"中国文物研究所"（1990 年），直至今天的"中国文化遗产研究院"（2007 年），作为国家级文物保护科学技术机构，为文化遗产保护作出了突出贡献。由于多次更名，为避免杂乱和混淆，下文仍多以"文整会"指代。

---

① 包括天坛祈年殿迄东长廊、碧云寺中路佛殿、文丞相祠、故宫午门、协和门朝房及南薰殿、大高玄殿牌坊、隆福寺毗卢殿等。两期文整工程合计完成四十余项。参见中国文物研究所. 中国文物研究所七十年. 北京：文物出版社，2005：207—208.

② 中国文物研究所. 中国文物研究所七十年. 北京：文物出版社，2005：208—209.

③ 中国文物研究所. 中国文物研究所七十年. 北京：文物出版社，2005：211.

④ "北平文物整理委员会函送民国三十七年度工作计划及概算书"，北京市档案馆藏，档案编号：J1-4-298。

（二）文整工程中测绘的作用和意义

1. 设计图成为必备文件

北平市工务局自 1928 年成立后，引入西方现代工程管理模式，对北平市各类工程项目进行组织、监管和规范，发布了《北平特别市工务局工程招标暂行规定》《北平特别市工务局技术委员会章程》《北平特别市建筑规则》等一系列工程技术与管理文件。其中明确了工务局组织工程招投标和审查相关机构资质等监管职能，规定招投标须具备工程图说文件等相关流程。同时也规定了以公尺作为建筑所用尺度标准，按照"1 公尺 = 3 市尺 = 3.125 营造尺"换算。[①]

文整会成立后，文整工程效仿源自美国的招投标模式，先由受托方进行测量勘察，进而编制工程图说，拟就工程预算册，交由文整处审核并转呈文整会核定；再由文整处按照确定的工程做法说明书及标书组织公开招投标并派员监察，根据投标厂商的实力、经验、价格、工期等多项因素选择中标厂商，由其付诸工程实施；工程竣工后，由文整处和受托方共同派员验收。工程合同缮写四份，分别由市政府、文整处、工务局和厂商保存备案。

在现代工程管理范畴下，通过设计文件指导工程实施，具体包括图纸、说明及概算，是工程施工、安装、加工及编制施工预算的重要依据。文整工程的流程和方法也据此进行要求与规范，将设计图说作为实施招标的基础和确定标底的依据，同时作为技术条款附件。设计图说成为工程合同重要组成部分之一。《文整处委托工务局代办工程施工办法》明确提出，以设计图说以及据此预估的工料单作为实施工程招标的基础："设计图说及预估工料单，经事务处审查同意后，由工务局备妥招标文件，招商投标。"[②] 经文整处审查同意后，设计图说与预估工料单是工程将作为工程合同中的正式文件，对工程实施具有强制性的合约效力，施工中必须切实遵守："承揽人对于工务局所发一切图样及规范，均应切实遵守，非经工务局同意不得变更。"[③]

设计图说分为设计图与工程规范两部分。工程规范以工程范围和施工细则为

① 《北平特别市建筑规则》，中华民国十八年十二月三十日府令公布，引自北平特别市工务局：《工务特刊》，1929.
② "北平市文物整理实施事务处请勘估代办之城内牌楼、西安门、地安门等工程预算和寄送施工办法、购料办法等与工务局的来往函"，北京市档案馆，J017-001-01084.
③ "1935 年的北平市政府工务局、中和木厂修缮西安门工程合同，北平市工务局关于代办修缮西安门地安门工程请付工款并寄送标定中和、天顺木厂承揽合同、图纸等与文物整理实施事务处的来往函等"，北京市档案馆，J017-001-01056.

主要内容，阐明建筑各部位的损坏现状以及针对性的维修措施，包括材料、工艺等具体做法。设计图以测绘图为底图，在建筑相应部位标注尺寸信息与修理做法。二者相互解释，互为表里，共同作为施工依据。略如 1935 年《北平市工务局重建金鳌玉蝀两座牌楼工程规范》中规定："本细则如有未经注明而图样上已注明者，或图样未注明而本细则上已注明者，又或两处全未注明而为本工程上所必须修补或添换者，承揽人亦应一一照做不得借口要求加价。"[①] 由上可见，设计图说文件已经形成了类似今日修缮设计图与做法说明书的技术文件模式。

2. 文整工程中测绘图的作用和特点

测绘是附属在文整工程中的配合性内容。经过修缮前期勘测制成的测绘图，是进一步拟制修缮计划的重要基础。一方面，将测绘图作为底图，以文字形式在图中建筑物具体部位标注工程规范中的相应措施，从而形成设计图或施工图。另一方面，在图中标注尺寸数据，作为估工算料、编制预算的明确依据。总之，以测绘图为基础，附加修缮说明与尺寸数据，构成控制工程范围和施工操作的重要技术文件，进而作为招投标和厂商承包的重要依据。

这一时期的文整工程尚处于起步阶段，工程规模有限，以保养性维护和局部维修为主。相应地，图纸也较为简单，主要包括建筑平面、立面和剖面，以及局部施工大样。图纸比例较小，通常为 1 : 100。图纸深度较粗，主要反映建筑的主体结构和特征，纹样、吻兽、门窗等细节部分则仅作轮廓性描绘。尺寸标注方面，以结构性尺寸和个别重要构件尺寸为主，作为工款工量的核定依据（图 3-4）。据时任文整处技士的余鸣谦回忆：

> 建国之前除了明长陵以外，都是规模比较小的工程，大多数是保养、勾抹、添配这些内容。当时不像现在做得这样细致。现在是把现状什么样先画出来，再标明怎么设计。当时不分成现状和修复以后，图纸比较简单，只关注主要尺寸。要从测绘的角度看呢，比尺太小了。要是从保存现状这个角度来说，就做得粗糙一点。[②]

由于图纸是工程附属文件，以满足工程需求为目的，因此测绘的深度也根据工作要求来确定，具有很强的针对性，在当时也还未形成统一的方法和标准，处

---

① "北平市工务局关于修理金鳌玉蝀牌楼工程计划、工料预算表、用款与文物整理实施事务处的来往函及施工图纸等"，北京市档案馆，J017-001-01219.
② 引自 2012 年 6 月 1 日笔者访问余鸣谦先生的记录（未刊稿）。

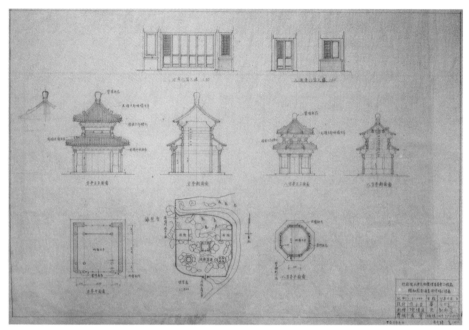

图 3-4　颐和园香海真源修缮工程图（局部），行政院北平市文物整理委员会工程处绘制（资料来源：中国文化遗产研究院提供）

于各自分工负责的状态。余鸣谦谈道：

> 工程测绘不是专门的测绘，比较零碎，通过另外的工作把测绘揉进工程，所以它的粗、细、大、小也是根据具体要求来定的，没有统一的要求和规定，也不研究每个人的方法有没有区别，当时都各自负责了。①

与记录或研究为目的的测绘相比，文整工程中，测绘以现状勘察为重点，图纸以反映残破情况和修缮做法为主，侧重点有所不同。据余鸣谦回忆：

> 营造学社的测绘和我们工程处的测绘稍微有点不一样。他们测绘主要就是为了调查，重点在于跟建筑史有关的问题上，在建筑历史和法式方面，做得就比文整会细致多了。但是整个残破情况的记录呢，就不重视了。他的测绘重点就是建筑法式。至于说工程要花多少钱，哪些地方要修，就做得很少。文整会也考虑建筑的年代和特点。但是呢，如果有特点的这一部分没怎么坏，不用动它，在图上就表示得很简单，不用反映特别详细。和营造学社相比，测绘的目标、目的不一样，重点也不一样。②

再加上由于当时工程较为简单，学社提出的"保持现状"或"恢复原状"的

---

① 引自 2011 年 6 月 13 日笔者访问余鸣谦先生的记录（未刊稿）。
② 引自 2012 年 6 月 1 日笔者访问余鸣谦先生的记录（未刊稿）。

保护理论也未及深入贯彻,因而测绘中对于法式特征的关注有限,还未见绘制斗栱详图的做法,甚至在建筑整体图中也往往将斗栱轮廓以内做留白处理。

3. 测绘图的意义

古建筑维修由传统模式向现代模式的转变发生在文整会建立的初期。根据前文对明长陵修缮工程的分析可知,工程前期勘测形成的平面图用于估算工款,相关设计文件未详细说明工程做法,仅笼统叙述了修缮要求,因此,仍由厂商自行编制方案和预算,从而出现了各厂商报价与工期相差悬殊的情况。从这个角度讲,明长陵修缮仍是传统模式下由工匠主导维修话语权的维修工程。紧随其后的东西四牌楼工程则按照另一种修缮模式。东西四牌楼工程仍由工务局办理,于1935年7月展开。工务局根据现状勘测制定维修方案,在立面图上标注各部分的现状与措施,明确了工程范围和具体做法,以此作为指导招标和施工的依据,因而各厂商标书的报价与工期均较为接近。二者相比,反映出了文整会成立后文物保护理念的显著变化(表3-1、表3-2)。

修缮明长陵工程标价表,引自《明长陵修缮工程纪要》　　　　表3-1

工料价 类别 ＼ 商号	永兴木厂		中和木厂		天顺木厂		祥盛木厂		新记木厂		永德木厂		福隆郭记	
大红门	4115	00	2056	50	2940	00	2272	70	2420	00	2019	50	3256	50
神圣功德碑亭	14712	00	11056	00	9535	00	11923	00	13366	60	10766	00	15760	00
龙凤门	1237	00	865	70	915	00	1025	60	710	00	748	50	1121	00
陵门	942	30	635	80	615	60	561	50	360	00	756	60	1051	50
陵门内碑亭	1682	00	1257	70	1658	20	865	60	1700	00	1756	00	1389	60
祾恩门	5115	00	4056	60	5879	60	3526	10	3360	00	4322	00	7257	00
祾恩殿	21250	00	13425	00	19276	00	18856	00	11400	00	17855	00	17260	00
内红门	925	00	746	70	967	50	559	60	370	00	856	50	891	60
牌楼门	1386	50	1076	50	956	20	1596	60	790	00	1385	60	1571	20
明楼	4165	00	3276	00	3985	10	2791	30	1680	00	3697	30	5792	00
东西皇墙	5165	00	3668	50	4386	00	4366	20	3740	00	3931	60	4876	00
总计工料价	60694	80	42121	50	51114	20	48344	20	39896	00	48094	60	60226	40

(资料来源:作者根据《明长陵修缮工程纪要》绘制)

修缮东西四牌楼工程标价表　　　　　　　　　　　表 3-2

商号	重建东四牌楼工程标价		重建西四牌楼工程标价	
	东四牌楼总价	完工日期	西四牌楼总价	完工日期
恒茂木厂	21263.80 元	100 天	21263.80 元	100 天
中和木厂	19346.00 元	80 天	19396.00 元	80 天
公兴顺木厂	18268.00 元	85 天	18268.00 元	85 天
永德建筑厂	21199.76 元	90 天	21199.76 元	90 天

（资料来源：作者根据北京市档案馆 J17-1-1227 号档案、"北京市文物整理实施事务处关于改修东西四牌楼工程计划、增拨工款绘制图样、工程规范等与工务局的来往函等"绘制）

　　必须指出的是，学社拟制古建筑修理计划，均以前期勘察测绘为重要基础，并借助测绘图表达修缮设计意图。无论《故宫文渊阁楼面修理计划》中针对局部结构问题绘制的平面图与加固示意图，还是《修理故宫景山万春亭计划》中的实测图，都将测量尺寸、修理措施标示在图中对应位置，并直观表现出结构的形变。至《曲阜孔庙之建筑及修葺计划》的完成，已经形成了一套以实测图与说明书共同反映建筑现状与维修措施的设计方法。由学社与文整会、工务局之间千丝万缕的密切联系可知，学社此前保护实践的方法和经验对于文整事业产生了直接的影响。

　　首先，文整会实施前，学社就曾与官方机构合作，完成数项北平市内古建筑修理设计。而北平市工务局的前身"京都市政公所"，正是在朱启钤担任内务总长期间主持设立的。其次，文整工程开展前夕，北平市政府专员、文整会主任委员陶履谦提出《关于旧都文物整理的计划实施之意见》，成为文整会组织实施的重要参考文件。其中专门阐述了设计修缮需有充分时间从事研究及详细查勘的必要性，以及聘请研究古建筑学者的建议。[①] 文整处也在《北平市文物整理实施事务处组织章程》中指出："本处关于建筑工程，得聘任专家或学术团体为技术顾问。"[②] 事实上，文整会聘任梁思成为委员，营造学社也被文整处连续三年缄聘为技术顾问。从当时的工程资料来看，学社直接参与工程的具体实施，绝非挂名而已。例如，在重修五牌楼工程中，梁思成就曾对混凝土地仗做法试验进行审查和权衡。在 1947 年绘制文整会的颐和园荇桥油饰工程图上，审定一栏也留下了梁思成的签名（图 3-5）。

① "设计修缮各古建筑物之人才及施工方法，均较工路为困难，而不易□。且为需有充分时间，从事研究及详细查勘□□功，故在未施工前，宜多聘请国内研究古建筑物专家，担任此项工作，或委托设计，给以设计费，则进行上自必便利而迅速。"引自"北平市政府陶履谦专员关于旧都文物整理计划实施之意见和工务局数目来代办文物整理情形的联单以及市政府的指令"，北京市档案馆藏，J017-001-01075。
② 《北平市文物整理实施事务处组织章程》（1935 年 3 月），引自北平市政府秘书处第一科统计股主编 . 北平市统计览要 .1936.

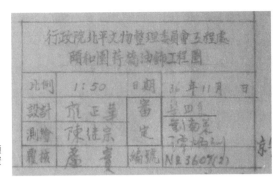

图 3-5　行政院北平文物整理委员会工程处颐
和园荇桥油饰工程图（局部），梁思成审定（资
料来源：中国文化遗产研究院提供）

　　1936 年第二期文整工程开始之后，文整处聘任审查委员，组织审查会议，所有文
物整理计划及重要事项交审查会议核准①，梁思成曾多次出席审查会议。②

　　另外，文整工程管理、实施相关机构的负责人都与学社有密切往来，文整处
技正林是镇、工务局技正刘南策、技士宋麟徵、基泰工程司负责人杨廷宝均为学
社社员。文整工程开展初期，工务局为了延请古建筑专门人才，特聘刘南策为第
二科科长、技正，专事文整工程计划。③基泰工程司承揽文整工程，也是经由学
社推荐，杨廷宝更是梁思成、林徽因的老友。

　　最后，营造学社的研究成果对文物保护工作产生了深刻的影响。据余鸣谦回
忆，文整处人员经常阅读《中国营造学社汇刊》，直接借鉴、继承了学社的方法：

　　　　文整会是通过营造学社的一些资料，一些工作方法，根据这些工作方
　　法再联系了文整会的实际来做图，做测绘、估算，等等。营造学社和文整会
　　的关系就是这么一个前后的传承的关系。④

　　综合上述情形有理由推断，学社的修缮设计方法直接影响了文整工程，并从
此成为建筑遗产保护修缮设计一贯奉行的程式。这一模式扭转了传统修缮模式下
平面勘测图主要用于前期预算、施工过程由工匠操控的局面，提升了专业设计人
员的主导地位，随着学社直接参与北平文整工程而进入官方的文物保护语系，对
中国建筑遗产保护事业产生了极大影响。

① 中国文物研究所 . 中国文物研究所七十年（1935-2005）. 北京：文物出版社，2005：207.
② 刘季人 . 旧都文物整理委员会及修缮文物纪实 . 北京档案史料，2008（2）.
③ "最近又聘刘南策君担任本局技正。该员曾在营造学社及华信建筑公司任工程师等职有年，对于古代建筑，研究
　　有素，为营造法式编纂人之一。现本局关于修缮古建筑工程，均由该员负责计划。"引自"北平市政府陶履谦专
　　员关于旧都文物整理计划实施之意和工务局数日来代办文物整理情形的联单以及市政府的指令"，北京市档案馆
　　藏，J017-001-01075.
④ 2012 年 6 月 1 日笔者采访余鸣谦先生的记录（未刊稿）.

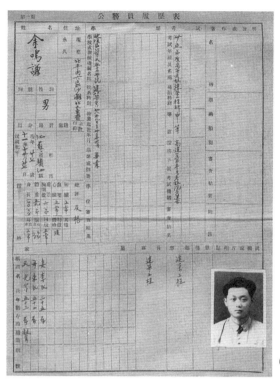

图3-6　余鸣谦公务员履历表，1948年6月
（资料来源：中国文物研究所 . 中国文物研究所七十年 . 北京：文物出版社，2005：215）

（三）文整会技术力量的发展与保护职能的完善

　　由于民国时期的教育体系还未出现古建筑保护的相关专业，文物建筑保护事业开创之后，专业人才一度匮乏，多由工程类教育背景的人士从事，其中具有建筑学学历者为数寥寥，更遑论具备古建筑方面的经验。以工务局为例，建筑学专业人才屈指可数，如明长陵祾恩殿测绘就是由毕业于天津高等工业学校和全国陆军测量学校的尹家珍、姚立恒完成的。正是在这种情况下，北平市政府专员陶履谦特别提出了聘请古建筑专家从事修缮设计的建议。尽管工务局聘请营造学社的刘南策、宋麟微担纲修缮事务，仍不足以缓解技术力量的短缺，以至于工务局"时感技术人员不敷支配，事实上不无相当之困难"，文整处只得"仍请贵局抽暇完成，以竟全功"。①

　　经过一、二期文整工程，文整处积累了相关的实践经验，同时也培养出一批专业技术人员。国家光复之后，文整处录用了一批工程技术人员，包括杜仙洲、祁英涛、余鸣谦、雍正华、曾权、陈效先、李方岚、于倬云、陈继宗、赵小彭、曾和霖、金豫震等十余人（图3-6）。其中，祁英涛、杜仙洲、余鸣谦、于倬云、赵小彭都毕业于北京大学工学院建筑系，接受过专业教育，新中国成立后成为古建筑保护研究的一流专家。雍正华、陈继宗、李方岚等人曾在建筑事务所做学徒工，具有工程方面的实践经验。

　　随着文整处技术力量的增强，北平文整会时期开始自力完成大部分工程项目，

---

① 引自"北平市政府陶履谦专员关于旧都文物整理计划实施之意和工务局数目来代办文物整理情形的联单以及市政府的指令"，北京市档案馆藏，J017-001-01075。

其职能范围也进一步扩大，不再局限于文整工程，将"文物建筑状况之调查与记载事项"也纳入工作范畴。1946 年的工作概要就明确指出，此后的文物整理工作将以研究与保护并重，并效法学社文献与实物互证的方法进行测绘。[①]1948 年的工作计划中，将实施项目分为保养工程、修缮工程和测绘工程，其中测绘工程由工程处增添临时支援或委托建筑师成立测绘班办理，具体计划为测绘故宫东路建筑。[②]虽然测绘计划未能实施[③]，但已经显示出文整会在文物保护方法和理念的进步。

三、1941—1945 年北京中轴线建筑测绘

（一）北京中轴线建筑测绘的缘起与概况

1937 年 7 月 7 日，日本侵略军以制造卢沟桥事变为起点，发动全面侵华战争，北平、天津相继沦陷。12 月，日军在北平成立了伪临时政府，华北地区沦为受日本军国主义统治的殖民地。其时，营造学社正在进行的北平明清建筑测绘因抗战爆发而中断。

华北沦陷后，学社社长朱启钤留守北平，拒绝了在日伪政府任职的要求。因战事持续不断，朱启钤对北平古建筑的命运深感忧虑，唯恐已有五百余年历史的明清紫禁城难逃兵火之灾，希望能继续学社的实测工作。为促成此事，朱启钤积极筹措，与营造学社社员、原旧都文整实施事务处技正、时任伪都市计划局局长的林是镇恳谈，告知担忧之情。林是镇愿促进测绘工作，向其举荐了实力雄厚、长期参与北平文整工程的基泰工程司。1940 年，朱启钤与基泰工程司华北负责人张镈面谈，提出测绘筹划方案。[④]张镈深感保存文物真迹责任重大，准备接受此项重任，同时也得到营造学社社员、基泰工程司负责人关颂声的支持。

1941 年起，张镈以"建筑师张叔农"的名义与伪都市计划局签约，承揽了北平市中轴线建筑的测绘（图 3-7）。他当时兼任天津工商学院教授，组织该校

---

① "北平物整理工作之使命，在于保存国粹，阐扬文化，研究学术……以文献与实物互相参证，使建筑之精神文化意义得充分显露，并绘制图说以垂久远。"引自《三十五年行政院北平文物整理委员会工作概要》，转引自陈天成. 文整会修缮个案研究. 天津：天津大学，2007：168-169.

② "北平文物包罗甚广，亟待整理者至众，但以工款有限，按缓急轻重情形择要施工。保养工程与修缮相辅而行，计保养工程七处，修缮工程十处，又测绘故宫东路建筑二十所，以保存国粹。"引自"三十七年度修缮北平文物整理委员会工作计划"，转引自陈天成. 文整会修缮个案研究. 天津：天津大学，2007：174.

③ 根据 2013 年 12 月 13 日笔者采访余鸣谦先生的记录（未刊稿）。

④ "朱先生说，从历史上看，历代宫室难逃 500 年一次的大劫之灾，传统木结构经不起火焚、雷击，圆明园的石结构也逃不过兵火之灾。他十分珍惜明、清两代保存下来的文物，认为这是传统建筑的瑰宝，如不及时做现场精确的实测，留下真迹，在日伪统治的沦陷时期，难免遭到日寇或反攻时的兵火之灾。"引自张镈. 我的建筑创作道路. 天津：天津大学出版社，2011：50.

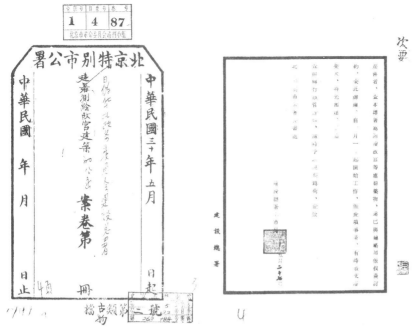

图 3-7　北京特别市公署测绘故宫建筑的公函（资料来源：北京市档案馆提供，档案号 J001-004-00087）

图 3-8　《北京中轴线建筑实测图典》书影（资料来源：北京市建筑设计研究院《建筑创作》杂志社 . 北京中轴线建筑实测图典 . 北京：机械工业出版社，2005）

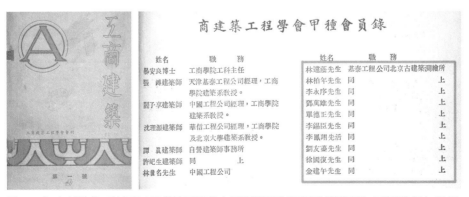

图 3-9　《工商建筑》第一号封面及内页"基泰工程司北京古建筑测绘所"职员名单 [资料来源：工商建筑（1），1941]

建筑系毕业生与基泰工程司员工组成了测绘队伍，完成测绘图纸 360 余张及照片、手稿多幅。[①] 同时，北京大学工学院建筑系主任朱兆雪亦组织师生以大中工程司的名义，自 1942 年起参与承担部分工作。[②]1941 年至 1945 年，共测绘了包括北平中轴线上南起永定门、北至钟鼓楼的重要建筑以及天坛的建筑，完成图纸成果 704 幅。[③]

测绘完成后，图纸成果交付伪都市计划局，又随抗战后重组归北平文物整理委员会保存。1948 年 11 月，文整会借在台北举办北平文物建筑展览会之机，将展品中的 50 张中轴线建筑测绘图纸运至台北并留存在当地。[④]1966 年，文整会（时称"文物博物馆研究所"）将收藏的 355 张测绘图移交故宫博物院保存，文整会（今"中国文化遗产研究院"）则仍旧珍藏着其余实测图。

另外，张镈还请同生照相馆谭正曦将图纸拍成玻璃底版 [⑤]，几经辗转，始终悉心随身保管。直至 1990 年代初，这份至为珍贵的资料由张镈亲自交与北京市建筑设计研究院保存。2005 年，经北京市建筑设计研究院《建筑创作》杂志社的策划，将这批图纸资料编撰出版为《北京中轴线建筑实测图典》（下称《图典》，图 3-8）。

（二）北京中轴线建筑测绘的详细情形

北京中轴线建筑测绘已过去七十载，至今因其精美的绘图、翔实的数据享誉学界，更因完成于危难混乱的时局而屡获盛赞。所幸的是，除测绘图纸以外，还有大量相关资料保留下来。张镈在其回忆录《我的建筑创作道路》中，对中轴线建筑测绘有详细追述，又在《故宫及北京中轴线文物建筑测绘回忆》一文中作了系统回顾。以《图典》出版为契机，曾在北京大学工学院任讲师期间参与测绘的冯建逵也留下了珍贵的口述实录。伪都市计划局与张叔农签订的第三期测绘合约中详细记录了测绘的标准、时间、经费等情况。天津工商学院下设工商建筑工程学会，其刊物——1941 年 10 月出版的《工商建筑》第一号中记载了参与中轴线测绘的人员名单（图 3-9），并在报道了测绘人员在京工作和生活的情形。此外，曾参与此次测绘的余鸣谦回忆了现场工作的种种细节。综合上述材料及已出版的

---

① 张镈.我的建筑创作道路.天津：天津大学出版社，2011：52.
② 北京市建筑设计研究院《建筑创作》杂志社.北京中轴线建筑实测图典.北京：机械工业出版社，2005.
③ 参见杨新成.北京中轴线古建筑测绘始末.见：紫禁城.2015（04）：46.
④ 据当时任职于北平文物整理实施处的余鸣谦回忆，文整会秘书卢实负责展览，由余鸣谦、单少康具体护运，乘船将资料运送至台湾，在台北进行展览。一个多月后参展人员返回北平，参展资料则留存台北。
⑤ 张镈.我的建筑创作道路.天津：天津大学出版社，2011：52.

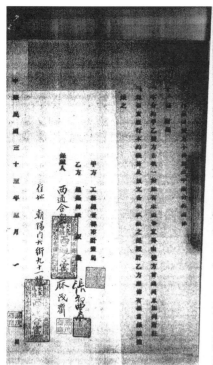

图 3-10　工务总署都市计划局与张叔农签订的测绘合约（第三期）（资料来源：中国文化遗产研究院提供）

图纸，可对整个测绘过程作以下回溯与廓清。

1. 测绘时间与范围

据张镈回忆，基泰工程司的"全部工作分为三期，为期约三年半"[1]，"续订第三期合同时，已是 1943 年年底"。[2] 按现存第三期合约原件（图 3-10），实际签署于 1944 年 3 月 1 日。[3] 第三期合约中约定："本期绘图以乙方于民国卅年六月至卅二年十二月期间已作之测绘图样择其优秀者为标准。"[4] 因此，前两期测绘应在 1941 年 6 月至 1942 年 12 月期间完成。合约对第三期测绘期限约定为："本约工作期限从签订合约后，乙方函报开始工作之日起至满十二个月为止（实地工作至迟在签约后半个月内开始工作）。"[5] 根据天坛祈年殿横剖面图上标注的日期可知，实际工作至少延迟至 1944 年 7 月。[6]

其中，依据上述线索以及图纸的绘制时间，第一期测绘大约从 1941 年 6 月 1 日至 1941 年 12 月，第二期测绘大约为 1942 年全年，第三期则从 1944 年 3 月

---

① 张镈. 我的建筑创作道路. 天津：天津大学出版社，2011：52.
② 张镈. 我的建筑创作道路. 天津：天津大学出版社，2011：52.
③《测绘北京古建筑物合约》（1944 年 3 月 1 日），中国文化遗产研究院图书馆藏。
④《测绘北京古建筑物合约》（1944 年 3 月 1 日），中国文化遗产研究院图书馆藏。
⑤《测绘北京古建筑物合约》（1944 年 3 月 1 日），中国文化遗产研究院图书馆藏。
⑥《工商建筑》"会闻"一栏记述了第一期测绘的情况："在六月一日我们正式在基泰工程司正式开始工作，……在公司里有同学十二人，内有会员九人，同在一起工作生活很有趣味。……我们这里工作分为四组，每组有会员二三人不等。在六七月间，一部会员调去作某宗坛大殿，其余的会员去入手测绘北京的鼓楼，……鼓楼测绘工作直至现在尚未完全结束。因系入手之工作一切进行程序需要随时修正，所以费时稍多。……现因天气渐冷，预备在最短期内将冬季应绘之各部尺寸全部量竣，以免冬天再做室外工作。"引自《工商建筑》第一号，天津大学建筑学院藏。

至 1945 年 7 月。

其中，第一期测绘了故宫三大殿、武英殿、文华殿、西华门、角楼以及钟鼓楼等建筑群。第二期测绘了故宫内廷部分建筑。第一期以外朝中心建筑为主，测绘了端门、太和门、三大殿、武英殿、文华殿，以及端门、太庙、社稷坛、钟鼓楼等建筑。第二期除继续测绘太庙外，以紫禁城各门为主，测绘了天安门、午门、社稷街门、社左门、中左门、西华门、体仁阁、角楼等建筑。第三期主要对紫禁城以外的城门、坛庙等建筑进行测绘，即合约所指"本约工作范围为永定、正阳、中华、地安等门及景山、天坛等大小建筑物共计三十二处"，以及三大殿总平面图与组群立面图。

除了上述范围之外，还有故宫内廷建筑的测绘图纸。其中有少数标注了日期，其他如乾清宫、交泰殿、御花园等则没有标注日期。据余鸣谦回忆，他曾在 1943 年秋季于北京大学工学院毕业之后参与了朱兆雪承揽的测绘工作，协助邵力工进行乾清宫建筑的绘图，同期进行测绘的还有坤宁宫等内廷建筑组群。①

2. 测绘人员与地点

关于天津工商学院及基泰工程司一方的测绘人员，张镈先生曾记述有两个版本，其间略有出入。在《我的建筑创作道路》一书中称，测绘队伍由天津工商学院 1941 届建筑系毕业生 10 人、土木系毕业生 3 人，以及基泰绘图员组成。② 而《故宫及北京中轴线文物建筑测绘回忆》一文则称，参加测绘的有天津工商学院 1941 届建筑系毕业生 11 人、土木系毕业生 4 人、圣约翰毕业生沈尔明，以及基泰同仁，共 30 余人。③

《天津大学建筑学院院史》记载，天津工商学院建筑系 1941 届毕业生有 10 人，

---

① "1943 年秋天，我当时刚由北大工学院毕业，毕业以后留校做助教，然后就参加了测绘工作，主要是帮助邵力工先生完成乾清宫的测绘任务，业余做了两三个月。邵力工是间接从朱兆雪手中包了一些活。同时我记得我的同学们还做过从乾清宫往后的坤宁宫，还有几个殿座。冯建逵冯先生也做了一部分"。引自 2011 年 1 月 4 日笔者采访余鸣谦先生的记录（未刊稿）。

② "由于工作人员除少数自培的绘图员外，基本上是 1941 年毕业于天津工商学院的建筑系毕业生十人和土木系毕业生三人。这些青年不愿经商，不做伪官，愿随我到现场做实地勘测工作。"引自张镈. 我的建筑创作道路. 天津：天津大学出版社，2011：51.

③ "我教的建筑系四年级的毕业班共 12 人，除金宝午同志改行钻研结构专业以外，其余 11 位青年学子都是高材生，多数在高中时期已是英才。……具有较高造诣的青年 11 人全部响应号召，参加测绘。……圣约翰毕业生沈尔明等数人也慕名而来，加上基泰同仁在测绘技术力量上已超过 20 人，老同学林镜宣之弟镜新专司摄影，许致文女士兼会计、文书和统计工作。有传统技艺的老架子工扎匠徐荣父子兵等专司搭配脚手架子。一个 30 余人的精干班子在 1941 年 6 月初成立起来了。……同校的土木系优秀毕业生有张宪虞、郁彦、孙家芳等四人也愿意参加这项工作。"引自张镈. 故宫及北京中轴线文物建筑测绘回忆. 见：《建筑创作》杂志社. 北京中轴线建筑实测图典. 北京：机械工业出版社，2005：8.

包括：金建午、徐国复、李凤翔、林柏年、林远荫、刘友鎏、单德正、邓万雄、李锡宸、李永序[①]，与1941年10月的《工商建筑》中记载的基泰工程公司北京古建筑测绘所人员名单一致。这说明，上述10名毕业生毕业后加入基泰工程公司北京古建筑测绘所，并且参加了北京中轴线建筑的测绘工作。如果有11人参加，那么另一人有可能是张镈在《我的建筑创作道路》中提到的陈濯。[②]

另外，参加测绘的孙家芳曾经回忆过详细的测绘队伍名单如下：

建筑系9人：林远荫、林柏年、李锡宸、李永序、李凤翔、邓万雄、刘友鎏、单德正、徐国复；土木系3人：张宪虞、郁彦、孙家芳；另聘技术人员：葛文焕、顾传泃、马增昭；学徒2人：高文铨、刘清湖；郭云锦、郭云堂昆仲负责彩画；许致文、陈毓敏负责财务。[③]

据张镈在《我的建筑创作道路》中回忆，由朱兆雪主持的北京大学工学院及大中工程司一方，目前已知有营造学社测绘故宫时的主要人员——邵力工，以及1942年于该系毕业任教的冯建逵。[④]另外，据余鸣谦回忆，与他同级的李建华和陈文澜也参加了测绘。

关于测绘时的绘图与住宿地点，几位亲历者的记忆一致，都指出是在午门南和端门北之间的西朝房。

（三）测绘工具和成果

1. 工具和材料

测绘工具总计有下列几类：[⑤]

笔类——铅笔、鸭嘴笔、钢笔尖、毛笔；

测量用尺——皮尺、小钢尺；

绘图用尺——丁字尺、三角板、曲线板、曲线尺、三棱比例尺；

纸张——硬厚图纸、蜡纸、道林纸、薄打字纸、白报纸、坐标纸；

墨彩——铅管颜色、彩画金粉、绘图黑墨水。

为了测绘成果能够长久保存，特意选用德国制的厚橡皮纸和防水的浓稠墨水，

① 宋昆.天津大学建筑学院院史.天津：天津大学出版社，2008.
② 张镈.我的建筑创作道路.天津：天津大学出版社，2011：53.
③ 引自张镈.我的建筑创作道路.天津：天津大学出版社，2011：52.
④ 引自杨新成.北京中轴线古建筑测绘始末.见：紫禁城.2015（04）：39.
⑤ 根据张叔农1944年2月编制的"测绘古建需用文具数量预算表"整理。该表格现藏于中国文化遗产研究院。

图 3-11　太庙后殿彩色图（资料来源：中国文化遗产研究院提供）

并且每人配备整套绘图仪器，可谓工善其事，先利其器。[①]

2. 成果类型

按表达方式，测绘图纸分为黑白墨线图与彩色渲染图。墨线图体现建筑的几何信息与结构特征，渲染图则突出视觉形象（图 3-11）。为加深彩色图的艺术效果，还使用了彩画金粉。[②]

按图纸比例，可分为组群图、单体图和细部图。组群图比例以 1∶200 居多，包括总平面图和重要组群的立面图。单体图比例以 1∶50 居多，包括平面图、立面图、剖面图、屋顶平面图、梁架仰视图等等。细部图比例以 1∶10 居多，选择重要部位或艺术价值高的构件，如体现檐部结构比例关系的檐部细部图、详细勾画吻兽、山花、檐下彩画的屋顶立面图，以及华表、天花、槅扇的细部图，等等。通过不同等级比例尺的图纸，完整记录了建筑由整体到细节的各个层级的内容，并且根据比例调整图面信息量，使之始终控制在临近饱和的最佳状态，体现出建筑学的专业素养。

3. 图面标注

中轴线建筑测绘图简洁练达的图面标注深受赞誉和推崇，概因具有下述特点。

（1）通过标注，使不同内容的图纸传达不同类型的信息。平面图标注平面总尺寸、轴线尺寸和细部尺寸；立面图标注建筑瓦作、石作部分的色彩、工艺、材料、构造，如吻兽、栏板、阶条石等，以及斗栱、彩画的形制。

（2）标注排布缜密，文字与图形相得益彰（图 3-12）。例如，剖面图标注分为两部分，一是在邻近图形处标注构件术语和尺寸，文字按照大木举架顺势形成

[①]　张镈.故宫及北京中轴线文物建筑测绘回忆.见：《建筑创作》杂志社.北京中轴线建筑实测图典.北京：机械工业出版社，2005：9.

[②]　根据张叔农 1944 年 2 月编制的"测绘古建需用文具数量预算表"中包含"彩画金粉"一项。

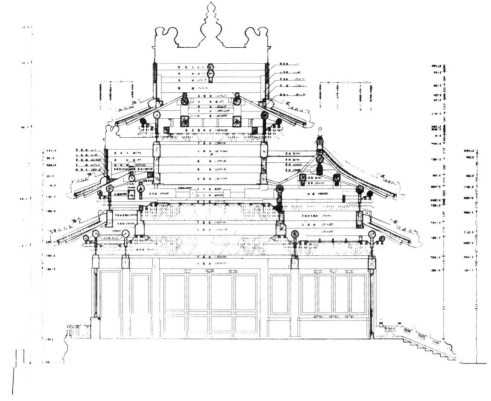

图 3-12 故宫角楼剖面图
（资料来源：北京市建筑设计研究院《建筑创作》杂志社，北京中轴线建筑实测图典．北京：机械工业出版社，2005：89）

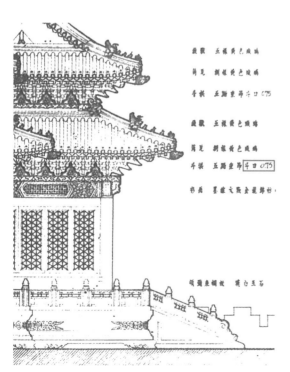

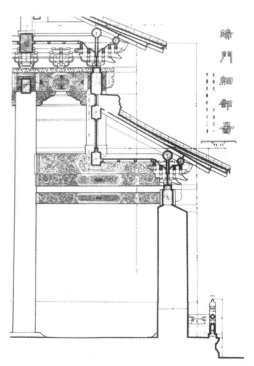

图 3-13 角楼正立面图（局部）（标注"斗口 0.75"）（资料来源：北京市建筑设计研究院《建筑创作》杂志社，北京中轴线建筑实测图典．北京：机械工业出版社，2005：86）

图 3-14 端门细部图（资料来源：北京市建筑设计研究院《建筑创作》杂志社，北京中轴线建筑实测图典．北京：机械工业出版社，2005：71）

人字形；一是在图侧标注高度尺寸与标高位置的构件术语，文字和数字上下对齐、左右对照，形成简洁整齐的效果。

（3）需要特别指出的是，立面图中标注出斗口尺寸（图3-13）。

（4）按照建筑制图的规则，剖切部位填充材料图例，如檩断面绘出木纹（图3-14）。

（四）测绘方法和要求

中轴线建筑测绘是以防止遗产不幸损毁而留存真迹为目标，为抓住这也许是绝无仅有的时机，测绘是在"不放过细节"[①]的搏战状态下完成的，在完整性和详细度上都达到了巅峰。[②]为了清晰反映细节信息，测绘图采用大比例尺，建筑细部特征得到通常图幅下2至3倍放大，因而使用1.22m×1.52m的橡皮纸。这一尺寸甚至超过了0号图幅（0.841m×1.184m）。由于绘图量大，分工开展。[③]同时，对线条也有统一细致的要求。余鸣谦回忆："因为图的比例大，线条的规格就有所区别。一般原则上，轮廓粗一些，内部线条细一些，平、立、断面是一致的。"[④]

从实际成果看，按今日的分级标准，此次测绘活动在测绘广度上至少超过了典型测绘的级别。由于测量详细，大比例绘图，记录了大量建筑纹样和彩画细节，在深度上超过了一般的测绘成果。此外，不限于测量几何信息，展开对材料、工艺的调查，以图纸标注的形式记录下来，因而是一次综合性的古建筑调查活动。

（五）中轴线建筑测绘成功的条件

北京中轴线建筑测绘是在民族主义精神主导下，各方群策群力，并依靠相当的经济条件和技术力量作为支撑的特殊活动，其成功受到多方面因素的影响。

---

① 北京市建筑设计研究院《建筑创作》杂志社.北京中轴线建筑实测图典.北京：机械工业出版社，2005：9.

② 对于测绘的细致程度，张镈先生回忆："在里、外的脚手架上，他们不畏艰险，取得每个构件的实测资料，甚至在栏杆、平台的台阶上作每步实测，而对御路的雕刻则进行写生留存真迹，并附以照片。"引自张镈.我的建筑创作道路.天津：天津大学出版社，2011：51-52."在地面上，详尽测量了石作台阶、御路，甚至对每步台阶的微差也做出记录。"引自张镈.故宫及北京中轴线文物建筑测绘回忆.见：北京市建筑设计研究院《建筑创作》杂志社.北京中轴线建筑实测图典.北京：机械工业出版社，2005：9.

③ "当时分工做图，实测图一部分人做，彩色渲染图一部分人做，彩画一部分人做。"引自2011年6月13日笔者采访余鸣谦先生的记录（未刊稿）。

④ 引自2011年1月4日笔者采访余鸣谦先生的记录（未刊稿）。

1. 朱启钤的策划与各方的合作

朱启钤久经仕途，广结善缘，与学社老社员、都市计划局局长林是镇是旧识，又同伪建设总署署长殷同相识。因此，经过他亲自筹划、出面邀谈，集合各方面力量，最终促成了测绘合约的达成。

迫于政治时局，甲乙双方负责人林是镇和张镈难以在公开的工作环境中通过正常渠道交流测绘相关事宜，因此经常利用私人往来的机会安排见面，联系商讨中轴线建筑测绘问题。从林是镇的日记来看，他们的私下接触十分频繁，并且结成了密切的私交情谊。[①]

2. 经费保障

测绘由甲方建设总署提供资金，全面担负测绘工具、材料与人员生活供给。按第三期合同，甲方支付乙方的各项费用每月共计 2.35 万元，自 1944 年 9 月至 1945 年 2 月，每月再增加 1 万元补助。按照 12 个月计算，第三期测绘合计支付 34.2 万元。

根据合约附件"测绘古建职员名额及薪给开支预算表"，测绘人员的月薪情况为：总指导 900 元，副指导 750 元，组长 600 元，绘图和测量均为 470 元。按照这一标准，大部分测绘人员是刚毕业的学生，甚至获得了与建设总署技士、技佐同等的薪金标准。建设总署对此次测绘的重视程度可见一斑。[②]

3. 基泰方面的重视

测绘策划阶段，得到基泰工程司创办人关颂声的大力支持，不仅明确张镈全权负责华北地区业务，同时调动增派人员进行协助。此后，为了确保此业务顺利开展，专门成立了"基泰工程公司北京古建筑测绘所"[③]。

4. 营造学社的影响

测绘的两支主要力量——天津工商学院与北京大学工学院学生，都曾经学习

① 参见林是镇日记摘抄，陈燕丽.1917 年到 1962 年期间北京的保护与更新——林是镇工作时期对北京城的贡献.天津：天津大学，2010.
② "乙方各职员薪给生活费等略与署中技士、技佐待遇相等，将来生活程度再高涨时乙方职员得随署中承受同样补救之待遇。"引自 1944 年 3 月 1 日中轴线建筑测绘合约表格的附注，中国文化遗产研究院藏。
③ 参见《工商建筑》第一号，天津大学建筑学院藏。

过营造学社的研究成果，对古建筑具有一定认识。张镈以梁思成的《清式营造则例》作为天津工商学院建筑史课程教材，以及中轴线测绘辅导教材。[1] 北京大学工学院方面，学社成员赵正之自 1940 年起任职教授建筑史，以营造学社的研究成果作为教材，《中国营造学社汇刊》也是该系学生经常购买的课外资料。[2] 此外，学社成员邵力工也承揽了部分中轴线建筑测绘工作，他本人正是 1933 年至 1937 年学社测绘故宫的主要人员之一，已有丰富的实践经验，在这次测绘中起到了重要作用。

5. 业务素质

基泰工程司是最早由国人开办的建筑事务所，留学美国宾夕法尼亚大学的杨廷宝、朱彬以及结构工程专家杨宽麟都是其合伙人。基泰工程司完成了一大批近代重要的建筑作品，是建筑界规模最大、极负盛名的事务所之一。凭借雄厚的专业实力，1935 年起，基泰工程司获得文整会的委托，代办超过三分之一数量的北平文整工程，从中积累了古建筑相关的经验。由基泰这样高水平的设计机构主持，中轴线建筑测绘图能够达到如此精湛的水准则是顺理成章的结果，并且在尺寸标注、断面图例等方面也体现出设计机构长于绘制建筑施工图的技术特点。

（六）中轴线建筑测绘的意义和影响

中轴线建筑测绘是险恶时局下彰显民族精神的文化遗产保护活动，形成了兼具科学性与艺术性的珍贵成果。同时，也是一项兼具文化遗产调查记录与学术研究性质的活动。[3] 中轴线建筑测绘图因数据翔实、制图精美而广受赞誉。[4]

1948 年 11 月，文整会在台湾举办"北平文物展览会"，展品包括此次中轴线测绘中完成的实测图 50 张，以及文物建筑照片、文整工程照片等相关资料。朱启钤为此专门撰写《北平文物建筑展览会之展览说明》，指出记录文化遗产的

---

[1] 参见张镈.故宫及北京中轴线文物建筑测绘回忆.见：北京市建筑设计研究院《建筑创作》杂志社.北京中轴线建筑实测图典.北京：机械工业出版社，2005：9.

[2] 根据 2012 年 6 月 1 日笔者采访余鸣谦先生的记录（未刊稿）.

[3] 从立面图中标注的斗口尺寸就可以看出，测绘者对清式建筑的权衡规律已有相当的认识。另外，测绘中十分重视实物与已出版的《清式营造则例》对照。鉴于掌握了大量实测资料，基泰公司在测绘结束后成立了依靠社会资助的"古建筑研究所"，留下四五位同学继续作科研工作.

[4] 傅熹年先生曾评价道："这套图绘制精密、数据完整，远远超过目前古建筑测绘图的精度。按研究古代建筑的需要，测绘图纸除精密准确外，还应附有完整的数据；按文物保护工作的要求，重要古建筑档案中的图纸，还应满足倘遭不测可据以复建的更高要求。这套图虽作于 60 年前，却基本接近这个要求。"引自傅熹年.一次记录和保存明清紫禁城宫殿资料的重要活动.见：北京市建筑设计研究院《建筑创作》杂志社.北京中轴线建筑实测图典.北京：机械工业出版社，2005：3.

重要意义在于"发扬我国固有建筑艺术"。[①]

由于数据准确完整，中轴线建筑测绘图纸对于明清官式建筑尺寸规律和设计理念的研究大有助益。傅熹年依靠这批图纸成果发现并归纳出紫禁城宫殿规划和建筑设计的一系列规律性特点。例如，通过分析组群总平面图得出运用模数网格控制宫院布局的特点，通过分析单体建筑立面图发现立面、剖面以下檐柱高为模数的规律。以此为基础推而广之，在早期建筑群和建筑物上验证，也得到不同程度的证实。由此，傅熹年完成了探索中国古代建筑及城市规划设计规律的重要研究成果——《中国古代城市规划、建筑群布局及建筑设计方法研究》。

四、其他机构的建筑遗产调查测绘活动

（一）国立北平研究院对北平寺庙的调查测绘

1927 年 5 月 19 日，中央政治会议采纳蔡元培等人的提议，设立中央研究院。1929 年 9 月，国立北平研究院在北平大学研究院的基础上正式成立，为中央研究院的下属机构。11 月，北平研究院史学研究会在北平成立，分为历史组和考古组，分别由顾颉刚、徐炳旭担任主任，并先后聘定教育家沈尹默、地理学家白眉初、金石学家马衡、史学家朱希祖、孟森、语言学家沈兼士、图书馆学家徐鸿宝等各领域专家学者 20 人为会员，其中包括刚刚成立不久的中国营造学社的社长朱启钤。

史学研究会成立后，以记述北平近代史迹为主旨，决定编纂《北平志》，内容包括疆理、营建、经政、民物、风俗、文献。其中"营建"部分涉及城垣、宫殿、衙署、寺庙、宅园、河渠、冢墓，等等。为此，自 1930 年 3 月 23 日起，史学研究会开始调查北平庙宇。[②]此次调查分为实物调查与史料搜辑。实物调查以公共建

---

① "北平故宫、天坛等伟大建筑，就其平面配置、立体组织与夫庄严伟丽之气魄言，在在皆是建筑工程上及艺术上之大手笔。但如许胜迹，只有片断之文献记载，并无原始工程图案可稽，故现存实物仅能观摩外表，而不能洞悉底蕴，与现代先有之设计图案而后产生建筑物之惯例，适成反调。为研究各建筑之内部结构，及保存各建筑物之正确记录，并发扬我国固有建筑艺术起见，各重要文物建筑均有及时详细测绘、整编集存之必要。前曾将北平市中心轴线上之文物建筑如天坛、紫禁城、钟鼓楼等，一一施以测量，举凡平面之配置，梁架斗栱之结构及内外檐之装修等部，均予详细丈量尺寸，描取真实形状，用现代化之制图标准及适当之比例尺，绘成平面、立面、剖面，及细部等图。同时为表示建筑物之轮廓美及色彩美之特征起见，每一主要建筑皆绘制彩色透视图一张，以资完备。"引自《北平文物建筑展览会之展览说明》，中国文化遗产研究院藏。
② "本会为编纂北平志，于民国十九年三月尽先调查庙宇，分记载、画图、照相、拓碑四项工作，故各庙现存之金石，凡有文字者悉予传拓。"引自刘季人．国立北平研究院、史学研究会及北平庙宇调查大要．北京档案史料，2009（1）．

筑物尤其是庙宇为重点，具体调查工作包括测量建筑、拓取碑碣、访问历史等。[①]

至 1932 年 3 月结束，共调查内外城寺庙 882 处，其中 487 处绘制有平面图，约占总数的一半。从现存史料得知，参与测绘平面图的有陈金生、常惠。[②] 寺庙调查的资料经许道龄编辑为《北平庙宇通检》，将各寺庙的名称、地址、史略进行整理编排，于 1936 年由国立北平研究院史学研究会出版。抗日战争后，史学研究会随北平研究院迁往昆明，相关工作被迫停顿。1950 年，原北平研究院将北平寺庙调查资料移交给文整会。1960 年，又由原北平研究院许道龄收回了主要寺庙的资料，可惜这些资料在"文革"期间遭到销毁。[③]

（二）国民政府教育部西北艺术文物考察团对西北建筑的调查测绘

抗日战争爆发后，历史文物古迹面临着战火摧残的危局。毕业于法国高级美术学院雕塑系的国立杭州艺专教授王子云呼吁，应抢救性记录和收集西北地区的古代艺术文物资料，以防在战争中受到践踏和破坏。为此，国民政府教育部于 1940 年 6 月组建西北艺术文物考察团，王子云任团长，成员主要由重庆国立艺术专科学校的毕业生以及由沦陷区撤退的美术教员组成。考察团自 1940 年 12 月出发，1945 年初结束考察，先后到达川、陕、豫、甘、青五省，共发现各类文物遗址数百处。其调查范围甚广，包括彩陶、绘画、雕刻、青铜、三彩、瓦当等，运用速写、临摹、摄影、测量、拓印、模铸等手段进行记录，收集艺术文物以及珍贵拓本 2000 余件。[④] 考察途中对古建筑也多有关注，调查了西安卧龙寺、东岳庙、慈恩寺、兴善寺、泾阳崇文塔、兴平县千佛寺、扶风法门寺、岐山城隍庙、虢县卧龙寺、兰州卧桥、青海塔尔寺等建筑。[⑤]

为了延揽建筑方面的专才随团进行建筑考察，考察团在 1940 年 8 月 3 日重庆《大公报》上征聘建筑绘画人才。[⑥] 1941 年 2 月，西安考察刚开始时，毕业于

① "本会调查法，先以照相摄取各建筑物之内外各部，以测制平面图，再就碑碣等项拓取文字，最后仍就其住持僧道及左右邻居询问其口耳相传之历史，至其他所获之古器物旧文件等，在可能范围之内亦必详若钩稽。"，引自刘季人.国立北平研究院、史学研究会及北平庙宇调查大要.北京档案史料，2009（1）.
② 刘季人.国立北平研究院、史学研究会及北平庙宇调查大要.北京档案史料，2009（1）.
③ 中国文物研究所.中国文物研究所七十年.北京：文物出版社，2005：306.
④ 广东美术馆.抗战中的文化责任：西北艺术文物考察团六十周年纪念图集·叙述文版.广州：岭南美术出版社，2005：20.
⑤ 广东美术馆.抗战中的文化责任：西北艺术文物考察团六十周年纪念图集·叙述文版.广州：岭南美术出版社，2005：44-59.
⑥ "征聘建筑绘画人材：须长于建筑写生建筑制图建筑理论□建筑史，拟随某考察团体赴□地考察建筑，月薪百元以上，□费另给。"引自大公报.1940 年 8 月 3 日。

图 3-15　西安城隍庙戏台图样（比例：50 分之一，梁启杰绘制，1941年 5 月）(资料来源：广东美术馆.抗战中的文化责任：西北艺术文物考察团六十周年纪念图集·艺术图版.广州：岭南美术出版社，2005：2）

　　广东襄勤大学建筑系的梁启杰[1] 加入考察团，担任古建筑测绘与图案临摹工作。12 月，因考察团前往甘肃，古建筑测绘工作不多而离团。梁启杰在团期间，对西安考察中的重要古建筑进行测绘，完成了城隍庙、清真寺、东岳庙、大小雁塔以及洛阳龙门石窟等测绘图多幅。[2]

　　梁启杰是考察团唯一接受过建筑学教育的成员，考察中的建筑测绘也正是基于其专业技能的发挥。艺术考察团成员以从事美术者为主，考察中也以文物的艺术价值为重。受其影响，建筑测绘图也显示出侧重形式与艺术方面的特征。以西安城隍庙图样为例，平面图绘制得较为简单，大样图则是建筑各部位纹样精彩繁复的局部组合在一起，进行深入、细致的刻画，包括柱额、门窗、正吻与柱础，立面图也以较大比例（1：50）显示细节（图 3-15）。同时，测绘图采用水墨渲染方式，是当

① "梁启杰（1916—1996 年），广东开平人。1916 年 2 月出生于开平县长沙镇商人家庭。1921 年至 1929 年在广州觉民私塾读书。1930 年至 1936 年先后在广州南海中学、广州知用中学、广州五洲补习学校、广州长城中学、广州市立第二职业学校土木（建筑）班等学校读书。1936 年 6 月以后考入襄勤大学建筑系，旋归并至中山大学建筑工程系，1940 年 7 月毕业。1940 年 8 月至重庆，在蜀华实业公司任见习工程师。1941 年 1 月参加教育部艺术文物考察团，任古建筑装饰图案摹绘与测绘工作。1949 年后先后在广州市政府建设局、工程局、房管局及广州市建筑设计院等单位工作。"引自广东美术馆.抗战中的文化责任：西北艺术文物考察团六十周年纪念图集·叙述文版.广州：岭南美术出版社，2005：120.
② 广东美术馆.抗战中的文化责任：西北艺术文物考察团六十周年纪念图集·叙述文版.广州：岭南美术出版社，2005：120.

时学院派建筑教育的体现。此外，并未绘制剖面图，也说明建筑结构、法式不是艺术考察团的调查重点。

（三）西北史地考察团与敦煌艺术研究所对敦煌莫高窟的测绘

1. 西北史地考察团的测绘

1942 年春，由中央研究院、中央博物院合组成立"西北史地考察团"，分为地理组、历史组和植物组。傅斯年派劳干、石璋如加入中央博物院历史组。4 月 1 日，考察团由四川李庄出发。历史组向西行，主要至敦煌一带考察。6 月 15 日到达敦煌后，一是调查当地的民俗、名胜等与历史有关的事项，二是测量、研究莫高窟。

莫高窟测量由石璋如和另一位当地雇佣的工友进行，用皮尺和竖杆进行了简单测量。[①] 除了洞窟的长度、高度等尺寸外，还使用指南针记录了洞窟的朝向。[②] 由于石璋如长期参加殷墟考古发掘，其测量方法也承袭了考古测量的方式，即先测量尺寸，再按照数据在米格纸上定位画图：

> 我让工友拉住皮尺一端，放在指定的位置，我念出尺寸，然后我在预备好的方格厘米本上量一尺画一道线记尺寸，慢慢地先量平面，再量立面。[③]

此次测绘历时两个月，是第一次用现代测绘方法对莫高窟窟体建筑的记录。50 多年之后的 1996 年，石璋如先生调查测绘莫高窟的记录资料经过陈仲玉、董敏、吴文彬、冯忠美、赖淑丽等人的整理绘图，出版为《莫高窟形》，其中包括各窟的朝向、时代、形制、壁画等简要信息和测绘图（图 3-16、图 3-17）。

2. 敦煌艺术研究所的测绘

近代以来，敦煌文物屡被外国考察、探险组织盗窃骗取，逐渐引发国人重视。1941 年，国民政府要员于右任赴西北考察，目睹莫高窟满目苍夷的现状无不悲

---

① "我就教工友从认数字开始一步步训练他。测量器材包括了皮尺，三十米、十米皮尺各一；平板仪有两个小机器，一个是测量近距离的照准仪，一个是远距的望远镜，可是平板仪在窟内用不着，预备的标竿标尺也无法用，便借用当地较长的棍子，捆起来当做测量竿。……测量立面就是在测量竿头钉钉子，把皮尺弄起来，一个皮尺来量高度，一个量平面，彼此互不冲突。"引自陈存恭、陈仲玉、任育德编.石璋如先生口述历史.北京：九州出版社，2013：216.

② "测量洞的大小之外，也要测量方位，因为洞随山势蜿蜒而建，方向各有差异，得用指南针测量记录。……碰到穿壁的通道时也必须记录方位、长度、高度。只要是洞窟当时保存的情形，都在记录范围之内。"引自陈存恭、陈仲玉、任育德编.石璋如先生口述历史.北京：九州出版社，2013：217.

③ 陈存恭、陈仲玉、任育德编.石璋如先生口述历史.北京：九州出版社，2013：216.

图四三：莫高窟C44平面及剖面图

图 3-16 《莫高窟形》书影(资料来源:
石璋如.莫高窟形.台北, 1996)(左)
图 3-17 莫高窟九层楼剖面图 [资料
来源: 石璋如.莫高窟形 (二).台北,
1996: 49] (右)

愤痛惜，深感作为政府官员，保护敦煌艺术宝库的责任重大。回到重庆后，于右
任急切地向国民政府建议设立敦煌艺术学院。在各界的呼吁和声援下，教育部于
1943 年成立"国立敦煌艺术研究所筹备委员会"，陕甘宁监察使高一涵为主任委员，
留学法国归来的油画家常书鸿为副主任委员。1944 年 2 月，敦煌艺术研究所（今
"敦煌研究院"）正式成立，教育部任命常书鸿为所长，结束了敦煌文物 400 多年
来缺乏管理的状态。

　　敦煌艺术研究所初建时，常书鸿延聘了一些画家和学者，不过十余人，尚没
有建筑或工程方面的人才。为了对莫高窟洞窟进行测量，他专门找到一位学过土
木专业的测量工，对全部洞窟进行了简易测量。①

　　莫高窟除了壁画、彩塑及文献之外，还完整保留了几处唐宋时期的窟檐，分
别是建于唐代的第 196 窟，以及建于宋初的第 427、第 431、第 437、第 444 窟，

---

① 根据 2011 年 2 月 13 日笔者访问敦煌研究院孙儒僩先生的记录（未刊稿）。

因年代较早而具有重要价值。尤其是第 196 窟窟檐，是国内仅存的 6 座唐代木构建筑之一，在一定程度上弥补了缺少早期建筑实物的缺憾。早在中国营造学社成立时，梁思成就已经注意到敦煌建筑的价值，在还未发现唐代木构实物时，他就通过敦煌建筑资料来研究唐代建筑，并发表了第一篇学术论文《我们所知道的唐代佛寺与宫殿》。[①] 研究所成立后，他便嘱托常书鸿招揽人才进行建筑方面的研究。1946 年，在常熟鸿的邀请以及梁思成的建议下，毕业于四川艺术专科学校建筑专业的孙儒僩来到敦煌，成为第一位来敦煌工作的建筑专业人才。孙儒僩就任后，立刻于 1947 年展开测量工作。据他回忆：

> 听我的老师（辜其一）说，常书鸿先生要一个学建筑的人到敦煌去。他跟梁思成先生比较熟悉，他也是根据梁思成先生的意图，就是需要有个学建筑的人到那里去。我去的时候常书鸿先生叫我去搞测绘，但是我没有学过测绘。40 年代敦煌的条件比现在差得多，我一个人测绘，没有人帮忙，所以就很简单地量，做比较粗略的量法。[②]

除了洞窟，孙儒僩主要测绘了莫高窟几处木构窟檐（图 3-18）。由于不懂古建筑方面的知识，他专门写信请教老师辜其一，在危险的条件下逐步摸索着完成了测绘：

> 莫高窟的几个木构窟檐，我都做了测绘。但那时候我还不知道什么斗什么栱。1947 年我写信请教我的老师，我的老师是梁思成先生的学生，东北大学的辜其一先生。他就给我画了一些示意的东西寄到敦煌去。那时几个窟檐完全是凌空的。所以我当时就搭一个门板在两个悬臂梁之间，搭一个小梯子上去量。直接量了柱子、当心间、次间。至于两个次间是不是都一样，因为差别不大，所以我取了平均数。至于斗栱，我就先画草图，然后一步步量，都量完把数字记下来，找个平均数，然后画成图。我那个时候对古建一窍不通，就是摸索着自己弄。[③]

除了测量具有危险，物资条件也很匮乏，加上敦煌恶劣的自然气候，完成一幅图纸颇费周折：

> 我们那个时候连硫酸纸都没有，画图是怎么解决的呢？那时候物资是非常困难的，在不透明的纸上刷一层煤油，等稍稍干了之后，变得透明，很

---

① 其中提到："幸而有敦煌壁画，因地方偏僻和气候的干燥，得千余年岁，还在人间保存……其中各壁画上所绘建筑，准确而且详细，我们最重要的资料就在此。"引自梁思成. 我们所知道的唐代佛寺与宫殿. 中国营造学社汇刊，1932，3（1）.
② 2011 年 2 月 13 日笔者访问敦煌研究院孙儒僩先生的记录（未刊稿）.
③ 2011 年 2 月 13 日笔者访问敦煌研究院孙儒僩先生的记录（未刊稿）.

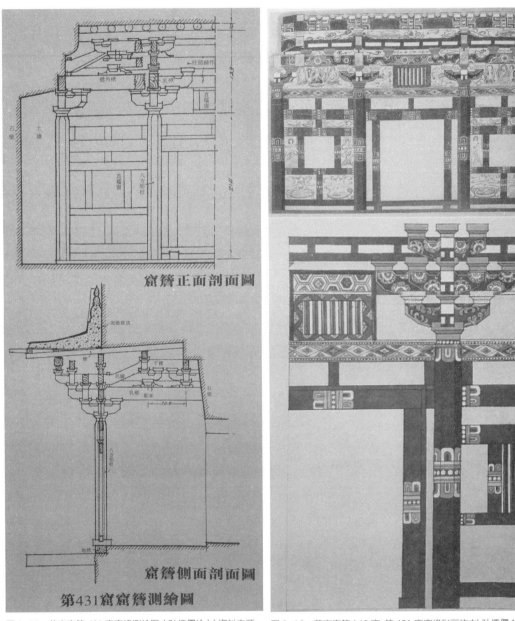

图 3-18　莫高窟第 431 窟窟檐测绘图（孙儒僩绘）（资料来源：敦煌研究院主编 . 敦煌石窟全集 22：石窟建筑卷 . 香港：商务印书馆，2003：170）

图 3-19　莫高窟第 149 窟、第 431 窟窟檐彩画临本（孙儒僩 1948 年摹）（资料来源：敦煌研究院主编 . 敦煌石窟全集 22：石窟建筑卷 . 香港：商务印书馆，2003：192）

快就可以在底图上描墨线。后来常书鸿先生从外面买了好一点的纸，不用再抹煤油了，但是画起来很不好上墨线。鸭嘴笔在敦煌干燥的气候条件下一会儿就不行了，随时要把它清洗干净才能画。鸭嘴笔时间久了显得线太粗，我就直接磨一磨。我记得常书鸿先生51年出国访问，他从印度给我买回来几瓶画图墨水，珍贵得不得了，我都舍不得用。^①

窟檐测绘完成后，孙儒僩继续绘制彩画图案，以测绘图为底本，凭借在建筑系"基础图案"课程中训练的方法，根据二十分之一的比例临摹出窟檐内部彩画（图3-19）。其中第431窟彩画被引用在梁思成于1951年发表的文章《敦煌壁画中所见的中国古代建筑》中，被梁思成认为是窟檐中最可珍贵的部分："我们对于彩画的认识，如上文所说，自明中叶以上即极为贫乏……幸喜敦煌窟檐，使我们的知识向上推远了五百年。在这一点上，窟檐彩画是重要无比的。"^②

小结

本章叙述了南京国民政府时期，文物保护理念发展的影响下，以建筑遗产保护和记录为目的的测绘活动。一方面，古建筑保护专门机构文整会对北平市文物建筑实施修缮，以前期勘察、测绘为基础，以测绘图为反映修缮设计的重要依据，使古建筑维修由传统修缮转为现代文物保护意义的修缮。另一方面，在民族危亡之际，社会各界积极重视文化遗产的保护与记录，不同学科和专业的机构、人员纷纷组织以抢救性保留文化遗产资料为目的的文物史迹考察活动。经过这一时期的实践和发展，古建筑保护成为文物保护事业的重要部分，为新中国时期的继续发展奠定了根基。

---

① 2011年2月13日笔者访问敦煌研究院孙儒僩先生的记录（未刊稿）。
② 梁思成.梁思成全集（第一卷）.北京：中国建筑工业出版社，2001：157.

第四章

建筑遗产调查测绘的扩展（1949 年—1980 年代）

1949 年以后，随着国家文物部门及文物保护管理体系的建立、文物保护政策的相继出台，国家文物事业进入新的发展阶段。文物部门开展全国范围内的文物普查和古建筑重点勘察，文整会的古建筑保护修缮也不再局限于北京地区，开始面向全国重要早期建筑，并先后举办四期古建筑培训班，初步建立起古建筑保护人才的培养机制。根据古建筑测绘工作的经验，文整会首次总结了古建筑测绘的操作方法及技术理念，在此基础上编写了测绘教材。营造学社解体后，其相关人员大多任职教育研究机构，继续进行古建筑测绘与研究。刘敦桢、梁思成主持的建筑历史与理论研究室成为继学社之后的全国建筑史学学术中心，按照研究专题进行持续、广泛的古建筑实物调查，开拓了民居、园林、少数民族建筑、宗教建筑等崭新的研究领域，推动了建筑史学研究的深化发展。此外，清华大学、东南大学、天津大学、同济大学的建筑系于新中国成立初期开设古建筑测绘实习，形成了各具特色的测绘课题，成为古建筑测绘研究领域的重要力量。

一、建筑遗产调查测绘步入正轨

（一）文物保护管理体系的建立

1. 文物保护管理机构的建立

1949 年 10 月 1 日，中央人民政府文化部成立，成为统一管理全国范围内文化、艺术事务的国家行政机构。文化部下设文物局（下称"国家文物局"），由郑振铎担任局长，王冶秋担任副局长。文物局负责管理全国文物、博物馆、图书馆事业，古文化遗迹、古陵墓、古建筑的调查、保护、保管、发掘、修整，也属于文物局的管辖范围。

随后，各省市纷纷设立地方文物管理机构，仅一年时间便迅速成立"文物管理委员会" 30 所，管辖范围涵盖了华北区、东北区、华东区、中南区等文物集中的地区。1951 年 5 月，为明确地方管理机构职权，落实地方文物的保护与管理，文化部要求各省、市设立"文物管理委员会"。鉴于古建筑残破严重且缺乏管理的状态，1952 年文物局又决定在全国成立文物保管所。[①]

经过新中国建立初期的匡乱反正，文物保护管理机构迅速完成了基本的构建工作，结束了长期以来社会动荡、无政府管理的状态。国家的统一稳定与行政划一，保障了文物保护的宏观规划与统筹管理，我国文物事业进入新的发展阶段。在初步建立的"中央主管部门监管规划——地方机构具体实施"的层级管理体系下，古建筑调查权责上归属于各地方文物管理机构及人民政府，业务和技术上接受中央文物部门的指示与指导，这一基本制度安排沿用至今。

2. 文物保护政策的出台

经历战乱与动荡时期，国内文物频遭被毁、盗劫，损失严重。新中国成立后，各地仍常有文物被拆毁、破坏，秩序混乱。为及时遏制这一局势，国家文物局成立后迅速出台相应的政策与措施，如：制定田野调查发掘办法、保护与利用文物建筑的原则等。在国民经济恢复时期，这些法规明确了文物保护的基本原则，有效遏制了文物管理的纷乱局面，保障了文物事业的健康起步。

其中，关于古建筑的调查记录，也制定了初步要求。1950 年 5 月 24 日颁布的《中央人民政府政务院令》，作出了"具有历史、艺术价值的古建筑必须登记"的原则性规定。附录《古文化遗址及古墓葬之调查发掘暂行办法》（下称《办法》）要求，各地政府应调查具有重大历史价值的古文化及古墓葬，呈报文化部登记，并对外籍人员的田野调查发掘活动进行限制。虽然《办法》针对的保护对象未明确提及古建筑，但考虑到地下考古发掘调查与古建筑田野考察的共通性与相似性，可以认为古建筑调查在原则上参照《办法》执行。事实上，这一时期的古建筑调查也的确以各地具有重大价值者为主要对象。

1953 年，发展国民经济的第一个五年计划开始实施，基本建设的广泛开展与地下、地面文物保护形成了显著矛盾，古建筑因工程建设而遭受破坏的事件时有发生。为此，1953 年 10 月下发的《中央人民政府政务院关于在基本建设工程中保护历史

① 中国文物研究所.中国文物研究所七十年.北京：文物出版社，2005：283.

及革命文物的指示》规定了文化部应调查确属必须保护的地面古迹及革命建筑物。①

3. 文物建筑保护修缮的发展

1949 年 10 月，文整会隶属于国家文物局，更名为"北京文物整理委员会"，继续从事北京地区的古建筑修缮保护与调查研究。②1949 年底至 1952 年，文整会陆续开展多项北京古建筑修缮工程。③因国民经济尚处于恢复时期，此时的文物修缮仍以保养性中小型工程为主。

1952 年之后，随着国民经济建设的启动，各地抢救性维修古建筑的需求转为急迫。作为全国范围内古建筑修缮工程勘测设计的独有专业机构，文整会的保护修缮工作开始面向全国。④文整会兼顾北京古建筑修缮工作的同时，派出技术力量赴各地主持抢救性维修工程⑤与重要古建筑的修缮工程⑥，并承担大量的古建筑普查与勘察工作，成为全国文物建筑保护修缮的核心机构。

业务拓展后，文整会在古建筑保护的理论研究、技术、管理、人才培养等方面均展开系统建设，由古建筑保护实践的开拓者成功转型为中国文物建筑保护事业的领军者（图 4-1）。其中，古建筑调查、勘测、设计方法体系的探索与实践，对于全国的文物建筑保护产生了重要的影响。

（二）新中国成立初期以专家为主力的古建筑调查测绘

营造学社长期的古建筑调查研究，除成就了梁思成、刘敦桢两位学术泰斗之

---

① "文化部应调查确属必须保护的地面古迹及革命建筑物陆续列表通知各级人民政府及有关单位注意保护。一般地面古迹及革命建筑物，非确属必要，不得任意拆除。"引自《中央人民政府政务院关于在基本建设工程中保护历史及革命文物的指示》，中央人民政府政务院，1953 年 10 月 12 日发布。

② "文整会主要任务是古建筑的调查研究和维修，当时文整会的工作尚未向全国展开，主要是调查北京的古建筑和修缮城门楼子。"引自罗哲文 . 与时俱进，继往开来——热烈祝贺中国文物研究所成立七十周年 . 见：中国文物研究所 . 中国文物研究所七十年 . 北京：文物出版社，2005：278.

③ 1949 年，修缮孔庙、五塔寺、天坛坛墙、大慧寺大悲阁；1951 年，修缮阜成门城楼、安定门城楼、德胜门箭楼、东便门箭楼；1952 年，修缮西四广济寺、天门、端门、午门、护国寺金刚殿、北海天王殿、雍和宫、故宫皇极殿等。参见中国文物研究所七十年大事记 . 见：中国文物研究所 . 中国文物研究所七十年 . 北京：文物出版社，2005：312-313.

④ "1952 年土改、抗美援朝、三五反运动结束之后，国家开始了大规模的经济建设，文物古建筑的保护维修也向全国推开。各地要求抢救维修古建筑的提案、报告纷至沓来。文整会是当时全国惟一的有专业水平的机构，也就同样把工作推向了全国。"引自罗哲文 . 与时俱进，继往开来——热烈祝贺中国文物研究所成立七十周年 . 见：中国文物研究所 . 中国文物研究所七十年 . 北京：文物出版社，2005：279-280.

⑤ 例如：1950 年，抢修敦煌莫高窟部分危险洞窟；1951 年，修缮吉林农安行将倒塌的辽代石塔，修复失火烧毁的沈阳故宫大清门。

⑥ 例如 1951 年开始的山西五台山佛光寺修缮工程、1953 年开始的正定隆兴寺修缮工程等。

工程师 祁英涛　　工程师 余鸣谦　　文献组编审员 杜仙洲　　工程技术员 陈继宗　　文献组编审员 袁钟山

资料员 朱希元　　工程技术助理员 李全庆　　工程技术助理员 李竹君　　工程技术助理员 杨玉柱　　工程技术助理员 杨烈

练习生 贾瑞广　　练习生 姜怀英　　工程技术助理员 梁超　　工程技术员 李良姣　　工程技术助理员 王真

工程技术员 孔祥珍　　工程技术助理员 何凤兰　　工程技术助理员 王汝蕙　　图书管理员 李淑其　　行政秘书 冯学芬

图 4-1　新中国成立初期文整会部分工作人员（资料来源：中国文物研究所.中国文物研究所七十年.北京：文物出版社，2005：227）

外，更培养了陈明达、莫宗江、刘致平、单士元、卢绳、罗哲文等古建筑专门人才。学社解体后，原有成员分流至高校、研究机构及文物部门，继续从事古建筑的研究与保护。[①] 文整会经过多年古建筑保护实践，培养出余鸣谦、祁英涛、杜仙洲、于倬云等一流骨干。这两所古建筑研究与保护机构造就的专业人才成为新中国成立之后文物建筑保护事业的中坚力量。

新中国成立初期，文物保护薄弱与缺环相继显露，基于不同目的与需求的古建筑调查亟待实施。首先，需要了解全国范围内古建筑的基本情况与保存现状，作为制定保护计划、研究管理模式、实施保护政策的首要基础。除了此前营造学社进行调查的部分地区，全国各地仍存在大量空白。第二，学社已调查的部分古建筑具有重要价值，历经战争安危未卜，需做重点复查。第三，基本建设过程中

---

① 其中，梁思成、刘致平、莫宗江、赵正之任教清华大学建筑系，刘敦桢任教南京工学院建筑系，卢绳任教天津大学建筑系；陈明达与罗哲文任文化部文物局业务秘书；单士元、王璧文任职故宫博物院。

涉及大量问题，需要实际调查后作出价值评估。第四，文物建筑保护修缮不再限于北京地区，各地的抢救性修缮工程与重要文物建筑的保护修缮刻不容缓。

上述背景决定了此阶段古建筑调查的多重性质与急迫需求。然而，经过短期筹备与建设，虽然各省市依次设立了文管会，并配备有固定人员，但具有古建筑调查实践或培训经历的技术力量寥寥无几，无法独立担任调查任务。各类古建筑调查仍多依靠出自文整会与营造学社的专业骨干，临时组成专家团队展开工作。

按照考察范围与目的，这一时期的古建筑调查活动可分为普遍性调查与重点调查两类情况。普遍性的调查出于两方面需求：一是文物建筑"摸底"与基本资料的建立；二是根据调查评估决策基本建设引致的古建筑存废问题。囿于现实条件，普遍性调查在技术力量最强、建设与保存矛盾最为突出的北京地区起首，先后成立了专门的考察组与专家调查组，而首次文物建筑普查至 1956 年以后得以在全国范围内广泛展开。重点调查是针对亟待抢修或价值重大的古建筑进行的专项考察①，具有两方面目的：一是掌握重点地区重要古建筑的情况，如勘察山西、河北两省的唐宋木构建筑，以及敦煌莫高窟、炳灵寺石窟等艺术精品；二是以抢救性修缮或筹划重点建筑的修缮为目标，如 1951 年的敦煌考察、1952 年文整会派员对遭遇火灾的沈阳故宫大清门与行将倒塌的吉林农安辽塔进行抢救性维修，以及国家文物局多次组织专家组考察雁北地区古建筑并确定维修方案。

重点调查的内容以价值分析与现状勘察为主，调查报告多涉及建筑的形制与年代、残损情况与保护意见。部分调查利用已有测绘成果，延续营造学社的方法，将具体的修缮意见标注于图纸。鉴于人员与时间不足的现实情况，新中国成立初期的调查总体上仍以勘察为主，少有深入、详细的测绘。另外，由于考察任务繁杂，专家人数有限，常演变为重点调查结合周边地区普查的综合性调查。

1."摸底"普查

为尽快掌握全国古建筑的情况，国家文物局以 1949 年 3 月梁思成等编写的《全国重要文物建筑简目》（下称《简目》）为重要依据，于 1950 年翻新印发至各地文物保护机构，促使各区了解并保护辖境内重要的文物建筑。由于此时文物保护事业刚

---

① 郑振铎先生指出："关于古建筑的修整工程，今年只能在北京市范围以内动工，且也只能选择重点的做。这是很耗费的事业，但也是必要的。中国古建筑有其历史的、文化的价值，表现着民族形式的最高的成就。江南一带，古建筑存在者已少。北京、河北、察哈尔、山西一带，则保存者尚多，但也岌岌可危，倾圮堪虞，我们必须加以抢救。这项抢救的工程，在今年还不能用大力量来展开。"引自郑振铎.一年来的文物工作（写于 1950 年 10 月 31 日）.见：国家文物局编.郑振铎文博文集.北京：文物出版社，1998：88.

图 4-2　北京文物建筑等级初评表（资料来源：中国文物研究所.中国文物研究所七十年.北京：文物出版社，2005：279）

起步，考虑到专业力量集中于北京，"摸底"性的普查工作也选择在北京进行试点、实施。1950 年，在国家文物局局长郑振铎先生的指示下，罗哲文、于倬云等调查北京的寺庙与古建筑，并参照《简目》编写《北京文物建筑等级初评表》（图 4-2）。[1]

除寺庙之外，调查对象还涵盖园林、府邸、佛塔、坛庙、陵寝等各种类型。依据调查结果，文整会编写了《北京文物建筑等级初评表》，以年代、历史与艺术价值为标准，将 143 处文物建筑划分为甲、乙、丙三个等级，按重要性由高至低列出。每项文物建筑附有所在地点、建筑种类、建造及重修年代、特殊价值及意义四项说明。评定文物建筑等级，意在倡导社会民众团体对文物建筑的爱护。对于高等级的文物建筑，不仅"尤应视为国宝，深加重视"[2]，并且应当具有更严格的保护管理标准。

1951 年，北京市人民政府文化教育委员会成立北京市文物调查研究组，由朱钦陶任主任，于树功任秘书长。由于北京市古建筑事业人、财两缺，文物调查组特录用两名高中毕业生，并专门派遣两名练习生赴文整会与科学院考古所学习测绘技术。[3]1957 年，北京市文物调查研究组更名为"北京市文物工作队"。该建制一直延续到"文化大革命"之前的 1965 年，其主要任务是从事文物保护业务工作和考古发掘。[4]

2. 存废问题与价值评估

全国展开基本建设后，古建筑受"建设性破坏"威胁而面临存废问题。相应地，文物界展开了关于"保存什么，如何保存"的讨论，一致认为：根据古建筑

① "调查北京的寺庙，是郑振铎局长布置的任务，他一贯主张要把文物的家底'彻查'清楚，以便安排工作。他特别强调彻查二字。我记得当时根据文献记载和调查，北京的大小寺庙和古建筑有 800 多处（只是当时北京城区、关厢、海淀），原想出一本册子的，由于工作量太大未出来。但是在郑振铎局长的指示安排下，出了一本很有价值的《北京文物建筑等级初评表》，按照 1949 年 3 月清华大学与中国营造学社合办的中国建筑研究所编发给解放军保护文物的《全国重要建文物简目》的形式，根据其价值大小分等级排列，对后来的文物保护很起作用。特别在书后附了一篇'古建筑保养维修工作须知'的文章，强调日常保养维修工作的重要性和有关知识与方法，对今天来说还有重要的意义。"引自罗哲文.与时俱进，继往开来——热烈祝贺中国文物研究成立七十周年.见：中国文物研究所.中国文物研究所七十年.北京：文物出版社，2005：279.
② 文化部文物局北京文物整理委员会编印.北京文物建筑等级初评表，1951.
③《周耿关于文物组 1951 年下半年预算编制人数及开办费事项的签报》，北京市档案馆藏，档案号 011-001-00155.
④ 北京文物事业五十年梗概.北京市文物局网页,http://www.bjww.gov.cn/2004/6-28/99.html.访问日期：2013 年 4 月 2 日。

调查基础上的价值评估，决策是否保存建筑，拆除者须留存记录。

1952 年，时任文整会秘书的俞同奎撰文指出，根据调查资料评定建筑的价值和等级，将等级评定与保存措施对应。① 对于无法避免拆除命运的古建筑，时任国家文物局业务秘书的陈明达与谢辰生都指出，必须事先完成详细的测绘与摄影，"用一切可能做到的科学方法"保存资料。②

虽然明确了调查测绘的思路和方法，但价值评估需要专门的知识和经验，未经过专业培养的人员难以胜任此项工作。在专业人员集中、存废矛盾突出的北京市，特别组织了临时专家组展开调查。1953 年，北京市人民政府、都市计划委员会、国家文物局、文整会联合抽调干部，临时成立了北京市文物建筑调查组，重点进行都市计划中亟待决策的文物建筑的调查，鉴别其价值以作为都市建设中文物建筑的处置依据。

北京市文物建筑调查组由罗哲文（国家文物局）、曾权（文整会）、余鸣谦（文整会）、侯垲（北京市文物组）、萧军（北京市文物组）、梅振乾（都市计划委员会）六人组成，分两组进行工作。③ 按当时的会议纪要，调查组先行集中整理已有资料，然后根据都市计划委员会提出急待解决的"文物建筑目录"制定计划，先就城内各地调查，其中已肯定有价值或无价值的，暂时不管，先调查有价值而建设中考虑要拆除者。④ 文物建筑调查组先后于 1953 年 10 月 11 日至 11 月 15 日 ⑤、1953 年

---

① "必须把古建筑就历史方面，艺术方面，分出它们的真实价值和等级，哪一些必须立即修缮注意保存，哪一些的修缮可暂时延缓，哪一些可供地方利用。因此我们必须就调查资料，请专家评定等级，最好划分为'甲'、'乙'、'丙'、'丁'四级。分别处理。关于地方古建筑的修缮、利用，或者价值不大而损坏程度严重，无修缮必要，须拆除的，均须由当地文教机关审查决定，并报中央批准。"引自俞同奎. 略谈我国古建筑的保存问题. 文物参考资料，1952（4）：60.

② "所以拆除古建筑必须在事前经过详细的测量、绘图、摄影等一系列的工作。在拆除过程中更应当细致地观察它各部分的结构和其他情况，做出忠实的完备的记录，用一切可能做到的科学方法保存它的研究资料。"引自陈明达. 古建筑修理中的几个问题. 文物参考资料，1953（10）. "当然我们应该由此得出教训：加强我们的调查、测绘、记录等掌握资料工作，这样万一损失，还有一份可供研究的记录。"引自谢辰生. 关于"保存什么，如何保存"的争论. 见：谢辰生. 谢辰生文博文集. 北京：文物出版社，2010：89.

③ "北京市文物建筑调查组组织情况
一、组织：
1. 本组为一临时性的组织，由北京市人民政府文化教育委员会文物组、都市计划委员会、中央文化部社会文化事业管理局、北京文物整理委员会等单位共同抽调干部组成。
2. 本组属北京市人民政府文化教育委员会领导。
二、方针任务：
为解决北京市都市建设中文物建筑的存、废问题，其具体任务是实地调查研究文物建筑现存的情况，鉴别其历史、艺术等方面的价值，提出详细具体的资料，供都市计划设计的参考及决定对该文物建筑'保存'、'迁移'或'拆除'时之依据。
三、本组工作范围，为在都市建设中目前急待解决的文物建筑的处理问题。北京市全部文物建筑的调查研究，不属本组工作范围。"
引自"政务院关于在基建中保护文物的指示及北京市组织调查文物"，北京市档案馆藏，档案号150-001-00078.

④ "市政府关于首都古文物建筑保护问题座谈会记录摘要"，北京市档案馆藏，档案号11-1-227.

⑤ 调查帝王庙及牌楼、东西交民巷牌楼、东西四牌楼、东西长安街牌楼、大高殿牌楼及习礼亭、金鳌玉蝀桥及牌楼、地安门。

图 4-3 《雁北文物勘查团报告》书影
（资料来源：雁北文物勘查团报告.北京：中央人民政府文化部文物局出版，1951）

11月20日至1954年1月15日[①]、1954年1月15日至3月30日[②]分三批进行，完成了五十余处建筑的调查。调查组的工作不同于北京市文物组的全面普查，是为解决城市建设中文物建筑价值认定而进行的评估调查，以文整会的专业力量弥补了市政府文物调查组在人员与经验方面的不足。

3. 重点调查

（1）雁北文物勘查团的调查（1950年）

1950年，察哈尔省雁北专区山阴县古驿村北发现古城遗址并上报文化部。经多方专家讨论，认为有必要详细调查研究。同时，此前营造学社发现、调查的几座雁北地区重要早期建筑在战争中保存及损毁情况未明，急需进行复查。因此，国家文物局邀请多所科研机构[③]的专家学者，组成"雁北文物勘查团"，开展雁北地区文物考古与重要古建筑的调查。

雁北文物勘查团由考古学家裴文中任团长，分考古、古建二组。其中，古建组成员6人，包括组长刘致平，副组长莫宗江、赵正之，以及主要组员胡允敬、汪国瑜、朱畅中。[④]除赵正之由文整会派出，其余5人均来自清华大学营建系。担任组长与副组长的刘致平、莫宗江、赵正之曾为营造学社古建筑调查的重要成员，曾跟随梁思成、刘敦桢做过大量实地考察工作。自1950年7月21日至8月31日，勘查团考察四十余日，先后调查了山阴古驿村古城遗址、浑源李峪村战国铜器遗址、广武古墓群、阳高古城堡，以及大同、岱岳、应县、朔县、五台、太原、正定的重要古建筑二十余处。调查结束后，由专家分别撰文，汇编出版《雁北文物勘查团报告》（图4-3）。

---

① 调查圣安寺、宝应寺、崇效寺、嘉兴寺、郑王府、什锦花园、内外城墙及各城楼、长椿寺、礼王府、双塔寺、畿辅先哲祠、晋太高庙、棍王府、醇王府。
② 调查隆安寺、广慧寺、护国寺、嵩祝寺、保国寺、万寿西宫、海公府、恭王府、摄政王府、帽子胡同西某王府、鉴园、中山门、庆王府、法源寺、智化寺、善果寺、法渊寺、柏林寺、关岳庙、广济寺、皇史宬、妇女干校、龙潭三义庙、桂春园、夕照寺、普渡寺、龙泉寺、智珠寺、隆福寺、九爷府、妙应寺、堂子、人民大学、半亩园翠花花园。
③ 包括北京大学文科研究所、清华大学营建系、清华大学文物馆、文整会（时称"北京市文物整理委员会"）、北京历史博物馆、北京大学工学院以及故宫博物院。
④ 另有两名成员北京大学工学院李承祚、故宫博物院张广泉因病中途返回北京。

　　古建组的调查以复查佛光寺大殿等重要木构的现状为主，顺道进行沿途地区的古建筑考察。[①]这些建筑中大部分经过学社的详细调查，已有历史沿革、结构形制等方面的基础资料，加上调查的主持者曾为学社成员，对重点考察对象了若指掌，因此，复查工作从实施修缮保护工程的角度出发，以查勘残损为主要目的，在历史、艺术价值以及保存状况等方面提出修缮意见，以供文物局拟定维修计划。古建组以学社的测绘图为基础，标注各部分残损状况的文字说明。最终的调查报告包括上述重要建筑的基本形制、现状分析以及修缮建议，并整理有"重要古代木建筑勘察表"，特别指出表内所列建筑"均应列为国宝"。

　　雁北文物勘查团是新中国成立后第一次组织的大规模实地调查研究的工作团体，其调查报告也是新中国成立以来出版的第一个文物调查报告。[②]团长裴文中指出，这项活动对于后续系统展开调查工作具有重要的开拓和借鉴意义。[③]雁北文物勘查团及其调查成果为新中国成立初期的文物建筑保护决策提供了重要基础，成为文化领域的重要事件之一。以此为发端，全国范围内的古建筑重点勘察陆续展开。

（2）敦煌莫高窟勘察测绘（1951年）

　　新中国成立后，国立敦煌艺术研究所改名为"敦煌文物研究所"，隶属于文化部。政府高度重视敦煌石窟的保护工作，多次派出专家组实地考察并制定保护方案。1951年，郑振铎在北京主持举办了"敦煌文物展览"，引起了巨大轰动。同年6月，因敦煌莫高窟急待抢修，国家文物局委派文整会余鸣谦、清华大学莫宗江、北京大学宿白、赵正之组成专家组前往考察并进行临时性的抢救维修工作。

　　除了重点勘察莫高窟洞窟与崖体外，专家组考察了莫高窟遗存的唐宋木结构窟檐，并进行敦煌附近地区的古建筑调查，发现了成城子湾的唐代花塔和三危山中的北宋木构慈氏塔。考察过程中，对莫高窟木结构窟檐（第427、431、437、444窟窟檐）以及慈氏塔进行了详细测绘，并做了窟檐的局部维护和修缮，修复了五座岌岌可危的唐宋窟檐。由于事出匆忙，包括丁字尺、图板在内的全套绘图工具都是临时请工人现场制作的。慈氏塔位于莫高窟东南15公里处[④],需要步行或骑毛驴前往。这次考

---

① 经详细勘察的建筑有：五台山佛光寺（东大殿、文殊殿）、大同下华严寺薄伽教藏殿、大同善化寺（大雄宝殿、普贤阁、三圣殿、山门）、大同上华严寺大雄宝殿、应县木塔、应县净土寺大殿、太原晋祠（圣母殿、献殿、鱼沼飞梁）、朔县崇福寺（弥陀殿、观音殿）、正定隆兴寺（摩尼殿、转轮藏殿、慈氏阁）、正定开元寺钟楼、代县聂营报恩寺大殿。
② 裴文中.序.见：雁北文物勘查团报告.北京：中央人民政府文化部文物局出版，1951.
③ "这一次雁北文物勘查团的组织，便是试做这个实地勘察工作的初步。根据这个初步的经验教训，我们以后便可以更有效地更有系统地到各地区去调查研究文物现况了。"引自裴文中.序.见：雁北文物勘查团报告.北京：中央人民政府文化部文物局出版，1951.
④ 慈氏塔于1981年迁建至莫高窟窟前。

察尽管条件艰苦，但增加了早期中国木构建筑的实例，收获颇丰。

专家组对莫高窟进行了三个月的初步勘察，相关成果由陈明达整理后形成《敦煌石窟勘察报告》（下称《报告》），发表于 1955 年第 2 期的《文物参考资料》。《报告》在勘察各洞窟损坏情况的基础上，对崖面原状、洞窟的建造年代与形制进行研究，并提出修理意见，为 1956 年的小规模石窟加固试验与 1960 年代的全面加固工程奠定了基础。

（3）河北南部古建筑勘察（1952年）

1952 年 8 月，为重点掌握河北地区的古建筑情况，国家文物局派罗哲文与文整会工程组组长祁英涛、河北省文物局里正赴河北南部考察，落实《全国重要建筑文物简目》中重要古建文物在战争中保存的情况，以便确定古建筑保护维修方案。[1] 据罗哲文的回忆，考察组行经曲阳、赵县、正定、邯郸、定县等地，考察了曲阳北岳庙，赵县赵州桥、永通桥、济美桥、陀罗尼经幢、柏林寺，定县料敌塔、考棚、行宫，邯郸磁县南、北响堂山石窟，等等。[2] 考察结束后，由祁英涛执笔，发表了《河北省南部几处古建筑的现状介绍》，分别记述了各地重点古建筑的年代、形制、保存情况以及保管维修方面的建议。

（4）河北赵县安济桥及正定隆兴寺勘察（1952年）

河北南部的古建筑勘察反映出赵县安济桥多年失修的情况，引起了郑振铎局长的重视。鉴于赵州桥的重大价值，文物局决定即刻展开抢修并作为文整会的重点直营工程。同年 11 月，再次组织大规模专家力量，包括文整会祁英涛、余鸣谦、李良姣、孔德垿等，特邀清华大学刘致平、天津大学卢绳等共 10 人，前往赵县专门考察研究，详细勘察、测绘了赵县大小石桥，提出抢救修缮的初步方案，又赴正定勘察隆兴寺并检查正定城内其他古建筑。此次专家考察的重点集中在即将实施修缮的重要古建筑，更加具有针对性。在此基础上，赵县安济桥修缮工程与正定隆兴寺转轮藏殿重修工程相继展开，成为国家文物局在共和国初期为数不多的重点修缮工程。

（5）雁北古建筑勘察

根据 1950 年雁北文物勘查团的调查报告，察哈尔省提出修缮大同与朔县

---

① 中国文物研究所 . 中国文物研究所七十年 . 北京：文物出版社，2005：283.
② 中国文物研究所 . 中国文物研究所七十年 . 北京：文物出版社，2005：282.

的重要古建筑。1952 年 9 月，国家文物局派出古建筑专家罗哲文、杜仙洲赴雁北协同察哈尔省勘察。此次考察以维修工程的勘察设计为主要目的，对大同上、下华严寺、善化寺和朔县崇福寺进行重点考察后，分析建筑的价值、现状以及工程条件，决定将上、下华严寺做一般保养，残破较重的善化寺与崇福寺做重点修缮。随后重点勘察两座寺庙中的单体建筑，选择了险情较重的善化寺普贤阁与崇福寺观音殿最先修缮，并结合测绘图提出修缮计划。[1] 此外，考察组又借机对大同、朔县、应县的古建筑进行了普遍考察，对其中重要建筑如应县木塔、大同九龙壁等也提出了修缮意见。考察结束后，由罗哲文执笔完成调查报告《雁北古建筑的勘查》，并向文物局汇报。

雁北考察之后，文物局明确了根据文物建筑的价值、残损程度和现实能力进行普通保养、重点修缮的维修方针，并决定拟制古建筑修缮的办法以及在全国成立文物保管所。[2]

经过新中国成立初期的多次专家考察，国家文物局初步掌握了部分重要古建筑的情况，开始建立保护维修的原则、方法并制定实施规划。结合考察中的价值评估、现状勘察以及经济条件和技术力量，文物部门确立了"一般保养"、"重点维修"的方针。在此基础上，1953 年陈明达发表文章《古建筑修理中的几个问题》，将保护工程分为保养性修理、抢救性修理、保固性修理、复原性修理四种类型。[3] 这篇文章首次对修缮工程的性质、方法作出了原则性规定。此后，文物建筑保护修缮工程北京地区逐步向全国推广，修缮对象由明清官式建筑向各时期、各地域扩展，修缮性质也由一般的保养工程向多类型拓展。可以说，这种变化对于建筑遗产测绘记录在技术、管理、人才培养方面的深入化、体系化发展具有直接的促进作用。

（三）全国文物普查与文物保护单位制度

1. 第一次全国文物普查

新中国成立以来，古建筑保护一直遵循"重点保护、重点修缮"的方针，文物部门以有限的财力、人力对重点地区的重要遗物进行重点保护，而全国性的古

---

① 罗哲文 . 雁北古建筑的勘查 . 文物参考资料，1953（3）.
② 中国文物研究所 . 中国文物研究所七十年 . 北京：文物出版社，2005：283.
③ "按照目前情况，一般可以分为四种性质的修理。在采用的时候，要根据设计所需的资料、设计及施工的力量、材料供应、经费等情况来决定。最简单的一种可以称为保养性的修理。第二种是抢救性的修理。第三种是保固性的修理。最后一种是复原性的修理。"引自陈明达 . 古建筑修理中的几个问题 . 文物参考资料，1953（10）.

建筑分布及保存情况仍需要做全面的基础摸查。因此，在新中国成立初期以专家为主要力量的区域性文物调查基础上，进行全国范围的古建筑普查进而建立科学管理制度势在必行。

1953年，陈明达进入文化部文物局工作，主持全国有关古建筑物的普查，进行了大量的复查和确认工作。[①] 对于如何在全国推广古建筑的调查、评价、管理工作，他于1955年发表的文章《保存什么？如何保存？》中提出四点建议，成为指导第一次全国文物普查及建立文物保护单位制度的纲领性原则，概括如下：1）评定已知古建筑的艺术价值等级；2）由文化部协助对重点地区进行普查或复查，重点搞清一个省或一个地区的情况；3）将调查工作推广到各省区，以期逐步搞清全国情况，在此过程中逐步地交由地方自己进行，由其他地区抽调有经验的干部协助；4）新发现的古建筑应由当地主管机关提出发现经过、现在情况、历史记载、照片及初步处理意见，报告文化部评定其历史艺术价值，明确管理职责。[②]

1956年4月2日，国务院下发的《关于在农业生产建设中保护文物的通知》中规定，各省、自治区、直辖市文化局在全国范围内对历史和革命文物遗迹进行普查。1956年4月，为建立普查工作规范，文化部与山西省文化局联合组织山西文物普查试验工作队，分晋东南与晋南两个分队进行文物普查工作。[③] 1958年，工作队完成调查报告《晋东南潞安、平顺、高平和晋城四县的古建筑》及《晋东南潞安、平顺、高平和晋城四县的古建筑（续）》，详细说明了此次考察情况并发表于《文物参考资料》，成为向全国推广的示范性普查。

此后，各省市的文物普查工作陆续展开，登记具有科学、历史、艺术价值的建筑物的建筑年代、重修简况、建筑材料、式样、结构等，以便置于国家保护之列。各省虽然已经成立了文管会，但由于专业力量不足，常邀请文整会（时称"古代建筑修整所"）或邻近的科研院所协助调查。据余鸣谦回忆：

> 那时候各地方都是自己有力量，自己组织人。从一方面来说，古代建筑修整所要做全国调查，人力也不够。但是从省里来说呢，调查又不得不做。当时省里都专门成立了文管会，成立专门机构了，所以在省里组织力量来进行考察。当时华东就是请同济大学、南京工学院来帮忙，广东就请龙庆忠他

① 杨永生，王莉慧编.建筑史解码人.北京：中国建筑工业出版社，2006：60.
② 陈明达.陈明达古建筑与雕塑史论.北京：文物出版社，1998：72-73.
③ 古代建筑修整所.晋东南潞安、平顺、高平和晋城四县的古建筑.文物参考资料，1958（4）.

们几位老先生帮忙，学校、组织结合起来做调查工作。[①]

在第一次全国文物普查中，文整会继续承担了大量重要工作。一是协助重点地区的调查，例如 1956 年 4 月杜仙洲、李竹君、朱希元等参加山西文物普查试验工作队，对晋东南地区的古建筑勘查。二是协助偏远地区的普查，例如 1957 年祁英涛、纪思调查云南古建筑（古建筑通讯图），1960 年杜仙洲调查陕甘青等地古建筑。此外，文整会（时称"古代建筑修整所"）更于 1958 年专门组织华中、华东勘查小组分赴河南、湖北、江西、湖南、广西三江侗族自治县及桂林、山东、江苏、浙江、安徽、上海等地，对 262 处重要革命建筑、古建筑、石窟寺等进行了勘察。[②] 各大建筑院校也与地方文管会通力合作，例如江苏、浙江两省文化事业管理局经常会请南京工学院刘敦桢、同济大学陈从周勘察省内古建筑。陈从周曾先后两次应浙江省文管会的邀请进行浙江省古建筑调查，完成了浙江省初步的古建筑全面勘察及调查报告，并提出重点修缮计划。

在各地文物普查中，陆续发现了大量重要的古代建筑遗产，诸如：福建省文物管理委员会调查中发现北宋建筑福州华林寺大殿、莆田元妙观三清殿；文整会杜仙洲在西北地区调查中发现明初建筑群青海瞿昙寺；广东省文物管理委员会发现南宋建筑广州光孝寺大殿。尤其值得指出的是，山西省文管会在山西境内发现了丰富的早期建筑，其中于 1953 年普查中发现的五台南禅寺大殿，建于唐建中三年（782 年），早于已知的佛光寺大殿 75 年。其余新发现的重要实例还有唐代建筑平顺天台庵、五代建筑平遥镇国寺大殿、宋代建筑高平开化寺大殿、金代建筑朔州崇福寺弥陀殿等。

第一次全国文物普查是新中国成立后的首次全面调查。普查成果为掌握各地区文物分布情况以及后续保护与研究提供了充分资料，也为文物等级标准的制定提供了依据，并直接推动了文物保护单位制度的确立和首批文物保护单位的公布。

2. 文物保护单位制度的建立与"四有"档案

经过三年普查，文物局收集各省市的普查结果，形成《全国各省、自治区、直辖市第一批文物保护单位名单汇编》，共计 27 个省、自治区、直辖市的保护单位 5572 处，作为内部资料供各地文物部门参考。1961 年 3 月 4 日，国务院发布

---

① 2013 年 12 月 13 日笔者访问余鸣谦先生的记录（未刊稿）。
② 中国文物研究所 . 中国文物研究所七十年 . 北京：文物出版社，2005：314.

《文物保护管理暂行条例》，正式提出成立各级文物保护单位，规定了文物保护单位的核定程序、权责范围、保护原则等各个方面，确立了文物保护单位的"四有"工作①，并同时公布了180处第一批全国重点文物保护单位。②《文物保护管理暂行条例》是新中国成立后最重要的文物保护法令之一，将文物保护单位制度与"四有"工作纳入政策法规范围，形成了以"调查－申报－核定－公布"为流程的三级保护体制（国家级、省级、县级），构建起较为系统的文物认证管理体系。在文物保护单位制度下，文物建筑获得了明确有效的身份属性、日常管理和安全保障。随后出台的《文物保护管理暂行办法》，详细规定了文保单位"四有"档案的具体内容，其中明确指出实测图纸是记录档案的一部分。③

"四有"档案对于实测图的明确要求，强调了测绘作为文物保护基础档案资料的重要价值，将建筑遗产测绘首次提升至法规与行政层面。事实上，虽然文物科学档案正式提出于1961年，但是针对古建筑测绘记录这一基础性工作，其时文物局主管古建筑保护工作的陈明达、罗哲文很早就重视并呼吁建立古建筑基础档案。陈明达自从1953年就职于文物局之后，便着手古建筑技术档案建设，多次提出应以调查、测绘、记录等"掌握资料"的工作为古建筑保护的重点：

> 现在最重要和更急需的工作是全面调查记录工作：详细测绘、照相、制造模型和文字记录……这些记录是科学研究的根据，是普及文物知识、学习民族传统的资料，也就是将来修缮工作的基础……有步骤有计划地逐步完成这一工作，就是保护建筑纪念物基本的急需的工作，而且也是目前条件所许可的。④

> 我再重复1955年的意见：在保护古代建筑的工作中，现在应该以调查、测绘、记录等掌握资料的工作为重点，再不要只坐在办公室写公文、开会了……有了记录资料，万一遭到这种损失，还有一份可供研究的记录。⑤

受其影响，作为古建筑保护首屈一指的技术部门，文整会的具体工作也建立

---

① 包括有保护范围，有标志说明，有记录档案，有专门机构或专人负责管理。"对于已经公布的文物保护单位，应当分别由省、自治区、直辖市人民委员会和县、市人民委员会划出必要的保护范围，作出标志说明，并且建立科学的记录档案。全国重点文物保护单位的保护范围的确定，应当报经文化部审核决定。一切文物保护单位的保护和管理，都由所在地、县、市人民委员会负责日常具体的保护和管理工作，可以委托所在地的人民公社、机关、学校、团体进行。对于特别重要的文物保护单位，省、自治区、直辖市可以设置博物馆、研究所、保管所等专门机构。"引自1960年11月17日通过的《文物保护管理暂行条例》。

② 其中包括革命遗址及革命纪念建筑物共33处，石窟寺共14处，古建筑及历史纪念建筑物共77处，石刻及其他共11处，古遗址共26处，古墓葬共19处。

③ "记录档案的内容主要包括可以为科学研究和保护、修复、修缮、发掘提供科学资料的文献、文字记录、拓片、照片、实测图等。"引自1963年4月17日通过的《文物保护单位保护管理暂行办法》。

④ 陈明达．陈明达古建筑与雕塑史论．北京：文物出版社，1998.

⑤ 陈明达．陈明达古建筑与雕塑史论．北京：文物出版社，1998.

在完善古建筑基本记录资料的原则上。余鸣谦对此回忆道：

> 事实上，按我自己的体会，"四有"档案这个提法早就有了，像罗哲文、陈明达他们在局里工作的，在局里早就提出这个问题来了。所以我们在解放初期50年代工作的时候，都是按着这个原则做的。只不过到1961年具体提到法令里，明确了。我们是一直照着这个原则做的。①

经过陈、罗的促进，测绘记录成为"四有"档案的重要内容。罗哲文称，这一变化极大地推动了全国文物建筑测绘事业的发展：

> 后来有个很重要的推动测绘发展的力量，就是文物保护单位的"四有"工作。国务院1961年公布的《文物保护暂行条例》要求每个文物保护单位都要有"四有"，其中最难的就是要有档案。这样一来就要求必须做这个事儿，所以测绘工作就一直不断地进行了。②

测绘记录是遗产保护与研究的重要基础，国际社会普遍高度重视，相关的国际宪章对此进行了阐释并积极倡导。"四有"档案法律条款的出台，符合广泛的国际共识，将遗产保护的内在要求在法律层面予以明确，使文物建筑测绘成为行政监管部门文物保护的基础环节，具有历史性的进步意义。这一法律条款的颁布实施，得益于原中国营造学社成员陈明达、罗哲文的不懈努力。作为具有学社专业背景的公职人员，他们深知测绘对文物保护的基础支持和重要意义，在继承学社的学术理念和技术方法的基础上，借助参与文物保护决策的有利条件，顺理成章地将测绘成果的延续使用与价值提升上升到法规层面。自此，"四有"工作成为全国重点文物保护单位的工作重心，这项基础事业迅速得到广泛关注和法律保障，相关的人才培训、理论研究、教育改革也得到了直接推动。

（四）古建筑测绘人才培养

1. 文物界四期古建筑培训班

新中国成立之初，文物考古方面的专业技术人才极端缺乏，难以适应即将在国家基本建设中展开的考古发掘保护与地上古建筑保护任务。1950年10月11日，时任文化部社会文化事业管理局局长的郑振铎在各大行政区文物处长会

---

① 2013年1月17日笔者访问余鸣谦先生的记录（未刊稿）。
② 2011年3月17日笔者访问罗哲文先生的记录（未刊稿）。

议中提出人才培养问题，并在 1950 年发表的《文物工作综述》一文中提出联合培养文物技术人才的思路。[①] 为了快速培养出掌握文博专业基础理论和应用技术的文物干部，自 1952 年至 1955 年，文化部社会文化事业管理局、中国科学院考古研究所与北京大学联合举办了四期"全国考古人员训练班"。学员由全国各个省（市、自治区）文化机关任职的中青年干部抽调组成，大多结业后回至原部门工作，成了各地文物部门的领导干部、专家学者与技术骨干。"全国考古人员训练班"也因此被称为考古界的"黄埔四期"。

同时，在郑振铎的关注下，古建筑人才培训事业开始起步。1952 年 10 月，国家文物局责成北京文物整理委员会举办第一期全国古建筑培训班，此后又分别于 1954 年 2 月、1964 年 4 月和 1980 年 9 月举办了第二期至第四期，与考古人员训练班相似，也被称为古建筑"黄埔"培训班。

（1）第一、二期古建筑培训班

第一期培训班由北京、平原、山西、察哈尔、东北五个地区选派文化教育机构的干部共计 11 人[②] 作为培训班学员。培训采取类似师徒间"传帮带"的方式，即学员跟随文整会技术人员进行实际工作，同时补充专门的课程——由文整会（时称"北京市文物整理委员会"）祁英涛、于倬云、余鸣谦、杜仙洲以及文物局罗哲文讲课，课程内容包括《营造法式》、古建筑结构、维修估算、建筑历史、建筑摄影等。[③]

第一期古建筑培训班自 1952 年秋天开始，至 1953 年夏天结束，持续了整整一年时间（图 4-4）。结业后，大部分学员留在文整会工作。此后，文整会在 1954

① "这一年来，文物工作的方向是正确的，但也有若干问题存在。第一是干部的缺乏。文物工作需要相当高的文化的与业务的水准，同时，也需要相当高的政治水准。这样的干部，短时间内是不容易培养得很多的。处处要人，特别是西南、中南、西北各大行政区，而人却不够分配。故培养干部的问题，是应该亟待解决的，拟即设立图书馆专修学校，与各大学历史、建筑等系联系、合作，多培养文物工作人才。"引自郑振铎. 文物工作综述. 见：郑振铎. 郑振铎文博集. 北京：文物出版社，1998：75.
② 包括杨烈（东北）、孔祥珍（平原）、梁超（北京）、李竹君（察哈尔）、李全庆（北京）、杨玉柱（北京）、酒冠伍（山西）、周俊贤（山西）、何凤兰（北京）、王真（北京）、王汝蕙（北京）。
③ 对于第一期培训班的教学模式与内容，罗哲文回忆道："就在举办考古训练班的同时，郑振铎和冶秋局长也考虑到古建人才培训问题。要我来办理此事并将此任务交给了文整会。我和文整会马主任（故宫'三反'以后马衡院长调到了文整会当主任）、俞同奎秘书商量以后，都愿全力以赴，工程组、文献组、人事组、总务组都全力配合。大家共同商量了一下，古建培训班不能像考古训练那样，要进行古建实地测绘，才能掌握基本技术，三个月时间太短，要跟着工程实习才行。于是时间定为一年并住在会里的宿舍，因而人数不能太多，班名叫实习班。我原在考古训练班现场辅导古建，在讲完课之后立即投入古建班。立即由文化部发函给几个大区，调少数人员来参加学习。"引自罗哲文. 与时俱进，继往开来——热烈祝贺中国文物研究所成立七十周年. 见：中国文物研究所. 中国文物研究所七十年. 北京：文物出版社，2005：280-281.

图 4-4　文整会第一期古建筑培训班毕业典礼合影，1953 年
（资料来源：中国文物研究所．中国文物研究所七十年．北京：文物出版社，2005：281）

年 2 月举办了第二期古建筑培训班（图 4-5），培养学员 15 人[①]，招收范围增加了广东、湖北、河南、河北等省以及故宫博物院、敦煌研究所等机构。1956 年，又在前两期培训班基础上招选培养北京高中毕业生 6 人，仍延续一年期的在职培养方式。

　　在教学规模与师资力量都较为有限的条件下，前两期培训班采取了师父带徒弟的培养方式，由文整会的工程师余鸣谦、杜仙洲、祁英涛等，分别带领 1—2 名学员进行实际工作，边工作边学习。[②]

　　经过一段较长时间的工作实践，学员对于古建筑保护修缮的知识与技术获得全面的认识，工作能力得到综合提升。可以说，这种"传帮带"的方式是最直接、便捷的技术传承方式，也是文整会自建立之后惯用的培养模式，适应十余人的小规模培训，解决了新中国成立初期文整会及重点省市古建筑技术干部急缺的问题。

（2）第三期古建筑培训班

　　第一批全国重点文物保护单位公布后，全国重点文物保护单位的科学档案成为文物保护工作的重要内容。据河南省文物局张家泰回忆："在全国'四有工作会议'中，中央和各省市都提出了专业人才短缺的问题，而古建筑测绘人才问题尤为突出。"[③]在这种情形下，文物局于 1964 年举办了第三期古建筑培训班，并且

[①] 包括郎凤岐（山西）、王维、李敬业（广东）、何修龄（甘肃敦煌）、刘国镛（辽宁）、蔡述传（江苏）、王茂林（故宫）、戴书泽、冯秉其（河北）、朱希元（北京）、龚廷万（四川）、单少康（北京）、齐银成、尤翰清（河南）。引自林佳．中国文化遗产保护的理念与实践．天津：天津大学，2013：248.

[②] "那时候是边工作边学习，比如来了一个任务，就让他们帮着拉尺、画图。他们稍微也有一点基础知识，但是程度不一样，所以我们也给他们上点课，表示一下画图和测量注意哪些地方，怎么样估算啊，这些要领。通过上课来补充，同时工作也在一起。"引自 2012 年 6 月 1 日笔者访问余鸣谦先生的记录（未刊稿）。

[③] 张家泰、杨宝顺、杨焕成．从北大红楼到曲阜孔庙——1964 年第三届古代建筑测绘训练班记忆．中国文化遗产，2010（2）.

图 4-5　文整会第二届古建筑实习班结业典礼合影，1954 年 12 月 21 日
（资料来源：中国文物研究所 . 中国文物研究所七十年 . 北京：文物出版社，2005：237 ）

定名为"测绘训练班"。①

　　第一批全国重点文物保护单位分布在全国各地，大多缺少基础档案，图纸资料更是微乎其微。前两期培训班规模有限，其中部分学员回到地方文物机构，但是由于前两期培训班以全面提升业务素质为主要目的，并不侧重于测绘能力训练，加上少有实践机会以及人员调动的因素，未能在地方持续开展业务。因此，地方文物机构具备古建筑测绘技能的业务人员寥寥无几，培养专业技术力量迫在眉睫。前期培训人才流失的状况使文整会的技术干部认识到，测绘是古建筑专业技术人员的基本技能，是从事相关保护、修缮、研究的基础，加上文物保护单位"四有"档案的实际需求，因此决定第三期培训班以测绘训练为主要目标，名称也改为"测绘训练班"。据文整会负责测绘培训的李竹君回忆：

　　　　从1961年的条例开始就规定了测绘图作为"四有"档案的一部分。有些地方这方面的人才根本没有。五六十年代，有些地方全省可能就一个到两个干部，也是管理干部，不是专业技术人员。到70年代以后，像河南省、浙江省、河北省啊，慢慢地才有了这方面的力量。前两期培训班培养的学员干部，由于个人或者单位的原因，加上流动性大，没有开展太多业务。所以我们认识到，测绘是搞古建筑最基础的基本功。文献古籍门槛低，但是测绘就不一样，专业性很强。从第三期开始我们就注重测绘技术，掌握之后回到地方也能站住脚展开业务，可以一定程度上避免调离或是从事别的业务。所

① "我这里还要重点提一下使我特别难忘的第三期培训班，当时正值国务院公布了第一批全国重点文物保护单位之后，要求做'四有'工作，其中档案资料难度较大，主要的一项就是古建筑的测绘工作。因此把这一班的名称定为测绘训练班。"引自罗哲文 . 与时俱进，继往开来——热烈祝贺中国文物研究所成立七十周年 . 见：中国文物研究所 . 中国文物研究所七十年 . 北京：文物出版社，2005：282.

以第三期叫作"古建筑测绘训练班"，达到测绘方面能够速成的目的。[①]

第三期培训班于 1964 年 4 月 1 日开学，共有来自 16 个省、市、自治区的 28 名学员[②]，相比此前两期培训班，第三期培训目的明确、规模扩大，因而采取了集中培训的形式，分为课堂教学和测绘实习两个阶段。前两个月在北京大学红楼集中专题授课，以文整会（时称"文化部文物博物馆研究所"）技术人员讲授古建筑的基础知识与修缮技术为主，并邀请了清华大学梁思成、北京大学阎文儒、天津大学卢绳、故宫博物院单士元等著名学者作专题讲座。[③]

理论课结束后，培训转入测绘实习阶段，分别进行了故宫景运门和山东曲阜孔庙弘道门的实地测量，完成全套测绘图纸。由于地方古建筑人才的空白，第三期培训班的学员结业之后迅速成为各地古建筑保护的领军人物，为各地古建筑保护事业的发展作出了重要贡献。[④]

结合古建筑培训班的教学需要，文整会多位专家积极总结古建筑保护各方面的实践经验，逐渐形成了体系化、理论化的讲义。这套教材多次在文物部门内部油印，后来正式出版为文物局的系统教材《中国古代建筑》[⑤]。此后，这套由古建筑培训班衍生出的课程体系成为古建筑保护实践的经典与权威，并随着集中人员培训尤其是学员的结业回流影响至全国的文物保护部门。

（3）第四期古建筑培训班

"文化大革命"之后，针对各地古建筑维修事业的需求，加上大量文物保护单位的"四有"档案仍远未完成，国家文物局再次责成文整会（时称"文物保护

---

① 2012 年 5 月 22 日笔者访问中国文化遗产研究院李竹君先生的记录（未刊稿）。
② 包括郝文彬（内蒙古）、丁安民（湖北）、白文祥（云南）、吴梦麟（北京）、莫天景（广东）、刘宪武（山西）、刘最长（陕西）、郑龙（内蒙古）、杨秉伦（福建）、王德义（苏州）、聂连顺（河北）、张家泰（河南）、李昭、冯信敦（浙江）、曾凡（福建）、杨宝顺（河南）、梅福根（浙江）、毕宝启（山东）、杨焕成（河南）、李显文（四川）、赵之祥（甘肃）、赵迅（北京）、魏克晶（天津）、张殿清（山西）、李春江（山西）。
③ 专题课程包括杜仙洲《木结构建筑基本名词术语》、《中国木结构建筑构造》、《宋式与清式建筑结构主要名词对照表》、祁英涛《中国各时代建筑特征概述》、《古代建筑保养维修工程知识》、余鸣谦《石窟寺建筑》、李竹君《古建筑制图》、井庆升《榫卯介绍》、梁思成《中国古代建筑概论》、陈明达《中国古代建筑的艺术》、单士元《宫廷建筑》、卢绳《古建筑大建筑群的测绘方法和经验》、罗哲文《中国建筑简史》、于倬云《关于避雷针》、阎文儒《造像壁画题材与鉴别》、王书庄《文物政策和古建筑保护工作》、陈滋德《关于文物保护工作有关问题》等。
④ 罗哲文曾追述第三期培训班的情况："这一班的学员较多，基础水平也较高，上课、实习等也较正规。学员之中有曾参加过考古一期培训班的杨宝顺，有从北大考古系毕业以后又做了一段文物工作的吴梦麟等。这期训练班在 1964 年结业之后的四十多年里，为文物保护单位的'四有'档案制作、古建筑的保护维修设计施工作出了很多的贡献，不少成了文博界的带头人和专家学者，杨焕成任河南省文物局长，张家泰任河南省古建研究所所长，吴梦麟创建了北京市古建所并任副所长，为北京的长城调查、文物古迹调查保护方面作出了很多的贡献。第三期古建班的学员现在大多数已经退下来了，但还有不少的同志仍然在发挥着余热，为祖国的文物古建筑保护作贡献。文整会、古建所在培养文物古建人才方面是功不可没的。"引自罗哲文.与时俱进，继往开来——热烈祝贺中国文物研究所成立七十周年.见：中国文物研究所.中国文物研究所七十年.北京：文物出版社，2005：282.
⑤ 罗哲文.中国古代建筑.上海：上海古籍出版社，1990.

图 4-6　第四期古建筑培训班结业证书（资料来源：湖北省古建筑保护中心吴晓先生提供）

图 4-7　第四届古建筑测绘训练班全体人员合影，1980 年 9 月 10 日于湖北当阳玉泉寺
（资料来源：湖北省古建筑保护中心吴晓先生提供）

科学技术研究所与古文献研究室"）举办第四期古建筑培训班（图 4-6、图 4-7），由文整会李竹君、杨玉柱、梁超任辅导员，共有来自全国 30 个省、市、自治区文物系统的学员 42 人。

第四期训练班延续了第三期培训班的目标和模式，考虑到文物保护单位"四有"档案与修缮设计工作的需求，仍以测绘作为训练的基本内容和关键技能。培训为期三个月（1980 年 9 月 10 日至 12 月 10 日），分为两个阶段：第一阶段为理论及基础课集中学习时间，共 24 天，以课堂教学的方式进行。共有七门课程，分别是：罗哲文讲授的《文物政策法令》（一讲）、杜仙洲讲授的《古建概论》（四讲）、余鸣谦讲授的《古建构造》（六讲）、祁英涛讲授的《古建维修知识》（四讲）、李竹君讲授的《古建化学加固》（二讲）、祁英涛讲授的《古建工程预算》（二讲）、丁安民讲授的《湖北古建介绍》（二讲）。第二阶段"现场测绘实习及古建勘查"是培训班的重点，共计66天，采取课堂教授与现场实习交叉进行的方式。共四个部分：丁安民现场指导武当山古建勘察，共5天；李竹君讲授《建筑制图》（四讲），共8天；李竹君现场讲授《测量实习》，共10天；李竹君讲授制图作业，共43天。学员先进行测绘理论课培训，学习测绘、制图的基本知识，然后进行现场实习，测绘玉泉寺大殿、东西堂，并以测绘成果作为结业考核的评定依据。

2. 文整会古建筑保护人才培训的影响

文整会主持的古建筑培训开创了我国古建筑保护人才的培养事业，是大专院校开设古建筑保护专业之前[①]全国文物系统古建筑人才培养的唯一途径，也是各地古建筑技术力量的源泉。在四期培训班内，实现了"传帮带"模式向短期集中培训模式的发展，并为此后与大专院校联合培养奠定了基础，完成了古建筑人才培养起步阶段的重要使命。

四期培训班共培养来自全国各地文化事业机构的干部127人[②]，其中大多数回到地方文物保护管理机构，带动了各地古建筑保护研究事业的起步和发展，并继续为本省及周边省市培养古建筑保护研究人才，成为各地古建筑保护界的核心骨干力量。例如河南省文物局原局长杨焕成（第三期培训班学员）、河南省古代建筑保护研究所原所长张家泰（第三期培训班学员）、河南省古代建筑研究所研究员杨宝顺（第三期培训班学员）、北京市古代建筑研究所原副所长吴梦麟（第三期培训班学员）、天津市文化局文物管理处研究员魏克晶（第三期培训班学员）、湖北省文物考古研究所副研究员丁安民（第三期培训班学员）、曲阜市文物局原副局长徐会臣（第四期培训班学员）、湖北省文化厅古建筑保护中心总工程师吴晓（第四期培训班学员）、大同市古建筑文物保管所所长白志宇（第四期培训班学员）等，都是在接受文整会系统培训之后，回到地方文物部门长期开展古建筑研究保护的代表人物，为地方古建筑研究保护事业的发展作出了卓越的贡献。

① 由于1980年代之前，高校建筑系下设的建筑历史与理论学科以学术科研为主，参与古建筑保护工程实践不多，此处未列入古建筑保护人才培养的范畴。此外，除了四期古建筑培训班以外，文整会还结合重要的修缮工程实践，为地方文物管理部门培养了大批文物保护人才。如1959年开始的山西永乐宫搬迁工程、1978年的河北正定隆兴寺摩尼殿修缮工程等。
② 张家泰、杨宝顺、杨焕成.从北大红楼到曲阜孔庙——1964年第三届古代建筑测绘训练班记忆.中国文化遗产，2010（2）.

其中，河南省文物局杨焕成曾参与文整会第三期培训班，后在河南省从事古建筑研究、管理工作五十余年，主持多项河南省古建筑普查、修缮、申报世界文化遗产等工作，为推动河南省古建筑保护研究作出了长期努力。杨焕成在调查古建筑实物、积累大量第一手资料的基础上，撰写了《河南古建筑概况与研究》《河南古塔研究》等文章。由于在培训班的学习以北方官式建筑为例，回到河南后，杨焕成在陆续调查300多座明清时期木构建筑的基础上，悉心研究中原地区古代建筑的地方建筑手法，发表《试论河南明清建筑斗栱的地方特征》《河南明清地方建筑与官式建筑异同考》等文章，首次厘清了河南地方建筑明清时期的基本特征以及与同期官式建筑手法的异同（图4-8）。

山西省文物局柴泽俊于1950年代开始从事古建筑修缮工作，在配合文整会在新中国成立初期的山西古建筑保护修缮项目中跟随祁英涛等学习，又参与了1959年文整会主持的永乐宫搬迁工程。通过大量学习和实践，成为颇具影响的古建筑专家。从事山西古建筑研究保护几十年来，柴泽俊对山西省古建筑进行广泛的调查研究，并指导参与了多处重大的保护修缮工程，如太原晋祠、大同华严寺、五台山南禅寺、朔州崇福寺等维修项目（图4-9），撰写了《简论五十年来山西文物建筑保护工程及其成就》《古建筑修缮要点》《对朔州崇福寺保养性工程的两点意见》《永济普救寺修复工程总体设计》《三十年来山西古建及其附属文物调查保护纪略》等关于古建筑研究和修缮的文章。此外，1981年5月，在国家文物局委托下，由山西省古建筑保护研究所主持，在运城解州关帝庙举办了第一个由地方承办的古建筑培训班。时任山西省古建筑保护研究所副所长的柴泽俊负责筹办，邀请国家文物局、文整会、故宫博物院、东南大学等单位的专家、学者16位，分别举办学术讲座，并将演讲稿汇集出版为《中国古建筑学术讲座文集》（图4-10）。

二、建筑遗产调查测绘的全面深入

（一）文整会的勘察测绘

1. 测绘重要早期建筑实例

1949年以后，文整会的古建筑保护工作开始面向全国，以山西、河南、河北等地区为重点，结合普查与勘察，先后测绘了数例重要早期建筑。例如，1953年1月

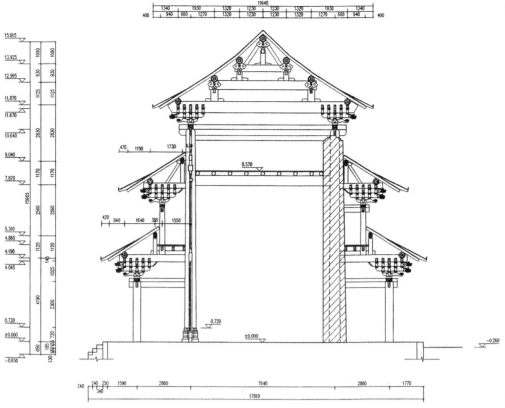

图 4-8　河南济源阳台宫玉皇阁梁架结构图（资料来源：杨焕成．杨焕成古建筑文集．北京：文物出版社，2009：230）

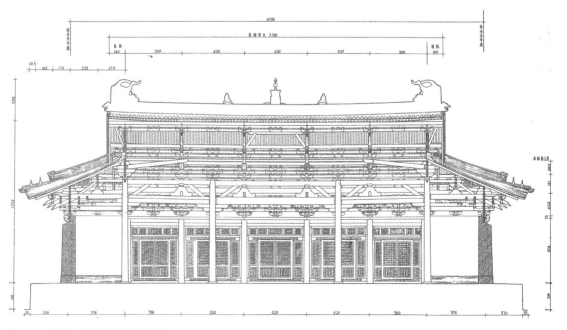

图 4-9　山西朔县崇福寺弥陀殿纵断面图
（资料来源：柴泽俊、李正云．朔州崇福寺弥陀殿修缮工程报告．北京：文物出版社，1993：72）

勘察山西五台山南禅寺（唐）、1953 年 10 月测量山西朔县崇福寺弥陀殿（金）、1953年 11 月勘测河北正定隆兴寺转轮藏殿（宋）、1954 年勘测山西太原晋祠圣母殿（宋）等。

由于文整会过去的维修工作限于北京明清建筑，对于早期建筑鲜有接触，因而采取在测绘中学习的工作方式，通过实地测绘了解建筑的法式特征，提高年代鉴别能力。为了深入厘清建筑的结构关系和构造难点，往往要多次赴现场复查校对。略如"朔县崇福寺弥陀殿工作总结"中谈到的：

> 由这次勘察工作增加了我们对古建筑的鉴别能力，了解了金代建筑特征，如梁架、斗栱、古建附属艺术等，全有了深刻的认识。[1]

这一时期文整会的测绘工作以营造学社为范例，从测稿版式、图面排布、字体标题、尺寸标注、断面图例等方面均对学社测绘成果作了参照借鉴——尤其是剖面图上标注的建筑术语，表明当时正处在认识、熟悉早期建筑的阶段（图 4-11）。

2. 勘察测绘分组

1955 年至 1958 年间，由于人员力量增多，加上当时修缮工程有限，文整会将古建筑研究考察作为主要任务，集中人力进行广泛的勘察测绘。除了为将来修缮奠定基础以外，测绘很重要的一方面是为了留取资料，并且由文整会下设的模型室根据图纸制成模型。据李竹君回忆，陈明达称这些模型为"副本模型"，意为建筑一旦损毁便可以据此重建：

> 因为那时工程比较少，所以我们主要搞测绘。搭个简单的架子，派出人手就可以测绘。没有测绘过的建筑在当时很多，我们选定然后测绘，就能增加资料。一个是为留下资料，再一个是需要修缮。留下来资料，将来大修也好，小修也好，就很方便，拿出来就能为施工服务，再有就是为了做模型。所里专门有个模型室，如果这个建筑比较典型，比较好，就可以根据图纸做模型。当时陈明达对做模型很支持很关心，把模型称作"副本模型"，就是说将来如果建筑毁掉了，根据模型能够重建起来。测绘越精确，模型越好做。很多模型都是按二十分之一做的。[2]

---

① 文整会 1953 年调查山西朔县崇福寺档案，李竹君先生提供。
② 2012 年 3 月 29 日笔者访问李竹君先生的记录（未刊稿）。

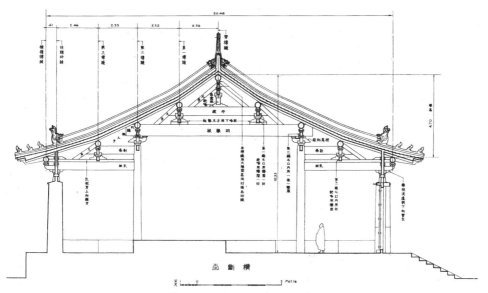

（a）

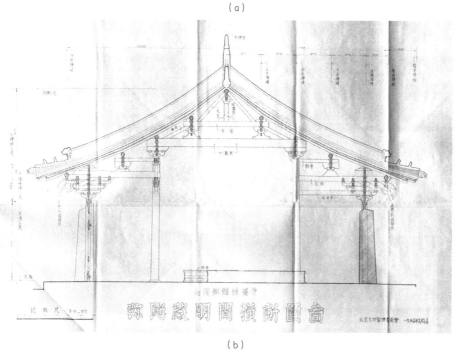

（b）

图 4-11　中国营造学社绘制大同华严寺海会殿横断面与北京文物整理委员会绘制朔州崇福寺弥陀殿明间断面图对比。
（a）大同华严寺海会殿横断面，1933 年绘制 [资料来源：中国营造学社汇刊，1933，4（3、4）]；
（b）朔州崇福寺弥陀殿明间断面图，1953-1954 年（资料来源：中国文化遗产研究院李竹君先生提供）

为此，文整会在 1956 年调整机构时[①]，除更名为"古代建筑修整所"，更增加了勘察研究组，专门进行调查测绘，显示出文整会对于测绘研究的重视。据余鸣谦回忆：

> 我们 1956 年改组时，增加很多人。有年轻的同志参加，画彩画的、做模型的。后来就说人既然多了，以前只是工程组一个组，现在是不是可以分一下工。除去工程组以外呢，又增设了勘察研究组，组长是纪思吧。他也带人出去勘察，但他勘察不是做工程，就单纯是去调查，做一些记录，没有工程费用，跟工程的区别就在这儿。1956 年那时候工作就不只局限于北京了，而是扩展到全国了。但是全国范围很大，我们人手也不够，所以勘察研究组就做了计划，把人力分工一下，有的人专做勘察研究，有的人专做工程。[②]

勘察研究组在全国范围内进行古建筑调查，通常选择价值较高的古建筑做重点调查，足迹所至有河北、山西、陕西、甘肃、河南、山东、吉林、辽宁、广西、云南等省，并在蒙古族、侗族、傣族、白族及纳西族等少数民族地区进行了初步勘察。如 1957 年 4 月调查云南少数民族地区古建筑，勘察了 6 个县的古建筑 30 处（其中明代木构建筑 6 座），遗址墓葬 8 处（图 4–12）。[③] 至 1957 年，文整会陆续调查各地古建筑已达 800 余处。[④]

3. 文物保护单位复查

1958 年，全国文物普查接近尾声，文整会负责对全国文物保护单位进行复查鉴定，分组分地区进行调查测绘。为统筹计划并提高调查效率，由杜仙洲主持，在文整会内部研究讨论复查重点建筑物的测绘深度。当时认真研究了营造学社田野调查的成果与技术路线，根据已有经验及考察时间等现实条件，继承和借鉴学社简略测绘的方法，设立了统一的测绘标准：以绘制平面图、总平面图和斗栱大样图为主。通过平面反映建筑规模、等级，通过斗栱反映建筑的重要历史信息，进而在有限的考察时间内掌握建筑的基本情况。

---

① 由原有的工程组、文献组、总务组改为工程组、勘察研究组、资料组、人事组。
② 2013 年 6 月 29 日笔者访问余鸣谦先生的记录（未刊稿）。
③ 古代建筑勘查通讯 . 古建筑通讯，1957（2）.
④ "为了摸清古建筑的存在情况，有步骤地进行保护，我们也逐步开展了调查工作。仅仅古建所几年来就调查了古建筑 800 多处。"余鸣谦、祁英涛、杜仙洲、李方岚 . 从古建筑角度驳斥"文物遭轻视"的谬论 . 古建筑通讯，1957（3）.

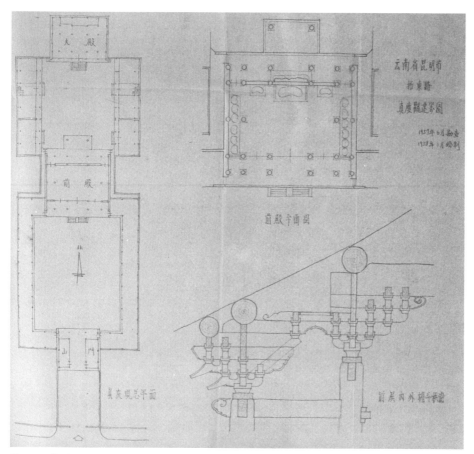

图 4-12 "云南昆明真庆观速写图",1957 年 6 月勘察,1958 年 1 月绘制 [资料来源:历史建筑,1958(3、4)]

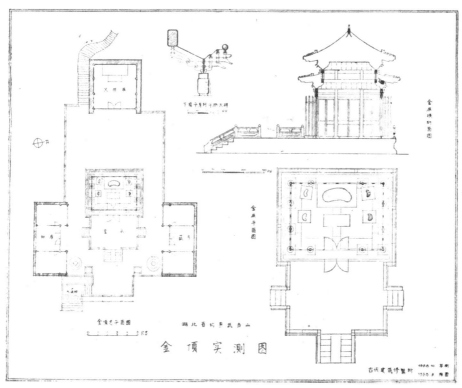

图 4-13 湖北省武当山金顶实测图 [资料来源:李竹君 . 金殿 . 见:文物,1959(7)]

1958 年 8 月，文整会（时称"古代建筑修整所"）派出华东、华中两个复查小组，分别赴山东、安徽、江苏、上海与浙江、河南、湖北、湖南、江西与广西各地进行重点复查。华中小组成员有李竹君、杨玉柱、何凤兰，在外历时近五个月，共勘察 109 处，其中包括革命遗迹、石窟和木构建筑。华东小组成员有纪思、律鸿年、单少康、宋森才，以四个半月时间复查了山东、江苏、浙江、安徽四省及上海市的重要文物保护单位 153 处。除以上内容外，重点复查了江浙二省的园林及安徽省的几处民居。[①]1959 年，文整会继续派出三个小组，前往新疆维吾尔自治区、宁夏回族自治区、内蒙古自治区、陕西、四川、广东 6 个省区，进行重点复查。

据李竹君回忆，复查小组外出考察时携带图板，对重要的保护单位进行测绘、记录和拍照，大都以平面、斗栱为重要内容，回京后绘图、撰写报告，陆续发表于《文物》和《历史建筑》。例如，李竹君发表在 1959 年 7 期的《金殿》，就是对湖北武当山金殿的调查报告（图 4-13）。此外还有纪思的《浙江宁波天一阁》（《文物》，1959 年 11 期）、律鸿年的《山东聊城山陕会馆》（《文物》，1959 年 12 期）、朱希元的《宁夏须弥山圆光寺石窟》（《文物》，1964 年 2 期）等。

1958 年"大跃进"开始。对文整会而言，可谓困难与机遇并存。受其影响，文整会模型室被迫撤销。但在"大跃进"运动中立项修建的黄河三门峡水库，又带来了山西永乐宫整体搬迁工程的机遇。该工程自 1958 年开始，历时七年胜利竣工，是中国首次完成的大规模古代建筑群及壁画搬迁复建，成为特殊时期内载入史册的重要成果，文整会的专业人才队伍在这项重要工程中也得到了充分锻炼。

自新中国成立后，文整会的工作范围扩大至全国。随着新中国文物保护管理体系、文物保护制度的建立以及文物保护事业步入正轨，文整会作为全国文物系统内技术力量集中的核心机构，其工作范围涵盖了文物建筑保护的所有方面，除了延续维修工程勘察设计的原有业务外，还兼顾了全国古建筑人才培养、协助地方进行重点调查与文物普查、重要古建筑的基础性测绘以及相关研究，由保护实践机构发展为综合性研究实践机构。据统计，自 1949 年至 1957 年，文整会调查古建筑 800 余处，绘制工程设计图及建筑勘测图 1700 余张，摄制照片 17700 多张 [②]，与测绘相关的方法、技术、理念也伴随着"黄埔四期"培训班渗透到各地方基层工作，对于全国文物建筑测绘产生了实质性的重大影响。

① 杨玉柱、单少康. 古建所一九五八年勘查工作简报. 历史建筑: 1959（1）.
② 余鸣谦、祁英涛、杜仙洲、李方岚. 从古建筑角度驳斥"文物遭轻视"的谬论. 古建筑通讯, 1957（3）.

（二）建筑科学研究院建筑理论及历史研究室的古建筑调查研究

1. 中国建筑历史理论研究室的调查工作

（1）中国建筑历史理论研究室的成立

新中国成立后，开始全面学习苏联模式进行社会主义建设，苏联社会主义现实主义的建筑理论也被直接引进中国。其口号"民族的形式，社会主义的内容"要求艺术创作必须借鉴民族形式，与营造学社"协助创造将来之新建筑"的宗旨也有一定程度的契合。在这一形势下，梁思成发表一系列提倡传统建筑的讲话和文章[①]，加上苏联意识形态的推波助澜，建筑界学习研究民族建筑的热情迅速高涨。当时的从业建筑师多受西方建筑教育体系影响，对于传统建筑了解有限，纷纷寻求学习途径。1953 年建筑学会成立时，一些建筑师的参会甚至是为了"能带一套民族形式的规格公式回去"。[②]

为使建筑实践结合传统建筑研究，华东建筑设计公司（今华东建筑设计研究院有限公司）总经理金瓯卜、总工程师赵深与南京工学院建筑系主任刘敦桢商议合办研究室，以解决创作民族建筑形式的问题。1953 年 4 月，"华东建筑设计公司、南京工学院合办中国建筑研究室"正式成立，由刘敦桢主持。华东建筑设计公司派曹见宾、窦学智、杜修均、方长源、傅高杰、胡占烈、戚德耀、张步骞、张仲一、朱鸣泉 10 人进入研究室工作。

研究室成员大多是绘图员，没有学习传统建筑的经验。因此，研究室成立后的一年内，采取边培养边工作的模式，安排成员学习南京工学院的建筑专业课程（包括建筑设计、建筑史、工程技术、结构等），并外出参观考察古建筑。1954 年，刘敦桢招收 4 名同济大学毕业生章明、胡思永、邵俊仪、乐卫忠作为研究生进入研究室，又于 1959 年吸纳南京工学院 4 名毕业生金启英、吕国刚、叶菊华、詹永伟为研究室成员。[③]

1955 年初，南京工学院结束了与华东建筑设计公司的合作，转而与建筑工

---

① 如《建筑的民族形式》（1950 年 1 月 22 日在营建学研究会的讲话）、《我国伟大的建筑传统与遗产》（《人民日报》，1951 年 2 月 19—20 日）、《祖国的建筑传统与当前的建设问题》（《新观察》，1952 年 16 期）、《民族的形式，社会主义的内容》（《新观察》，1953 年 14 期）、《建筑艺术中社会主义现实主义和民族遗产的学习与运用的问题》（1953 年 10 月在中国建筑学会成立大会上的发言）、《今天学习祖国建筑遗产的意义》（《梁思成中国建筑简史讲义初稿第一讲》）等。

② 汪季琦. 回忆上海建筑艺术座谈会. 建筑学报，1980（4）：1-4. 转引自吉国华.20 世纪 50 年代苏联社会主义现实主义建筑理论的输入和对中国建筑的影响. 见：朱剑飞主编. 中国建筑 60 年（1949—2009）；历史理论研究. 北京：中国建筑工业出版社，2009：107.

③ 东南大学建筑历史与理论研究所. 中国建筑研究室口述史（1953—1965）. 南京：东南大学出版社，2013.

程部建筑技术研究所继续合办"中国建筑研究室"。

（2）民居调查

中国建筑研究室成立初期，计划将传统民居和古典园林作为研究工作的重点，在全国范围内进行调查测绘与专题研究。一方面，工业建设中的大量住宅设计需要参考传统民居，另一方面，营造学社此前的调查研究以宫殿寺庙为主，在抗日战争时期的西南古建筑考察中开始注意和收集民居等其他类型的资料，但终究未遑展开。因此，刘敦桢与金瓯卜一致认为应从民居入手研究民族建筑形式。[①]

据刘叙杰回忆，由于营造学社调查工作中在民居方面的空白，新中国成立后建筑界对民族形式创造的迫切需要，新设立的中国建筑研究室工作人员的培养提高，以及刘敦桢对民居研究的一贯兴趣，都成为他对我国传统民居进行全面深入调查研究的契机：

> 当时中国营造学社所调查的古建筑，大多属于官式。例如宫殿、坛庙、陵墓、官衙、寺观……，等等。它们的平面、立面、外观、结构、装修、材料……，多数都很有特色。而民居相对就逊色很多。为此作出的选择自不待言。1931年日寇侵占东北后，犯我野心昭然若揭。为了免遭战争破坏，学社决定尽快调查华北地区一切有代表性的古建筑，而民居不在其列。然而它们在多次调查报告中仍偶有提及，表明工作人员对此还是有一定程度关注的。

> 新中国成立后，刘先生多次婉拒了当时任中央文物局负责人郑振铎先生邀请赴北京工作的建议。因为他自知不适合担任行政工作，若留在南京，除了在学校上课和参加江苏省文管会组织的各种古建文物的调查外，其他的活动不多，可以有机会做过去一直想做的课题。另外，为了培养与提高新建研究室人员的业务水平，选择较简易的民居调查入手，是比较理想可行的。当时出于国家建设的需要，建筑界对于民族形式如何具体体现的要求非常迫切。而一切建筑的根源出自民居。由于这几方面的需求，再加上他原来就对民居有浓厚兴趣，就使得他决心开拓与研究民居这一我国传统建筑中尚未涉

[①] "1952年下半年起，由于民族形式的需要渐多，在前华东建筑设计公司的要求下，于1953年春季，在南京工学院内成立了中国建筑研究室，由我负责主持。最初的目的是为当时创造民族形式提供参考资料，而在建筑方面，营造学社已做了不少工作，民居园林却是空白点，于是决定以调查民居为工作的重点。"引自《中国建筑研究室1953～1957年工作总结》（手稿），中国建筑设计研究院建筑历史研究所藏，档案编号153号。"对于有着悠久历史的中国传统建筑，新中国成立前由中国营造学社梁思成、刘敦桢为主做了大量考察研究，发表了很多著述。但限于人力物力，调查研究的对象有限，主要是宫殿庙宇等，未能涉及民居。新中国成立后，在建筑设计上要弘扬我国古典建筑的优秀传统，并且要加以创新，体现民族和地区的不同风格，这就需要有一个专门机构来从事研究。"引自金瓯卜.全国第一家国营建筑设计院成立情况见：杨永生：建筑百家回忆录续编.北京：中国建筑工业出版社，2003：107-110.

及的重要领域。①

1954 年，研究室正式开始民居调查测绘实践，首先派出张步骞西行考察，调研河南开封等地的窑洞民居。② 为改善窑洞式住宅的居住条件，研究室决定将窑洞式住宅研究作为重要课题，进行系统调查。自 1955 年起，又派出傅高杰、张步骞、杜修均赴河南先后进行三次共计三个多月的实地查勘，调查了 14 个县市的 130 余村镇，对其中 30 余处村镇的住宅做了比较详细的调查和测绘：

> 窑洞在建造上颇为经济简便，生活其中冬暖夏凉；但通风采光不良，潮湿很大是其一大缺点，对居民的室内活动和身体健康都有莫大影响。因此发扬其优点，改正其缺点尤其是改善这几千万人的居住条件，是当前一个重要课题。基于以往有关这方面的资料非常缺乏，我室决定对窑洞式住宅做一次比较有系统的调查。调查是从 1955 年开始的。已在河南的荥阳、巩县、偃师、孟津、洛阳、新安、渑池、宜阳、嵩县、陕县、洛宁、灵宝、卢氏、乐川等十四个县市，先后作了三次共有三个多月的实地查勘。总计到达的村镇约有一百三十个左右，在其中三十余个村镇上做了比较详细的调查和测绘。③

此后，研究室在调查基础上完成了《河南窑洞式住宅》，对窑洞式住宅的分布情况、自然环境、村镇布局、建筑平面外观等进行了研究分析。

1954 年暑期，研究室全体成员分为三组，赴浙江东部、安徽南部和福建，调查民居并附带收集古建筑的情况：

戚德耀、窦学智、方长源调查浙东民居，先后至杭州、绍兴、余姚等地，测绘了其中的重要住宅实例，并以此为基础完成调查报告《浙江东部村镇及住宅》，分析了浙江东部地区自然条件、村镇布局和住宅特点。④

张仲一、曹见宾、傅高杰、杜修均调查皖南民居。安徽歙县的三处古民居，于 1950 年前后由文物部门发现。1952 年，刘敦桢受华东文化部委托前往调查，又在附近发现二十余处明代住宅和祠堂。⑤ 以此为线索，张仲一等前往歙县、绩溪、休宁和屯溪等地，调查当地发现的二十余处明代住宅，以此为基础完成了"徽州明代住宅"专题研究调查报告，又于 1957 年编写出版《徽州明代住宅》，对徽州

① 2012 年 10 月 25 日笔者访问东南大学刘叙杰先生的记录（未刊稿）。
② "1954 年的时候是我一个人去的。那个时候刘老师编《中国住宅概说》，编这本书，要补充材料，就派我一个人去。就是要我自己去找，主要是民居，补充住宅建筑史的资料。当时就做了测绘，画了平面、剖面。"引自东南大学建筑历史与理论研究所.中国建筑研究室口述史（1953-1965）.南京：东南大学出版社，2013：181-183.
③ 建筑理论及历史研究室南京分室傅高杰、张步骞、杜修均，《河南窑洞式住宅》（未刊稿），1958 年 10 月。
④ 建筑理论及历史研究室南京分室曹见宾、戚德耀，《浙江东部村镇及住宅》（未刊稿），1958 年 10 月。
⑤ 刘敦桢.皖南歙县发现的古建筑初步调查.文物参考资料，1953（3）.

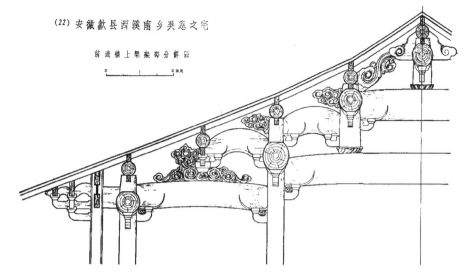

图 4-14 安徽歙县西溪南乡吴息之宅前进楼上梁架部分详图（资料来源：张仲一、曹见宾、傅高杰、杜修均. 徽州明代住宅. 北京：建筑工程出版社，1957：58）

图 4-15 《闽西永定客家住宅》《浙江余姚县保国寺大雄宝殿》初稿书影 [资料来源：东南大学建筑历史与理论研究所. 中国建筑研究室口述史（1953-1965）. 南京：东南大学出版社，2013：265-266]

民居的自然与社会条件、历史背景与建筑物的总体布置、平面、外观、结构与装饰部分作了叙述和分析（图 4-14）。

张步骞、胡占烈、朱鸣泉调查福建民居。当时刘敦桢看到建筑系一名客家族学生示的老家土楼照片，对福建地区这类圆形的住宅产生了浓厚的兴趣[1]，遂派张步骞、胡占烈、朱鸣泉至福建，对永定县的客家土楼进行了两个月的考察。此后发表《闽西永定客家住宅》。这篇文章是关于客家土楼的第一篇文献，使土楼建筑首次为学术界所知，奠定了福建土楼研究的基础（图 4-15）。

此外，研究室还派朱鸣泉、陆景明调查太湖及其周边地区的民居建筑，考察涉及江苏扬州、苏州、镇江、吴县（今已撤销）、上海松江等地的住宅，并以此为基础完成《太湖地区民居》。[2] 研究室在考察过程中还收集到河北、山西、陕西、北京、广东等地的民居资料。

根据中国建筑研究室的民居调查积累，并结合其他相关材料，刘敦桢撰写《中

---

[1] 张步骞先生回忆："当时建筑系有个学生，黄金凯，他老家是客家族的，他有张老家的照片，拿给刘老师看，说他老家有这个圆楼、土楼，刘老师很感兴趣，之前大家都没有听说过，他那里很封闭。所以刘老师就派我、胡占烈、朱鸣泉去福建调查。"引自东南大学建筑历史与理论研究所. 中国建筑研究室口述史（1953-1965）. 南京：东南大学出版社，2013：184.

[2] 朱鸣泉、陆景明：《太湖地区民居》（未刊稿），建筑科学研究院南京工学院合办理论历史研究室.

国住宅概说》一文,发表于 1956 年第 4 期《建筑学报》,又以此为基础完成了《中国住宅概说》一书,介绍了汉族住宅大体的发展情况以及明清以来的诸多实例,在国内建筑界产生了重要影响,极大地推动了民居建筑研究。

由于民居考察研究的重点在于功能布局与空间形式,研究室对重要案例的测绘以平面图与剖面图为主,并针对结构特点、地方做法、局部构造以及建筑装饰重点绘制了局部详图。对于民居考察测绘的方法,张步骞回忆:

> 我们还做了测绘、平面、剖面,没有画村庄的总平面图,就是画了单体,拍了照,工具就只有个皮尺,……30 米长的皮尺,一段一段量,先勾个草图,然后再量再写数据……画草图、量尺寸、照相。尺寸包括平面、剖面……我们当时在那里做的是草图,回到学校后用鸭嘴笔在硫酸纸画正式图。[①]

研究室调查民居的同时,发现了江南地区两座最古老的木结构建筑——宁波保国寺大雄宝殿与福州华林寺大殿,填补了南方地区北宋时期木构实例的空白。对此,刘敦桢非常重视,不仅向学界刊登发现保国寺的消息,并且要求研究室成员详细测绘保国寺,调查成果《余姚保国寺大雄宝殿》发表于 1957 年第 8 期《文物参考资料》月刊。

(3)苏州园林调查研究

刘敦桢的研究经历表明,他早在 1920 年代即产生了对于苏州园林的兴趣。1923 年执教苏州工业专门学校后,曾考察沪、宁、杭一带的古建筑,长住苏州时结识了苏州营造匠家姚承祖,常常同出踏访园林、住宅,相互切磋探讨;进入营造学社后,又趁 1936 年暑期休假专门考察苏州的古建筑,调查了怡园、拙政园、狮子林等几处园林建筑。

中国建筑研究室成立后,刘敦桢选择苏州园林作为专门的研究课题,由此展开大规模专项调查。自 1953 年起,刘敦桢与张步骞、朱鸣泉、傅高杰、曹见宾等成员将苏州市内外各类园林的位置、名称、使用情况、历史沿革及现状作了普查性的调研和统计,调查了大小园林七十余处,并对其中的三十余处进行测绘摄影。1956 年 10 月,刘敦桢在南京工学院第一次科学报告会上以《苏州的园林》为主题作了学术报告。[②] 报告按照规模对苏州园林进行分类,根据实物与文献对造园风格、手法进行分析,并介绍了各园的特点,后于 1957 年 4 月单独发表为

① 东南大学建筑历史与理论研究所 . 中国建筑研究室口述史(1953–1965). 南京:东南大学出版社,2013:185.
② 刘敦桢 . 刘敦桢全集(第四卷). 北京:中国建筑工业出版社,2007:146.

《南京工学院学报》第四期单行本。此后，研究室继续扩大园林调查的规模，自1956年至1958年，调查苏州住宅庭院与大中小园林约200处，选择50余处进行测绘摄影。

刘叙杰回忆，测绘苏州园林时各方面条件有限，但是因为刘敦桢严格要求，制图标准高，研究室人员的绘图水平得到很大提高：

> 我们当时测绘苏州园林时使用的工具和方法，与旧时营造学社差不多。刘先生经常检查工作，不合格就需重做。尤其是绘制测绘图。如总平面图中的假山、池岸、铺地、每块石料的位置和形状都必须准确无误，画成后还要用实地拍摄的照片对比校核。对绿化也是如此。举凡植物的品种、形态、尺度，都严格要求；不同的树根、枝干、花叶，都应如实反映。为了显示园内景观，先后拍摄了两万张照片。除了正常情况下，还考虑园林中不同气候、季节的变化，如晴、雨、雪、雾、阳光或月光下树影在粉墙上的情景。这些照片，除了作为行文论述的依托，还作为上述制图的依据和参考。①

据当时参与测绘的戚德耀回忆，测绘分为草图、正式测绘稿和墨线图三个阶段，由刘敦桢审核正式的墨线图。如果不同意，则须返工。有时因一条线画坏也必须重画。由于绘图要求高，耗时费力，被称为"磨洋工"。②

苏州园林的调查研究工作一直持续至中国建筑研究室并入建筑科学研究院。1953年至1958年的前期调查工作，为1960年之后《苏州古典园林》专题研究及著作的完成奠定了坚实的基础。

2. 建筑历史与理论研究室的调查工作

1956年4月，由梁思成主持，清华大学建筑系与中国科学院土木建筑研究所合办成立建筑历史与理论研究室。成员包括清华大学建筑系刘致平、莫宗江、赵正之、楼庆西，国家文物局陈明达、罗哲文，中国科学院土木建筑研究所傅熹年、王世仁、杨鸿勋，副博士研究生王其明，以及张驭寰、虞黎鸿、舒文思等人。

研究室成立后，于1957年春制定研究计划，分组展开近代建筑、古建筑、园林和民居的调查：梁思成带领傅熹年、虞黎鸿、王其明进行"北京近百年建筑"的专题调查；刘致平带领王世仁考察山西、内蒙古、陕西、甘肃等地建筑；莫宗

---

① 2012年10月25日笔者访问刘叙杰先生的记录（未刊稿）。
② 东南大学建筑历史与理论研究所. 中国建筑研究室口述史（1953–1965）. 南京：东南大学出版社，2013：175.

江带领杨鸿勋考察苏州园林；梁思成派张驭寰考察吉林民居。[①]

（1）近代建筑调查

梁思成十分重视此前未曾开展的近代建筑调查，不仅亲自带领助手调查测绘，并且联系青岛当地官员，提出研究青岛近代建筑的计划，并派王世仁、傅熹年去青岛调研测绘。[②]1957年，梁思成带领傅熹年、虞黎鸿、王其明，开始北京近代建筑的调查。对此，傅熹年曾撰文回忆：

> 由傅熹年、虞黎鸿二人为梁先生助手，梁先生的副博士研究生王其明同志也参加此专题……1957年初，由梁思成先生亲自率领三名助手在北京进行了示范性调查，包括西单、大栅栏、廊房头条、东西交民巷、崇内大街等地，以后，即由助手们按计划进行分类、分项调查，包括实地测量、摄影、写调查记录、查阅文献和档案图纸等……在将近一年时间内，基本上对北京近代兴建的重要建筑物，包括教会建筑、使馆建筑、官署和办公楼、学校、医院、饭店、银行、商业街和商业建筑、住宅等类型进行了大量调查研究工作，拍摄了数千幅照片，测绘了若干幅图纸，搜集到一批文献史料和档案图纸。[③]

（2）吉林住宅建筑调查

1956年的学习农业发展纲要对调查研究民间住宅建筑有了启发，因此，研究室选定吉林住宅建筑作为开始，派张驭寰于1957年夏、秋赴吉林实地调查三个月，对主要的县份、乡镇做了初步考察，着重分析民间住宅建筑的演变，平面布置、艺术处理、各部分的构造以及地方材料的运用等，编著成《吉林民间住宅建筑》。[④]

（3）内蒙古等地建筑调查

1957年5月10日至8月9日，研究室派刘致平、王世仁至内蒙古、山西、陕西、甘肃及河南等处调查测绘古建筑，以住宅、清真寺、喇嘛庙为主，并同时关注庙宇、会馆等其他建筑类型。重点调查的建筑实例有：内蒙古呼和浩特延寿寺，武川百灵庙，包头五当召等宗教建筑以及喇嘛住宅和蒙古包，山西太原大南门街道清真寺，太谷、平遥一带的"票号"住宅，晋城、河津、襄汾的传统住宅，

① 张驭寰.张驭寰文集（第十五卷）.北京：中国文史出版社，2008.
② 张帆.梁思成的"中国近代建筑研究"初探.华中建筑，2009（1）.
③ 中国建筑设计研究院建筑历史研究所.北京近代建筑.北京：中国建筑工业出版社，2008：39-40.
④ 建筑理论与历史研究所张驭寰.吉林民间住宅建筑.北京：科学情报编译出版社，1958.

解县关帝庙，西安常宅、化觉巷清真寺，兰州解放路清真寺等。限于时间，此次调查虽然仅是一次纪略性的工作，但对于中西部地区的建筑情况有了概略性了解，总的目的在于观察新中国成立后几年来古今建筑面貌的大致变迁，并选择重点，留待以后深入研究。[①]调查成果《内蒙、山西等处古建筑调查纪略（上）、（下）》于1982年发表于《建筑历史研究》第一、二辑（图4-16、图4-17）。

3. 中国建筑理论与历史研究室的调查工作

（1）"建筑三史"资料收集

1958年6月，建筑历史与理论研究室因政治运动被迫解散。梁思成与建筑科学研究院商议，将研究室原有人员转至建筑科学研究院下属的古老建筑研究室[②]，重新成立了中国建筑理论与历史研究室。刘敦桢主持的中国建筑研究室也并入建筑科学研究院，称作"南京分室"。同年，由重庆建筑工程学院的辜其一、叶启燊主持，在重庆成立了中国建筑历史理论研究室重庆分室，主要研究四川民居。

建筑理论与历史研究室（下称"建研院历史室"）成立不久，即于1958年10月发起召开全国建筑理论及历史讨论会。会议集中了研究所、高等学校、规划设计部门与有关单位的代表百余人，听取并讨论了各地住宅调查和人民公社规划等报告19篇。为了促进建筑理论，会议决议编写中国建筑三史（即"建筑通史"、"近代建筑史"、"建国十年来的建筑成就"），配合苏联建筑科学院主编的多卷集《世界建筑通史》编写中国古代建筑史稿。会议决定"建筑三史"采用集体协作的方式编著，并起草通过了"建筑三史"的工作大纲。[③]

会后，由刘敦桢主持，在全国范围内召集有关高校、文物和建筑研究机构，成立建筑三史编撰委员会，协作编写"建筑三史"。由建筑工程部、国家科委建筑组将工作计划作为全国性的政治任务下达至各级地方政府，掀起了全国修史的高潮，各地纷纷成立"建筑三史"编撰委员会，由当地城建局、建筑设计院、文

① 刘致平.内蒙、山西等处古建筑调查纪略（上）.见：建筑理论及历史研究室编.建筑历史研究第一辑.北京：中国建筑科学研究院情报研究所，1982：1.
② 当时的主要成员有曾任职营造学社的宋麟徵、邵力工。参见东南大学建筑历史与理论研究所.中国建筑研究室口述史（1953-1965）.南京：东南大学出版社，2013：77.
③ "因此，必须在全国各地迅速全面地展开群众性的研究工作。在当地党委领导下，组织各地区高等学校，规划设计部门与有关单位，分片包干，在半年或一年之内，分别完成各地区的建筑史编写工作，然后集中起来，编成我国第一部较为完整而系统的建筑史。"引自汪之力.汪之力院长在建筑历史学术讨论会上的总结发言（1958年10月17日）.建筑学报，1958（11）.

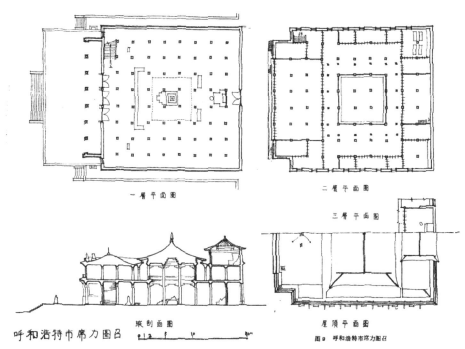

图 4-16　呼和浩特席力图召测绘图 [资料来源：建筑理论及历史研究室编 . 建筑历史研究（第一辑）. 北京：中国建筑科学研究院建筑情报研究所，1982：8]

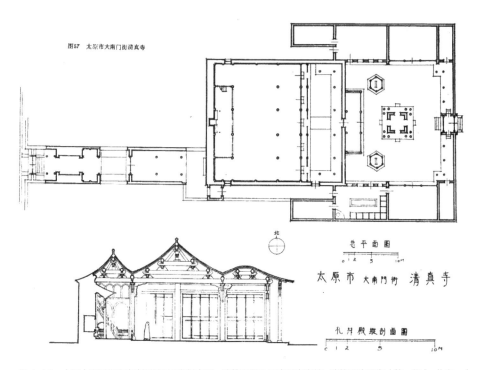

图 4-17　太原大南门街清真寺测绘图 [资料来源：建筑理论及历史研究室编 . 建筑历史研究（第一辑）. 北京：中国建筑科学研究院建筑情报研究所，1982：36]

化局、高等建筑院校等单位负责收集资料。[1]研究计划包括：人民公社的规划及建筑；古建筑、石窟；民居；少数民族建筑；新中国成立以来的建筑；革命根据地建筑等。

为协助编制地方"建筑三史"，建研院历史室合力派出多个工作组，分赴各省收集资料，并向15个省、区派人协助调查。例如，王世仁赴甘肃、青海、宁夏考察；张驭寰、林北钟赴内蒙古考察；张步骞赴湖北考察；戚德耀、王其明参与浙江的"建筑三史"编辑。[2]

作为一项全国性的政治任务，各地相关机构也协同高等院校开展了广泛的建筑调查，搜集了大量的丰富资料。这些成果全部汇总到建筑科学研究院，为1959年开始的集体编写工作创造了极为有利的条件。其中一些成果资料得到了及时的整理出版，填补了地区性的空白，如张驭寰、林北钟协助内蒙古建筑历史编辑委员会进行实物调查并出版《内蒙古古建筑》[3]一书，就是内蒙古民族建筑传统技术的首次总结。

（2）"苏州古典园林"专题研究

1958年，中国建筑研究室并入建筑科学研究院，苏州园林的研究工作得到进一步深入。同年10月，刘敦桢发表题为《苏州园林的绿化问题》的报告[4]，从植物学角度归纳苏州园林花木的品种、栽植、位置，分析植物形体与山、池、房屋配合的艺术手法，突破了建筑学研究视角的局限。1958年冬起，苏州园林研究因编写"建筑三史"停顿年余。

1960年，由刘敦桢主持的苏州园林研究再度展开，由南京分室与南京工学院建筑系合作，对原有调查资料进行全面核对和修改的同时，进一步做了重点园林的调查和测绘，并投入编写《苏州古典园林》。初稿8万余字完成后，于1961

① "会后，在各省、区、市科委的大力支持下，组织了当地的建筑史编委会，由有关建筑、文化部门及高等院校等单位负责参加，其中有15个省、区，由建筑科学研究院建筑理论及历史研究室派人协助，从去冬起陆续展开调查工作，收集了很多宝贵资料，经过整理，若干省、区、市已编写了当地的建筑史初稿。"引自刘敦桢.刘敦桢全集（第四卷）.北京：中国建筑工业出版社，2007：236.

② 据当时参与调查的张步骞回忆："1959年在北京开的大会，是动员编制中国建筑三史（古代、近代和建筑十年）。不是动员调查民居。我们派出多个小组分赴各省也不是单纯调查民居，而是为建筑三史收集资料，并协助各省编制各省的建筑三史。至少我就是受命赴湖北省配合湖北省科委参与豹子潮人民公社规划，到黄石、沙市、孝感、荆州、郧阳、恩施等地方收集古、近、现代建筑资料，协同编制湖北三史。回来后我还和建筑研究院总室的孙增藩工程师两人对各省报来的材料进行甄选，为《建筑十年》一书排，并配合印刷厂（在南京）出版。此外作为副产品我还撰写了《湖北农村住宅》一文。"引自东南大学建筑历史与理论研究所.中国建筑研究室口述史（1953-1965）.南京：东南大学出版社，2013：191.

③ 内蒙古建筑历史编辑委员会.内蒙古古建筑.北京：文物出版社，1959.

④ 刘敦桢.刘敦桢全集（第四卷）.北京：中国建筑工业出版社，2007：207.

年做第二次修改，并重绘各组剖面图、鸟瞰图、透视图、分析图及相关插图。

1962 年 7 月，以"古典园林经验总结"为中心课题，建筑工程部建筑科学研究院设立"苏州古典园林"专题，由刘敦桢主持，南京工学院建筑系协作，研究人员包括：南京分室朱鸣泉、詹永伟、叶菊华、金启英、杜修均以及南京工学院潘谷西、郭湖生、刘先觉等。

专题研究以探讨苏州园林艺术特点、阐明其历史价值与文化价值为目的，供研究古典园林艺术及历史、文化等方面参考。具体分工为：刘先觉负责园林建筑，潘谷西负责园林布局，刘敦桢负责山石研究，叶菊华负责水池研究，乐卫忠负责实例研究，沈国尧负责植物研究。研究成果采用分工合作方式进行编写，分别由下列人员执笔：绪论——刘敦桢，实例——刘敦桢、郭湖生、朱鸣泉、詹永伟、叶菊英、金启英，设计原则——刘敦桢、潘谷西，理水——叶菊英，山石——刘敦桢，建筑——刘先觉、詹永伟，花木——金启英，结语——刘敦桢、潘谷西。[①]

在中国建筑研究室测绘的基础上，"苏州古典园林"课题组重新绘制了测绘图纸。由于人手不够，南京工学院派青年教师潘谷西、刘先觉、郭湖生、齐康协助，对绘图工作进行指导。潘谷西回忆：

> 我们参加了刘敦桢先生主持的古典园林研究，我们也写了一部分内容、参加了调查，像郭湖生老师那时帮着刘先生到苏州去调查研究、收集资料。图纸主要是研究室的同志画的，我们没有参与。研究室有办公室主任、办事员，其他都是画图的研究人员。我和齐康老师不定期地去指导他们画图。他们是从华东设计院调过来的一批人，不是正规的建筑学专业毕业的，画这种园林、古典建筑没有经验，因此让我和齐康两个人去指导。他们后来画的园林图，水平是比较高的。[②]

刘敦桢对苏州园林测绘图的科学性和艺术性都制定了极高的标准。常规的建筑设计图中，建筑为主体，树木、环境等作为配景，烘托图面气氛，因而配景惯以艺术手法处理，并不讲求真实性。古典园林的营造是将建筑、山石、池沼、花木、甬道综合而成，凡一树一石都凝集着文心诗意。因此，按刘敦桢的要求，苏州园林的图纸中，树木、假山是按照真实的尺寸、品种和形态绘制的，并且着意表达冬景，以区分常绿树和落叶树。对于建筑的细部构造、工艺做法，也要求进行翔实的调查测绘。对刘敦桢的良工苦心，曾参与过相关工作的学者记忆犹新：

---

① 《苏州古典园林专题研究工作大纲及鉴定书》（未刊稿）。
② 2012 年 10 月 26 日笔者访问东南大学潘谷西先生的记录（未刊稿）。

刘先生的治学风格一直是非常严谨的，他要求园林图纸表达的对象要准确。过去营造学社的图没有将树、假山作为一个专门问题，但是园林就不一样了，园林中的建筑、树木、假山、水体、道路、地面都是主体了，要考虑怎样表达得准确、美观，还要具有艺术性。按照刘敦桢先生的要求，高大的树都要用经纬仪测量，树的枝叶形态必须按树种的特征表现，并且要求画冬景，这样能够分出常绿树和落叶树。另外，园林中不同类型假山的差别，如黄石假山和湖石假山，也应该表现出来。①

我听研究室的工作人员说，当时他们的压力很大。比如总平面图，图中每块石头的具体位置、大体的形状都要求画准确，通过照片对比，进行修订。在绿化方面，对树木的高度、种类和形态的要求也同样严格，力求写实。比如这个地方有一棵丁香，就得画出丁香的真实样子，不能想当然而随手描绘。什么树就得画什么样的叶子和枝条。所以他们照了很多照片，大概超过两万张。考虑到园林中各个季节和气候的变化，如天晴、下雨和下雪景象不同，阳光和月光下树影在粉墙上的景象，以及冬天树枝落叶的时候是什么样子，夏天又是什么样子，然后将这些都作为制图的参考。②

苏州园林测绘图在艺术性上达到的成就可谓无出其右。大量剖视图层层剖析园林的空间营构，表现出园林隐曲流动的空间。③勾画山石、树木、流水的运笔和线条，非有持之以恒的练习难以企及。笔法虚实有致，富于变化，线条点画之间透着鲜活的气息，从而支撑起园林的景观氛围，富有意境与生命力。东南大学潘谷西在评价苏州园林测绘图的笔法时谈道：

我觉得东大在园林测绘方面还是比较有特色，比如假山、树、水面、铺地的表达，特别是假山比较难画。齐康老师钢笔画是很好的，他倾向于西方的钢笔画的表现，我是掺进去一点中国画勾勒的方法。因为我过去曾经画中国画，比较喜欢《芥子园画谱》。所谓中国画的表达方式，比如说假山或者树木，它有种转折的感觉，西方画就没有。④

在如此的高标准和严格要求下，测绘难度可想而知。经过悉心指导和辛苦磨炼，研究室人员的绘图能力也达到了相当高的水平：

刘先生要求很严格，他经常去看，发现不对就必须重画。这方面可能

---

① 2012年10月26日笔者访问东南大学潘谷西先生的记录（未刊稿）。
② 2012年10月25日笔者访问刘叙杰先生的记录（未刊稿）。
③ 这种以剖视图表现园林空间的方法，此后一直为东南大学建筑学院所延续，成为该系古建筑测绘的显著特点。
④ 2012年10月26日笔者采访潘谷西先生的记录。

是受到营造学社高标准高水平制图的影响。通过这样的磨炼，研究室中许多工作人员的绘图技术都达到了相当高的水平，虽然赶不上学社的陈先生和莫先生，但也相当不错了。就已出版的《苏州园林》中的插图，目前一般人是画不出来的。为了把他们培养出来，刘先生确实花了不少心血。①

自 1955 年起，研究室共绘制园林测绘图纸逾两千张（图 4-18）。出于技术与艺术双重标准考量的苏州园林测绘图，既是严谨准确的科学成果，又是富于意境的艺术品，成为弥足珍贵的经典之作，至今仍是园林测绘的巅峰。②

从建筑史学史的角度而言，刘叙杰认为，刘敦桢在当时选择苏州园林进行测绘研究，具有相当的前瞻性：

> 他为什么后来将第二个研究目标转到园林，除了从住宅调查中取得的启发，另外就是他在 20 世纪二三十年代对苏州的园林也很感兴趣，与著名的工师姚承祖先生踏访了不少实例。由于后来对民居的研究已成为全国的热点。全国在搞当然更好了，主要是通过各省市设计院和高校，还有当地文管会，结合起来搞调查，当然比他的小研究室力量强多了。既然全国都在搞民居，他就把方向转到园林方面。所以我觉得父亲看问题比较敏锐，而且有前瞻性。③

1964 年，《苏州古典园林》的书稿基本成形，但相关研究工作迫于政治形势而中辍，直至 1979 年才得以整理出版，被誉为国内外研究中国古典园林的重要经典著作（图 4-19）。

（3）其他专题调查研究

建筑理论与历史研究室创建之后，主要工作是在建筑工程部建筑科学研究院的统一管理指导下，按照专题研究组的形式，分类型展开建筑遗产的调查和研究（表 4-1）。每一课题需要事先填报"专题研究工作大纲及鉴定书"，提出课题的目的与意义、内容与进度、分工与成果表达形式等计划，由主管人员审查后确定成立，调查的目的和内容也必须符合专题大纲的要求。自 1958 年至 1964 年，建研院历史室组织专业力量，与全国各地相关机构合作，按照历史阶段和建筑类型分组进行了大量的调查研究工作，涉及宗教建筑、园林建筑、民居、民族建筑、

---

① 2012 年 10 月 25 日笔者采访刘叙杰先生的记录（未刊稿）。
② 有学者曾赞叹："作为后人，必须认真思考如何来超越前人的成就，但我几乎不相信在这种测绘图的水准方面被超越之可能。"引自赵辰．一个伟大的背影．见：东南大学建筑学院．刘敦桢先生诞辰 110 周年纪念暨中国建筑史学史研讨会论文集．南京：东南大学出版社，2009：59.
③ 2012 年 10 月 25 日笔者采访刘叙杰先生的记录（未刊稿）。

图 4-18 沧浪亭测绘图
（资料来源：刘敦桢.苏州古典园林.北京：中国建筑工业出版社，2005：384-385）

图 4-19 刘敦桢著《苏州古典园林》书影，
1979 年第一版（资料来源：刘敦桢.苏州古
典园林.北京：中国建筑工业出版社，1979）

建研院历史室主要的调查研究专题（1958 年至 1964 年）[①]　　表 4-1

中心问题	专题名称	日期（年）	负责人	参加人员	协作单位	调查报告及出版物
园林	北海静心斋调查	1960	刘致平	张茂能、陆楚石、匡振鸥、陆平等		《北海静心斋的研究》（未发表）
	北京颐和园调查	1959—1960	刘致平	韩嘉桐、程家懿、杨鸿勋、匡振鸥、马亚如、季雪芳、吴永安、黄国康等		《北京颐和园建筑研究》（未出版）
民居	甘南藏族民居调查	1959		袁必堃、陈耀东等		《甘南藏族民居》（未出版）
	广西壮族自治区少数民族民间住宅调查	1959		陆楚石		《广西壮族自治区少数民族民间住宅简介》（未出版）
	青海东部地区民居调查	1960	张驭寰	陈耀东、黄国康等	青海省建工局	《青海东部地区民居》（未出版）
	宁夏回族自治区民居调查	1960	袁必堃	韩嘉桐、楼沛英、李婉云等		《宁夏回族自治区民居》（未出版）
	新疆北部少数民族民居调查	1960		袁必堃、陈耀东、王世仁、黄国康、王培坦等	新疆建工局	《新疆哈萨克族民居》、《新疆（塔城地区）塔塔尔、乌兹别克、俄罗斯等民族的住宅》、《新疆达斡尔族民居》、《新疆塔吉克族居住建筑调查及对今后建筑的意见》、《新疆察布查尔锡伯自治县的锡伯族住宅》、《新疆柯尔克孜族居住建筑调查及对今后建筑的意见》（未出版）
	新疆维吾尔族民居调查	1960	袁必堃、张胜仪	陈耀东、韩嘉桐、王世仁、黄国康、楼沛英、李婉芸、吴仲敏、王培坦	新疆设计院、新疆兵团一师设计院	《新疆维吾尔族民居平面和空间的布局特点》（未出版）
	新疆南部民居建筑调查	1960	陈宝华、黄国康	楼沛英、王培坦、吴仲敏	新疆生产建设兵团一师设计院	《新疆南部民居建筑的结构用材和施工问题的调查报告》、《新疆南部地区建筑中的石膏装饰》、《新疆喀什地区礼拜寺建筑装饰》、《新疆喀什地区的住宅装饰》（未出版）
	撒拉族民居调查	1960	陈耀东	张驭寰、黄国康		《撒拉族民居》（未出版）
	浙江民居调查	1961	王其明	刘祥祯、尚廓、傅熹年、陈耀东、何国静、程家懿、张勖采、孙大章、于振生、张驭寰、赵喜伦、欧少芝、周培正、戚德耀、李容淦、傅高杰、陆景明、戚高平	浙江省工业设计院	《浙江民居》（已出版）

（表中左侧纵向合并标注：少数民族民居调查、地域性民居）

---

① 根据中国建筑设计研究院建筑历史研究所 2006 年编《建筑历史研究与文化遗产保护》（未刊稿）中的相关内容整理。

续表

中心问题	专题名称	日期（年）	负责人	参加人员	协作单位	调查报告及出版物
民居	地域性民居·福建民居调查	1963	王其明	韩嘉桐、傅熹年、何国静、陈耀东、邱玉兰、于振生等		调查资料流失
	里弄式住宅·上海里弄式住宅调查	1962	王绍周	殷传福、黄祥鲲、吴振铎、陈志敏、冯达生、蔡鸣寿、张航余、朱鹤龄、杨志寿、陈华、陈瑞卿、张益标等	上海市房地局、上海市民用建筑设计院	《上海里弄式住宅调查报告》（未出版）
	天津里弄式住宅调查	1963—1964	王绍周	殷传福、黄祥鲲、曲士蕴、童鹤龄、王运乾、陈贵全、王绍箕	天津市建委、天津市房地局、天津市设计院、天津大学	《天津里弄住宅调查研究报告》（未出版）
伊斯兰教建筑	新疆南部伊斯兰教建筑调查	1960	刘致平	范国骏、王世仁、陈耀东、陈宝华，韩嘉桐、袁必堃、黄国康、楼沛英、张胜仪、滕绍文、翁厚德等	新疆维吾尔自治区建筑工程局、新疆生产建设兵团工一师	《新疆南部伊斯兰教建筑》
	福建清真寺调查	1960	刘致平	黄在志		《福州南门儿礼拜寺》、《泉州清净寺建筑调查报告》（未出版）
	杭州伊斯兰教建筑调查	1960	刘致平	黄在志		《杭州真教寺和杭州建国南路礼拜寺调查报告》
	中国伊斯兰教建筑调查	1961—1965	刘致平	刘致平、袁必堃、林北钟、黄在智、楼培英、黄国康、宁维祥等		《中国伊斯兰教建筑》（已出版）
少数民族宗教建筑	甘南藏族寺院调查	1959	陈耀东	袁必堃、董权友		《甘南藏族寺院》（未出版）
	青海撒拉族寺院调查	1960	陈耀东	张天长、宋树信	青海设计院	《青海撒拉族寺院》、《青海撒拉族拱北》
古代建筑	北京古建筑调查	1958	刘祥祯	王世仁、孙增蕃、杨乃济、杨鸿勋、张驭寰、傅熹年等		《北京古建筑》（已出版）
	山西古代建筑史料调查	1962—1964	张驭寰、王世仁、张静娴	陆光祖、单兰玉、张宝玮、夏祖高、屠舜耕、黄国康、韩嘉桐、楼沛英、孙宗文、张步骞、袁必堃等	与南京分室合作	调查资料流失
建筑装饰调查	江南民间建筑装修装饰调查	1963—1964	孙大章、黄传福	徐玲妹、张秀芳、张勘采、张友邦		《中国江南古建筑装修装饰图典》（已出版）
	新疆维吾尔建筑装饰调查	1960				《新疆维吾尔建筑装饰》（已出版）

地域建筑、近代建筑、村镇等，收集了大量实物资料，其中照片约 8.3 万张，测绘和收集图纸、拓片等 1 万余张[①]，取得了前所未有的丰富史料和研究成果。

按照专题分组计划，北京总室分组为历史组、园林组、民居组、装饰组，其中历史组又分为古代史组与近现代史组，以园林、民居、古代建筑、少数民族建筑、伊斯兰教建筑、建筑装饰作为中心母题，下设具体的研究专题并展开调查。南京分室延续此前中国建筑研究室的课题，仍以园林和民居作为重点。1960 年 3 月，南京分室组成三个研究小组，叶菊华、戚德耀，调查赣东北、浙西北、浙东、皖南地区的民居和古建，詹永伟、傅高杰调查云南少数民族地区的民居，朱鸣泉、金启英研究苏州古典园林。[②] 通过专题调查活动，完成了大量调查报告以及经典巨著《苏州古典园林》。以下试对其中重点专题的情况进行概述，其中民居调查的情况详见后文，兹不赘述。

北京古建筑调查

1958 年，以刘祥祯为负责人，王世仁、孙增蕃、杨乃济、杨鸿勋、张驭寰、傅熹年等对北京地区 50 余处古建筑进行调查，按照城市、宫殿、坛庙、园林、住宅、宗教建筑、陵墓的类别辑为《北京古建筑》，1959 年由文物出版社出版，1986 年再版。

1959 年至 1960 年，由刘致平主持，对北京颐和园、北海静心斋进行调查，并撰写论文《北海静心斋的研究》（未刊稿）与《北京颐和园建筑研究》（未刊稿）。[③]

伊斯兰教建筑调查

1960 年起，刘致平开始系统进行中国伊斯兰教建筑的专题调查与研究，主持"新疆伊斯兰教建筑调查"、"福建清真寺调查"、"杭州伊斯兰教建筑调查"专题研究，组织人员赴新疆南部吐鲁番、阿克苏、喀什、和田、福建福州、泉州、浙江杭州以及上海等地，对礼拜寺、经文学校等伊斯兰教建筑进行详细调查，并撰写调查报告《新疆南部伊斯兰教建筑》、《新疆喀什地区礼拜寺建筑装饰》、《福州南门儿礼拜寺》、《泉州清净寺建筑调查报告》、《杭州真教寺和杭州建国南路礼拜寺调查报告》。[④]

1961 年，"建筑理论及历史专业十年科学规划"提出按地区、民族整理有关建筑历史理论的系统资料，"中国伊斯兰教建筑"专题从属于"各民族建筑史"。

① 中国建筑设计研究院编 . 中国建筑设计研究院成立 50 周年纪念丛书——历程篇 . 北京：清华大学出版社，2002：141–149.
② 东南大学建筑学院 . 刘敦桢先生诞辰 110 周年纪念暨中国建筑史学史研讨会论文集 . 南京：东南大学出版社，2009：74–76.
③ 参见中国建筑设计研究院建筑历史研究所：《建筑历史研究与文化遗产保护》（内部资料），2006 年。
④ 参见中国建筑设计研究院建筑历史研究所：《建筑历史研究与文化遗产保护》（内部资料），2006 年。

1961 年至 1964 年，课题组继续展开调查，将范围扩大至全国大部分地区 [1]，先后调查了全国二百多处伊斯兰教建筑，掌握了大量基础资料。1965 年，刘致平撰写了《中国伊斯兰教建筑》的文字初稿。不久，由于机构撤销，人员下放，该书稿未能及时整理出版，被搁置起来，直至 1985 年出版面世（图 4-20、图 4-21）。论著在大量实例测绘基础上，对于伊斯兰教建筑的发展演变、平面布置、材料结构、立面处理、装饰色彩做系统研究，填补了中国伊斯兰教建筑研究的空白。

少数民族建筑调查

为了系统、全面地收集少数民族建筑资料，1959 年至 1960 年，北京总室在陈耀东、袁必塈的主持下，展开少数民族建筑专题调查：1959 年，赴甘肃南部临潭、夏河、德乌鲁市、洮江、合作等地区调查甘南藏族民居与寺院建筑，撰写调查报告《甘南藏族民居》、《甘南藏族寺院》；1960 年，在青海设计院协助下，对青海省循化地区撒拉族的民居和寺院建筑进行调查，完成《青海撒拉族寺院》、《青海撒拉族拱北》、《撒拉族民居》；同时，在宁夏地区进行民居考察，撰写《宁夏回族自治区民居》；同年，专题组赴新疆考察，在新疆设计院等单位的协助下，对新疆北部地区哈萨克、塔塔尔、乌兹别克、俄罗斯等少数民族的住宅以及新疆南部维吾尔族的住宅进行调查，完成《新疆（塔城地区）塔塔尔、乌兹别克、俄罗斯等民族的住宅》、《新疆维吾尔族民居平面和空间的布局特点》等报告。[2] 通过以上的集中调查，积累了西北少数民族建筑的资料，对建筑特征、平面布局、结构用材、空间组合等问题形成了初步总结。

山西省古代建筑史料调查

根据"建筑理论及历史专业十年科学规划"的要求，在正式编写建筑史以前，必须编辑各地区或各时代的古代建筑资料集，为编写中国古代建筑史收集资料。考虑到山西省是国内保存古代建筑年代最久、数量最多、类型最全的地区之一，因而首先在山西分地区整理古代建筑资料，为其他地区积累经验。为此，北京总室与南京分室联合，由张驭寰、王世仁、张静娴任负责人，张驭寰、王世仁、单兰玉、张宝玮、屠舜耕、夏祖高、楼沛英等组成调查组，于 1962 年至 1964 年对山西省古建筑进行全面调查，对重要建筑物进行测绘、拍照，共调查住宅、祠庙、长城、石窟寺等各种类型的古建筑 100 多处。[3]

---

① 包括北京、天津、河北、河南、山西、山东、江苏、四川、云南、贵州、湖南、湖北、广东、广西、江西、甘肃、宁夏、青海以及新疆中北部等地。
② 参见中国建筑设计研究院建筑历史研究所：《建筑历史研究与文化遗产保护》（未刊稿），2006 年。
③ 参见建筑理论与历史研究室：山西省古代建筑调查研究资料汇编专题大纲及相关档案（未刊稿）。

图 4-20　刘致平著《中国伊斯兰教建筑》书影（资料来源：刘致平.中国伊斯兰教建筑.乌鲁木齐：新疆人民出版社，1985）（左）

图 4-21　甘肃兰州清真西寺邦克楼剖面图（资料来源：刘致平.中国伊斯兰教建筑.北京：中国建筑工业出版社，2011：216）（下）

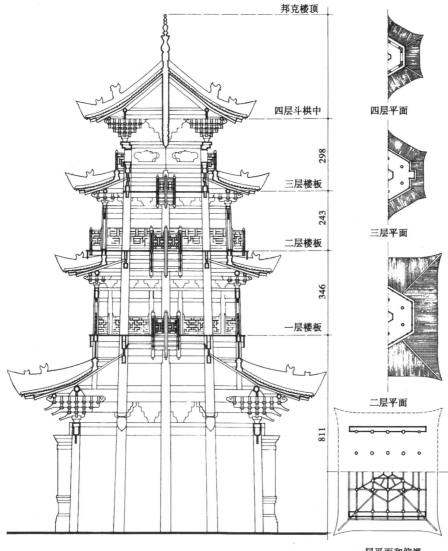

邦克楼顶

四层斗栱中

298

三层楼板

243

二层楼板

346

一层楼板

811

四层平面

三层平面

二层平面

一层平面和仰视

1963 年，建研院历史室设立"山西省古代建筑资料集"专题项目，系统整理汇集山西古代建筑的已有文献，共汇集30个县约90项调查资料[①]，分为"塔"、"元代大木结构"、"山西无梁殿"、"唐宋寺院平面分析"、"祠庙建筑"、"山西境内长城"、"明清木构住宅比较"、"古代城市资料"、"云冈及天龙山石窟建筑分析" 9 项专题，并携带已有研究成果至现场校核，补充所缺资料。

为了提高专题质量，建研院历史室与掌握山西古代建筑资料最多的文化部古代建筑修整所、山西省文物工作管理委员会达成协议，三方所有资料互相使用，共同编写出版《山西省古代建筑调查研究资料汇编》。因政治运动的开展，该计划未能实施，此次调查的资料也因此未能及时收集整理而流失。[②]

4. 调查方法

以福建民居的调查为例，建研院历史室按照下列步骤开展调查测绘工作：一是准备阶段，搜集文献及相关资料，列举工作量；二是制定计划阶段，根据已有资料及各方意见选择调查对象，制定调查路线和日程；三是试点调查阶段，通过试点调查，讨论并改进工作方法；四是正式调查阶段，每晚进行图纸检查，主要避免遗漏尺寸，强调注记完整。最后是写稿、讨论等分析整理工作，将测稿精选后，按照以原测人为主并兼顾工作量平衡的原则分配到个人，共同完成调查成果。[③]

根据长时间的集中调查实践，历史室总结出测绘应按照需求区分决定工作深度的原则，强调资料采集必须具有明确的目的：

> 收集古建筑资料中，测绘是重要的一环。测绘应当按调查问题的要求来规定内容及精确程度。一般说来，出差调查中的测绘要求速度快，所以一定要明确该图的目的性以及将来所绘图纸的比例尺，及表现方法（徒手或器械）。……就资料本身来说，深度、精度也不应完全等同。例如调查元代木结构，在构造方面就要求特别仔细；对于住宅、祠庙来说，重要问题是研究制度，所以测图就无必要要求精度很高，而在制度渊源、资料的典型性、年代鉴别、原状推测等方面就要有严格的要求。[④]

1949 年以后，营造学社解体，刘敦桢、梁思成相继主持成立中国建筑研究

---

① 参见建筑理论与历史研究室：山西省古代建筑调查研究资料汇编专题大纲及相关档案（未刊稿）。
② 参见建筑理论与历史研究室：山西省古代建筑调查研究资料汇编专题大纲及相关档案（未刊稿）。
③ 参见建筑理论与历史研究室：福建民居专题大纲及相关档案（未刊稿）。
④ 建筑理论与历史研究室：山西省古代建筑调查研究资料汇编专题大纲及相关档案（未刊稿）。

室和建筑历史与理论研究室，并合并为建研院历史室，成为继学社之后的全国建筑史学学术中心。研究室以持续、广泛的实物调查为基础，按专题研究形式开拓了民居、少数民族建筑、宗教建筑等崭新的研究领域，推动了建筑史学研究由通史向专史的深化，其中民居、园林的研究引发带动了全国建筑界的研究热潮。通过一系列实地调查，收获了前所未有的丰富资料，并且为当时编撰的"建筑三史"工作提供了大量的新材料。然而好景不长，政治运动开始后，很多专题被迫中断，大量资料未能及时整理发表，甚至在"文化大革命"中遭遇损毁。一些原定的专题研究计划也未及实施，例如，刘致平曾计划以伊斯兰教建筑研究为基础转入隋唐建筑断代史研究[①]，因政治冲击而搁浅，甚为可惜。

（三）其他机构的古建筑调查测绘研究

1.高校古建筑测绘实习

中华人民共和国成立初期，在大规模工业化建设的推进下，急需培养大量工科技术人才。1952年，全国高等学校院系调整完成，当时设有建筑学专业的7所院校——清华大学、南京工学院、天津大学、同济大学、重庆土木建筑学院、华南工学院、东北工学院均开设了中国建筑史课程，又于1953年至1954年前后纷纷开展"古建筑测绘实习"课程，此后成为古建筑测绘研究领域具有显著影响的重要力量。

可以说，高校的古建筑测绘实习与中国营造学社具有深厚的渊源。一方面，清华大学、南京工学院、天津大学三所院校建筑历史与理论学科的主持者梁思成、刘敦桢和卢绳，都是原营造学社的成员，甚至古建筑测绘和建筑史学科的奠基人。1949年后，梁思成、刘敦桢还借助高校平台创立了"中国建筑理论及历史研究室"与"中国建筑研究室"，继续从事大量专题性测绘研究，引导了高校开展测绘研究的趋势。另一方面，作为近代重要的建筑教育家，梁、刘在早期教育实践中就曾积极组织学生考察测绘建筑遗物。[②]同时，在新中国成立初期全面学习苏联的

---

① 建筑理论与历史研究室：中国伊斯兰教建筑专题研究大纲（未刊稿）。
② 1929年暑假，刘敦桢率领中央大学建筑工程科四年级学生滕熙、刘宝廉、姚祖范、顾久衍、钱湘寿、杨光煦六人考察山东、河北的古代建筑。期间，参观故宫并测绘三大殿平面，考察成果《北平清宫三殿参观记》发表于中央大学工学院1930年6月出版的《工学》创刊号。1931年夏，刘敦桢率领助教濮齐材、张镛森，以及戴志昂、辜其一、杨大金等高班学生，赴曲阜、北平参观古建筑，考察了孔庙、故宫、北海、天坛、颐和园、十三陵、香山、居庸关和长城。1933年，梁思成、林徽因带领中央大学建筑系的学生费康、张玉泉、张镈、唐璞、林宣、曾子泉考察蓟县独乐寺。

政治背景下，以"民族形式，社会主义内容"为文艺理论口号，引发了建筑界研究借鉴民族形式的复古热潮，客观上也为古建筑测绘创造了有利条件。

教学和科研是高校的两大基本职能。基于这种特性，古建筑测绘综合了教学实习与学术研究的优势，成为高校测绘的重要特点。高校开设古建筑测绘课程也符合建筑学学科的自身规律。古建筑测绘既补充了学习中国建筑史的实物认知，也是强化测量学、画法几何、建筑初步、建筑历史、美术等多门建筑学专业学科的综合性应用环节，对于训练空间尺度感、图形思维能力、测量绘图技能等专业素养具有实践意义。另外，中国建筑教育主要植根于西方"学院派"建筑教育体系[1]，在早期发展中部分地承袭了"学院派"教育的特点，即偏重绘图的艺术性训练，强调图面的构图和美观。因此，这一时期高校古建筑测绘图纸大多具有鲜明的学院派特征——平衡的构图、纯熟的线条，以及美轮美奂的视觉效果，显示出追求形式完美的艺术技巧。

（1）清华大学

清华大学建筑系的前身是梁思成于1946年10月创办的营建系。中国营造学社解体后，林徽因、莫宗江、刘致平跟随梁思成到该系就职。可以说，清华大学建筑系的古建筑测绘活动继承了学社调查测绘的传统。

1953年，清华大学建筑系开设"中国古建筑测绘实习"课程。当时的教学计划由苏联专家拟定，指导教师是黄报青、周维权、陈志华。[2]按照苏联建筑专业的教学计划，在第一学年的暑假要作一次古建的测绘实习，借此可以更深入地学习古典建筑的遗产，同时训练学生的制图表现技巧。[3]

自1953年开始，清华大学开始测绘北京颐和园和故宫的建筑，直至1965年中断。鉴于地理位置相近，清华大学选择了颐和园作为长期测绘实习的地点，与颐和园管理处合作，每年暑假组织建筑系一年级学生进行测绘，持续十余年，获得了丰富的成果，并作为颐和园建筑档案保存。

测绘实习按照讲解、分组、实测、绘图的步骤展开，绘图过程中随时进行补充测量。清华大学教授楼庆西回忆：

　　　　测绘之前，先要给学生讲讲颐和园，讲讲测绘图的基本画法。他们当

---

① 追溯中国建筑教育的"家谱"，在建筑教育界占有重要地位的中央大学建筑系，自1932年后鲍鼎、谭垣、虞炳烈、刘既漂等具有法、美留学背景的建筑师任职后，其学院派教学方法得到进一步强化，天津大学建筑系创办人徐中和建筑历史专业奠基人卢绳即毕业于该系。

② 参见《历史建筑测绘五校联展》编委会 . 上栋下宇——历史建筑测绘五校联展 . 天津：天津大学出版社，2006：2.

③ 清华大学建筑系编印：《颐和园测绘图集》，1953年。

时是在一年级的暑假，刚学过一些制图的基本方法，在建筑初步课程里面也画过古建筑，所以不需要讲太多。现在反而讲得多，过去讲得少，因为课程里面都涉及了。测绘回来以后，几个人一个小组，画图的时候有指导老师进行辅导。[①]

1954 年，建筑系将部分颐和园建筑测绘实习成果编印为《颐和园测绘图集》（图 4-22、图 4-23），收入 74 幅测绘渲染图。这些图纸布局考究，绘制精美，多以柱枋、栏杆作为建筑的景框，搭配安排巧妙的图纸标题，体现出古典主义建筑绘图风格。其时，梁思成由于身兼数职，无暇亲自指导古建筑测绘，但仍然十分关注测绘实习，时常察看学生绘图。并亲自挑选检查测绘实习成果[②]，作为外国首脑访华期间参观清华大学建筑系的重要展示品，可见对古建筑测绘教学的重视。

1970 年代末，建筑系在颐和园测绘的基础上，由周维权主持，组织研究小组进行颐和园专题研究，将测绘与学术结合，分别对建筑设计、园林植物、相关文献进行梳理，完成并出版著作《颐和园》（图 4-24）。

（2）南京工学院（今东南大学）

南京工学院建筑系前身为 1928 年创立的中央大学工学院建筑科。该系由著名建筑教育家刘福泰、鲍鼎、卢树森等先后主持，又有著名建筑家杨廷宝、童寯、刘敦桢等长期主持教学工作，在国内建筑教育界享有极高声誉和领先地位。中央大学建筑系历来便有考察古建筑的传统。1931 年夏，刘敦桢"衔中大建筑系之命"[③]，率该系师生赴山东、河北及北平参观宫殿、坛庙、陵墓等古建筑。[④] 中大师生与营造学社成员协作进行调查、测绘，其相应成果发表在刘敦桢的文章《北平智化寺如来殿调查记》以及《明长陵》中。1933 年，中大建筑系毕业班学生在营造学社梁思成、林徽因带领下，至蓟县独乐寺参观考察。[⑤]

1949 年，中央大学改名为"国立南京大学"。1952 年院系调整后，以南京大学工学院为主成立了南京工学院，刘敦桢任系主任。1953 年，刘敦桢创办研究室，开始对园林、住宅和古建筑进行专题研究和测绘调查。

1953 年，由建筑系教师潘谷西带队，率领 1955 届本科生至曲阜孔庙、孔府、

---

① 2014 年 12 月 16 日笔者采访楼庆西先生的记录（未刊稿）。
② 2014 年 12 月 16 日笔者采访楼庆西先生的记录（未刊稿）。
③ 刘敦桢.北平智化寺如来殿调查记.中国营造学社汇刊,1932,3（3）.
④ 东南大学建筑学院.刘敦桢先生诞辰 110 周年纪念暨中国建筑史学史研讨会论文集.南京：东南大学出版社,2009：230.
⑤ 张镈.我的建筑创作道路.天津：天津大学出版社,2011：25-26.

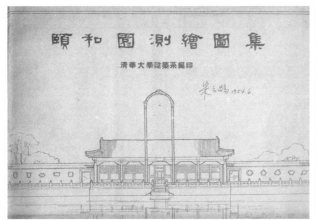

图 4-22　清华大学建筑系编印《颐和园测绘图集》书影（资料来源：清华大学建筑系 . 颐和园测绘图集，1954）

图 4-24　清华大学建筑学院《颐和园》书影（资料来源：清华大学建筑学院 . 颐和园 . 北京：中国建筑工业出版社，2000）

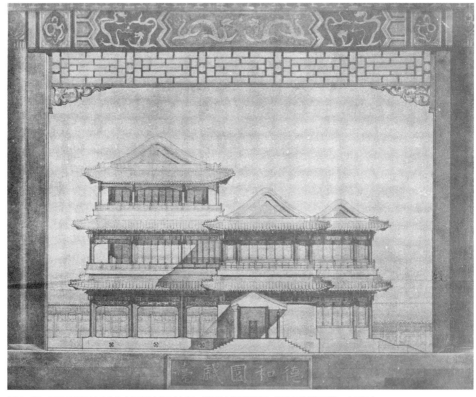

图 4-23　颐和园德和园戏台立面图（资料来源：清华大学建筑系 . 颐和园测绘图集，1954）

图 4-25 南京工学院建筑系《江南园林图录》书影（资料来源：南京工学院建筑系.江南园林图录，1979）

孔林，进行为期大约一周的参观实习。在两天实地参观后，安排学生在孔庙写生，并且选择碑亭等小建筑进行测绘练习。东南大学教授潘谷西介绍，当时还没有考虑到将测绘用于科研项目，只是"以测绘练练手，练习将实物变成图纸"。[1]

1963 年 6 月，建筑系教师潘谷西和刘先觉计划以江南园林为课题进行考察研究，于是安排 1961 级二年级同学进行古典园林测绘实习，测绘苏州、无锡两地包括拙政园、留园、网师园、寄畅园等在内的 18 处园林庭院。同年 12 月，部分学生补充测绘了南通、扬州和杭州的园林建筑。1964 年，对园林测绘图纸进行整理后编成《江南园林图录》（图 4-25），在院校内部发行。此后又分别于 1979 年和 2007 年正式出版。关于测绘的情况，潘谷西讲道：

> 当时我和刘先觉老师想做一个题目，就是《江南园林图录》。我们想到如果能把学生的测绘图和研究项目结合起来不就很好嘛，所以就结合这一部分课题组织了同学去测绘，还有其他几个老师一起去分组带队。教学计划里面有教学实习和生产实习，我们用了其中一个实习。这一批主要是测绘庭院，重点在苏州，无锡也有。[2]

南京工学院建筑系将古建筑测绘作为训练学生空间概念的重要环节，通过反复测量实物、核对数据、在平面图纸和三维实体之间转换来强化空间解读能力：

> 建筑学最拿手的是空间能力，所以对测绘来说，我们最根本的要求是能够在实地把一个建筑变成图纸。我们学建筑的人，最重要的一个能力就是在平面和空间之间快速转换。同学自己亲手测绘，对一个建筑物从空间变成平面或者剖面就很清楚了，而且中间还要去核对尺寸，这样来回几次以后，他就很熟悉了，这是一个锻炼的过程。测绘对同学的空间概念训练是一个很重要的环节。[3]

在具体的教学指导中，十分强调测绘图的空间感，通过区分剖断线、轮廓线、

① 2012 年 10 月 26 日笔者采访潘谷西先生的记录（未刊稿）。
② 2012 年 10 月 26 日笔者采访潘谷西先生的记录（未刊稿）。
③ 2012 年 10 月 26 日笔者采访潘谷西先生的记录（未刊稿）。

装饰线的等级来表现建筑的空间层次。为了培养学生的空间概念，教师常常手把手作出示范：

> 测绘图纸要表达得清晰。有些同学不清楚线型、粗细的区分，图纸的质量就稍微差一点。还有画树，有些像是贴上去的，没有空间感，或者画一个兽吻，画出来显得生硬，不是存在于同一个空间的状态。这些东西要求很高了，一般做不到。所以老师有时候动手帮忙改，实际上这种测绘工作都是手把手地教。[①]

江南园林测绘与建研院历史室南京分室的苏州园林研究同时期进行，南京工学院建筑系的青年教师也参与了苏州园林的绘图指导工作。刘敦桢基于严谨务实的治学风范，对园林绘图提出严格标准，要求图纸如实地反映树木、山石等建筑以外要素的真实尺寸和形态。受其影响，江南园林测绘实习也十分注重环境表现，甚至详细地标注植物的品类于平面图中。借助地缘优势并结合科研课题，江南园林成为建国初期南京工学院的主要测绘类型，在刘敦桢的指导下，园林测绘产生了深具艺术特色和技术水准的精品成果，也成为南京工学院建筑系测绘实习的传统特色。

（3）天津大学 [②]

天津大学的前身"北洋大学堂"始建于清光绪二十一年（1895年10月2日），是中国近代第一所大学。1952年院系调整后，由津沽大学建筑系（原天津工商学院建筑系）、北方交通大学建筑系与天津大学土木工程系共同组建了天津大学建筑系。其前身之一——天津工商学院曾在1940年代对北京中轴线建筑进行大规模详细测绘，形成具有重要历史和科学价值的遗产档案。

天津大学建筑系（今天津大学建筑学院）成立后，原营造学社成员卢绳作为该系建筑历史学科的创始人，积极倡导古建筑测绘活动。1953年，在徐中、卢绳、冯建逵、沈玉麟、童鹤龄等先生的关注和直接参与下，正式开设古建筑测绘课程，此后除十年浩劫外从未间断，成为天津大学业绩卓著的精品课程。

自1953年至1962年，天津大学对承德避暑山庄及外八庙、北京故宫内廷花园、北京颐和园等清代皇家苑囿展开测绘。1962年开始，测绘对象扩展至清代皇家陵寝，先后测绘河北易县清西陵、辽宁沈阳福陵、昭陵以及沈阳故宫。

---

① 2012年10月26日笔者采访潘谷西先生的记录（未刊稿）。
② 详见第六章相关内容。

测绘实习以培养学生的专业基本功和空间思维为主要目的，对成果的绘制水准有严格要求，并采取线描图作为主要的表达方式。由于对建筑组群整体布局的重视，卢绳指导学生绘制大量的组群立面和剖面，充分表达出园林的布局特征和空间氛围。同时，在建筑系大力支持下，各专业教师广泛参与测绘教学，通力合作，使古建筑测绘成为影响最大的教学活动，对于培养新晋师资力量也起到关键性作用。

以大量实测作为基础，卢绳先生进行清代苑囿建筑与陵寝建筑的专题研究。1956 年至 1957 年，卢绳连续发表《承德避暑山庄》[①]《承德外八庙建筑》[②]《北京故宫乾隆花园》[③] 等研究成果，开拓了清代苑囿研究领域，对清代皇家园林的历史沿革、组群空间的尺度构成、建筑环境的意境象征进行了开拓性解读。1960 年，天津大学将故宫内廷花园与承德避暑山庄的部分测绘实习成果集结印制成《清代苑囿建筑测绘图集》（图 4-26）。

"文化大革命"结束后，建筑系与承德市文物局、中国建筑工业出版社合作，对已有测绘成果进行整理补充，于 1982 年出版《承德古建筑》（图 4-27）。该书获得全国优秀科技图书一等奖，并由日本朝日新闻社发行日文版（图 4-28）。1986 年，由冯建逵先生主持，以清代内廷宫苑和皇家苑囿园中园为主题，对"文革"前的测绘图展开系统整理，经过进一步实地考察，总结了宫廷内苑的造园手法，将成果综合出版为专题论著《清代内廷宫苑》与《清代御苑撷英》。

（4）同济大学

1949 年前，同济大学是中国最早的 7 所国立大学之一。1952 年院系调整后，同济大学建筑系成立了建筑历史教学组，陈从周、罗小未、朱保良为成员。1954 年，陈从周开创传统建筑测绘实习课程，此后除十年浩劫外从未间断，已有 60 年历程。

同济大学古建筑测绘实习开设之后，由苏州古典园林入手进行测绘，与陈从周的研究旨趣有关。1950 年，陈从周进入同济大学建筑系任教，同时在苏州美术专科学校兼课，对苏州的大小园林饶有兴味，利用每周往返苏州教课之余遍访苏州的故园旧宅。当时的怡园主人是陈从周的远房亲戚，陈从周从其处了解到苏州文人、吴门画派等苏州文化的情况，加上与苏州文人画家的往来，愈加引发了对苏州园林的兴趣。陈从周自幼喜爱诗词、绘画，早年师从国画大师张大千，在

① 卢绳.承德避暑山庄.文物参考资料，1956（9）.
② 卢绳.承德外八庙建筑.文物参考资料，1956（10-12）.
③ 卢绳.北京故宫乾隆花园.文物参考资料，1957（6）.

图 4-26　天津大学土木建筑工程系编《清代苑囿建筑测绘图集》书影（资料来源：天津大学土木建筑工程系.清代苑囿建筑测绘图集.油印本，1960）

图 4-27　《承德古建筑》书影（资料来源：天津大学建筑系，承德市文物局.承德古建筑.北京：中国建筑工业出版社，1982）

图 4-28　日文版《承德》书影（资料来源：天津大学建筑系，承德市文物局编著；尾岛俊雄编；彭银漢共訳.承德.北京：中国建筑工业出版社；東京：每日コミュニケーションズ，1982）

之江大学中文系求学时师承"词学宗师"夏承焘，具有极深的文学和绘画功底。造园与绘画、诗词相通，陈从周以文人视角解读园林，认为"不知中国画理画论，难以言中国园林"[1]，被誉为"中国园林之父"。1950 年，陈从周结识刘敦桢后，受其推荐、委托，代为参与苏、沪地区古建筑鉴定保护工作。受营造学社保护古建筑、留存测绘资料的方法影响，陈从周在考察苏州园林时"以笔记本、相机、尺纸自随"，在自游自品中进行简单测量。综上所述，由于陈从周的兴趣和经历，苏州的建筑和园林逐渐成为他的研究专题。因此，同济大学测绘实习开始后，苏州园林成为首选对象。

　　1954 年至 1956 年，陈从周带领同济大学建筑系师生测绘苏州拙政园、留园

---

[1] 陈从周.陈从周散文.上海：同济大学出版社，1999：180.

图 4-29　陈从周编著《苏州园林》书影（资料来源：陈从周.苏州园林.上海：同济大学教材科，1956）

等园林，完成大量测绘图纸。[①] 1956 年 10 月，陈从周将研究与测绘成果编撰为《苏州园林》一书，由同济大学教材科刊印（图 4-29）。这批测绘成果在"文化大革命"期间遭到损毁，实在可惜。1982 年，在陈先生的弟子路秉杰的促成下，日文版《苏州园林》在东京出版，引发国内外很大轰动。

　　以苏州园林为代表的江南私家园林是具有居住功能的生活场所。陈从周认为，当时苏州尚留存的大量园林化宅邸是中国住宅建筑中的重要类型。因此，继测绘苏州园林后的 1957 年至 1958 年，陈从周继续带领学生调查苏州传统住宅建筑百余处，其中重点测绘摄影五十处[②]，并决计将考察测绘成果出版成书（图 4-30）。[③]

　　1959 年至 1963 年，同济大学在江苏、浙江进行古建筑测绘实习，由陈从周带领测绘杭州、无锡、扬州的园林及古建筑。1964 年，又专门测绘了扬州的园林及有庭院的住宅 30 余处，编成《扬州住宅》。该书直至 1983 年正式出版。

　　陈从周对测绘图品质的追求达到了精益求精的程度。据路秉杰回忆，陈先生摒弃了市面上的普通绘图墨汁，拿出珍藏的松烟墨供学生绘制测绘图，以松烟墨的优越性能"酿制"臻于完美的线条：

　　　　陈先生不让我们用盛行的马利墨汁，一定要把他家里藏的松烟墨拿出来，用砚台磨。因为外面卖的绘图墨汁用胶度非常高，所以用鸭嘴笔画出的

① 参加苏州园林测绘的教师有王志英、朱保良、陈光贤，学生有沈在安、陈世杰、殷焕圻、张之俊、马光蓓、杨维良、沈鼎铭、朱有琳、曹庆涵、陈荣萱、焦璞文、张纪延、黄宏骥、蒋守谦、叶佐豪、陈崎、程弋日、刘纪芬、张景新、郑定国、王慧英、郁学儒、莫琴、陈明、郑国英、赵祥娇、龙永龄、郁操政、高正秋、沈瑞莲、沈尧、张华、李鑫林、赵凤珍、王周云、唐班如、林言官、叶丹霞、陶祥兴、沈蕙骧、胡圣儒、顾琪美、金福珍、钟临通、谭华爵、施家谱、殷鉴明、冯渭文、朱培兰、郑丽菊、苏邦俊、张聿洁、安怀起、艾亨音、戴天军、朱谋隆、曹书安。引自编后附记．见：陈从周.苏州园林.上海：同济大学教材科刊印，1956.
② 陈从周：《苏州住宅》（初稿），同济大学建筑工程系，1958 年 9 月。
③ 1958 年 10 月，在建筑科学研究院召开的"全国建筑理论及历史讨论会"上，陈从周作了《苏州住宅》（初稿）的报告，因引述不慎遭到"厚古薄今"的严厉批判，正在印刷中的《苏州住宅》的论文解说内容立即被抽去，书名被改成《苏州旧住宅参考图录》，署名是子虚乌有的"同济大学建筑工程系建筑研究所"2003 年，上海三联书店重版此书，并恢复初始书名《苏州旧住宅》。参见陈从周.苏州旧住宅.上海：上海三联书店，2003.

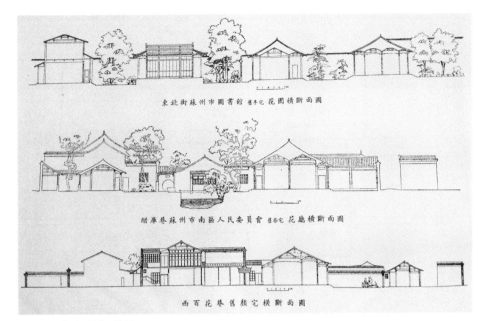

图 4-30　苏州旧住宅测绘图
（资料来源：同济大学建筑工程系建筑研究所 . 苏州旧住宅参考图录 . 上海：同济大学教材科，1958）

线条既不饱满圆润又不流畅，还有腐蚀性，画好以后要是没有及时地洗掉擦掉，过几天就锈了。他一定要自己来磨墨，这是老先生的一个特点。[①]

在陈从周的主持下，同济大学古建筑测绘实习以江浙地区的园林和传统住宅为重心，形成了丰富的测绘与研究成果。这些科学的记录资料，与其园林艺术理论相得益彰，形成了《苏州园林》《扬州园林》等一系列著述。此后数十年间，这一地区的园林和住宅历经变迁、整修甚至破坏，存废不一，这批 20 世纪五六十年代的测绘资料显得尤为珍贵。

2. 古建筑保护科研、施工机构的测绘

（1）故宫博物院

故宫是世界现存规模最大的皇家建筑群，也是中国古代建筑的集大成者。因其重要价值和地位，故宫的古建筑保护向来备受关注，民国时期即最早实施现代修缮为以后的系统保护奠定了基础。

1949 年 6 月，故宫博物院隶属华北高等教育委员会领导。随后，华北高教委员会要求故宫与文整会双方会同成立工程小组，并指定人选。为此，由北京文物整理委员会李方岚、于倬云和故宫博物院宋麟徵组建成故宫工程小组，负责故宫修缮工程设计、施工及管理工作。1950 年，故宫成立工程组，专门负责工程事务，又于 1954 年改组为修建处，下设设计科与工程科，开始具备独立的设计部门。

[①] 2014 年 10 月 23 日笔者访问路秉杰先生的记录（未刊稿）。

1956年，工程处改为古建工程队。为了加强学术研究，将学术委员会^①下设的建筑研究组与原工程处设计科合并，成立古建筑研究室，单士元为主任。1958年，故宫再次调整机构，以设计研究部门的技术人员为主成立古建管理部，下设设计组与资料组。同时，故宫在新中国成立初期吸收了一批具有古建筑修缮施工技术的传统匠师，其中不乏旧时北平营造厂商中的匠作高手，并在实践中有计划地锻炼新人，通过传统的师徒传授模式将明清官式建筑工艺延续下来，培养出大批古建筑施工的专业技术力量。经过机构管理和人员调整，故宫逐渐拥有了自成系统的专业保护力量，集合古建筑保护研究、设计、施工于一体。各部门分工明确、统一协作，专门进行故宫古建筑保护，满足古建筑由研究到维修的全面需求，被称作古建筑保护中的"故宫模式"^②。

古建部设计组成立时，成员仅有于倬云、蒋博光、张生桐、李保国、傅连兴等7人，忙于日常工程实务已不敷支配，1958年又因政治原因导致技术力量进一步减少，遂在资料室挑选人员，跟随于倬云学习建筑绘图，以缓解技术力量不足的情况。

1960年代初，《文物保护管理暂行条例》提出文物保护单位建立"四有"档案的要求。因人员不敷分配，古建部派出资料室白丽娟与一名工匠，进行故宫钟翠宫的试点测绘。据当时参与测绘的白丽娟回忆：

> 我记得我开始学描图、画图是在1958年，大批的人下放劳动，人少了但是工作量并没减少，画图描图没人做。我就开始学描图，学画图，然后测绘，做工程，都是从那会儿开始。1960年前后确定国家文物保护单位，提出来要做"四有"，要开始做档案，所以要测绘。当时人也还是少，所以抽出来让我测绘去，资料室出一个人，还有一个木工师傅，就我们两个人做。我真正学测绘就是做钟翠宫，也是第一次扎扎实实地测绘，当时还写了一个测绘笔记。以后就没有正式地组织测绘了，都是断断续续的。为什么当时做"四有"只做了钟翠宫呢，就是因为人不够。后来吸收人员都是"文革"之后。我们那个时候，没有什么学历，也没有什么专业，就是一边工作一边学。^③

在测绘方法上，故宫博物院当时参照了文整会的测绘要求，并且使用李竹君编写的《古建筑测量》油印教材。比如，使用米格纸绘制测稿、测量后统一尺寸、绘制规整的理想状态下的建筑等做法，都是直接受文整会测绘理念和方法影响的结果。

---

① 1953年2月26日，故宫博物院设立"学术工作委员会"。管理全院学术与研究工作。主任委员唐兰，常务委员陈万里、陈炳、张景华、单士元，委员沈士远等10人。并拟定委员会组织规程。http://www.dpm.org.cn/shtml/115/@/9036.html#22，访问时间：2014年10月11日。
② 马炳坚、李永革. 我国的文物古建筑保护维修机制需要调整. 古建园林技术,2010（1）.
③ 2014年11月13日笔者采访白丽娟女士的记录（未刊稿）。

1950 年代以来,故宫建筑测绘主要围绕维修工程项目展开。因为"故宫模式"具有系统完善的优势,伴随工程的测绘活动形成了从实际需求出发、针对性强的特点,即根据工程实施范围和维修程度确定测绘深度,并且延续至今。例如,对于油饰保养工程,通常在平面图中标注工程范围和措施;对于彩画工程,则通过立面图来标示各个部位彩画的复原做法,立面图以突出彩画为目的,详略有度;对于维修工程,则结合平面、立面、剖面标出各部位的修理方法。

故宫博物院自成一体的组织管理模式以及优良的工匠传统,为这种以需求为原则的测绘方式创造了条件。由于工匠技艺纯熟,深谙建筑修缮操作,因此图纸只需表达实施范围、部位、措施等信息就能够指导施工,不仅节省人力、物力,而且大大提升效率,也鲜明体现出测绘图纸在维修工程中作为"信息索引框架"的作用。

（2）北京市房屋修缮机构

工匠是古建筑营建活动的主体,掌握着古建筑营造的工艺技术和实践经验,在建筑遗产保护中起着举足轻重的作用。

1950 年代,北京地区原有的私营营造厂被裁撤,从事古建筑修缮施工的工匠转入国营单位,形成新的施工技术力量。其中,北京市建筑公司为实施 1952 年天安门、正阳门修缮工程,按市政府指示成立第三工程处,招收数百名技术工人,组成古建筑修缮的专业队伍,并于此后专门承做北京市内古建筑修缮工程。1953 年,北京市建筑公司下设古建科,延续了第三工程处的古建修缮工作。[1]1957 年,因新建与修缮的分工,负责古建筑修缮的人员划归北京市房管局管理,分别并入各区房管部门的修建公司。经过一系列改组,修建公司于 1964 年改为北京市第一房屋修缮公司(下称"房修一公司")。同年,原修建工程公司所属古建处和外交人员服务局的使馆队(原属第一工程处)合并组建了北京市第二房屋修缮工程公司(下称"房修二公司")。[2] 房修一公司与房修二公司集中了北京地区大量传统匠师,承担了诸多古建筑修缮工程。这些匠师中,有的曾在营造厂就职,大多师承行业中的著名匠师,其中不乏技术顶尖的骨干。他们不仅掌握着官式古建筑的营造技艺,并且培养出一大批古建筑技术人才,在传统建筑技术的传承方面作出了重要贡献。

为了快速培养技术人才,提高古建筑技术人员的综合素养,上述两个机构多次开办专门培训。1959 年,北京市房管局开办两期技术学校,分为油漆彩画班

---

① 刘瑜.北京地区清代官式建筑工匠传统研究.天津:天津大学,2013;132.
② 刘瑜.北京地区清代官式建筑工匠传统研究.天津:天津大学,2013;132.

和古建班，从实践与理论两方面对学员进行系统培训。选择技术高超的匠师授课的同时，培训也涉及其他相关专业。其中，专门设置了绘图课程，以培养工匠的制图能力。1970 年代，房修一公司组织人员培训；至 1980 年代房修一公司更名为"北京市房地产管理局职工大学"。1985 年，职工大学开办中国古建筑工程专业，设置建筑史、古建木构、古建瓦石、古建油漆彩画、古建施工管理、古建预算、测绘等课程。①

古建筑修缮工匠经过绘图方面的训练，掌握了现代工程语言，在实践沟通中发挥了重要作用。例如，1969 年天安门修缮工程由北京市建筑设计院负责设计，由于当时建筑师对于古建筑的做法、构造等相关知识不了解，难以进行设计。因此，当时修缮设计人员长住工地，与工匠一起工作，一边拆解一边绘图，完成了设计工作。②

同时，由于面临新技术力量不足、老工匠陆续退休的情况，亟需对古建筑修缮施工的各种技术经验进行记录整理。为此，房修二公司决定建立"古建筑技术小组"（今"北京市古代建筑设计研究所有限公司"前身），于 1981 年与设计室合并为"古建筑技术研究室"，对古建筑工艺技术及理论进行系统研究，并于1983 年创办《古建园林技术》杂志，以"弘扬中华传统建筑文化"为宗旨，刊载大量关于古建技术的研究成果，对于古建筑工艺技术的传承和阐扬发挥了重要作用。在相关技术成果整理研究的基础上，研究室人员撰写了多部与古建筑技术相关的专业学术著作。③

古建筑施工中的细节做法并不明确记载于古代建筑文献，而是掌握在负责具体施工的工匠群体手中。因此，将测绘与工匠的施工技术、与具体的工程做法相结合，其意义也就更为凸显。例如，上述古建筑技术研究室的主要成员马炳坚，在 1960 年代进入古建筑施工行业，长期结合修缮实践潜心钻研，尤其是通过大量结合施工的测绘获取了丰富的知识和经验，成为古建筑技术研究领域的重要学者。马炳坚编写的《中国古建筑木作营造技术》一书，正是在从事古建筑研究、设计、施工的经验基础上，用现代科学的绘图方法进行表达，对我国古代木作营造技术进行的系统总结，填补了该领域的空白（图 4-31）。

① 刘瑜. 北京地区清代官式建筑工匠传统研究. 天津：天津大学，2013：165.
② 2011 年 6 月 7 日林佳采访郑彦章先生的记录（未刊稿）。
③ 如，马炳坚的《中国古建筑木作营造技术》、程万里的《中国传统建筑》、马炳坚的《北京四合院建筑》、边精一的《中国古建筑油漆彩画》、刘大可的《中国古建筑瓦石营法》、蒋广全的《中国清代官式建筑彩画技术》，等等。

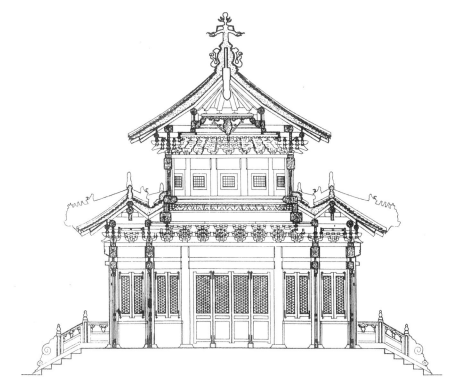

图 4-31　故宫御花园万春亭剖面（资料来源：马炳坚 . 中国古建筑木作营造技术 . 北京：科学出版社，2003：87）

3. 民居调查测绘

（1）1956 年至 1958 年民居调查的兴起

1950 年代初期，在建筑界探讨民族建筑形式的思潮影响下，不少建筑院校和建筑设计机构纷纷关注民居并展开调查研究。如刘敦桢《中国住宅概说》一书（图 4-32）的引用材料，除中国营造学社与中国建筑研究室的成果外，还包括同济大学建筑系陈从周、华南工学院刘季良、长春建筑工程学校黄金凯、中南土建学院强益寿、北京城市规划局设计院巫敬桓、中国科学院土建研究所吴贻康、中南建筑设计公司王秉忱等人的民居调查成果。

《中国住宅概说》的出版以及中国建筑研究室的民居调查，对民居研究起到了重要的推动作用。1957 年，建筑工程部建筑科学研究院召开的第一次中国建筑科学研究座谈会上，确立了以民居作为中国建筑历史的研究重点之一。同时开展的"大跃进"运动推动了原有农业合作社迅速合并为人民公社，使农村建筑问题成为建筑界的热点。1956 年出台的《全国农业发展纲要》要求建筑设计机构通过调查、研究各地民居建筑，总结民间住宅遗产的优秀传统，指导新农村建筑设计。以上所述，均进一步推动了各地建筑院校与建筑设计院的民居调查热情。

1957 年，广东省城市建筑设计院与华南工学院建筑系联合进行"华南地区居住建筑的典型设计"研究专题的调查，于 1957 年 7 月至 8 月间派出三个专组共 7 人赴粤中、粤西及海南等地区，调查了清远县、新会县、台山县、中山市等

图 4-32 刘敦桢著
《中国住宅概说》书
影（资料来源：刘敦
桢.中国住宅概说.北
京：建筑工程出版
社，1957）

地的民居，整理完成《广东省部分民居调查报告》。①

1957 年 4 月，西安建筑工程学院（今"西安建筑科技大学建筑学院"）赴关中、陕南、陕北进行民居调查测绘，包括汉中专区、安康专区的十个市县②，完成了《陕南民居调查报告》。1958 年，与西安建筑工程局设计院合作完成《陕西地区民间建筑调查报告（草案）》及全套测绘图纸。③

1958 年，湖南工学院土木系建筑学教研组以"湖南民间建筑研究"为课题，由教师 4 人及毕业同学 12 人组成两个调查队，分别在湘西及湘南地区调查民居建筑，途经常德、沅陵、吉首、花垣、永顺、大庸、彬县、桂阳、新田、宁远、道县。调查以湘南聚族而居的建筑形式以及山区砖造房屋的特点为重点，以此为基础完成《湖南西部及南部地区民居建筑初步调查》。④

1958 年，山西省建筑设计院制定了"山西省民居建筑调查工作计划"，委托太原工学院土木系建筑学教研组进行太谷、太原、临汾、大同四处的民居调查工作，自 8 月 12 日至 27 日由樊睿儒、李竹园调查太原、太谷两地 60 多处民居，实测 35 例，完成《晋中民居调查报告》。⑤

除此之外，还有重庆建筑工程学院对重庆近代民居的调查，同济大学建筑工程系对苏州住宅的调查，以及华南工学院对广东民居的调查等。

至 1958 年 10 月召开的建筑历史学术研讨会上，各地科研设计机构提交了十三个地区的民居调查学术报告⑥，交流民居调查研究的成果（图 4-33）。⑦

在"大跃进"和人民公社化的政治形势下，1958 年的建筑历史学术讨论会

① 广东省城市建筑设计院.广东省部分民居调查报告（油印本），1958 年 1 月。
② 分别是汉中、略阳、城固、西乡、勉县、南郑、安康、石泉、汉阴、旬阳。
③ 西安建筑工程学院.陕南民居调查报告（油印本），1958 年 9 月。
④ 湖南京工学院学院土木系建筑学教研组.湖南西部及南部地区民居建筑初步调查（油印本），1958 年 9 月。
⑤ 太原工学院土木系、建筑学教研组.晋中民居调查（油印本），1958 年。
⑥ 包括建筑科学研究院建筑理论及历史研究室的《河南窑洞式住宅》、《徽州明代住宅》、《浙江东部村镇及住宅》、《太湖地区民居》、《吉林民间住宅建筑》、《湖州民居》、同济大学的《苏州住宅》、重庆建筑工程学院的《重庆近代民居》、湖南京工学院学院的《湖南西部及南部地区民居建筑初步调查》、太原工学院的《晋中民居调查报告》、西安建筑工程学院的《陕南民居调查报告》、广东省城市建筑设计院的《广东省部分民居调查报告》等。
⑦ 华南理工大学陆元鼎回忆："我第一次见到刘敦桢老师是在 1958 年北京召开的建筑历史学术研讨会上，那次会议主要是讨论中国传统民居研究的现状和今后发展，会上交流了各地各学校的民居调查研究成果。"引自陆元鼎.忆刘敦桢老师及其对民居建筑学科的开拓.见：东南大学建筑学院.刘敦桢先生诞辰 110 周年纪念暨中国建筑史学史研讨会论文集.南京：东南大学出版社，2009：28.

图 4-33　1958 年建筑历史学术研讨会上交流的民居调查成果——《晋中民居调查报告》《陕南民居调查报告》《广东省部分民居调查报告》[资料来源：太原工学院土木系、建筑学教研组 . 晋中民居调查（油印本）.1958；西安建筑工程学院 . 陕南民居调查报告（油印本）.1958；广东省城市建筑设计院 . 广东省部分民居调查报告（油印本）.1958]

将民居确定为中国建筑史学研究的重点之一，并指出人民公社是建筑理论工作的起点，也是建筑历史研究的中心，建筑科学与技术、建筑历史研究等一切都要为人民公社的建设服务。[①] 因此，会议形成决议：建筑历史研究从人民公社入手，为"就地取材"、"因材致用"、"土洋结合"的建设方针服务，并组织研究如何利用与改造现有的居民村镇，来适应人民公社的新要求。[②]

（2）建研院历史室的民居调查

1958 年建研院历史室成立后，专门成立民居组开展民居建筑的专题调查，运用现代设计理论分析民居的平面组合、空间布局、构造、材料、装饰等多个方面，为现代设计提供借鉴。此外，刘敦桢计划在《中国住宅概说》的基础上编著一本更为详尽的中国民居，是研究室大范围民居考察的另一重要原因。

1960 年开始，历史室展开浙江民居调查，对杭州、嘉兴、临海、温州、吴兴、东阳、天台、绍兴等地的民居进行调查，详细测绘了其中 20 余处典型实例。在此基础上，对浙江地区的村镇布局、民居的平面处理手法、空间关系、建筑装饰艺术进行分析，并整理出其中十多处建筑，配以渲染图、透视图、立面图、分析图，从经济、适用和美观的角度分析其特点。这些图纸绘制精美、手法娴熟，此后常被用作建筑设计人员临摹范本。另外，调查并不局限于单体建筑，通过调查桥梁、码头、广场、戏台等的布局形态，将研究视野扩大至古村落地理历史环境。受政治运动的影响，《浙江民居》初稿于 1984 年正式出版发行（图 4-34）。

1963 年，为了采集调查福建民间住宅建筑的特点与精华，建研院历史室开始福建民居的专题调查，在福建地方相关部门的支持下，对闽西、闽南、闽东地区的典型民居建筑进行分组调查，测绘民居建筑近百例，完成 400 余张图。在此基础上，

① 参见温玉清 . 二十世纪中国建筑史研究的历史、观念与方法——中国建筑史学史初探 . 天津：天津大学，2006：146.
② 参见温玉清 . 二十世纪中国建筑史研究的历史、观念与方法——中国建筑史学史初探 . 天津：天津大学，2006：148.

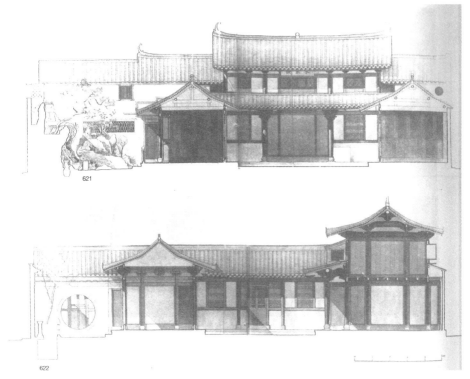

图 4-34 《浙江民居》插图（资料来源：中国建筑设计研究院建筑历史研究所．浙江民居．北京：中国建筑工业出版社，2007：260）

基本弄清了调查地区的主要住宅类型，在中国建筑研究室 1950 年代调查永定、龙岩土楼建筑的基础上有所扩展。可惜的是，此次调查的资料在"文化大革命"中被烧毁。

1960 年 8 月，陆景明等对海南岛琼中县的黎族、苗族民居建筑的分布、结构特征、装饰装修等方面进行调查，并撰写调查报告《海南岛琼中县黎族、苗族民居》。[1]

1962 年至 1963 年，为了解城市住宅的设计特点，总结设计手法，为编写《中国里弄建筑》、《中国近代建筑史》准备基础资料，建研院历史室相继展开上海、天津两地的里弄住宅专题调查。历史室与上海市房地局、上海民用建筑设计院组成联合调查组，对 150 处里弄实例进行调查，完成《上海里弄式住宅调查报告》；又与天津大学、天津市建委、房地局联合调查天津市 150 余处里弄住宅，完成《天津市里弄住宅调查研究报告》。

经过前后十年持续对民居的关注和调查，历史室系统收集了不同类型民居的大量代表性实例，对于民居研究的开拓和进展具有重要的意义。[2]

① 参见中国建筑设计研究院建筑历史研究所：《建筑历史研究与文化遗产保护》(内部资料)
② "(研究室)当时主要的研究对象是民居，因其量大面广，在结构上和造型上变化很多，又是我国古代宫殿、官署、寺庙等大型官式建筑的渊源，所以对它的研究意义重大。研究室人员分赴全国各地进行调查，系统收集了许多不同类型的实例，资料分别来自辽宁、河北、河南、山东、山西、陕西、江苏、安徽、浙江、福建、广东和北京、上海等省市，大大丰富了人们对民居我国这一传统建筑艺术的认识，其中的北方黄土地带的窑洞穴居、福建的客家土楼、北京的四合院以及江浙的庭园住宅等，都是极有代表性的，其平面、外观和局部处理、建筑装饰都很富于变化和具有浓厚的地方色彩。值得注意的是在皖南与苏南一带，还发现了一批数量不小的明代住宅，它们尚保留了许多当时的建筑手法和地区特点，无论就其建筑意义与历史价值方面，都是极可宝贵的文化遗产。"引自刘叙杰．创业者的足迹——记建筑学家刘敦桢的一生．见：杨永生等编．建筑四杰．北京：中国建筑工业出版社，1998：18.

（3）各地集中调查民居的热潮

在"民族形式、社会主义内容"的建筑理论以及农业集体化改造的影响和建研院历史室的示范带动下，全国范围内挖掘民族建筑传统、调查研究民居的考察活动持续升温。自 1961 年 3 月开始，全国各地的建筑设计人员、高等学校建筑系的师生、建筑科学研究单位的研究人员、城市规划部门的工作人员互相配合协作，仅在一年时间内便对全国 84 个城市的 323 个新旧住宅区进行了调查。[①] 据华南理工大学教授陆元鼎回忆，这一时期，民居调查研究之风遍及全国大部分地区，文物部门、科研单位、建筑院校、设计院等机构纷纷参加，形成了规模庞大的调查队伍。[②]

同时，国家科委和建工部进行农村住宅研究的统一部署，由建工部设计局依据"关于 1962 年总结设计经验及攻克技术难关的重点项目"，指示各地建筑设计部门开展民居调查研究工作。1963 年 10 月，建工部设计局下达了"少数民族地区的住宅调查研究"专题研究项目，指定地方建筑设计机构负责地区少数民族住宅的调查，倡导通过实地考察指导少数民族地区的住宅改进设计。自 1962 年起，遵照建工部设计局的指示，全国范围内普遍开展少数民族住宅调查。

1962 年，云南省建筑工程设计处组织成立少数民族建筑调查组，先后三次赴滇西、滇西南对白族、傣族、景颇族民居进行调查，历时近一年半，完成了《云南白族民居调查报告》《白族古代建筑随遇记要》《白族匠师访问记》《云南傣族民居调查报告》《云南景颇族民居调查报告》（图 4–35）等。

1962 年 6 月，广西壮族自治区建筑工程局综合设计院与建工局建筑科学研究所及广西大学土木系共同组成了广西壮族民居调查组，先后深入桂北龙胜各族自治县之滩头、龙脊，桂西宜州市之德胜、惠平、武鸣县之罗圩、两江，桂西南靖西县之旧州、东利、德岩等壮族聚居的自然村寨，进行民居初步调查，完成调查报告《广西壮族民居》。

1962 年至 1963 年，广东省建筑设计院派出工作组，深入海南岛黎族聚居地区，访问了保亭、昌江、陵水、崖县等四个县共十四个居民点，对黎族住宅进行了调查，完成《海南省黎族苗族自治州黎族住宅调查报告（初稿）》。

1963 年，内蒙古自治区建设厅设计室抽出专人组成调查组，分赴内蒙古中部、西部等典型地区，对蒙古、达斡尔、鄂温克、鄂伦春等民族住宅进行调查，完成《内蒙古自治区中部牧区蒙古包建筑典型调查报告》与《概述内蒙古农村民居的特征》。

[①] 全面总结学会工作热烈展开学术争鸣——中国建筑学会举行第三届代表大会.建筑学报.1962（1）.

[②] "参加的机构也比较广泛，既有建筑院校师生，又有设计院的技术人员，科研、文物、文化部门也都派人参加，形成一支浩浩荡荡的民居调查研究队伍。"引自陆元鼎.中国民居研究五十年.建筑学报.2007（11）.

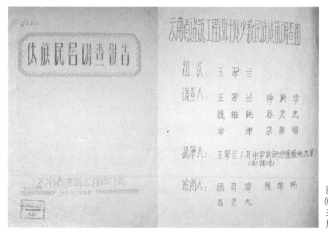

图 4-35　云南省建筑工程设计处
《傣族民居调查报告》书影 [资料
来源：云南省建筑工程设计处 . 傣
族民居调查报告（油印本）.1963]

1965 年，西藏工业建筑勘测设计院科研室组织调查组对拉萨民居进行调查，于 1966 年 2 月完成《拉萨民居》。

回顾 1950 年代至 1960 年代民居调查研究的历程，以刘敦桢主持的中国建筑研究室对河南、安徽、福建等地展开民居调查为起点，拉开了民居研究的帷幕，由此促成《中国住宅概说》的完成并在建筑界引发巨大反响。在其推动下，并伴随着民族主义建筑思潮的影响，一些建筑院校和建筑设计单位自发组织民居调查，相关成果成为 1958 年全国建筑理论及历史讨论会议的亮点，民居研究上升至建筑史研究领域的重要地位。受政治形势的推动，民居研究成为建筑界的学术热点。从自发性学术活动发展为全国范围具有行政意味的研究任务，开拓了民居调查的范围，也扩大了民居研究的队伍，为后续的研究奠定了基础。

三、古建筑测绘技术方法的总结

（一）《勘查山西省古建筑的工作方法》（1954 年）

新中国成立初期，文整会（时称"北京文物整理委员会"）面向全国开展业务之后，多次考察山西的早期建筑，并以此为契机，在《文物参考资料》上发表《勘查山西省古建筑的工作方法》（图 4-36）[①]，简要概括了勘察测绘古建筑的流程和方法，包括测绘、法式记录、文献记载、照相、检查修缮工程及残破现状、附属文物几方面的内容。

这篇文章在测绘方面具有三个突出的特点，一是将测量分为"梁架"、"斗栱"、"平面及装修大样"三部分。二是注重结构，提出梁架测绘以断面为重，以反映

---

① 北京文物整理委员会工程组 . 勘查山西省古建筑的工作方法 . 文物参考资料，1954（11）.

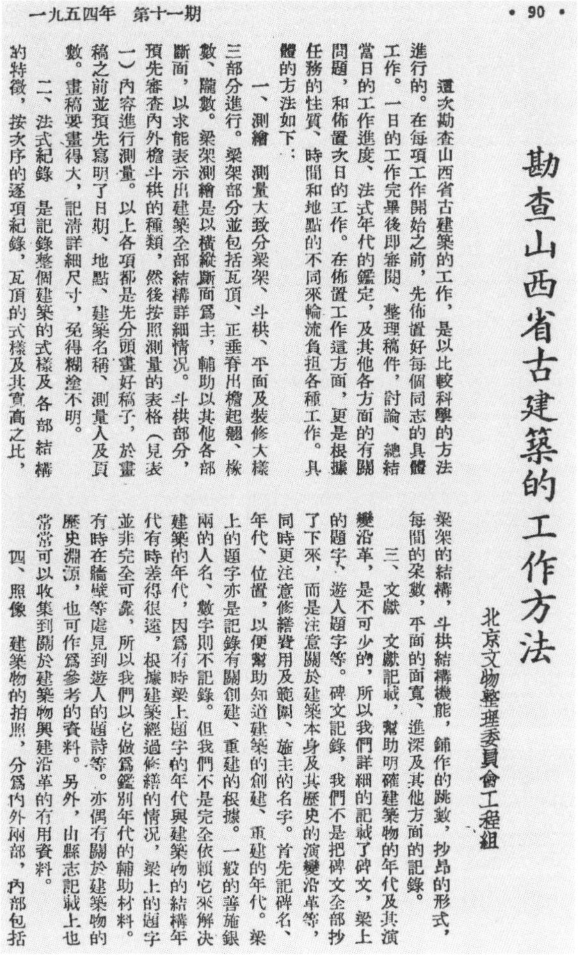

一九五四年　第十一期　　· 90 ·

勘查山西省古建築的工作方法

北京文物整理委員會工程組

這次勘查山西省古建築的工作，是以比較科學的方法進行的。在每項工作開始之前，先佈置好每個同志的具體工作。一日的工作完畢後即審閱、整理稿件，討論、總結當日的工作進度、法式年代的鑑定，及其他各方面的有關問題，和佈置次日的工作。在佈置工作這方面，更是根據任務的性質、時間和地點的不同來輪流負担各種工作。具體的方法如下：

一、測繪　測量大致分梁架、斗栱、平面及裝修大樣三部分進行。梁架部分並包括瓦頂、正垂脊出檐起翹、椽數、隴數。梁架測繪是以橫縱斷面為主，輔助以其他各部斷面，以求能表示出建築全部結構詳細情況。斗栱部分，預先審查內外檐斗栱的種類，然後按照測量的表格（見表一）內容進行測量。以上各項都是先分頭畫好稿子，於畫稿之前並預先寫明了日期、地點、建築名稱、測量人及頁數。畫稿要畫得大，記清詳細尺寸，免得糊塗不明。

二、法式紀錄　是記錄整個建築的式樣及各部結構的特徵，按次序的逐項紀錄，瓦頂的式樣及其寬高之比，梁架的結構，斗栱結構機能，鋪作的跳數，抄昂的形式，每間的朵數，平面的面寬、進深及其他方面的記錄。

三、文獻　文獻記載，幫助明確建築物的年代及其演變沿革，是不可少的，所以我們詳細的記載了碑文，梁上的題字、遊人題字等。碑文記錄，我們不是把碑文全部抄了下來，而是注意關於建築本身及其歷史的演變沿革等，同時更注意修繕費用及範圍、施主的名字。首先記碑名、年代、位置，以便幫助知道建築的創建、重建的年代。梁上的題字亦是記錄有關創建、重建的根據。一般的善施銀兩的人名、數字則不記錄。但我們不是完全依賴它來解決建築的年代，因為有時梁上題字的年代與建築物的結構年代有時差得很遠，根據建築經過修繕的情況，梁上的題字並非完全可靠，所以我們以它做為鑑別年代的輔助材料。有時在牆壁等處見到遊人的題詩等。亦偶有關於建築物的歷史淵源，也可作為參考的資料。另外，由縣志記載上也常常可以收集到關於建築物與建沿革的有用資料。

四、照像　建築物的拍照，分為內外兩部，內部包括

图 4-36 《勘查山西省古建筑的工作方法》书影 [资料来源：文物参考资料 .1954（11）]

建筑结构的详细情况。[①] 三是专门设计了针对斗栱尺寸的记录表格（表 4–2），以强调斗栱测绘的重要性和完备性。

文整会的业务范围转变后，及时对测绘方法进行总结，可见当时对于测绘已有充分重视。《勘查山西省古建筑的工作方法》是文整会关于古建筑测绘方面的初步成果，也是日后形成测绘理论体系的基础。

（二）《建筑纪念物的测量方法》（1955 年）

由于缺少测绘方面的总结和交流，文整会初期并没有形成统一的测量程序和标准。为此，1955 年底，在祁英涛工程师的主持下，文整会（时称“古代建筑修整所”）工程组内部召开十多次会议专题讨论古建筑测绘，并合议编写为《建筑纪念物的测量方法》（下称《测量方法》，图 4–37、图 4–38），作为文整会内部使用的测绘工作手册：

① “测量大致分梁架、斗栱、平面及装修大样三部分进行。梁架部分并包括瓦顶、正垂脊出檐起翘、椽数、垄数。梁架测绘是以横纵断面为主，辅助以其他各部断面，以求能表示出建筑全部结构详细情况。法式记录，是记录整个建筑的式样及各部结构的特征，按次序的逐项纪录，瓦顶的式样及其宽高之比，梁架的结构，斗栱结构机能，铺作的跳数，抄昂的形式，每间的朵数，平面的面宽、进深及其他方面的记录。”引自北京文物整理委员会工程组 . 勘查山西省古建筑的工作方法 . 文物参考资料，1954（11）.

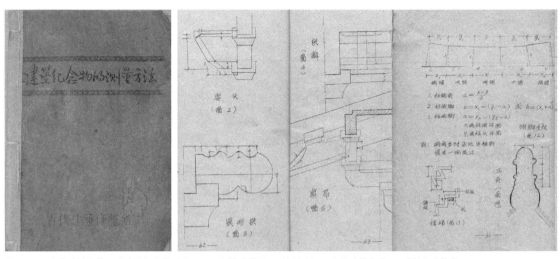

图 4-37 古代建筑修整所《建筑纪念物 图 4-38 测绘方法图示 [资料来源：古代建筑修整所 . 建筑纪念物的
的测量方法》书影 [资料来源：古代建筑 测量方法（油印本），1956]
修整所 . 建筑纪念物的测量方法（油印本），
1956]

文整会 1954 年制定的斗栱尺寸记录表[①]　　　表 4-2

名称	上宽	上深	下宽	下深	总高	耳	平	欹
栌斗								
交互斗								
齐心斗								
散斗								
材								
栔								
泥道栱								
泥道慢栱								
瓜子栱								
慢栱								
令栱								
翼形栱								
替木								
……								

---

① 引自北京文物整理委员会工程组 . 勘查山西省古建筑的工作方法 . 文物参考资料，1954（11）.

几年来，我们重点地勘测了廿余处建筑纪念物，在测量技术上，取得了一定的经验与成绩。此外也还存在着不少缺点，主要是精确程度还不能满足各方面的要求，其原因，一方面是技术水平不高，另一方面是由于勘测者彼此之间未能很好地交流经验，以致在测量工作的方法上、程序上都不够一致，影响了工作效率与测量的精确程度，为此在1955年底全体参加勘测工作的同志，经过整整十次的讨论，总结了几年来在测量工作上的一些经验，写成这本小册子作为今后工作的参考。①

据当时参与讨论的工程师李竹君回忆，祁英涛时任文整会工程组组长，主持了多次调查测绘工作，并且常常思索测绘方面的问题，这次测绘总结和手册的编写也是由他主导的，其中包含了不少他的个人经验和方法：

这是我们祁工编的最早的教材。1955年那一年我在隆兴寺还有新城开善寺、定兴慈云阁，跟祁工他们在一块测量，就在那个时候弄的。当时我们是工程组，是专业组织最大的一个组，那时候组长就是祁工。搞测绘就是我跟祁工，还有杨玉柱，我们几个人。当时没有什么工程就搞测绘。那时候互相也不讨论。在室里头从来没讨论过这方面的事，如果说有讨论就是祁工经常和我们两个人聊聊，碰碰头。后来我们搞得多了以后，大家坐在一起议论，什么情况下精测，什么情况下略测。这个手册就是为了让组里所有的成员按照这个来测绘，是大家都共同认可的方法，其中有不少就是他自己总结的方法。②

《测量方法》分"总则"、"分部测量"、"附则"三个部分。"总则"对测量目的、搭架部位、测量工具、绘制草图进行了说明。"分部测量"以古代木构建筑为主要对象，分类逐层地说明各部件的测量方法，"附则"以说明统一尺寸的问题为重点，以及测量草图一般符号与代号的规定、主要尺寸检查表、宋式与清式建筑结构主要名词对照表。最后附有配图，对其中的部分测量操作进行图解示范。

可以说，《测量方法》是一本针对古建筑测绘的工作手册，涉及内容形成了一个综合系统，可以大致地分为操作指南、技术规范和理论分析三个层面。

1. 操作指南层面

《测量方法》将古建筑测量分为"平面"、"斗栱"、"梁架"、"瓦顶"和"其他"

---

① 古代建筑修整所. 建筑纪念物的测量方法（内部资料），1956.
② 2012年3月29日笔者访问李竹君先生的记录（未刊稿）。

五项，分部件进行说明，具有下述三个特点。

第一，考虑周全，说明详细，并配以图示。例如栱的测量：[①]

> 栱长测量，最好是量它的通长，如不能通量时，则必须量出两半面的长度再加上与其交叉的栱或刷头厚度，求出通长尺寸，不得只量半面以2乘的方法来求之。
>
> 栱高必须靠近交互斗外皮测量，遇有栱眼时，应用小平尺辅助。
>
> 栱眼测量，一般量它的高度、栱眼长及栱眼刻进的深度，要注意栱眼一端到散斗底里皮之间的尺寸。
>
> 栱瓣测量方法：用坐标法测出栱弯。

第二，切实针对古代建筑的特点，许多条款正是文整会长期测量中形成的珍贵经验。例如：[②]

> 下平槫到撩风槫的水平距离因中间有斗栱柱头方相隔，测量时分二次进行，先量下平槫到柱头方或压槽方的中心距离，再量柱头方到撩风槫的中心距离，二者相加即为下平槫到撩风槫的水平距离。
>
> 量生头木时，它的高度甚为重要。此外，或量出它的实际长度或明确记注它的起止点，在测量时，须观察生头木本身是曲线的还是直线的。
>
> 测量梁架时应注意数记每举步、每间的椽子数。

第三，以结构为重。这也与文整会以修缮为传统的业务性质有关。例如，考虑到地面沉降因素，柱高的确定以每类柱子的最大尺寸为准。另外，特别注重梁架交接点的接合关系，强调必须绘制节点大样：

> 梁架各缝的交接点，应放大样并测量，特别应注意槫和替木或槫和方之间的接合关系，在结构上务求准确。[③]

2. 技术规范层面

首先，《测量方法》规定，测量纪念建筑的目的是"说明纪念物现存情况的面貌和尺度以便作为探讨和肯定建筑纪念物的存在价值及修理的设计资料"[④]。

① 古代建筑修整所.建筑纪念物的测量方法（内部资料），1956.
② 同上。
③ 同上。
④ 同上。

其次，对于测量的精度和广度提出明确的要求——数据的读取单位为厘米；全面测量平面；梁架取纵向 1/2 范围测量。[①]

此外，对测量草图有实用的建议，要求"图面清晰工整，结构交代清楚，形状近似，比例适度，必要时应画大样图及实拓大样"，并提出"同一组结构物的草图比例应一致；尺寸线、注字与结构物的线条应用不同的颜色分开为原则，以免混淆不清"[②]。

值得注意的是，《测量方法》对于测量误差也制定了防范措施。第一，规定了材料伸缩率较大的皮尺在使用中应进行校核、记录。[③]第二，提出"分尺寸应服从总尺寸"的原则，并利用控制性尺寸进行校对，例如"各间面阔、进深的分尺寸，必须依据通面阔、通进深进行校对"、"脊槫、上平槫、中平槫、下平槫等槫底皮到地平各量出一个总尺寸，以便在校对尺寸时用之"。[④]第三，考虑了建筑变形因素对测量数据的影响："梁架走闪拔榫时，须减除或加进因拔榫而造成的误差尺寸"。[⑤]

3. 理论分析层面

《测量方法》重点提出了整理测量数据的问题，称为"统一尺寸"，对其原因、目的、方法分别作了论述。"统一尺寸"的原因可归纳为三点：1）由于古代建筑的建造为手工业生产，相同部位和构件在原建时便存在着偏差；2）木材收缩率不同，导致变形不一致；3）历代维修对古代建筑的面貌与尺寸也产生了扰动。[⑥]"统一尺寸"的目的在于，"科学地找出其原始的尺度，以期正确地表达建

[①] "注记的尺寸，一律以公分为单位。纵断面要求量建筑物的1/2，但明间须整个量到。测量每缝梁架时，要从前坡一直量到后坡，只量前坡或后坡的做法今后应避免。为求尺寸上的准确，建筑物的每根柱子都应量到。所有建筑物能测量到的柱径及柱础，应一一测量。"引自古代建筑修整所.建筑纪念物的测量方法（内部资料），1956.

[②] 古代建筑修整所.建筑纪念物的测量方法（内部资料），1956.

[③] "测量时所用的各种皮尺测绳，在每一次测量工作开始前，一定要进行校核工作，校核时以钢尺为标准，并将校核的结果清楚地写在记录本上，并记明尺的种类、号码及误差数。测量后应将因测尺而引起的尺寸误差减去，因此在测稿上就要注明所用尺的种类及号码。"引自古代建筑修整所.建筑纪念物的测量方法（内部资料），1956.

[④] 古代建筑修整所.建筑纪念物的测量方法（内部资料），1956.

[⑤] 古代建筑修整所.建筑纪念物的测量方法（内部资料），1956.

[⑥] "测量后必须在当地将建筑物的主要尺寸予以肯定统一，以免在绘图时因尺寸不一致，妨碍工作的进行，其理由如下：（1）中国古代建筑都是手工业生产，因而各个相同部位，相同构件的操作，不论所用材料是木料或砖石，在原建时都会或多或少地存在着一些误差。（2）建筑纪念物以木构较多，木材本身因年久不可免地都有收缩，且顺纹与垂直木纹，边材与芯材的收缩各不相同，制作时虽尽量精确，但年久干燥后就很难一致。（3）木材的湿度对木材的收缩影响很大，原建时的木料在手工业的生产方式下，是否能保证用料的湿度一致，也很困难。（4）建筑纪念物经历代修理，在修理时也常常改变了原来的面貌与尺度。"引自古代建筑修整所.建筑纪念物的测量方法（内部资料），1956.

筑纪念物的原来面貌"①。"统一尺寸"的方法则有"寻找典型构件"、"采取平均值"、"服从多数"三种。②此外,提出了"统一尺寸"过程中需要注意的事项,例如"应注意建筑纪念物的时代特征与特有的风格,如元代的梁架构架多就木料的自然形态稍加整理,就不能认为相差不多,粗率地予以统一"。③

"统一尺寸"第一次被提出,是在1954年文整会勘测山西太原晋祠圣母殿、献殿的工作总结中:"每测量完一座建筑物之后,要及时地校对和整理测稿,找出该建筑物的各个主要部位和各个分件的统一尺寸。这样做,不但给绘图工作一个极大的方便,而且对提高绘图效率也有着重大的意义。"④在测绘早期建筑的经验积累中,逐渐产生了"统一尺寸"。对此,当年文整会的技术干部印象深刻:

> 建国之前和建国之后最大的区别就是我们的工作范围改了,原来在北京工作的时候,这些工人都是好几百年代代相传,他们对于北京的明清建筑都有一套规矩,所以统一尺寸的必要性比较少。但是建国以后到外地勘测,统一尺寸的问题就出来了。通过我们实测,可能有一些数据比较乱的现象,同是这个构件,按哪个画呢?就产生了"统一尺寸"。这是一个很实际的问题,但是不能忘了实际的房屋和统一的尺寸还是有差异的。这种差异有时候很微妙,是不容易在一次测量里就能完全领会到的。为了这个原因就要有"统一尺寸"这个问题。否则,在一定比尺限定下,图画不出来,即使画出来也很乱。所以统一尺寸就是为了反映一个推测原来盖房子之前的设计思想的那个尺寸,这个工作就很有必要了。这一点在明清的建筑上比较少,主要是唐宋的建筑,它的尺寸越大,用材越大,误差越容易形成。用材要是小了,这个误差就显得不那么重要了。因为唐宋建筑的用材用得比较大。⑤

> 第一次训练班的时候,只量一个尺寸,没有统一尺寸,都是自己决定。那时候互相也不讨论。统一尺寸是我们在一起测绘时,大家坐下来一起讨论得出的。后来大家得出结论,最要紧的是找出原来的最早的构件,比如说橡

---

① 引自古代建筑修整所.建筑纪念物的测量方法(内部资料),1956.
② "统一尺寸的方法有三种,各有优劣。(1)寻找典型测量构件测量:这种方法需要有较高的熟练的法式鉴定经验才能得到正确的效果。(2)采取平均值:宜用于数量少的构件。(3)服从多数:宜用于数量多的构件。"引自古代建筑修整所.建筑纪念物的测量方法(内部资料),1956.
③ "注意事项:(1)相同部位、相同构件的测量尺寸不一致时,在一般情况即建筑物的相同部位、相同构件式样近似、改动不大时应尽量肯定其统一的尺寸。(2)一般情况下数量多体量小的构件应尽量统一,如各种斗栱。数量少、体量大的构件尺寸不一致,统一尺寸时应视其附属构件的情况再决定,不能强求统一。(3)应注意建筑纪念物的时代特征与特有的风格,如元代的梁架构架多就木料的自然形态稍加整理,就不能认为相差不多,粗率地予以统一。(4)应注意相同部位、相同构件相差的尺寸与构件本身的体量大小的比例,遇到二者比例较大时,应再进行仔细校核研究。"引自古代建筑修整所.建筑纪念物的测量方法(内部资料),1956.
④ 《赴山西太原晋祠测绘设计的工作总结》(1954年),李竹君先生提供。
⑤ 2011年6月13日笔者采访余鸣谦先生的记录(未刊稿)。

子一大片，只有一个椽子有卷杀，做法比较古老，就不能少数服从多数了，就得以这个为标准。[①]

可见，文整会于 1955 年《建筑纪念物的测量方法》中提出"统一尺寸"的理念，与新中国成立初期业务范围扩大至全国有关。维修对象由明清建筑向早期建筑的转变，直接引致勘察测绘与修缮设计中衍生出新的问题。首先，早期建筑存留时间久远，相比明清官式建筑形变更甚。再者，官式建筑等级较高，规矩严明，工艺精细，早期建筑则相对较为粗疏。因此，文整会的技术人员在接触早期建筑后发现，实际勘测得到的同类构件尺寸差异较大，数目较多的斗栱类构件尤甚。因此，经过讨论后，提出了"统一尺寸"的具体方法。

"统一尺寸"是古建筑测绘的核心技术问题，对于材料变形大、构件数量多的中国古建筑更是具有现实意义。此前营造学社的测绘实践中，已经采用将多个样本数据的极差平均数作为标准值。《测量方法》首次对"统一尺寸"问题的原因、目的、方法进行了阐释分析。经过进一步发展，"统一尺寸"成为古建筑测绘中的重要实践法则和备受关注的问题，也是直接关系到古建筑保护和研究的具体问题。

1955 年编写的《测量方法》，以文整会长期勘察测绘的实践和经验为基础，总结出针对中国古代木结构建筑特点的操作方法和注意事项，同时，首次明确提出了古建筑测绘的技术标准，并首次对"统一尺寸"问题进行理论分析。可以说，《测量方法》是国内关于古建筑测绘的第一本较为全面的文献，既满足技术需要，又提出了方法论，具有里程碑意义。

（三）古建筑测绘培训教材（1976 年）

1.《古建筑测量》与《古建筑制图》

1964 年文整会举办的第三期古建筑培训班以测绘为重点，课程安排更为全面系统。其中，测绘方面由李竹君负责讲课。[②] 第三期培训班之后，文整会在

---

① 2012 年 5 月 22 日笔者采访李竹君先生的记录（未刊稿）。

② "那时候就是祁工让我讲这方面的课。祁工对测绘挺重视的，所以开始总结的小册子（即《建筑纪念物的测量方法》——笔者注）都是祁工弄的。祁工跟我的关系也比较好，我们俩共处的时候多，经常在一起互相交流意见、摸索测绘的事情，所以我教材里写的东西跟祁工是共通的。《建筑纪念物的测量方法》就是在这个情况下弄出来的。1964 年培训班，祁工一定要我讲，那会儿我画图比较注意。当时我讲课，画图应该注意什么、勾草图、测绘应该注意什么，实际上是我自己实践中的一些认识。后来他们都认为让我讲合适，以后就变成不管什么训练班都让我讲测绘。"引自 2011 年 12 月 16 日笔者采访李竹君先生的记录（未刊稿）。

历次培训班的基础上，组织编写古建筑培训教材。[①] 其中，李竹君编写的《古建筑测量》和《古建筑制图》初稿完成于 1976 年 4 月（图 4–39）。

《古建筑测量》以 1955 年《建筑纪念物的测量方法》的内容为基础，进行了扩充和增补。增加的主要内容有：

（1）首次提出了古建筑测量分级（表 4–3）的观点。根据测量性质、目的和对象价值的不同，将古建筑测量分为"大修工程前的测量"、"取得档案资料的测量"和"粗略测量"三个类型，并提出相应的测量广度。

《古建筑测量》中的测量分级　　　　　　　　　　表 4–3

	大修工程前的测量	取得档案资料的测量	粗略测量
定义	古建筑测量中，工作深度和广度属于最高一级的测量	为建立科学的记录档案而进行的一种较高级的测量	最简便的测量，也叫"法式测量"
适用范围	文物保护单位中价值较高的建筑物因残坏严重而须要进行落架大修，或者文物保护单位进行迁建	全国重点文物保护单位和省级文物保护单位中的重要建筑	全国重点文物保护单位中价值较低的单体建筑及省级文物保护单位中的多数单体建筑
脚手架范围	内外四周全面缚扎脚手架，即通常所谓的"满堂架"	建筑物一角缚扎脚手架，约占屋面面积的 1/4 左右	一般可不必搭脚手架，但必须有较长的梯子与长约 5—8 米的竹竿，作为测量辅助工具
测量广度	不但要求对建筑物结构中所有不同种类的构件及其交接关系进行认真勾画和测量，而且必须对构成建筑物整体构架的柱、梁等重要构件进行全面而详细的勘察和测量。这类构件有多少就勘测多少，不可有所遗漏	按照"不同构件，样样俱到"的原则，对于数量较多的相同构件，选择其中的"典型构件"即可	草图最少包括建筑物各层平面、明间横断面、柱头铺作大样图、门窗略图。测量中取得的尺寸，应保证能够画出一套基本反映建筑物体形外貌及结构中主要手法特征的图纸，应取得以下关键尺寸：柱径、柱高、各开间面阔进深、通面阔进深、台明及踏道尺寸、斗栱材栔、出跳、栱长、斗栱总高、椽飞直径、出檐尺寸、门窗主要尺寸、筒板瓦及滴水尺寸、吻兽尺寸

〔资料来源：作者根据《古建筑测量》1976 年初稿整理〕

（2）增加了绘图方面的内容，包括绘图比例、各类图纸名目、绘图的技术细节和注意事项。其中，提出了利用古建筑的模数规律、按材栔比例勾画斗栱剖面

[①] 分别由杜仙洲编写《中国古代建筑概论》、祁英涛编写《中国古代木结构建造的保养与维修》、余鸣谦编写《中国古代建筑构造》、李竹君编写《古建筑测量》、《古建筑制图》。

图 4-39 《古建筑测量》《古建筑制图》（初稿）书影（资料来源：中国文化遗产研究院李竹君先生提供）

草图的方法。这一方式简捷高效，文物界许多曾经跟李竹君学习、共事过的人都对此留下了深刻的印象。

（3）增加了测量组织与分工的内容，提出在勾画草图阶段分工为梁架组、斗栱组和平面装修组。

此外，《古建筑测量》修正了统一尺寸的方法，提出四点原则："次要尺寸服从主要尺寸；分尺寸服从总尺寸；少数服从多数；后换构件服从原始构件。"[①]

《古建筑制图》是李竹君结合建筑工程制图方法与古建筑实践编写的教材，以制图原理、图线种类、正投影、轴侧投影等工程图学的基本原理和方法为主要内容，并具体地介绍了古建筑图样的绘制方法。制图标准、画法几何、投影法是建筑制图的基本要素，建筑测绘本身就建立在这些基础法则之上。因此，引入建筑学科的知识与标准，代表着古建筑测绘培训的科学化和规范化，有助于提高测绘从业人员的绘图水准。

2.《中国古代建筑》的出版

《古建筑测量》与《古建筑制图》初稿完成后，与文整会人员编写的其他古建筑讲义，一并成为文物系统内部流通使用的培训教材，在各类培训班、修缮工程委员会和地方文物部门广为传印，例如河北省正定隆兴寺摩尼殿修缮委员会（1978年）、山西古建筑培训班（1981年）、四川省文物管理委员会（1983年）、文物局扬州培训中心（1984年）、文物局泰安培训中心（1987年）等均采用了这套教材（图4-40）。

1980年第四届古建筑测绘培训班期间，考虑到古建筑人才培养的需要，文整会再次提出在原有培训班讲义的基础上编写一套针对古建筑专业人员的完整的教材。

1984年，文化部文物局决定出版文物系统的系列教材。1990年，文整会各项培训教材经过增改修订，合辑为《中国古代建筑》出版，正式作为各地文博培

① 引自李竹君1976年编写的《古建筑测量》（初稿）（手稿）。

图 4-40　李竹君编写测绘教材的各类传印版本：古建测绘班教材《古建筑制图》、正定隆兴寺修缮委员会 1978 年印《古建筑测量》、山西古建筑培训班 1981 年印《古建筑的测量工作》、四川省文物管理委员会 1983 年印《古建筑测量》书影。
[资料来源：李竹君 . 古建筑制图（油印本）；正定隆兴寺修缮委员会翻印 . 古建筑测量（油印本），1978；山西古建筑培训班第一期翻印 . 古建筑的测量工作（油印本），1981；四川省文物管理委员会翻印 . 古建筑测量（油印本），1983]

训的标准教材和大专院校文博专业参考用书（图 4-41）。随着此书的广泛使用，文整会 40 多年的古建筑测绘、培训经验成为文物保护界的通行方法。

四、文物保护工程中的测绘

（一）文物保护工程的发展和概况

　　新中国成立后，百废待举，文物保护工程进入新的发展时期。经过前两期培训班，文整会增加了新的技术力量，加上各地重要的古建筑亟待修缮，文整会因此转变成为面向全国的文物保护业务实施机构，工作范围逐步由北京的明清官式建筑扩展到各地的重要早期建筑。

　　自新中国成立至 1964 年，文整会进行的主要修缮项目如表 4-4。

1950—1960 年代文整会主持的主要修缮项目 [①]　　表 4-4

年份	起始月份	修缮项目	建筑年代
1949	4	北京五塔寺修缮工程	清
	9	北京故宫畅音阁、乾隆花园修缮工程	清
	10	北京孔庙修缮工程	清
	12	北京天坛修缮工程	明、清
1950	5	北京鼓楼修缮工程	清
1951	5	山西五台山佛光寺修缮工程	唐
	9	北京各城楼修缮工程	明
1952	5	北京天安门修缮工程	明

---

① 参考大事记 . 见：中国文物研究所 . 中国文物研究所七十年 . 北京：文物出版社，2005：312-314.

图 4-41 《中国古代建筑》书影（资料来源：罗哲文.中国古代建筑.上海：上海古籍出版社，1990）

续表

年份	起始月份	修缮项目	建筑年代
1952	8	吉林农安塔修缮工程	辽
	9	北京北海天王殿修缮工程	明、清
	12	北京故宫皇极殿修缮工程	清
1953	1	北京故宫养心殿及体仁阁修缮工程	明、清
	12	北京雍和宫油饰工程	清
1954	3	河北正定隆兴寺转轮藏殿重修工程	宋
	5	山西太原晋祠勘测设计	北宋
1955	3	北京端门门楼修缮工程	明
	4	河北赵县安济桥修缮工程	隋
1956	7	甘肃敦煌莫高窟 249—259 区殿支顶加固	北魏、隋、宋
1957	4	河北正定隆兴寺慈氏阁重建工程	北宋
1958	8	山西永济永乐宫迁建工程	元
1959	夏	山西大同南城门楼重修工程	明
	冬	湖北武当山静乐宫、儒学宫、石碑坊、大石碑迁建工程	明
1960	5	河北承德普宁寺修缮工程	清
	5	河北清东陵裕陵大碑楼修缮工程	清
1962	6	山西大同云冈石窟第一、二窟实验工程	北魏
1964	5	山西大同云冈石窟西部窟群抢修工程	北魏

（资料来源：作者自绘）

　　随着业务范围逐渐扩大，修缮对象趋于复杂多元，与保护工程相关的管理和技术问题也亟待深化。1955 年，陈明达发表文章《古建筑修理中的几个问题》，高瞻远瞩地指出了文物保护工程诸多层面的问题。第一，按工程性质，将文物保护工程分为"保养性的修理"、"抢救性的修理"、"保固性的修理"、"复原性的修理"四种类型。第二，明确指出测绘图与施工图的作用——施工图综合了实测、勘察以及研究的结果，反映各部分现状和修理方法以及施用材料，是施工的依据。[1]

---

① "测绘实测图样，摄制照片。把全部建筑各部分精密地测量，用比例尺绘成平面、立面、侧面、各种断面及各部分的详细大样图。这必须是真实准确的图样，不是随意写生和不用比例尺所能做好的。同时还要把建筑物全体及各个部分摄影记录下来。……施工详图是综合了实测图、详细检查和研究得出的结果后绘制的图样，是施工的根据。图上载明了各部分的形状和修理的方法以及所用的材料。"引自陈明达.古建筑修理中的几个问题.文物参考资料，1953（10）.

这种在测绘图上标注做法说明的方式正是继承了营造学社与文整会的实践经验。第三，强调文物保护工程结合学术研究的重要性，将研究分为"建筑学的研究"和"工程学的研究"两种性质，结合建筑自身的形制和规律，探讨结构问题和损坏原因，从而制定合理的维修措施。[①] 第四，强调工程施工过程中的记录对于增进认识和完善研究资料的重要性，"古建筑的修理工作，不是单纯的'修理'，无论在修理之前或修理过程中都是要与研究工作相结合的。"[②]

虽然时值全国文物保护工程刚刚起步，但凭借高远的学术视野，陈明达已经认识到文物保护工程的几个关键问题，尤其注重测绘记录、学术研究与保护工程的结合。文章论及的一些内容，仍是今日文物保护界的讨论热点，值得回顾和深思。

（二）文物保护工程的图纸要求和具体程序

1949 年以后，文物保护工程进入新的发展阶段。随着保护范围的扩大和保护对象的多样化以及测绘理念的发展，保护工程涉及的因素也趋于复杂。以文整会为核心，在以祁英涛为首的古建筑专家的探索努力下，保护工程的各项程序和制度不断完善，关于工程前期勘察测绘以及延续的设计、施工也得到细化，形成了一套文物界通行的工作方法。

1. 图纸要求

1935 年文整会成立后，在文整工程中实施以设计图说与预估料单作为工程合同设计文件的管理办法。1949 年以后，随着工程范围的扩大，关于测绘图以及在文物保护工程中的转化，有了更加明确的定义——古建筑维修与保养工程的图纸包括实测图和设计图：实测图是说明现存状况的图纸，一般情况下是绘制古建筑健康面貌

---

① "研究工作，这是修理古建筑的重要工作，有时候可能是长时期的工作……具体的研究工作又可以分为两种性质：（1）属于建筑学的。一个建筑物的恢复是要研究了那一时代同类型建筑物的一般规律和那一时代中那一地区内的地方性的规律，结合着现存部分的实际情况才能得出结论，拟出它的原来形状。……（2）是工程学的研究。这是根据建筑物损坏的情况，研究它损坏的原因，以求在工程上有保存原状的原则下找出修理的办法。因为古建筑的修理单是恢复原状还是不够的，还应当要求它更坚固持久。例如，倾斜的塔要研究它是因结构不良、基础走动，或是受地震风力的影响，找出对策，才能彻底地修复它，使修好后不至于在短时间又毁坏。"引自陈明达.古建筑修理中的几个问题.文物参考资料，1953（10）.
② "在修理工作施工期中，还要注意新发现的情况，以补充对古建筑研究的资料。在修理之前所做的测绘工作，往往只限于表面的外部的，在施工时有许多平常看不到的部分都暴露出来了，使得有可能去测绘记录下来，增强对它的认识。例如，榫卯的结合方法，平常无法看到，拆卸开后就可以很详细地记录下来。……因此，古建筑的修理工作，不是单纯的'修理'，无论在修理之前或修理过程中都是要与研究工作相结合的。"引自陈明达.古建筑修理中的几个问题.文物参考资料，1953（10）.

的图纸，残损状况用照片辅助说明；设计图是表达维修后预期达到的式样图。[①]

文整会以"统一尺寸"作为整理测量数据的原则。"统一尺寸"的目的就是找出建筑的原始尺寸，从而绘制出建筑理想状态的测绘图。因此，在不进行复原的修缮设计中，实测图和设计图在本质上并无二致。[②]

民国时期的古建筑修缮以明清官式建筑为主，由于传统工艺传承不辍，工匠修缮技术成熟，因此设计图往往作针对性示意，内容较为简略。1949年后，由于早期建筑维修设计问题较为复杂，加上地方传统工艺失传，工程勘测图纸的数量、比例和内容都有所提高，需要较为全面细致地记录建筑的形制和结构特征。

2. 具体程序

文物保护工程通常分为测绘勘察、拟制计划、编制预算、立项审批、施工操作等几个环节。勘察测绘分为两部分。一是通过测绘了解维修对象的历史沿革、法式特征和建筑结构。如果修缮前已有调查测绘资料，通常以记录法式特征为主，在此基础上还需补充测绘，以深入认识建筑的结构和构造情况。二是勘察记录建筑的残损状况，包括主体结构是否歪闪，构件弯垂糟朽的部位、范围、程度等，通过文字、草图、照片、表格等进行记录。根据勘察资料制定维修计划，包括绘制设计图纸和编写做法说明。

设计图纸中反映建筑总体情况的平面图、立面图、剖面图，以及斗栱详图等，在不进行复原的维修项目中，都直接使用测绘图或进行局部的调整。常见的门窗样式更改就是在原有立面图的基础上改绘门窗样式。此外，增加针对局部加固、墩接等措施的施工大样图，以及为重新添配构件如门窗、吻兽等制作设计大样图。

做法说明的编写，是根据勘察中已经明确的残损状况和程度确定维修范围，指明修理的操作方法、实施程序、技术要求、材料规格及配比等。通常习惯用表格形式列出条目，使残损构件与修理措施一一对应。

工程预算是根据设计文件（设计图纸、做法说明）和工料、人工定额，计算出工程数量、工料数量、人工数量，最终确定工程预算金额。工程预算分为计算

[①] 中国文物研究所编. 祁英涛古建论文集. 北京：华夏出版社，1992：184.

[②] 如祁英涛先生在《中国古代木结构建筑的保护与维修》和《古建筑维修的原则、程序及技术》中的阐述："在一般完全保持现状的修理时，总体结构的实测图即可代替设计图。个别加固措施另绘设计大样图。复原型的工程必须绘制两套图（即实测图与设计图），便于进行分析研究。"引自祁英涛. 中国古代木结构建筑的保养与维修. 见：中国文物研究所编. 祁英涛古建论文集. 北京：华夏出版社，1992：32. "在完全保存现状的修缮工程中，设计图可用实测图代替，但应补充施工大样图，包括复杂的加固措施图纸。"引自 祁英涛. 古建筑维修的原则、程序及技术. 见：中国文物研究所编. 祁英涛古建论文集. 北京：华夏出版社，1992：184.

工程数量、查阅工程定额、编制工程预算表几个步骤。

维修计划完成后，将设计文件与预算书报批审查，批准后开始施工。

完工后，由设计单位和施工单位提出工程施工总结报告、竣工图纸、工程结算书，报文物主管部门验收、备案。

（三）测绘与文物保护工程各环节的关系

1. 勘察与设计

维修工程前期测绘产生的结果，按实物来说，是测稿和测绘图；按数据来说，是测量尺寸和绘图尺寸。

测量尺寸指经过测量得到的第一手数据，直接标注在测稿的相应位置。除草图记录之外，针对一些与维修工程密切相关的结构性尺寸，如柱高、槫距等对于施工有重要意义的数据，也专门以简图或表格记录。

绘图尺寸是在测量尺寸的基础上，经过"统一尺寸"后形成的建筑理想状态下各部分的尺寸数据，作为绘制图纸和制定工程预算的依据。"统一尺寸"主要针对三部分数据：平面尺寸、梁架尺寸、斗栱尺寸。

2. 编制预算

编制预算时，与建筑尺寸相关的计算以测量尺寸为依据，通常使用预制的尺寸表进行计算。根据构件尺寸和维修范围，计算工程数量（如拆砌砖墙以体积计算，地面、瓦顶工程以面积计算，构件添配更换以个数计算），填入"工程数量计算单"。以此为基础，参照人工定额标准，查出工料数字、工料价格，计算出单项费用总额，填入"单价分析表"。将上述两表数据填入"预算总表"，再加上管理费，综合得出工程预算总额。[1]

3. 工程施工

设计图作为设计文件的一部分，对施工有原则性的指导作用。由于设计图是

---

[1] 参见中国文物研究所编. 祁英涛古建论文集. 北京：华夏出版社，1992：32-33.

依据"统一尺寸"后的数据绘制，反映建筑的理想状态，与实物并非完全一致，因而就数据方面而言，设计图的作用在于为施工操作提供参考。这一点基于两个层面的原因。

第一，文物保护工程与新建工程的最大区别在于施工前已经存在建筑实体。文物保护工程以保护建筑的文物价值为最高目标，为尽量保留历史信息，以"不改变原状"为原则，最大化尊重原有的结构和构件。在施工操作中具体体现为以实物尺寸为准。对于统一尺寸和施工的关系，古建筑专家指出：

> 修理工作和新建工作相比，它的特点就是要将就原有的材料、情况，因为原有材料、情况不统一，所以统一尺寸以后必须要注意原有的不统一的情况。在图纸上统一尺寸，实际上为了画图，但是施工的时候不能统一，这样才能符合实际。所以说，统一尺寸隐含着有这样一个问题，这个问题在古建筑测绘里非常重要。这个工作必须由设计人员来定，统一尺寸工作也得由他掌握，统一尺寸之后施工的时候不统一的问题也得由他来掌握，这样才能符合我们现在修理古建筑的要求。不能轻易按照工人的想法。工人熟悉操作程序，但是法式方面特别是唐宋的建筑，必须由设计单位来掌握。设计图作为工人操作的一个参考。[①]

> 设计图应该说是指导施工，实际上不能绝对化。即使原来有偏差，也不能随便改变。不能拿这个尺寸去套实际。这个设计应该是有指导性，但是不能硬搬。归根到底，实事求是，从实际出发。要是按照统一尺寸，好多构件不能安装了，都得重新换，那就违背施工"不改变原状"的原则了。所以整旧如旧不仅仅是看样子，包括原来的尺寸、原来的式样，都要服从，原来的构件要尽可能保留。但要是照这样画图，那图就不像个图了。比如我在下华严寺薄伽教藏殿测量斗栱的时候，东南角的角科斗栱的尺寸就差了10公分左右，那就不能统一了。因为统一之后好多构件不能用了，安装不上了。[②]

第二，在施工过程中，"任何改变都会引起一系列的不适应而影响整体构架的归安"[③]，因此，包括结构归安、构件更换等实际操作都需要满足建筑的原有"语境"，根据实际条件权衡尺寸。另外，在进行建筑整体或局部拆卸时，勘察中难以预见的现实问题逐渐显露，也须由设计人员针对具体情况分析判断并指导施工。李竹君指出：

① 2012年6月1日笔者访问余鸣谦先生的记录（未刊稿）。
② 2012年3月29日笔者访问李竹君先生的记录（未刊稿）。
③ 中国文物研究所编.祁英涛古建论文集.北京：华夏出版社，1992：176.

设计文件也是反映实际的，设计图在施工过程中起指导作用。但是施工拆解以后，具体情况需要具体分析。总的原则是尽量把原来的东西保留下来。施工的时候谁拆谁装谁量，拆的时候发现差别很大，工人师傅就问怎么办，我们说就照原装，不要勉强统一尺寸。比如配斗子，长宽按照统一尺寸对施工没有影响，但是高度不能统一，不然影响安装。我们会叮嘱工人师傅把斗耳尽量做浅一点，实际安装可以按照情况调整，以装得合适为准。1950年代修正定隆兴寺，当时差四百个斗，有技术员将四百个斗全按统一尺寸做了，最后装的时候好多都不合适，就只有再垫。后来大家讨论得出结论就是这一部分绝对不能统一。总的说来虽然有统一尺寸，但是在多数时候不能按照统一的来。[①]

总之，对于施工阶段来说，以符合实际为原则，图纸尺寸仅作为参照。相比之下，原始测量数据更为重要，测稿与测量尺寸对于施工环节有直接意义。因此，"在勘察残毁情况之前或同时，必须对主要尺寸的面阔、进深、柱高、举架高度等项进行复测，如有原来测绘时草稿，这道工序就可以省略。"[②]

（四）1949—1980年文物保护工程及测绘的特点

1949年以后，国家文物保护事业逐步迈向正轨。作为文物建筑保护的核心力量，文整会在延续古建筑修缮业务的同时，肩负起全国重要的古建筑调查测绘、各地文物普查评估及重点勘察、古建筑专业人才培养等多项任务，其业务领域涵盖了古建筑研究保护的各个环节。以此为契机，文整会的古建筑保护工作开始面向全国范围不同时期的建筑实例，其中大多为1949年后新近发现的遗存，亟待研究评估。因此，这一时期文整会在延续修缮传统的基础上，更加重视学术研究。为了更好地进行调查研究，1956年文整会机构调整时设立了专门的勘察研究组。自1953年至1966年，文整会技术人员在《文物》期刊相继发表近30篇古建筑调查研究报告。同时，出现了祁英涛、杜仙洲等典型的既是文物保护技术行家，又是古建筑研究学者的专家。具体就测绘方面而言，除了常规图纸外，增加了大量针对图案纹样、彩画、附属文物的详细测绘记录（图4-42）。此外，继承营造学社的学术方法，将实测尺寸、比例与《营造法式》比对，在个案研究方面取得初步的研究结论（图4-43）。

---

① 2012年3月29日笔者访问李竹君先生的记录（未刊稿）。
② 中国文物研究所编.祁英涛古建论文集.北京：华夏出版社，1992：178.

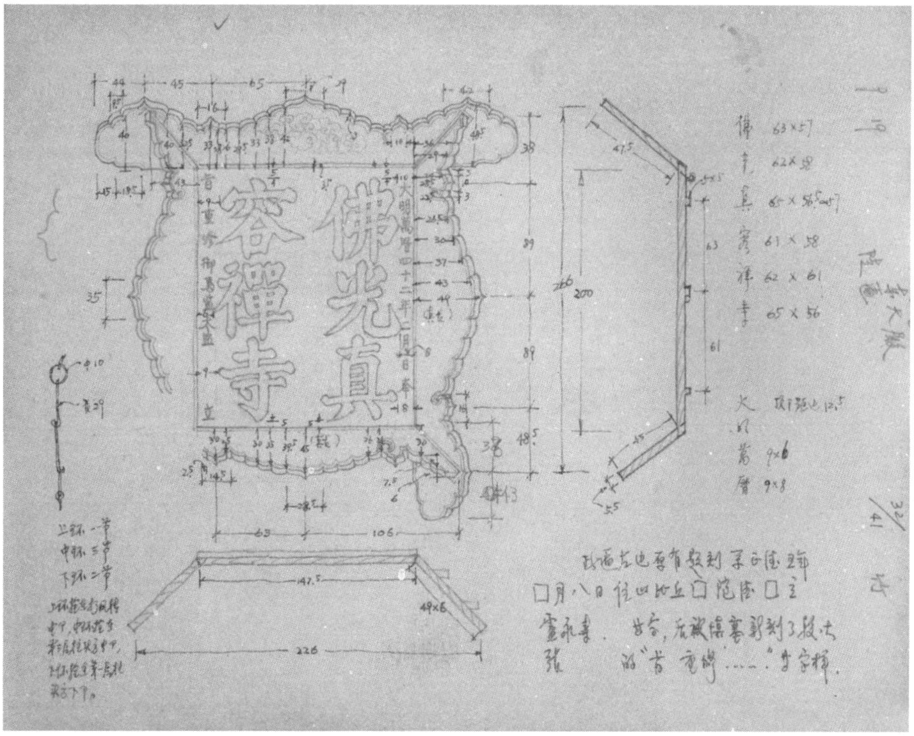

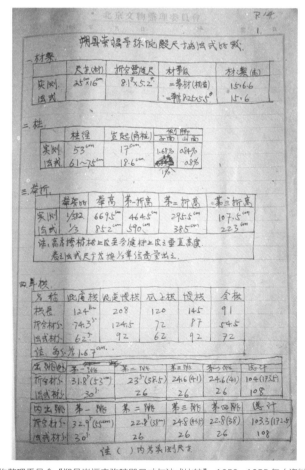

图 4-42　山西五台佛光寺东大殿匾额详图，李竹君绘，1975 年
（资料来源：中国文化遗产研究院李竹君先生提供）

北京文物整理委员会

P.14

朔县崇福寺弥陀殿尺寸与法式比较

一、材栔

	尺寸(材)	折合营造尺	材等级	材栔(高)
实测	25cm×16cm	8.1寸×5.2寸	=二等材(相当)	15:6.6
法式			=二等材 8.25×5.5寸	15:6

二、柱

	柱径	生起(角柱)	侧脚 正面	侧脚 山面
实测	53cm	17cm	1.68%	0.84%
法式	61~75cm	18.6cm	1%	0.8%

三、举折

	举架比	举高	第一折高	第二折高	第三折高
实测	1/3.82	669.5cm	464.5cm	295.5cm	107.5cm
法式	1/3	852cm	590cm	385cm	223cm

注：高为橑檐枋上皮至脊槫上皮之垂直高度。表之法式尺寸为按1/3举法画图量出之。

四、斗栱

名称	泥道栱	泥道慢栱	瓜子栱	慢栱	令栱
栱长	124cm	208	120	145	91
折合材分	74.3分	124.5	72	87	54.5
法式材分	62分	92	62	92	72

注：每分为1.67cm。

出跳(外)	第一跳	第二跳	第三跳	第四跳	总计
折合材分	31.8分(53cm)	23分(38.5)	24.6(41)	24.6(41)	104(173.5)
法式材分	30分	26	26	26	108

内出跳	第一跳	第二跳	第三跳	第四跳	总计
折合材分	32.9分(55cm)	22.8分(38cm)	24.8(41.5)	22.8(38)	103.3(172.5)
法式材分	30分	26	26	26	108

注（ ）内为实测尺寸

图 4-43　北京文物整理委员会“朔县崇福寺弥陀殿尺寸与法式比较”，1953—1955 年（资料来源：中国文化遗产研究院李竹君先生提供）

在研究与保护并举的学术氛围下，科研与实践融汇渗透，对文物保护工程产生了深刻的影响，鲜明地体现在这一时期的文物保护工程中。具体表现在下述几个方面。

1. 基于价值评估的文物修缮设计

1949 年以后，文物系统大范围的古建筑考察延续了中国营造学社的方法体系，调查报告也遵循学社古建筑调查报告的体例，包含历史沿革、法式特征、现存状况等几个部分。同时，文整会将勘察测绘的研究成果纳入文物保护工程，作为维修对象价值评估的基础，进而形成修缮设计的依据，并且成为工程设计文件的一部分。这项举措体现了文物保护工程对于研究评估的进一步重视，对于提高设计方案的全面性、科学性以及设计文件的完整性、学术性也有关键意义。

2. 伴随施工的测绘记录

鉴于施工之前的勘察测绘仅限于建筑表面，无论记录如何详细，也存在内部构造和榫卯交接无法探查的盲区，因此施工拆卸过程是彻底了解建筑内部结构的特殊机会，应当把握时机做详细记录。祁英涛多次撰文强调将隐蔽部位的记录作为施工的重点，指出维修过程中了解的隐蔽部位的信息能够为深入古建筑的研究提供第一手的宝贵资料。[1]

在祁英涛等专家的大力倡导下，文整会形成了重视构造记录的传统。从 1950 年代的永济永乐宫搬迁工程、正定隆兴寺转轮藏殿维修工程，一直到 1990 年代的蓟县独乐寺维修工程，文整会利用施工拆解时机绘制了大量的构造大样图、分件图，形成了丰富的宝贵资料（图 4-44、图 4-45）。

3. 图纸标注减少

1930 年代，中国营造学社在古建筑保护实践中形成了以测绘图为底本、标

---

[1] "古建筑维修工程不仅仅是为了保护而进行，更重要的是通过维修，特别是进行落架重修或迁建工程等大型维修工程时，应对这座古建筑在结构上作最彻底的一次了解，为深入研究提供可贵的第一手资料。虽然这些大修工程在施工前都经过详细测量、绘图、勘察等繁重的劳动和科学研究，但对于隐蔽部分仍然是不够了解。因此我们经常强调大型古建筑维修工程的施工，是对古建筑研究的继续，也是深入研究的重要阶段。为此古建筑施工不仅仅是照图施工，保质保量地完成工程任务，还要增加一项对古建筑更详尽研究的任务。"引自祁英涛. 古建筑维修工程施工中应注意的几点意见. 见：中国文物研究所编. 祁英涛古建论文集. 北京：华夏出版社，1992：349.

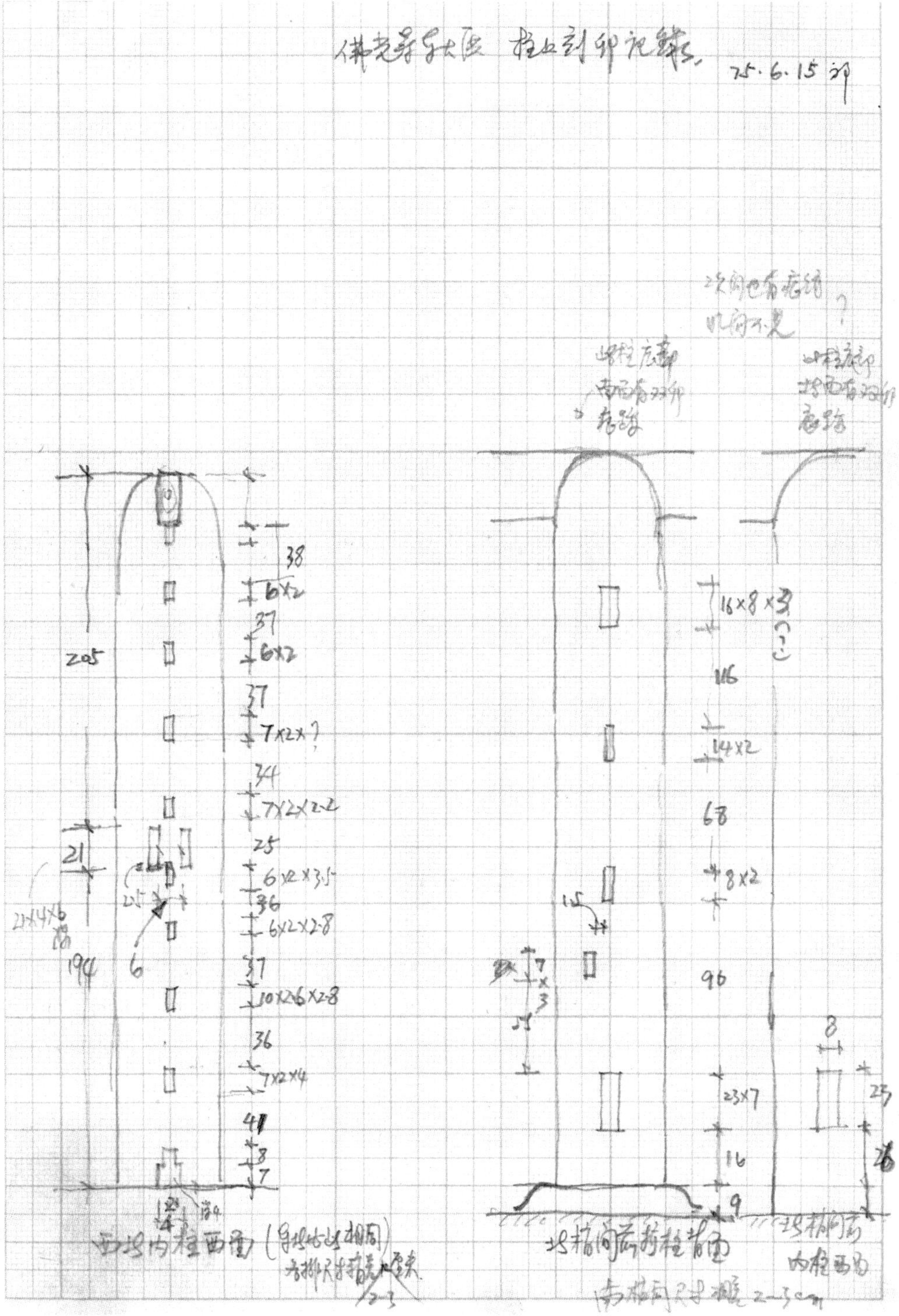

图 4-44　佛光寺东大殿柱上刻卯记录，1975 年 6 月 15 日（资料来源：中国文化遗产研究院李竹君先生提供）

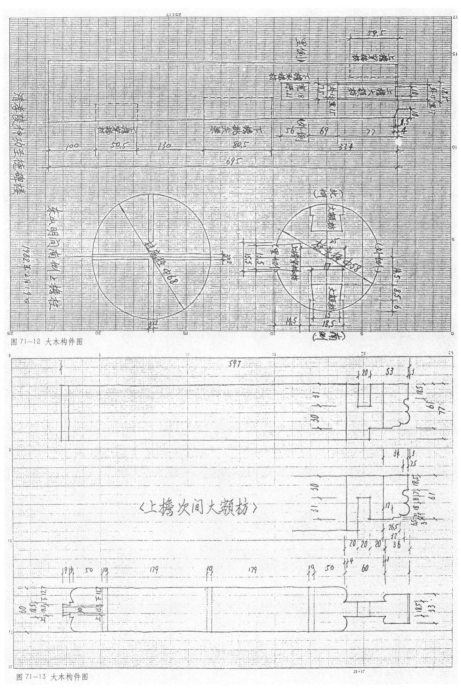

图 71-12 大木构件图

〈上檐次间大额枋〉

图 71-13 大木构件图

图 4-45 清孝陵大碑楼大木构件分件图，1982 年（资料来源：郭万祥.清孝陵大碑楼.北京：中国建筑工业出版社，2008：95）

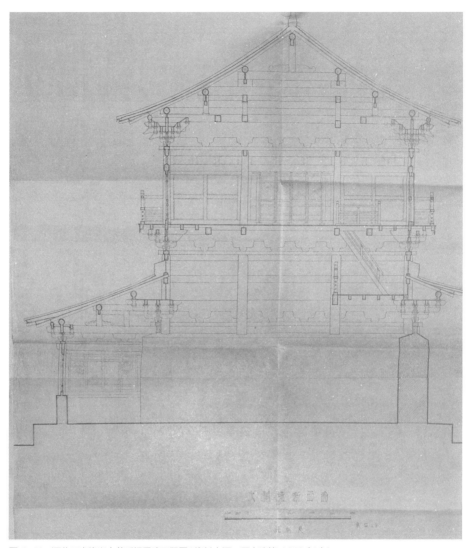

图 4-46　河北正定隆兴寺慈氏阁重建工程图 [资料来源: 历史建筑 .1959（1）]

注残损状况与修理措施作为设计图的方法。随着 1935 年文整会的成立，这套设计方法在旧都文整工程中得以推行，成为建筑保护修缮设计的基本模式。1949 年以后，文物保护工程的性质、范围有所变化。相应地，这一时期的工程设计图纸不再直接标注过多文字，深刻体现出文物保护工程的变化（图 4-46）。一方面，在提倡学术研究的背景下，不可避免受到研究性测绘图重视成果整齐美观的影响，从而减少图面的直接标注。另一方面，新中国成立后，直营方式成为计划经济体制下文物保护工程的基本经营管理模式。直营工程计划性强，工期及费用不固定，设计、研究、施工监督指导的职责集中在技术部门。因此,设计人员在施工阶段定期到场甚至长期驻扎现场,提供技术指导,使研究和补充设计在施工中得到深化。从这方面来说,"设计人员经常去工地,所以工地上有什么事当时也就解决了。"① 由于工程的直营属性以及设计人员对施工环节的直接控制,在图纸上标注以索引做法说明的具体位置就并非必要了。

4. 研究与保护边界模糊

新中国成立初期古建筑保护、研究力量稀缺,文整会作为全国主持该项工作的核心机构,其工作内容涉及保护、研究等诸多性质。因此,不同范畴的工作之间的界线并不清晰。举例来说,文整会在1955年的《建筑纪念物的测量方法》中提出"采取平均值"的数据整理方法,在随后的教材《古建筑测量》中却舍弃了这一方法。对此,教材作出如下解释:

> 决不可以取构件的多数尺寸的平均值而决定统一尺寸。否则,就会得出非驴非马、似是而非的"新"尺寸了。②

在谈及为何舍弃平均值时,编写《古建筑测量》的工程师李竹君讲道:

> 从我开始接触施工以后,我就慢慢地觉得平均值不完全正确,所以我再讲的和写的教材就不提它了。取平均值,就可能哪个都不是,等于自己创造了一个尺寸,那不是不科学了吗?所以我后来就摒弃了平均的办法。而且也不实际,5和4.5非要平均个4.78那就不行了。必须得实际有的尺寸,可以作为统一后的尺寸。典型的原来的构件那是绝对好的。少数服从多数有个好处,就是修缮的时候可以少换构件。原来的构件也可能是某一个时期的构件,但总比平均以后好。③

实际上,求取平均值和否定平均值分别基于不同目的。求取平均值的目的是消除同类构件的数据离散性,从而找出原始、合理的设计尺寸,以研究为目的。而取消平均值则是从维修工程"不改变原状"的原则考虑得出的结论。可以说,这与"统一尺寸"以建筑健康、理想状态的数据为目标是相互矛盾的。对于这类问题,当时并未进行区分和说明,代表了文物保护理念发展进程中,研究与保护的相关概念和方法边界模糊、相互渗透的时弊。

---

① 2012年3月29日笔者访问李竹君先生的记录(未刊稿)。
② 李竹君1976年编写的《古建筑测量》(初稿)(手稿)。
③ 2012年3月29日笔者访问李竹君先生的记录(未刊稿)。

5. 基本图纸不反映干预引起的结构尺寸变化

文物保护工程中以平面图、立面图、剖面图等基本图纸反映建筑的整体情况。在保存原状为主的维修工程中，如果施工前后变动不大，实测图、设计图、竣工图之间便基本没有差异，绘图过程常常是以前套图纸作为底本进行拷贝：

> 竣工以后看看和原来有没有差异。如果有差异，竣工图就很有必要了。如果没有大的差异，基本上是跟实际原来的图一样，实际上就仅仅是图纸名称变一下。如果设计图和施工当中没什么大的区别，设计图和竣工图就差不多了。①

即使建筑局部有变动（常见如门窗更换），如果不是整体复原，局部的样式更改也是在原有图纸结构数据的框架下进行的。也就是说，工程各个阶段的基本图纸的基本尺寸都来自"统一尺寸"形成的理想状态的数据集合。客观地讲，各个阶段的图纸除了反映维修前后的建筑形式变化，对于记录干预引起的结构尺寸变化的作用则有所局限。

小结

1949年以后，中国古建筑的调查和研究，无论范围、类型、数量和深度，都远远超过营造学社时期，形成了以文物部门、建设单位、高等院校以及考古部门为主体的测绘力量。这一时期的建筑遗产测绘受政治风波影响，遭到了资料损毁、研究停滞等状况，不过，从总体来看，古建筑测绘实践、文物保护维修的范围和力度都超过以往，古建筑测绘技术方法研究与专业人才培养也取得了突破性的进展。客观上，一些政治形势如民族形式与民居研究的热潮，也在一定程度上有利推动了建筑遗产测绘研究活动的开展，可算不幸之幸。在社会主义公有制下，全社会各项生产活动具有行政管理和集体化特征，这也反映在建筑遗产研究保护中，古建筑专家考察团队、全国集体大协作编写"建筑三史"等，都是具体表现。相应地，在建筑工程部、文物事业管理局等行政主管部门的引导和直接部署下，这一时期的建筑遗产调查和测绘往往集结、整合了各个部门、机构、地域的力量来进行，完成了大范围的建筑测绘和普查，取得了前所未有的丰硕成果。

---

① 2011年12月16日笔者访问李竹君先生的记录（未刊稿）。

第五章

建筑遗产测绘的全面发展（1980年代至今）

改革开放以来，随着中国经济的崛起，文化遗产保护理念、政策的深化，国家文物保护事业步入快速发展的轨道，成为实施可持续发展战略的重要内容。文物保护经费的大幅度增长，推动文物保护项目不断增加，"四有"档案建设、保护规划编制等基础工作也得到强化。在此背景下，与建筑遗产测绘相关的几个主要方面都得到发展。管理方面，建筑遗产测绘的技术管理体系日臻完善，各行业、部门之间的壁垒逐步消融。技术方面，测绘技术的变革与应用日新月异，进入数字化与信息化发展阶段，建筑遗产测绘的标准化和规范化建设取得初步进展。研究方面，测绘与科研相互促进，尤其在古代建筑尺度规律研究方面成绩卓著。文化遗产保护得到高度重视的今日，建筑遗产测绘正在朝向跨学科、科学化、规范化的方向持续深入。

一、高等院校古建筑测绘融入国家文化遗产保护体系

新中国成立初期，国家文物保护事业处于起步阶段，在专业力量极端匮乏的情况下，曾经举全国古建筑研究顶尖人才之力，合力推进重大项目。尽管如此，受体制限制，大多数情况下，文物部门与其他机构鲜有深入交流或合作，始终处于各自为政的状态。这一情况至改革开放、经济复苏之后愈演愈烈。因资源与利益的关联性增强，条块分割的弊端更加突显。制度壁垒造成高等院校与文物部门长期隔阂，丧失了理论研究与保护实践优势互补的良好机遇，阻碍了共同发展。一方面，高等院校的科研成果未能在文物保护工作中得到直接、有效的应用，文物保护理论研究的最新成果无法引领保护实践。另一方面，文物保护的宝贵经验与资源未能向高校开放共享，难以推动学术研究的发展。受此影响，文物建筑测绘和研究长期处在自发状态，缺乏统一的测绘标准和法规，也造成大量无序劳动和重复性工作。

此后，文物部门不断寻求体制上的突破，为此采取了一系列改革措施。鉴于

长时期缺乏系统培养的古建筑专业人才，国家文物局在 1980 年代开展联合办学，借助高校专业教育的优势平台，先后与南京工学院、清华大学共同开办古建筑保护人才进修培训班及学历教育。1992 年召开的"全国文物建筑保护维修研讨会"上，国家文物局邀请建设部门与大专院校的专家参会，充分表达了吸纳多学科、多领域专业力量共同进行古建筑研究与保护的意愿。随后，以三峡库淹区文物抢救保护工作为契机，文物部门大力联合各界力量，不仅吸收建筑院校从事库淹区地面建筑保护，更令其承担了最重要级别文物建筑的调查测绘与保护规划项目。2000年以来，国家文化遗产保护事业快速发展，文物法规建设和管理工作不断加强，文物保护标准体系逐步完善。国家文物局首先在文物保护勘察设计领域打破垄断，建立竞争机制。通过授予"文物保护工程勘察设计资质"，正式将高校及相关科研机构纳入文物保护系统。并在"十一五"规划中明确指出，借助社会力量打破条块分割，成立遗产保护各技术门类的重点科研基地，构建文化遗产保护科学技术研究的基础平台。至 2014 年，国家文物局已联合科研机构成立文化遗产科研基地 22 处。其中，于 2008 年依托天津大学成立的"文物建筑测绘研究重点科研基地"，在文物建筑测绘的规范化建设、技术开发、交流共享等方面取得了显著进展。通过一系列举措，文化遗产保护机制改革初见成效，构筑了良好的科研环境，使文物的保护、抢救、利用和管理工作，在更加专业、高效的体制下顺利运行。

（一）人才培养的促进与合作

新中国成立初期，国家文物局曾长期立足自身力量，以举办短期培训班方式来培养文物保护人才，其"短平快"的培养模式和注重实际操作的培养理念，确实突破性弥补了各地专业人才的空缺。然而，由于古建筑保护未作为专门学科纳入专业教育体系，新中国成立以来的文物保护人才大多未受过高等教育，缺少综合、系统、专业的基础知识和理论结构，具有价值评定、研究决策能力和理论素养的高层次保护人才数量极少。遇有重大保护项目时，通常临时组成专家小组，但随着文物保护单位日渐增多而不敷分配。因而，保护人才的数量、质量难以胜任高水平的文物建筑保护需求，也无法适应更高的发展要求。鉴于此，1988 年联合国教科文组织考察中国世界遗产项目的专家组在报告中指出，"中国没有真正的专门训练过的保护专家，培训的问题是第一位的。"[1]

---

[1] 陈志华. 文物建筑保护中的价值观问题. 世界建筑，2003（7）.

1978 年，国务院副总理李先念在致乌兰夫、余秋里、张劲夫、刘西尧、王冶秋的信中指出，懂得文物保护知识的人越来越少，建议有关院校积极培训，尽快培养出一批专业人员。1985 年国务院在召开的全国教育改革会议中作出关于改革和发展成人教育的决定。根据其精神，国家文物局结合文博部门实际，调整办学规划，以文博系统自办为主，与教育系统合办为辅，实施多层次、多规模、多形式、多渠道的教育原则。在古建筑保护人才培训方面，先后与南京工学院（今"东南大学"）、清华大学合作办学，开创了我国古建筑保护专业教育的先河，使文物系统与教育系统得以相互合作、借鉴和发展。对此，国家文物局专家组成员张之平谈道：

> "文革"以后古建筑保护工作有点断档，重新开始以后，文物局计划系统培养人才。第一，原来有传统，以前就一直和高校联合办学，比如建国初期的考古培训、古建培训都是和大学联合举办的。第二，作为一个行业的培训来讲，已经过了普及阶段，应该考虑提高到更系统的人才教育层面。和大学共同培养是双赢的，因为大学缺少实践的机会，而我们这个行业的人需要不断提高理论学习和研究水平。①

1. 南京工学院古建筑进修班

1980 秋，国家文物局与南京工学院合办古建筑进修班，为期三个学期，至 1982 年春结业。进修班由南京工学院建筑系郭湖生、刘叙杰主持，目标是培养综合性保护人才。参与进修的 6 名学员来自北京、河北和山西，由当地文物局组织考试、选拔并推荐产生。②

针对学员长于实践、专业知识不足的特点，进修班按照建筑学本科的教学方式，选择建筑学专业课程中与古建筑保护相关的 14 门课程（包括建筑史、建筑力学、建筑构造、建筑初步、测量学等），制定教学大纲和教材。除了课堂教学之外，进修班组织实地考察测绘，在刘叙杰的带领下，对南京明孝陵、明故宫午门遗址做了测绘，并且考察了苏州、无锡一带的古典园林和北方中原地区的古建筑。毕业设计是对安徽广德天寿寺大圣塔进行复原设计（图 5-1）。

学员大都有修缮设计的实践经验，经过进修班的测绘训练，素描、绘图等基本功得到了强化。据刘叙杰回忆："班上同学只有六人，均来自华北各省文物单位，

---

① 2015 年 2 月 9 日笔者采访张之平女士的记录（未刊稿）。
② 包括北京市文物局的王丹江、北京市考古所的梁玉贵、承德市文物局的王福山、河北省文物管理处的刘智敏、山西省古建所的李小青、常亚平。

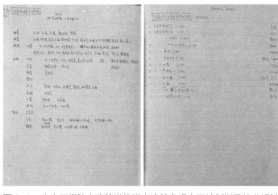

图 5-1　南京工学院古建筑进修班古建筑参观实习计划以及毕业设计　图 5-2　清华大学建筑历史及古建保护培训学习班结业证书（资料
实测工作计划（资料来源：东南大学刘叙杰先生提供）　来源：浙江省古建筑设计研究院黄滋先生提供）

都有一定工作能力。由于时间及人力有限，给他们制定对南京明孝陵的测绘任务，仅进行了局部范围的草图测绘，但成绩都很好。"①

2. 清华大学建筑历史及古建保护培训学习班

与南京工学院同时举办古建筑培训班的还有清华大学。1981 年秋，国家文物局委托清华大学培养古建筑保护人才，恰逢清华大学建筑系计划在本科教育中拓展古建筑方向。于是，由清华大学建筑系五年级学生 10 人与国家文物局考试选拔的文物保护干部 10 人，共同进入培训班，进行为期一年的学习（图 5-2）。培训班教学主要由清华大学建筑系承担，课程教学更加侧重于古建筑研究保护的相关知识，开设如"宋《营造法式》"、"清式营造则例"、"西方建筑史"、"西方遗产保护史"、"古典园林"等课程。同时，文物界专家杜仙洲、祁英涛、杨烈等也举办讲座，教授文物保护实践理论。可以说，清华大学古建筑培训学习班是高校建筑史教学研究与文物系统古建筑保护培训的结合。曾参加培训班的黄滋回忆：

因为一年时间是很短的，就以整个古建筑的知识结构为体系，包括古建筑的复原设计。这样就增加了做研究的部分，跟文物局的培训班就不一样了。文物局的培训重点是纯粹的文物维修工程，清华班是从建筑史学的角度和古建筑专门化的角度，拓展到建筑史、园林、园林史等等学科，也有些简单的设计方法。②

另外，针对文物保护干部学员建筑专业基本功薄弱的特点，培训班专门为其增设了"阴影透视"、"素描"、"摄影"、"写生"等课程训练，并在建筑系教师徐伯安、楼庆西、郭黛姮的带领下，考察山西、江苏等地的古建筑，并进行了大量建筑写生训练。

从南京工学院和清华大学的古建筑培训可以看出，针对文物保护干部的经历和特点，教学安排不仅强化了知识结构，在实践方面也颇为重视绘图能力的训练。

---

① 2014 年 4 月 8 日笔者采访刘叙杰先生的记录（未刊稿）。
② 2014 年 10 月 31 日笔者访问浙江省古建筑设计研究院黄滋先生的记录（未刊稿）。

古建筑测绘发端于西方建筑教育，建筑学基本功是包含了建筑图学、空间表达、徒手绘图的综合技能，集中反映在古建筑测绘的实际操作中。因此，接受正规的建筑绘图基础训练，对于文物建筑测绘实践具有潜移默化的作用。同时，经过美术、绘图方面的训练，学员的徒手画能力得到明显提升，能够快速、准确勾勒测量草图，摆脱了对米格纸用于控制尺度比例的依赖。对此，参与清华培训班的吴晓深有感触：

> 米格纸上有网格，方便控制比例，考古的器物绘图也是用米格纸。我们常和本科生一起，他们总拿着速写本，像学美术的那样画，不受米格纸限制。我们觉得这个方法也挺好，按照米格纸比较机械，所以那时候专门练徒手绘，从那以后慢慢就不用米格纸数格子控制比例关系了，就用白纸凭美术的基础画，然后在上面标尺寸。①

相较于文物系统的短训班，高校的专业培训加强了基础知识和理论的完善，对于已有实践经验的文物保护干部来说，恰如其分地延长了"短板"，显示出实践与理论结合的人才培养优势。

3. 东南大学古建筑保护专业干部专修班

南京工学院和清华大学的古建筑培训，在一定程度上实现了国家文物局与高校联合办学的初衷。但是，进修培训不属于学历教育，无法解决后续的职称、待遇等现实问题，从而直接导致了部分人才外流。为进一步发展合作教育，1987年召开的"贯彻《纪念建筑、古建筑、石窟寺等修缮工程管理办法》座谈会"重点讨论了这一问题，罗哲文在会上建议在高校成立学院或专科，以培养专业人才。②

由于文物保护干部对学历教育的诉求，加上罗哲文等专家的建议，1987年9月，国家文物局与南京工学院成人教育学院联合举办"古建筑保护专业干部专修班"。这是全国高等学校中设置的第一个"古建筑保护专业"，旨在培养我国古建筑维修和保护以及文化遗产研究方面的高级人才。③专修班学制两年半，先后由南京工学院朱光亚、龚恺主管。专修班举办四期，学员50余人，来自14个省市，学员结业后取得专科学历。第四期结束时，南京工学院已更名为"东

---

① 2011年11月21日笔者访问湖北省古建筑保护中心吴晓先生的记录（未刊稿）。
② 提高古建筑文物保护维修工作的科学技术水平——罗哲文同志在贯彻〈纪念建筑、古建筑、石窟寺等修缮工程管理办法〉座谈会上的讲话.文物工作，1987（5）.
③ 南京工学院校刊编辑室.南京工学院.1987年9月21日（1）.

南大学"。由于招生及经费方面的原因，专修班没有得到延续。

专修班的教学计划是将古建筑保护作为专门的学科来设置的，课程分为8门基础课、14门专业基础课和8门专业课（图5-3）。基础课不仅包括"建筑基础"、"建筑制图"等建筑学专业基础课程，还有"哲学史"、"宗教史"等文化范畴的科目。专业基础课包括建筑历史研究相关的《营造法式》、"清式营造则例"，以及与古建筑保护关系密切的"建筑结构"、"测量学"、"建筑技术经济学"、"建筑企业管理学"、"工程预算"等等。专业课以实践性内容为主，包括"古建筑考察测绘"、"复原维修设计"、"园林规划设计"等等。可以看出，课程设置经过精心安排，兼顾人文素质、专业知识和实践能力。此外，由于目标是培养从事文物保护工程的专业人员，教学中十分注重设计方法、建筑结构和建筑力学方面的问题。对此，曾经参与专修班的黄滋谈道：

> 朱（光亚）老师站在一个很高的视野，强调作为古建筑保护专业的知识结构构成，最早计划学制三年，就是考虑要把知识结构搭建起来，有文科、历史、古建筑方面的课程，尤其还有建筑设计方法，我觉得这是最大的不同。朱老师强调设计方法，他认为建筑保护存在再度设计的问题，要强调环境，整体的概念。同时对古建筑来讲，他觉得还有结构很重要，能计算最好，至少对结构体系的受力要了解，因为建筑的损坏，结构是最重要的。所以结构课上了两年，设计课就更多了。他当时办这个专业的目的，就是一个知识体系和知识结构的问题。[①]

高校以学术研究为目的的测绘与文物保护工程中的测绘因需求不同而具有差异。随着高校接触保护工程的机会增多，加上与文物局联合办学，这两类测绘活动体现的差别逐渐引起注意。为此，朱光亚在专修班教学中提出，按照需求将测绘分为"工程型测绘"与"学术型测绘"，二者各有侧重。工程型测绘图注重真实的现状描述，强调实用性；学术型测绘图注重图面的完美，突出绘图技术。考虑到学员的工作背景，专修班的测绘教学训练以学术型测绘为主，兼有结合工程的测绘，并且强调明确的分类（图5-4）。关于专修班的测绘教学，朱光亚回忆：

> 我是把测绘图分为学术型的和工程型的。工程型的要标注得比较详细，而且也要标得好看才对，但是要实用。由于学术性的要求，学校大部分测绘图纸依然是按照学术型图来画的，讲究图一定要漂亮，一定有清楚的线条等级。而对标注尺寸呢，往往在最后的成果上没有，靠一个比例尺表示。到了

---

① 2014年10月31日笔者访问浙江省古建筑设计研究院黄滋先生的记录（未刊稿）。

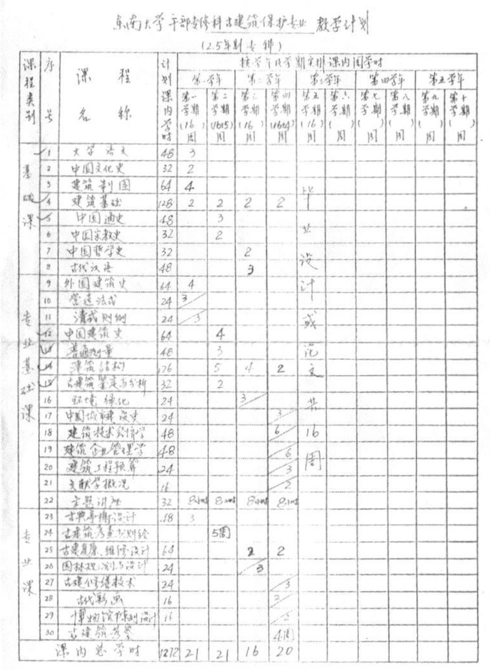

东南大学干部专修科古建筑保护专业 教学计划

（2.5年制专修）

课程类别	序号	课程名称	计划课内学时	第一学年 第一学期（16周）	第一学年 第二学期（16/15周）	第二学年 第三学期（16周）	第二学年 第四学期（16/14周）	第三学年 第五学期（16周）	第三学年 第六学期（ 周）	第四学年 第七学期（ 周）	第四学年 第八学期（ 周）	第五学年 第九学期（ 周）	第五学年 第十学期（ 周）
基础课	1	大学语文	48	3									
	2	中国文化史	32	2									
	3	建筑制图	64	4									
	4	建筑基础	128	2	2	2	2	毕					
	5	中国通史	48		3								
	6	中国宗教史	32		2			业					
	7	中国哲学史	32			2							
	8	古代汉语	48			3		设					
专业基础课	9	外国建筑史	64	4				计					
	10	营造法式	24	3									
	11	清式则例	24	3				或					
	12	中国建筑史	64		4								
	13	普通测量	48		3			论					
	14	建筑结构	176		5	4	2	文					
	15	古建筑鉴定与分析	32		2								
	16	环境绿化	24			3		共					
	17	中国城市建设史	24				3						
	18	建筑技术经济学	48				6	16					
	19	建筑企业管理学	48				6	周					
	20	建筑工程预算	24				3						
	21	文献学概况	16				2						
	22	专题讲座	32	8小时	8小时	8小时	8小时						
专业课	23	古典亭榭设计	48	3									
	24	古建筑考查与测绘			5周								
	25	古建复原、维修设计	64			2	2						
	26	园林规划与设计	24			3							
	27	古建修缮技术	24				3						
	28	古代彩画	16				2						
	29	博物馆陈列设计	16				2						
	30	古建筑考察					4周						
课内总学时			1272	21	21	16	20						

图 5-3　东南大学干部专修科古建筑保护专业教学计划（资料来源：东南大学朱光亚先生提供）

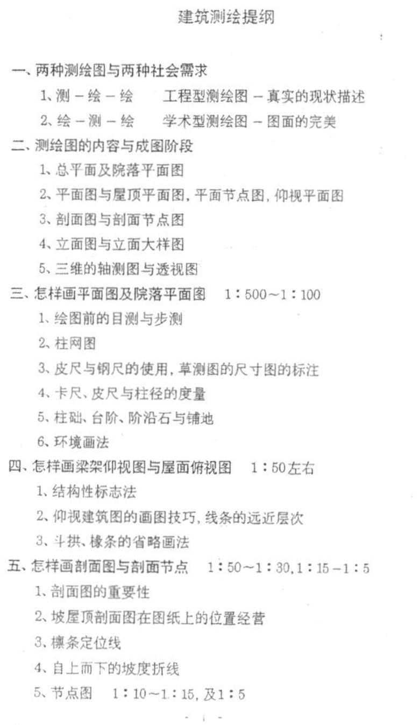

建筑测绘提纲

一、两种测绘图与两种社会需求
1、测－绘－绘　工程型测绘图－真实的现状描述
2、绘－测－绘　学术型测绘图－图面的完美

二、测绘图的内容与成图阶段
1、总平面及院落平面图
2、平面图与屋顶平面图，平面节点图，仰视平面图
3、剖面图与剖面节点图
4、立面图与立面大样图
5、三维的轴测图与透视图

三、怎样画平面图及院落平面图　1：500～1：100
1、绘图前的目测与步测
2、柱网图
3、皮尺与钢尺的使用，草测图的尺寸图的标注
4、卡尺、皮尺与柱径的度量
5、柱础、台阶、阶沿石与铺地
6、环境画法

四、怎样画梁架仰视图与屋面俯视图　1：50左右
1、结构性标志法
2、仰视建筑图的画图技巧，线条的远近层次
3、斗拱、椽条的省略画法

五、怎样画剖面图与剖面节点　1：50～1：30，1：15－1：5
1、剖面图的重要性
2、坡屋顶剖面图在图纸上的位置经营
3、檩条定位线
4、自上而下的坡度折线
5、节点图　1：10～1：15，及1：5

图 5-4　东南大学干部专修科古建筑保护专业建筑测绘提纲（资料来源：东南大学朱光亚先生提供）

古建班这个时期，问题就比较严重了。古建班达到了学术型画图美观的要求，但是一旦遭遇实际工程就出问题了。我记得有两个学生，图画得很漂亮，本来应该受表扬的，结果受到甲方一顿批评。甲方说，你们画得这么漂亮，这个房子还要修吗？后来我说，哪破哪歪了你必须在图上画成破的歪的。画不出来的地方，必须拿文字写上。这就提出来工程型的测绘图的要求。在测绘之前，老师要讲一下这个要求，是工程型的还是学术型的。如果是学术型的，咱们还是按老路子。如果是工程型结合实际的，那么一定要有大量的尺寸。①

曾作为专修班学员的黄滋也深有体会地谈道：

朱老师确实是把工程测绘和学术测绘区分开，而且让我们都要训练。学术测绘要用眼睛迅速判断，要画出来一个大致的形。朱老师强调这个，训练我们准确的尺度感，比如斗口比例多少，马上就能够画出来。工程测绘是要一点一点地测，测好以后我们再对比研究，根据构造形式，判断各个构件有没有后人修过，有没有误差，造成误差在哪里。这是工程测绘要解决的问题。学术测绘呢，就是以最快的速度，把形画出来，大致标两个尺寸，基本上比例准确，就好研究好用了，资料就收集起来了。②

文物保护技术人员经过高校的古建筑保护培养体系的教育，在理论和实践的诸多方面有所发展。从文物建筑测绘方面来说，主要取得了以下突破。

① 2012年10月24日笔者访问东南大学朱光亚先生的记录（未刊稿）。
② 2014年10月31日笔者访问浙江省古建筑设计研究院黄滋先生的记录（未刊稿）。

首先是技术的交流与融合。例如，文物系统长期以厘米作为建筑尺寸数据单位，通过合作教育，与建筑系统对接后，逐渐改用建筑工程通用的毫米单位制。

其次是测绘准确性、科学性与艺术性的提高。学员的测绘基础大多是在原来的工作过程中自学形成的。经过建筑专业画法几何、美术方面的训练，学员的绘图能力显著提升，尤其体现在对尺度比例的控制和测绘图的细节表达，例如线条分级、轮廓线和剖断线加粗、剖切位置和剖面图原理、线条交接等等。另外，参与进修的技术人员坦言，过去测绘仅以落实修缮为目标，接受系统的专业教育后，理论水平增长，通过图纸研究，分析建筑法式结构的意识也随之加强。

最后是建筑结构层次在测绘图纸中的真实反映，尤其体现在东南大学古建筑保护专业干部专修班。朱光亚在测绘教学提纲中特别提出了"结构性标志法"，利用不同层次的线条区分建筑的结构层次，通过构造图、节点图反映建筑的结构层次、受力情况和构造层级（参见图5-4）。

事实证明，文物局与高校合作办学是一种行之有效的模式。文物保护技术干部经过知识结构和理论研究的强化，其视野得到拓展，人文、科学、艺术方面的素养得到提升，综合工作能力远超过科班毕业生或仅具有实践经历的一般技术人员，其中大多数都成为我国文物保护领域的中坚力量，在此后的文物保护工作中发挥了重要作用。

此后，国家文物局与北京大学考古学系联合办学，于1999年成立了北京大学考古文博学院，下设文化遗产学系，招收古代建筑专业方向，新创了国内首个本科教育程度的文物建筑专业方向。[①] 由考古文博学院、清华大学、北京建筑工程学院及国家文物局系统专家担任教职，是国内首个本科教育程度的文物建筑专业方向。另外，国内建筑院校借鉴国外历史建筑保护高等教育的情况，开始设置历史建筑保护工程专业。同济大学于2003年创办了我国第一个历史建筑保护工程专业，提出在历史建筑保护领域培养专家型的建筑师与工程师，"一方面设置整体的建筑学专业本科基础教育，另一方面进行具一定专业性的保护工程职业化特殊训练，从而培养具有较高建筑学素养和特殊保护技能的人才，以满足国家设计资质单位对这种专家型保护设计人才的渴求。"[②] 继同济大学之后，北京建筑大学也于2012年新增历史建筑保护工程专业，以建筑学学科教育为基础，下设古代建筑基础设计、明清式样建筑设计、唐宋式样建筑设计、历史建筑保护与修复

---

① 历史建筑测绘五校联展编委会.上栋下宇：历史建筑测绘五校联展.天津：天津大学出版社，2006：52.
② 常青.培养专家型的建筑师与工程师——历史建筑保护工程专业初探.建筑学报，2009（6）.

设计、历史街区保护规划 5 个专业设计方向，培养具备从事历史建筑保护与修复工程研究、设计与管理能力的高层次专业人才。高校建筑遗产保护相关专业的开设，填补了该领域长期以来缺乏系统专业教育的空白，对于增加建筑遗产保护实践高层次人才开拓了新的历史局面。

（二）条块分割式管理体制的突破

新中国成立以来，国内几所主要的建筑类高校陆续开展古建筑测绘实习，形成了丰富的测绘成果，进一步推动了学术研究。高校的测绘实践得到不少文物界专家的肯定和赞誉，古建筑保护专家祁英涛就撰文指出，应提倡文物部门与高校之间的协作。[1]

事实上，在 1960 年代，文物部门专家已经重视高校的测绘活动，希望高校进一步参与文物保护实践。当时，祁英涛在看过天津大学古建筑测绘成果之后，建议高校在测绘图中标注详细尺寸，以利维修保护工程实践。[2]罗哲文也表示，正是从天津大学借助人才优势大规模测绘承德古建筑中得到启发，从而决定大力支持高校测绘。[3]

然而，囿于条块分割式的管理体制，双方交流毕竟有限，前文所述的测量数据单位的差别便是长时间各自为政、缺乏协作的具体表现。正因如此，建筑院系的古建筑测绘长期处在自发状态，未纳入国家文物保护管理体系。十年浩劫期间，高校教学陷入混乱，古建筑测绘实习也因此停滞。经济体制改革之后，物价的飞速上涨导致测绘实习的成本急剧增加。文物保护行业的自我保护意识加上投资渠道的封闭，导致对高校的古建筑测绘实习敬而远之甚或拒之门外。鉴于经费、项目无法保障，高校纵然具有可观的人才资源和专业水平，也难以在文物保护体制

---

[1] "这（古建筑调查）是研究古建筑、古园林最重要的基础工作之一。五十年来在大家的努力下，调查了很多重要实例，但做过详细测绘、深入研究的却为数不多，粗略统计已有全部测绘图纸的古建筑保护单位，全国尚不足二百处。这个数目和我们丰富的遗存及我们当前研究、保护、宣传各方面工作的需要都是极不相称的。此项基础工作的落后，必然影响建筑历史、建筑理论的深入研究。近几年来各大学的建筑系师生协助文物保护部门做了一些重要古建筑的勘查测绘工作，既提高了同学们对古建筑的了解，又为保护单位提供了重要的科学档案，此种协作是应该提倡的。"引自祁英涛.古建筑、古园林研究工作浅议.古建园林技术，1983（1）.

[2] 2013 年 10 月 17 日笔者采访天津大学杨道明老师的记录（未刊稿）。

[3] "……上世纪 50 年代初，我和卢绳教授又因古建筑测绘的因缘再次相聚。……当时，我们都在承德测绘避暑山庄和外八庙古建筑，我未能完成这一工作，而卢绳教授却很快完成了这一庞大古建筑群的测绘、摄影，后来还出版了大型专著《承德古建筑》。究其原因是在他的后面有一批年轻教师和许多参加实习的学生。我从这里也得到了启发——大专院校在保护文物古建筑方面是一支水平很高、实力雄厚的力量，于是我便开始大力支持他们。"引自罗哲文.序.见：历史建筑测绘五校联展编委会.上栋下宇：历史建筑测绘五校联展.天津：天津大学出版社，2006.

内有所作为，不少院系的古建筑测绘活动难以为继，遭遇严重的困难与危机。

1. 呼吁——全国文物建筑保护维修理论研讨会

由于国家文物局高层的重视和专家学者的奔走呼吁，加上1980年代以来与高校合作办学的显著成效，条块分割的状况自1990年代以来逐渐出现转机和改善。

1992年12月，全国文物建筑保护维修理论研讨会召开，邀请考古部门、建设部门、大专院校的专家、学者共同参加。国家文物局副局长张柏在会上发言指出，文物建筑的保护和维修是综合性很强的工作，需要吸收各个学科的成果，与各界人士合作。[①]国家文物局明确提出要结合保护修缮工作进行理论建设，吸纳其他学科和领域的人才，展示出打破部门壁垒的信心，表达了各界共同参与遗产保护的愿望。清华大学、天津大学、东南大学、中国城市规划设计研究院等建筑类科研机构参加了这次会议。其中，高校学者介绍的国外文化遗产保护的文献和进展情况，引起了与会者的极大反响。相比之下，国内文物保护的科研工作和理论建设亟待加强。因此，国家文物局专家组呼吁高校介入文物保护并发挥科研与技术优势，由此成为文物保护体制下的重要力量。

2. 机遇——三峡库淹区文物抢救性保护

1992年4月，长江三峡水利枢纽工程通过全国人民代表大会决议，开始筹备兴建，从而揭开了三峡地区文物抢救保护工作的帷幕。三峡库淹区文物保护的急迫性和艰巨性是前所未有的，湖北省与重庆市所辖的22县市将随着工程进度逐渐被淹没。为此，探明淹没和迁建区内的文物状况是库区文物保护的首要任务。鉴于此，国家文物局专门成立了"三峡工程文物保护工作领导小组"，号召全国各系统的文物保护技术力量通力合作。在这一年的全国文物工作会议上，国家文物局局长张德勤动员全国各地的专业技术人员服从三峡文物保护工作的统

[①] "文物建筑的保维工作是一项综合性很强的工作，它所涉及的学科范围很广，如历史、考古、建筑、工程学、艺术学、环境科学、化学、水文地质学、园林、规划科学，随着文保的发展还会有其他学科参与，作为文物行业我们有自己的长项，但我们没有能力，也不可能去囊括所有的学科的人才，事业需要吸收各学科的成果与才智，需要各界人士与我们团结合作，共同保护好祖先们给我们留下的为数不多的遗产。我们的会议邀请了考古部门、建设部门、大专院校的专家还有其他一些方面的专家、先生们来参加我们的回忆，表达了我们诚挚的合作的愿望，也表达了他们对保护祖国文化遗产的热忱。"引自张柏同志在全国文物建筑保护维修理论研讨会闭幕式上的讲话. 文物工作，1993（1）.

一调配，通力协作，共赴艰难。①

自 1993 年起，按照国务院三峡建设委员会的要求，国家文物局调集全国 26 个文物单位和高等院校的文物工作者进行三峡文物普查工作；1994 年又委派中国历史博物馆和中国文物研究所负责制定《三峡工程淹没及迁建区文物保护规划》。根据普查和保护规划，库区地面文物列入保护项目的有 364 项，包括祠庙、民居、石刻、栈道、桥梁、塔、牌坊等类型，采取原地保护（62 项）、搬迁保护（133 项）和留取资料（169 项）三类保护措施。考虑到地面文物必须在工程蓄水前得到有效保护，国家文物局古建筑专家组组长罗哲文提出，必须进行全面的科学记录，特别要求"古建筑的测绘要按每个构件的具体尺寸测"、"必须把周围的环境、地形、地貌、地物和有关的建筑都测绘下来"，作为抢救性保护工作的重要基础。②

地面文物中，一些建筑的布局和形式具有明显地方文化特征，价值极高，被列入重点保护项目——包括云阳张飞庙、忠县石宝寨、巫山大昌古城、涪陵白鹤梁题刻、秭归屈原祠和新滩古民居。对此，领导组极为重视，特委托高等院校进行测绘、保护设计、保护规划工作。其中，清华大学建筑系对张飞庙建筑群进行了全面测绘，并完成搬迁设计方案（图 5–5）。天津大学负责涪陵、武隆、奉节的文物建筑测绘，并由建筑系、水利系等 10 个院系组成课题组，进行《白鹤梁题刻保护研究》的课题研究。北京建筑工程学院对石宝寨建筑群和屈原祠进行测绘，编制石宝寨的保护方案、保护规划，以及屈原祠异地搬迁重建设计方案（图 5–6）。除了重点保护项目外，上述几所高校以及重庆建筑工程学院、西南交通大学还配合国家文物局参加了三峡库淹区文物建筑的调查测绘工作（图 5–7）。

三峡库淹区文物保护为文物部门与高校的合作提供了机遇。在这一特殊背景下，部门之间破除门户隔阂，展开协作，合力进行文物的抢救性保护。文物部门不仅召集建筑院校参与保护工作，更委托其代办地面文物保护中的重点项目，可见对于高校业务能力和专业水平的认可，为文物保护体制的进一步开放提出了启示。

---

① "和大规模的文物抢救保护任务相比，全国的文物保护技术力量和施工力量都显得非常薄弱。再考虑到长江三峡工程一旦上马，还要集中大批专家和技术人员投入文物的抢救保护，更有捉襟见肘之感。因此我们从现在起就必须对全国各地的专家和技术人员、施工队伍按先急后缓的原则，统一调配使用，希望各地各方顾全大局，通力协作，共赴艰难。"张德勤同志在全国文物工作会议上的工作报告 [J]. 文物工作，1992（3）.

② "水库淹没地区的文物抢救保护，不同于其他建设工程，可以做一部分，留下的还可慢慢地来做，水库的淹没则是'没顶之灾'。因此必须要尽最大可能地把科学记录资料做彻底，把重要的古建筑和文物古迹抢救出来。……抢救工作必须要有科学性，不能马马虎虎。如果是取得资料后准备放弃的，更要认真仔细，要搬迁的古建筑也要认真过细地测绘，否则就难以原状复原。……古建筑抢救保护的第一步具体工作是进行测绘，这是一切工作的基础。特别提出的是，古建筑的测绘要按每个构件的具体尺寸测，不能测一个或几个来平均尺寸。另外还必须把周围的环境、地形、地貌、地物和有关的建筑都测绘下来。"引自罗哲文. 三峡库区古建筑的价值及其保护抢救之意见. 见：罗哲文. 罗哲文文集. 武汉：华中科技大学出版社，2010：235–238.

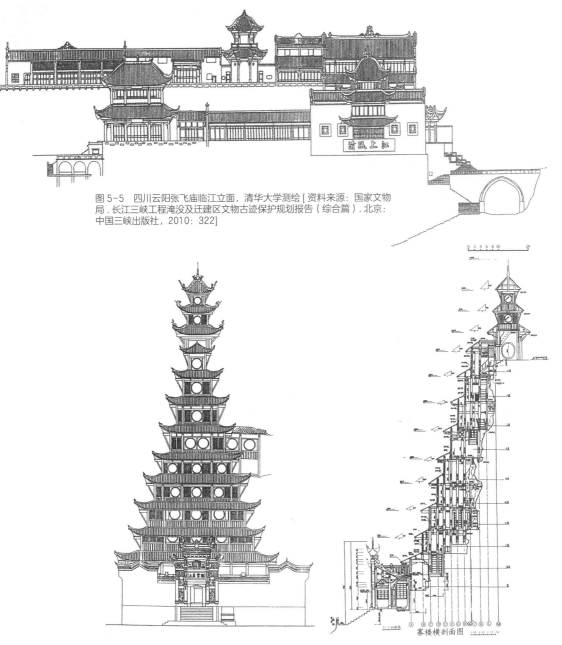

图 5-5 四川云阳张飞庙临江立面，清华大学测绘 [资料来源：国家文物局．长江三峡工程淹没及迁建区文物古迹保护规划报告（综合篇）．北京：中国三峡出版社，2010：322]

寨楼横剖面图

图 5-6 四川忠县石宝寨立面、剖面，北京建筑工程学院测绘 [资料来源：国家文物局．长江三峡工程淹没及迁建区文物古迹保护规划报告（综合篇）．北京：中国三峡出版社，2010：392、395]

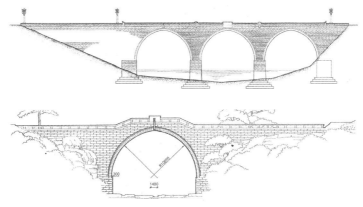

图 5-7 重庆涪陵龙门桥、安澜桥测绘图，西南交通大学测绘（资料来源：季富政．三峡古典场镇．成都：西南交通大学出版社，2015：186、193）

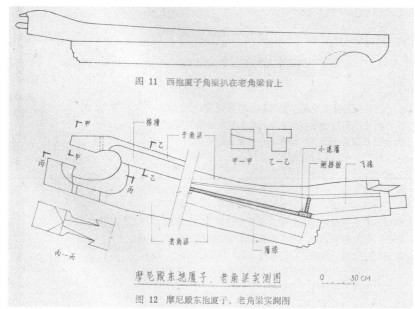

图 11　西抱厦子角梁扒在老角梁背上

图 12　摩尼殿东抱厦子、老角梁实测图

图 5-8　正定隆兴寺摩尼殿角梁实测图，张静娴绘 [资料来源：张静娴.飞檐翼角（上）.见：清华大学建筑工程系.建筑史论文集（第三辑）.1979：82]

3. 突破——文物保护工程勘察设计资质认证

1980 年代后期，文物管理部门由于部分重要文物保护单位建立测绘档案的需求，考虑到自身技术力量有限，开始委托建筑院校来完成测绘，补充为文保单位的"四有"档案。例如天津大学对北京明清皇家园林的测绘、同济大学对安徽九华山建筑、福建土楼民居的测绘、东南大学对江浙一带园林建筑以及安徽传统村落的测绘、清华大学对北京近代建筑的测绘，等等。对于高校的古建筑测绘活动，文物界普遍认为，虽然成果绘制美观，但对于建筑结构、构造方面的记录不甚准确，因而在文物管理部门一些技术人员中形成了"中看不中用"的偏见。究其原因，高校在工程实践方面的缺乏可谓"先天不足"：第一，由于体制原因被屏蔽在外，难有实践机会；第二，施工现场是调查、了解建筑结构的最佳时机，而高校教师以教学、科研为主要任务，对此分身乏术，存在现实困难。

实际上，高校研究人员一旦获得施工落架现场考察的机会，往往能够结合实物调查取得突破性的研究进展。例如，由于 1949 年前没有文物建筑落架重修的工程，关于建筑翼角部位尤其是角梁的构造方式，前辈学者的研究仍留有疑问。梁思成在《〈营造法式〉注释》大木作制度图样之"造角梁之制"注图里标明，"大角梁尾如何交代"、"隐角梁如何安于大角梁中"、"子角梁如何安于大角梁内"三个问题均待考。[1]1970 年代末，清华大学张静娴在正定隆兴寺摩尼殿落架重修时进行现场调研，拍摄、记录了摩尼殿大角梁、子角梁、续角梁的榫卯和节点的情况，完成了翼角分件实测图（图 5-8），在此基础上厘清了翼角构件的处理方式、

---

① 梁思成.梁思成全集（第七卷）.北京：中国建筑工业出版社，2001：399.

安装程序以及翼角椽排列方式等问题，发表《飞檐翼角》一文于《建筑史论文集》第三、四辑。再如，王其亨在1985年清东陵定陵牌楼门落架重修现场实测、摄影、记录了落架后的各部分构件，通过实物测绘结合销算黄册等工程籍本进行推算作图，并与样式雷图档验证，将牌楼门各部构件名称、形制、做法进行解读与解析（图5-9、图5-10），在明清官式建筑研究方面取得了进展。

1991年7月，天津大学古建筑测绘实习中，二年级学生在测绘北京故宫时，发现慈宁宫区域古建筑的正吻图案并非完全一致，同一殿座的正吻也存在不对称的情况，对此类细节进行了翔实的记录（图5-11）。对此，故宫博物院古建筑专家于卓云、傅连兴曾高度评价，认为：（1）在既有认识外，明清官式建筑还有许多问题有待通过全面、系统和深入的测绘去发现；（2）具有一定专业基础、却没有明清建筑"定式"偏见的年轻学生，更可能促成新发现；（3）古建筑测绘作为建筑院校专业基础教育和学生基本功培养的优秀传统，必须坚持和发扬；（4）文物管理部门应当欢迎建筑院校的古建筑测绘，并为此创造必要条件。

为了弥补实践方面的不足，部分高校开始寻找机会介入文物保护工程，取得了成功。例如，天津大学自1993年起，承担了国家重点文物保护单位青海乐都瞿昙寺的全面测绘（图5-12），围绕当地传统建筑做法展开专题研究，在此基础上进行维修保护工程的设计直至施工。由于相关研究的深入，修缮措施成功保留了原有材料和工艺，病害与结构问题也得到顺利解决。

事实证明，借助文物保护平台，高校的测绘、研究与保护实践相互促进，从而达到了"产、学、研一体化"的良性发展模式。另外，高校具有显著的科研水准和强大的后备资源，一旦加以整合，有望缓解文物保护领域专业技术力量不足的瓶颈。无论从文物保护事业还是高校学科建设来看，双方的合作都是互利互惠、实现双赢发展的重要契机。为此，高校学者向文物系统积极自荐，主动沟通，不断争取高校进入文物保护体制的机会。

进入21世纪，在经济发展推动下，文物保护工程数量大幅度增加。随着文物保护体系标准化发展，文物保护行业的管理问题逐渐显露。2004年，国家文物局决定进行文物保护勘察设计机构资质的管理和认定，以明确勘察设计机构的资质等级与业务范围。这项举措整合了文物系统设计部门、国有企业设计院、专业研究院、高校设计院、民营设计院等各类优质资源，标志着文物保护工程向着良性竞争、百花齐放的远景发展。其中，部分高校由于实践不足，不满足具体申报条件。但基于对高校实力的信任与认可，国家文物局专家特别"网开一面"，

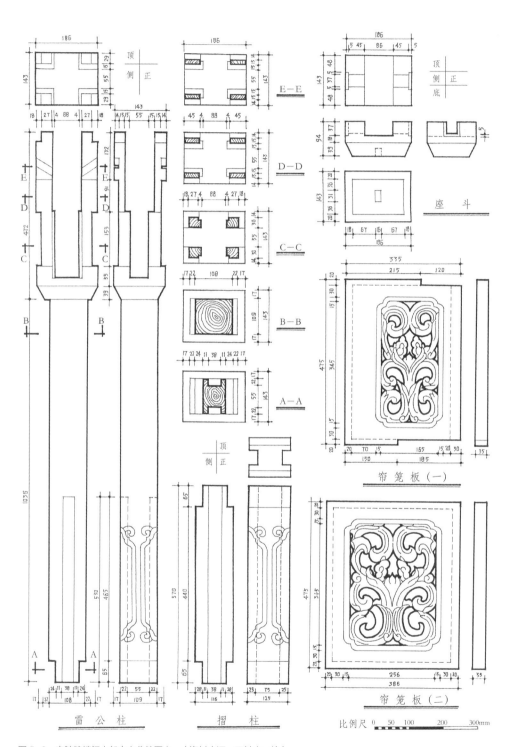

顶
侧 正

E—E

D—D

C—C

B—B

A—A

顶
侧 正 底

座 斗

帘 笼 板（一）

帘 笼 板（二）

顶
侧 正

雷 公 柱

摺 柱

比例尺 0 50 100 200 300mm

图 5-9　定陵牌楼门上架大木分件图之一（资料来源：王其亨　绘）

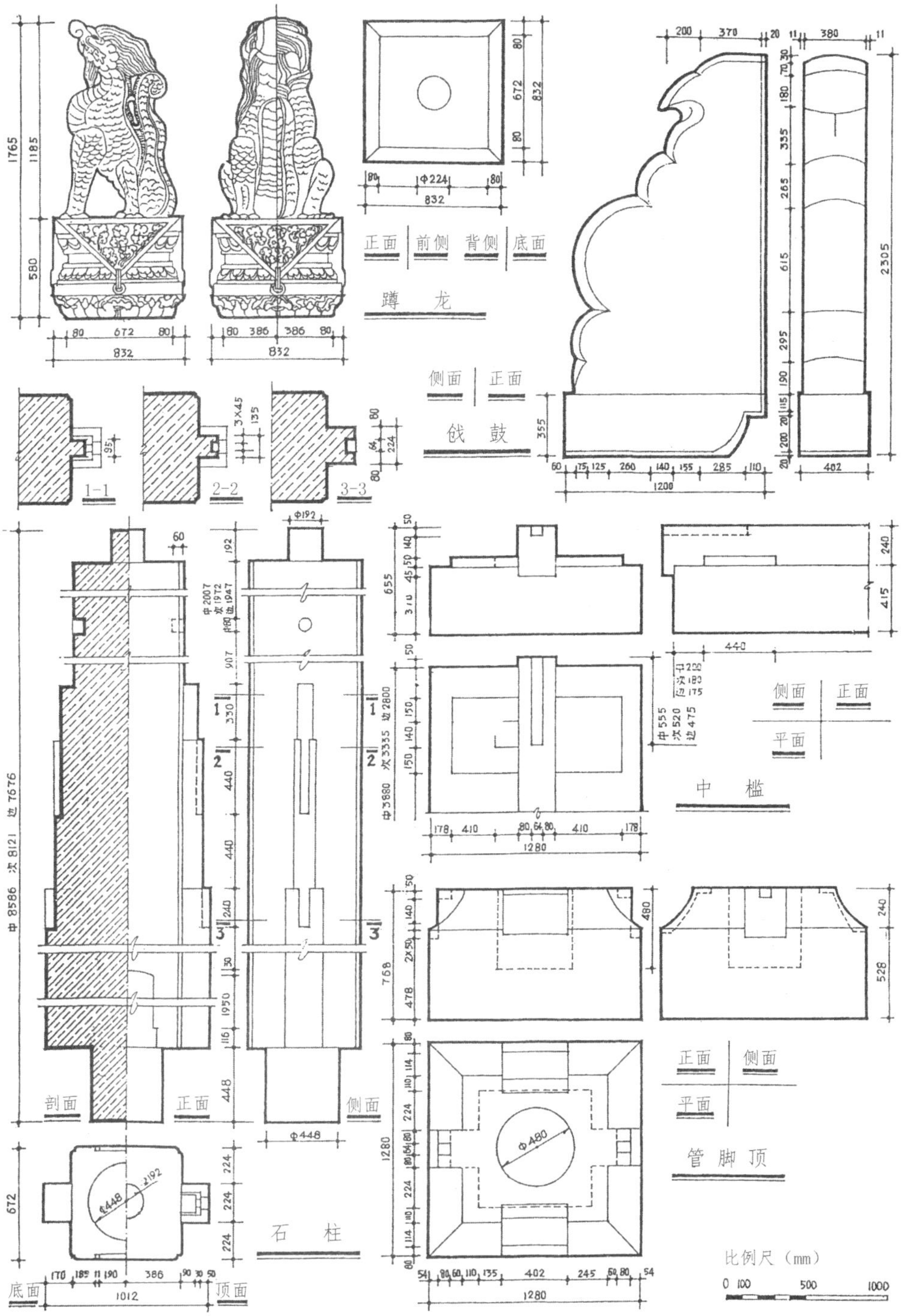

图 5-10 定陵牌楼门石构各分件做法尺寸（资料来源：王其亨 绘）

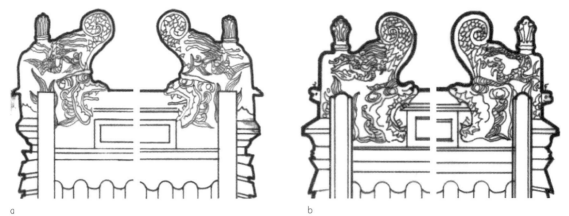

a   b

图5-11 天津大学二年级学生在测绘故宫慈宁宫区区域古建筑过程中发现的细节，引自天津大学古建筑测绘实习成果。a. 二所殿正殿左右正吻眉、尾、剑把间皆浮雕翔凤；b. 中宫殿西配殿正吻眉、尾、剑把间左浮雕翔凤，右浮雕行龙（资料来源：天津大学建筑学院提供）

对高校实行宽松政策。最终，申报甲级资质的四所高校设计机构全部获得批准。[①]

　　勘察设计资质的认定，意味着以上述四所院校为代表的建筑院校获得了从事文物保护工程的正式身份和机制保障。这是高校进入国家文物保护体制的重要突破，也是高校成功介入三峡库淹区保护之后与文物系统长期沟通和共同努力的结果，反映了文物保护观念的开放与体制的创新。

（三）国家文物局文物建筑测绘研究重点科研基地的建立

1. 文物建筑测绘研究基地建立的背景

　　在文物建筑测绘领域，由于历史积弊，长期存在下述问题：第一，尚未对文物建筑测绘的历史和发展进程进行梳理回顾，鲜有对文物建筑测绘现有的资源构成和管理情况进行评估统计。第二，文物建筑测绘行业尚无统一的操作规则、技术规程和评价标准。第三，国内文物建筑测绘活动基于相关机构各自独立开展，缺乏资源整合与成果共享的平台，致使成果质量参差不齐、难以统一。第四，文保单位制度系统和资料体制急需进一步整合。第五，施工过程中急需系统跟踪记录和信息成果整合。第六，专业人才的严重匮乏无法满足日益庞大的测绘需求，现有人力资源未能整合并有效利用。最重要的是，由于历史原因，与文物建筑测绘工作直接相关的法规长期呈现空白。由于各方面因素，导致文物建筑测绘难于满足文化遗产保护的多方面的实际需求，成为严重制约我国文化遗产保护事业良性发展的瓶颈之一。

　　文物建筑测绘是文物保护中最具技术含量的基础环节。对此，高校具有显著优势。作为培养专业人才的教育机构，高校具备大量的后备资源和可持续发展条

---

① 包括清华大学建筑设计研究院、天津大学建筑设计研究院、东南大学建筑设计研究院、同济大学建筑设计研究院。2014年颁布第二批设计资质单位名单时，又有华南理工大学建筑设计研究院、广州大学建筑设计研究院获得甲级资质。

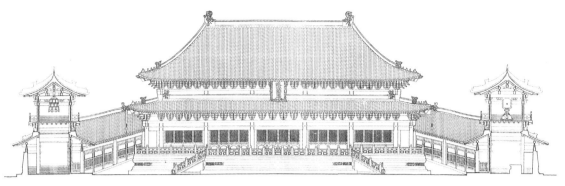

图 5-12 青海乐都瞿昙寺隆国殿正立面图，天津大学测绘（资料来源：天津大学建筑学院提供）

件。1949 年后，经过高等教育事业的发展，全国开办建筑学专业教育的高等院校日渐增多，可以作为重要的专业力量资源。可以预见的是，通过研究制定相关的技术规范和质量标准，并在测绘教学活动中严格执行，将能有效缓解文物建筑数量巨大而专业人力不济的现实问题。然而，自 1990 年代以来，虽然文物保护行业不断放开口径，高校获得逐步参与文物保护实践的机会，并且通过行业资质认证跨入文物保护界的门槛，但本质上仍囿于体制牵绊，难以充分发挥优势力量。

为深化体制改革，国家文物局在"十一五"规划中提出，鼓励、引导社会力量进入文物保护领域，以打破行业隔阂与条块分割，促进文化遗产保护、利用和管理工作在协同高效的体制下顺畅发展。为了整合科技资源，推动文物保护科技发展，国家文物局决定从文化遗产保护的全局性、战略性和前瞻性的角度出发，设立行业重点科研基地，以期解决遗产保护科学技术领域建设薄弱、管理机制落后等一系列基础性问题。[①]

作为具有 70 余年古建筑测绘历程的专业院系，天津大学建筑学院在长期古建筑测绘教学和文物保护实践中积累了大量成果与丰富经验，并始终立于古建筑测绘研究的前沿。国家文物局"十一五"规划的主导思想，正与天津大学一直以来倡导古建筑测绘产、学、研一体化的理念高度契合。从宏观筹策的角度出发，以遗产保护、学科建设与人才培养有机结合、共同发展为愿景，天津大学向国家文物局申报文物建筑测绘研究科研基地，并于 2008 年获得批准，得到评审专家的充分肯定（图 5-13）。这也是国内高校首次被批准成为国家文物局重点科研基地。

2. 文物建筑测绘研究基地建立的目的

文物建筑测绘研究基地的建立与国家文物局"文化遗产保护科学和技术发展'十一五'规划"中确定的主要任务直接接轨，为建构、充实和完善文物建筑测绘与记录研究体系展开创新性研究，以期合理解决这一文物建筑保护领域中长期存在的瓶颈性问题。具体体现在：（1）制定文物建筑测绘技术规范，提

[①] "以期解决文化遗产保护领域科学和技术研究面临的基础设施建设薄弱、运行机制和管理体制落后、地域发展不均衡、科技成果推广不力等基础性问题。"引自单霁翔先生致天津大学函，天津大学建筑学院提供。

图 5-13 "文物建筑测绘研究国家文物局重点科研基地（天津大学）"
揭牌仪式全体与会人员合影，2013 年 4 月 27 日（资料来源：天津大学建筑学院提供）

升测绘图档的整体质量和管理水平；（2）协同相关部门和机构，探索如何有效整合国内测绘研究资源，搭建跨领域、跨专业的交流与合作平台；（3）推动测绘成果分类数据库的建设；（4）为我国文物建筑保护专业人才资源的整合做出努力，促进各单位测绘工作的实践交流；（5）促进国际、国内合作交流，实时吸收国外先进经验、技术以及相关管理办法。[①]

3. 文物建筑测绘研究基地的相关成果

文物建筑测绘研究基地成立后，依托天津大学学科群的优势，整合建筑学、城市规划、风景园林、计算机科学与技术、土木工程、工程测量、软件工程、仪器科学与技术等各专业技术资源，取得了下述进展。

1）文物建筑测绘规范化体系研究与建设

针对文物建筑测绘领域缺乏技术和管理标准的现状，展开国家自然科学基金"文物建筑测绘及图像信息记录的规范化研究"课题研究，提出建构文物建筑测绘规范化体系的基本理念和实施框架，为实践中的相关问题作出分析并提出对策。在规范化研究的基础上，联合其他有关单位编制《文物建筑测绘技术规程》，提出了专门性的行业技术标准，填补了文物建筑测绘技术规范的空白。

2）文物建筑测绘数字化与信息化探索

顺应测量技术的数字化与信息化发展趋势，开展探索与研究：引入新型测绘技术和设备，并研究在文物建筑应用中的相关问题；引入小型无人机信息采集与

---

① 文物建筑测绘研究基地工作计划（内部资料），天津大学建筑学院提供。

后期处理技术，成功自主研制超低振动低空遥感平台，并结合其他测量手段，形成低空协同立体化三维数据快速采集平台；整合已有测绘和信息技术，借助地理信息系统（GIS）与建筑信息模型（BIM）技术，进行建筑遗产测绘信息化管理平台的开发和研究并取得初步进展。

3）共享与交流

按照基地建设要求，围绕文物建筑测绘和研究，为国内相关机构搭建共享平台，促进国际化拓展与交流合作。2010年，策划国家文物局"指南针计划"——中国古建筑精细测绘，由6所院校合作参与[1]，展开精细测绘研究项目。2013年，与故宫博物院合作建设"中国历史建筑与传统村落保护协同创新中心"，力图整合高校、政府部门、行业学会、科研院所的优质资源，在文化遗产保护领域开展合作，建立成果共享平台。此外，积极拓展研究视野，与国内外相关机构和院校开展文物建筑测绘教学、培训的交流合作，为建筑遗产保护与研究搭建国际化平台。

（四）高校古建筑测绘的发展

1.高校古建筑测绘发展概况

1980年代以后，高等学校开始主动适应经济、社会的发展需要，招生规模持续扩大，逐渐进入大众化发展阶段。与此同时，城市化进程与建筑业发展，催生了各地大专院校建筑学、城市规划专业的增设与扩招，设有建筑学专业的院校超过二百所。其中，开设古建筑测绘实习课程的院系逐渐增多，高校古建筑测绘的影响力也逐渐增大。2003年，《全国高等学校土建类专业本科教育培养目标和培养方案及主干课程教学基本要求——建筑学专业》将古建筑认识实习作为实践性教学环节，鼓励有条件的院校进一步开展测绘实习。[2]

高校古建筑测绘实践的来源主要有四个方面。一是协助文物部门进行文物普查或者补充文物保护单位"四有"档案中测绘图纸的缺环，通常作为本科生古

① 包括清华大学、北京大学、北京工业大学、武汉大学、华中科技大学、北京建筑大学。
② "通过实习亲眼观察或亲手测绘成图，进一步增强和巩固对传统建筑的认识，做到理论与实践相结合，使感性认识向理性认识转化，加深对中国古建筑的理解。"引自高等学校土建学科教学指导委员会建筑学专业指导委员会.全国高等学校土建类专业本科教育培养目标和培养方案及主干课程教学基本要求——建筑学专业.北京：中国建筑工业出版社，2003：50.

建筑测绘实习的内容。二是受文物部门委托，进行文物修缮、保护的前期测绘工作，作为文物保护工程或者保护规划项目的一部分，自高校接触保护项目尤其是2004年获得文物保护勘察设计资质以后的实践较多。三是为文物保护单位申报世界文化遗产完善基础材料，例如天津大学对清东陵、清西陵的测绘，同济大学对福建土楼建筑的测绘，东南大学对苏州园林的测绘，等等。四是基于相关研究型课题进行的测绘调查，例如，山西省建设厅委托东南大学、北京建筑工程学院、西安建筑大学、太原理工大学对山西省古村落的调查测绘，以及国家文物局"指南针计划"下属的古建筑精细测绘项目等。测绘需求的增加，促使成果转化途径呈现多样化发展。高校的测绘活动既关乎教学研究，也涉及生产项目，大致上分为以本科生为主体的大规模测绘实习和以教师、研究生为主体的小规模专项测绘。前者主要适用于文物普查、"四有"档案、文物保护规划、申报世界文化遗产文本的基础资料，后者主要适用于专项研究、文物保护修缮设计。

前文已述，改革开放、经济复苏之后，由于经费和项目落实困难，高校测绘实习举步维艰，遇到极大阻力。同济大学教授路秉杰在《传统建筑教学测绘实习的历史经验》一文中提到，由于物价上涨，实习受经费问题的严重制约。[①] 清华大学教授王贵祥也指出，高校的古建筑测绘由于受经济大潮影响而日益举步维艰。[②] 随着1990年代以来保护体制的逐渐开放，高校与文物系统的交流合作增多，通过文物部门提供项目和一定经费，上述问题得到一定缓解，但远未根本解决。测绘实习成本仍然逐年升高，而高校主管部门能够提供的固定经费始终有限。以同济大学为例，校方资助经费大约占预算的三分之一，剩余三分之二的费用需要和地方文物部门联合协商解决。[③] 其他院校的情况也基本相似，一些学者无奈地将其比喻为"化缘"。

这种情况，造成了高校不得不在很大程度上被动倚靠文物部门和项目提供的经费，从而引发高校在教学、科研与实际机遇之间的艰难抉择。换句话说，如果

---

① "有一个过去实习中不很突出的矛盾，现在非常突出，几乎成了决定这种实习能否继续进行下去的关键，这就是经费。实习地点愈来愈远，所需费用愈来愈大，按一般学校提供的费用差不多只是半数，另一半必须靠教师到处'化缘'，地方赞助占1/6，老教师科研赞助2/6。物价不断上涨，学校经费增加无望，教师科研经费又濒断绝，在地方资助不大的情况下，只有转嫁到学生身上，似乎这是唯一出路。"引自路秉杰.传统建筑教学测绘实习的历史经验.时代建筑,1992（4）.
② "一方面是许多古建筑遗构被快速发展的经济大潮所裹挟、所荡涤，日益遭到严重的破坏；另一方面，人们的价值取向变得越来越功利。任何人力、物力的投入，都需要计算其产出的价值。在这样一种社会气围下，古代建筑测绘的教学与研究变得日益举步维艰。一方面，除了申请世界遗产或建立不得不有的古建筑档案之外，没有哪一个部门，会情愿欢迎一所高校的师生来为他们进行测绘。因为，每开展一次测绘，基本的交通、住宿、及测绘时搭的脚手架等，总需要花一些费用，而高校是清水衙门，这些经费不得不落在本来经济上就十分拮据的古建筑管理部门的头上。"引自王贵祥.总序.见：王贵祥、贺从容、廖慧农.中国古建筑测绘十年：2000—2010：清华大学建筑学院测绘图集（上）.北京：清华大学出版社,2011：Ⅱ.
③ 2014年10月24日笔者访问同济大学李浈先生的记录（未刊稿）。

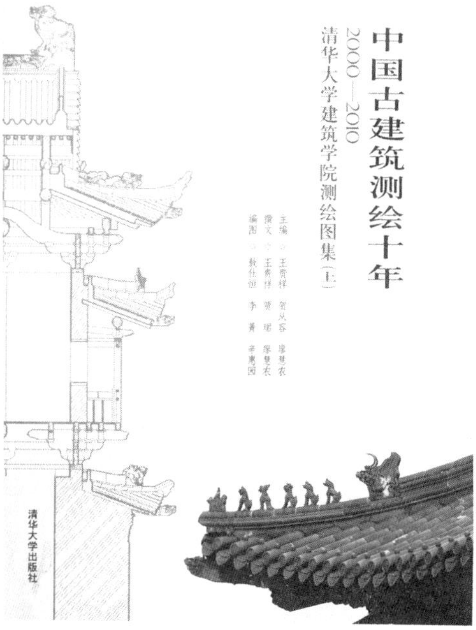

图 5-14 《中国古建筑测绘十年——清华大学建筑学院测绘图集（上）》书影 [资料来源：王贵祥，贺从容，廖慧农 . 中国古建筑测绘十年：2000-2010：清华大学建筑学院测绘图集（上）. 北京：清华大学出版社，2011]

具有充足的固定经费来源，加上高校研究课题与文物部门的规划相近或一致，将更有利于高校根据研究方向，结合研究课题，进行长期专项测绘和研究。这既有益于文物保护实践，也有助于形成系统、深入的研究成果和学科优势。因此，文物保护体制的开放性建设虽然已经取得了明显的进步，但文物建筑测绘行业仍然需要寻找跨行业、跨学科发展的出口，加强资源力量的整合、共享、交流，促使高校发挥更加积极的作用，达到文物保护与学术研究的共赢。

2. 几所高校古建筑测绘的情况

（1）清华大学

清华大学古建筑测绘实习恢复后，延续此前的传统，形成了丰富的成果（图5-14）。1979 年至 1985 年，继续测绘北京明清建筑，先后测绘了颐和园部分建筑和故宫西六宫外小院，加上 1950 至 1960 年代的测绘实习成果，完整地完成了颐和园建筑的测绘。此后，2003 年至 2004 年，清华大学参与了多家单位协作的故宫文物修缮工程，负责太和门两侧的体仁阁、弘义阁、东西崇楼、昭德门、贞度门、协和门、熙和门以及廊庑的测绘，又在 2004 年以后先后两次对清西陵昌陵建筑进行测绘，为明清建筑的研究、修缮和日常维护提供了基础资料。

1989 年，建筑系教师陈志华、楼庆西、李秋香共同成立"乡土建筑研究组"，结合本科生毕业设计课程和古建筑测绘实习课程，赴全国各地古村落进行调查、测绘，足迹涉及 10 个省的 200 多处古村落，完成建筑测绘图上千张（图 5-15）。这些乡土建筑经过几度"运动"和"革命"，加上经济建设带来的破坏，遭受急剧毁灭。研究小组倡导以乡土建筑研究代替民居研究，将建筑放在聚落结构的关

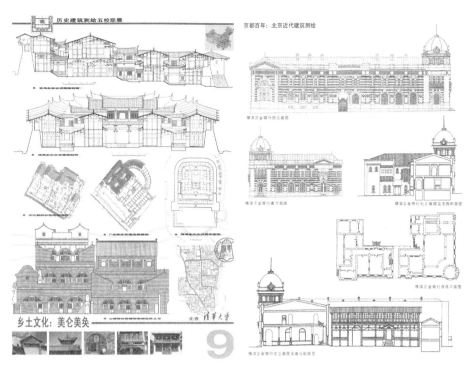

图 5-15　清华大学乡土建筑测绘成果，历史建筑测绘　图 5-16　清华大学北京近现代建筑测绘成果（资料来源：
五校联展展板（资料来源：清华大学建筑学院提供）　历史建筑测绘五校联展编委会．上栋下宇——历史建筑测
绘五校联展．天津：天津大学出版社，2006：34）

联中进行研究："测绘最好有整个聚落或聚落的某些典型局部的大平面，以纪录聚落的空间结构。个体建筑的测绘，选题一定要考虑个别建筑的特殊意义和艺术价值。"[1]　其中调查的重要案例有浙江楠溪江中游乡土建筑，广东梅县客家村落、江西乐安宋代村落、浙江兰溪诸葛村、浙江建德新叶村、陕西长武县十里堡窑洞村落、江西婺源乡土建筑。通过调查、测绘、摄影，以及搜集整理文献，访求口头资料，获得了大量的第一手资料。在此基础上，完成 20 余部乡土建筑研究专著，主编 6 部乡土建筑图书，发表学术论文 40 余篇，主持制定十几个古村落保护规划，大大促进了古村落的研究和保护，填补了建筑史研究的空白。因长期测绘研究乡土建筑，清华大学 1991 年接受国家任务，测绘世界文化遗产非洲利比亚古达米斯（Ghadames）古城乡土建筑，对古镇的住宅、清真寺、街道、经院、学校、广场等进行了详细的记录。

　　1990 年，清华大学接受北京市文物局委托，开始测绘北京近百年文物建筑，将测绘实习拓展到近代建筑领域，完成了包括北京南锣鼓巷文煜住宅与可园、婉容故居、黑芝麻胡同 13 号院、沙井胡同 15 号院、板长胡同 27 号院等 70 余处文物建筑的测绘，为近代建筑的保护工作和今后的研究工作提供了基础资料（图 5-16）。

　　2005 年以来，清华大学配合多地的世界文化遗产申报工作，组织进行遗产

① 陈志华．北窗杂记：建筑学术随笔．郑州：河南科学技术出版社，2007：458-459.

地的古建筑测绘：2005 年，配合国家文物局将山西五台山提名为世界文化、自然双重遗产的工作，测绘显通寺、塔院寺、罗睺寺建筑，为五台山登录世界遗产名录起到了重要支持；2007 年，受郑州市文化局邀请，对中岳庙、少林寺常住院和嵩阳书院进行了测绘，为嵩山历史建筑建筑群申报世界文化遗产的工作提供了基础资料（图 5-17）；2008 年，为配合华山申报世界文化遗产，测绘华山主要建筑群，为华山申遗的文本、保护和管理规划等核心文件的编制提供了基础资料。

2005 年，清华大学建筑学院引入三维激光扫描设备，成为国内最早在建筑遗产测绘领域应用三维扫描技术的机构之一。近十年中，清华大学建筑学院采取三维激光扫描与手工测量结合的技术手段，完成了五台山佛光寺东大殿、福州华林寺大殿、登封少林寺初祖庵大殿、浙江宁波保国寺大殿、北京故宫太和殿、北京故宫英华殿、山西陵川玉皇庙大殿、山西平遥镇国寺万佛殿和天王殿等诸多建筑遗产实例的测绘，进行了广泛的应用和研究，获取了大量、翔实的测量数据，并且发表了一系列以公布、解读实测数据为基础，研究大木结构用尺、用材方面的学术论文，对于大木构架设计方法展开大胆推演，进一步发展了古建筑尺度规律研究。

（2）东南大学

1950 年代，在刘敦桢主持下，中国建筑研究室开展民居调查研究，以调查测绘为基础进行了皖南地区"徽州明代住宅"的专题研究。进入 1980 年代，东南大学建筑系在潘谷西主持下，开始大规模地对皖南徽州地区的古代村落和民居进行十余年测绘调查，结合皖南村落课题研究，形成了包括张十庆《明清徽州传统村落初探》、董卫《徽州村落空间》、丁宏伟《明清徽州祠堂建筑》、韩冬青《皖南村落环境研究》等硕士学位论文的一系列研究成果。皖南村落研究以测绘为基础，结合建筑学、城市规划学、社会学、地理学、文化人类学等多学科进行多角度考察，系统分析、阐释了古村落的空间形态、历史演变、选址规划、布局结构，研究其生态学与社会学内涵，先后出版了以棠樾、晓起、瞻淇、豸峰、渔梁村落调查研究成果为分册的《徽州古建筑丛书》（图 5-18）。此外，东南大学于 1983年、1984 年进行山东曲阜孔庙、孔府、孔林以及邹县孟庙的测绘，形成了专著《曲阜孔庙建筑》，获得首届全国优秀建筑科技图书一等奖（图 5-19）。

2000 年以后，东南大学建筑学院的古建筑测绘实习大致分为三个方向。第一，发挥地缘优势，结合近代建筑史研究，进行了南京市部分历史建筑的测绘，包括颐和路建筑、南京总统府、市政府礼堂、美龄宫，等等。第二，配合周边地区文物部门的普查和"四有"档案工作，进行扬州、无锡、江阴等地的文物建筑测绘，形成

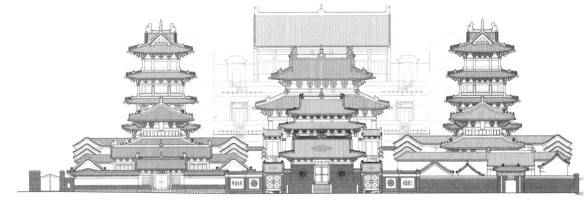

图 5-17　清华大学测绘少林寺建筑群立面图
[资料来源：王贵祥,贺从容,廖慧农.中国古建筑测绘十年：2000-2010：清华大学建筑学院测绘图集（下）.北京：清华大学出版社，2011：97]

图 5-18　《徽州古建筑丛书——晓起》书影（左）
（资料来源：龚恺.徽州古建筑丛书——晓起.南京：东南大学出版社，2001）
图 5-19　《曲阜孔庙建筑》书影（中）
（资料来源：南京工学院建筑系，曲阜文物管理委员会.曲阜孔庙建筑.北京：中国建筑工业出版社，1987）
图 5-20　《山西古村镇历史建筑测绘图集》书影（右）
（资料来源：山西省住房和城乡建设厅.山西古村镇历史建筑测绘图集.北京：中国建筑工业出版社，2013）

了长期的合作关系。第三，依托遗产保护规划项目，兼做调查和基础测绘，其中为镇江西津渡编制的保护规划获得了联合国教科文组织亚太文化遗产保护优秀奖。另外，参加了山西省建设厅委托的山西古村落调查，持续三年实践进行汾河流域古村镇和民居的调查测绘，成果收入《山西古村镇历史建筑测绘图集》（图 5-20）。

东南大学测绘实习教学以培养建立学生对建筑遗产的认知、理解为主要目的。因此，在测绘现场的讲解强调建筑结构关系和交接方式，通过现场测绘增进学生对实物的理解，有效弥补课堂教学的不足。早期的测绘实习如苏州园林、曲阜孔庙等，以表达建筑理想状态的典型测绘为主。大规模测绘村落和民居之后，建筑残损情况增多，考虑到遗产记录的真实性和作为档案的准确性，要求学生适当记录现状，不进行残损部分的推测或复原，而是在图面上进行标注或表达。东南大学教授胡石表示，这种现状图纸的深度介于法式测绘和工程图纸之间：

我们以前的测绘以法式测绘为主。后期测绘偏民居类型，破损情况比较多也比较复杂，就要求接近于工程的测绘，但实际上和工程测绘还是有区别。我们要求学生不做残损复原，不添补残缺构件，如实在图面上标注或表达残损，以现状作为测绘的基础。基本上从 2000 年以后都是这样一个观念。传输给学生的一个基本逻辑是，不能按建筑学的方式、设计的方法去做测绘，设计是讲究对称的，可以演绎的，测绘必须以实物为准，因为不清楚是原来建造时就有的还是后期造成的变化。最后的测绘图由于加上三道尺寸，是介于法式和工程之间的一种状态。[①]

关于学生测绘实习的利弊与应用问题，胡石谈到，由于学生普遍缺乏实际经验，认识水平有限，测绘中容易出现构造方面的错误。因此，成果一般能够满足文物保护单位档案或文物保护规划基础资料的要求，但如果直接用于修缮工程，则需要进一步校核。因此，在现实条件下，大规模的学生测绘实习成果更适合转化为基础档案或保护规划：

> 实事求是讲，学生的测绘成果做"四有"档案是没有问题的，用作修缮会有一些问题。古建筑有一套建造的、材料交接的模式。测绘是一种教学，学生都是新手，很多情况下未见得理解材料交接的本质关系，所以在实物向图纸的转换中就会出现许多意想不到的错误。从测绘开始到测绘结束，大概只有四周，进入学期教学时间就非常紧张了。如果是一个要求比较高的测绘，通常四周时间是不够的。"四有"档案这块需要大量专业力量，在这方面学生的确能够提供很大力量，成果做底图可以，做正式图要到现场去做梳理。老师能够筛出来一部分问题，但没办法完全筛检出来，工作量非常大。测绘成果做规划没有问题，做"四有"档案没有问题，做工程图纸的底图可以，如果直接拿来作后期修缮图，我觉得还要有个校核的过程。[②]

近两年来，东南大学结合测绘实习进行专项调查研究，在测绘的基础上，继续做深入、详细的专题性记录，如研究性复原、建筑构造和材料的调研。以建筑构造调查为例，组织学生以原有测绘为基本底图，调查木材参数，记录砖石砌筑方式，绘制木构件分件图。最终，学生需要结合测绘图与专题调查提交研究报告成果。这种教学思路，符合建筑史研究由关注建筑结构形式特征深入构造、材料层面的发展规律，也有助于改变高校学生对于古建筑建构问题认识不足的现状，并且培养了学生的独立研究能力，实是一种积极有益的尝试（图 5-21、图 5-22）。

---

① 2014 年 11 月 4 日笔者访问东南大学胡石先生的记录（未刊稿）。
② 2014 年 11 月 4 日笔者访问东南大学胡石先生的记录（未刊稿）。

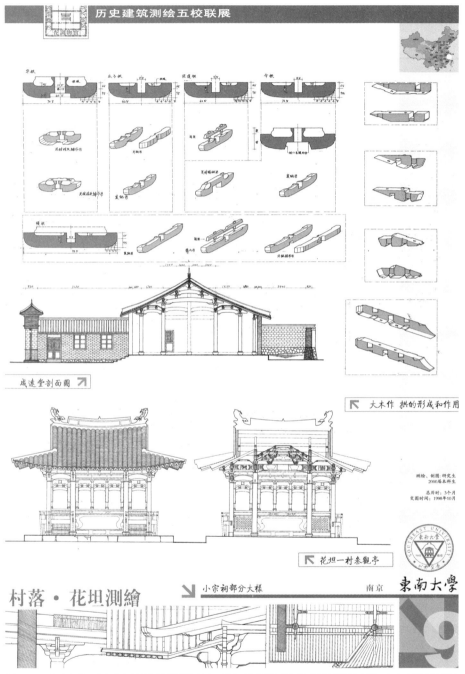

图 5-21　东南大学历史文化名村花坦村落测绘成果，历史建筑测绘五校联展展板（资料来源：东南大学建筑学院提供）

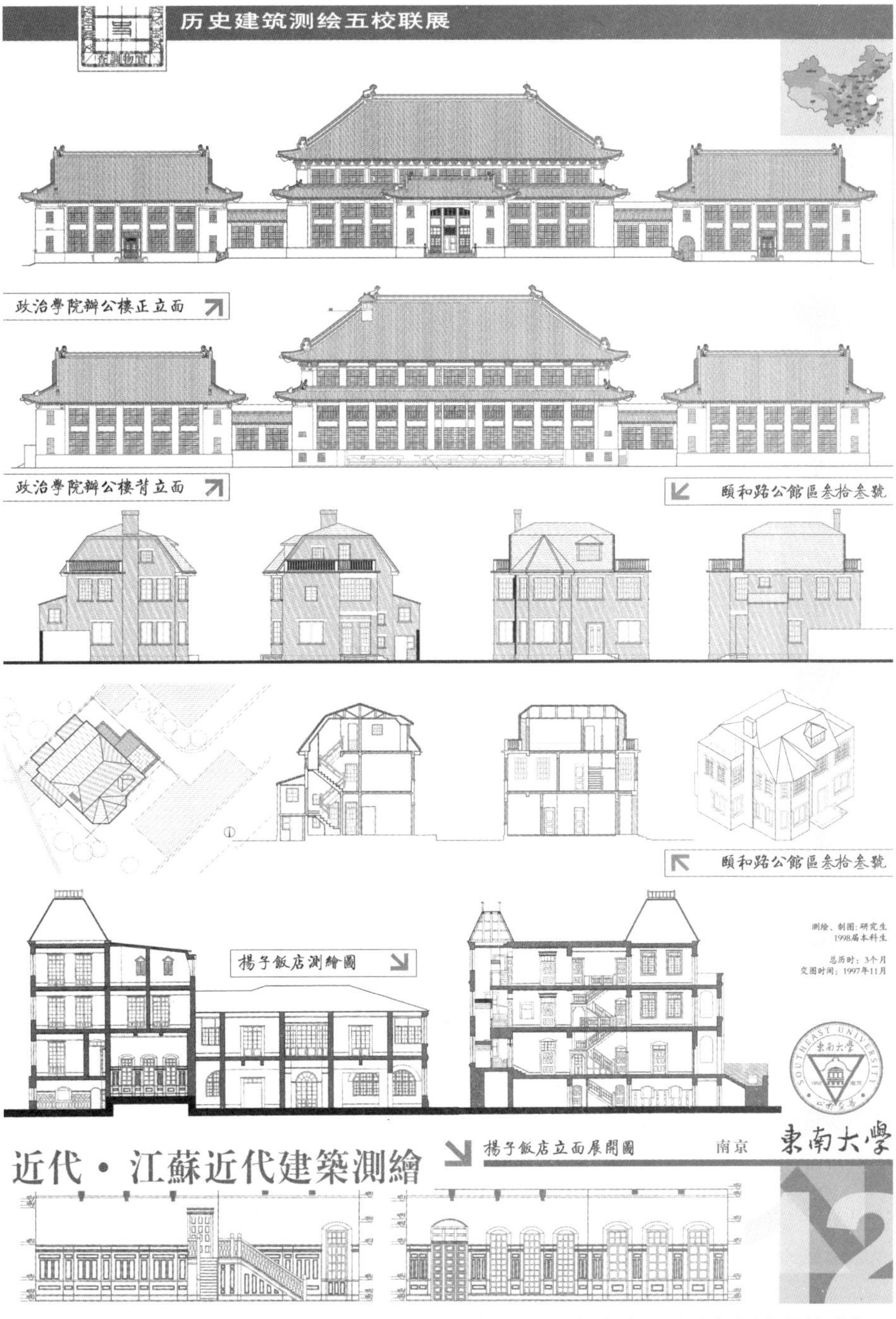

图 5-22　东南大学南京近代建筑测绘成果，历史建筑测绘五校联展展板（资料来源：东南大学建筑学院提供）

（3）同济大学

"文化大革命"结束后，同济大学建筑系继承1950年代陈从周开拓的江南园林研究，继续测绘扬州、镇江古建筑，并着手整理陈从周的旧稿，陆续再版了专著《苏州园林》与《扬州园林》。1970年代末，同济大学接受安徽省建委的委托进行九华山风景区规划，于1978年暑期组织师生对当地的重要建筑做了测绘，成果编印为《九华山建筑测绘》图集（图5-23）。进入1980年代，建筑系在路秉杰主持下，连续7年测绘研究福建土楼建筑，形成了大量测绘成果，先后出版了《福建南靖圆楼实测图集》、《福建龙岩适中土楼实测图集》（图5-24），极大丰富了土楼研究的第一手资料，为土楼入选世界文化遗产作出了贡献，并由此获得了1993年全国优秀教学成果二等奖和上海市优秀教学成果一等奖。

1990年代以来，同济大学的古建筑测绘实习主要基于两个板块：上海历史建筑与南方乡土建筑。鉴于立足上海的优越位置，同济大学将主要精力和视角投向上海丰富的近现代建筑和古典园林建筑遗存，完成了外滩历史建筑、上海豫园等建筑群的测绘，形成了具有明显特色的测绘类型，"体现出对这一中国建筑史特殊时段的应有关注与追索"（图5-25）。[1]同时，对周边辐射地区的民居建筑展开持续测绘（包括江苏吴江同里古镇、上海青浦练塘镇、杭州西兴、长河、浦沿等多处的民居建筑），成功协助江南水乡古镇进入世界文化遗产预备名单。以测绘为基础，从文化人类学角度对民居的风格、演变和发展轨迹进行研究，由此界定出不同的建筑文化圈。近年来，乡土建筑测绘以江南地区为核心，继续向江西、福建、四川、贵州等省市扩展。同济大学李浈教授及其团队根据历年乡土建筑测绘成果，结合国家自然科学基金项目《传统建筑工艺遗产保护与传承的应用体系研究》《乡土建筑保护实践中低技术的方略、系统与应用研究》，从历史文化地理、建筑本体特征、工匠及工艺派系等多个视角出发进行综合考察，梳理南方乡土建筑的谱系、源流、区划，在此基础上于2014年编制了国家住宅设计技术研究标准图集——《不同地域特色传统村镇住宅图集》。这套图集针对南方地区各类型传统民居的形成背景、基本特征和主要影响区域等问题进行说明，配以平面、立面、剖面的设计，院落组合设计、细部营造特色、典型案例等，供建筑设计研究相关人士参考使用，可谓多年测绘实习成果的集中提炼。

同济大学古建筑测绘将培养学生的认知能力放在教学首位，通过实际测量认

① 《历史建筑测绘五校联展》编委会.上栋下宇—历史建筑测绘五校联展.天津：天津大学出版社，2006：203.

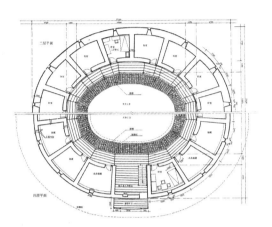

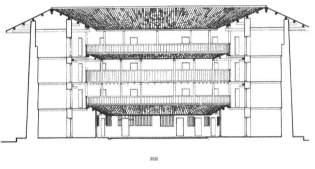

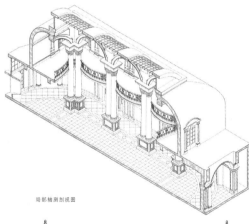

局部轴测剖视图

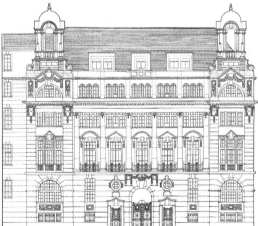

正立面图

图 5-23　同济大学建筑系编《九华山建筑测绘》书影（上）
[资料来源：同济大学建筑系.九华山建筑测绘（油印本）.1978]
图 5-24　福建龙岩适中天成寨测绘图（中）
（资料来源：路秉杰，谢炎东.福建龙岩适中土楼实测图集.北京：中
国建筑工业出版社，2011：102-103）
图 5-25　同济大学近代建筑测绘成果——外滩上海总会建筑测绘图(下）
（资料来源：历史建筑测绘五校联展编委会.历史建筑测绘五校联展.天
津：天津大学出版社，2006：225）

知空间，体会真实尺度和绘图尺度，因此十分注重学生的动手能力，强调使用传统的测绘工具进行手工测量，绘图阶段着重解决绘图软件应用和线条空间层次表现的问题，是建筑学综合训练的重要教学环节。同济大学教授李浈谈道：

> 教学中一直坚持并关注的是传统的测绘方法，动员学生用最简单的工具测到最准确，要求使用三角板或拐尺、重锤、卷尺完成测绘，基本不用任何专业的仪器，就是手工测，开动脑筋之后学生也有乐趣，在教学实践上是非常有效的。主要目的还是培养学生的认知，并不刻意地追求精度，但是要教给学生保证精准的方法，我们重视的是钓鱼的方法而不是鱼。按我们的经验，低年级学生的实习，头上有三座大山，第一是测绘距离建筑史教学时间间隔太久，学生的建筑史知识遗忘了不少；第二是学生使用 CAD 软件的熟练程度不够；第三是学生不理解用粗细线条表示空间进深的建筑师的语言。在测绘中，我们帮学生把这三座大山克服了，测绘结束时，才发现他们真正起步腾飞了。所以目前来说，测绘确实是很重要的教学环节。很多学生进入三、四年级会很感激测绘的老师，也很感念这两三周师生的共同生活。①

关于学生测绘实习的应用转化，同济大学则坚持将教学和生产截然分开，对二者的要求也有所不同，学生测绘实习使用手工测绘，按照理想情况画图，不表达现状、变形和损毁，保护工程勘测则使用仪器测量，表达变形：

> 教学目的是提高学生的认知，就要留有余地，要有接受错误、更正错误的空间。把现状、变形弄清楚固然能增加学生的认知，但花费时间太多。教学时间只有两周，要全部做完必须有高效的机制，工作量也要把控好。所以学生画完图，经常会让研究生整理提升，也是这个道理。如果是做勘察的项目，会以研究生为主，本科生为辅，但是不会把本科生用到一线上去。②

经过逐步调整改革，同济大学古建筑测绘实习于 2004 年左右更名为"历史环境实录"，从传统的测绘扩展为调查访谈、演变分析、文献检索和实物测绘紧密结合的综合考察活动。除了测绘，学生需要在现场进一步调查建筑的产权状况、营造技艺、建筑特征等，在此基础上完成测绘图纸和实习报告。在调查中获得的历史环境、历史背景、历史事件、历史场所的认知，使正处于专业素质养成关键期的三年级学生得以初步学习从不同视角认识和挖掘作为研究对象的历史环境，从而强化建筑史观和历史意识。

---

① 2014 年 10 月 24 日笔者采访同济大学李浈教授的（未刊稿）记录。
② 2014 年 10 月 24 日笔者采访同济大学李浈教授的（未刊稿）记录。

图 5-26　历史建筑五校联展同济大学、北京大学、东南大学、清华大学测绘简介版面（资料来源：天津大学建筑学院提供）

3. 历史建筑测绘五校联展

2004 年，由天津大学建筑学院和清华大学建筑学院发起，计划举办两校间的古建筑测绘实习成果展览，以促进双方的教学与科研交流，东南大学、同济大学、北京大学闻讯后加入，展览因此定名为"历史建筑测绘五校联展"（图 5-26）。

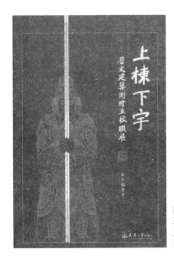

图 5-27 《上栋下宇——历史建筑测绘五校联展》书影（资料来源：历史建筑测绘五校联展编委会 . 历史建筑测绘五校联展 . 天津：天津大学出版社，2006）

五校当中，四所建筑院系自 1950 年代开设古建筑测绘实习，已经具有 50 年的发展历程。由于地理区位、学术脉络、研究方向不尽相同，各个院系的测绘实习各有侧重，经过各自长期发展，形成了特色纷呈的局面，其硕果累累，涵盖了北方官式建筑、近现代建筑、南方乡土建筑、园林建筑、早期建筑等多种类型的不同实例，为建筑遗产的保护和研究完成了大量基础工作。

经过精心筹备，各校精选出代表各时期测绘教学的优秀、典型实例共 400 余张，并且分别总结、介绍各自古建筑测绘的发展概况，汇集为 60 块展板。这些成果荟萃了建筑院校数千师生数十年来投身建筑遗产测绘领域的代表成果，集中体现了建筑教育界测绘教学的最高水平，引起了建筑界、文物界的极大反响。除了在各参展单位间巡回展出外，展品又先后被华中科技大学、沈阳建筑大学、西南交通大学、宁波保国寺文物管理所等机构借展，获得专业人士的广泛关注和好评，从而扩大了高校古建筑测绘的影响力，获得了极大的社会效益。

这次展览是建筑院校对半世纪以来测绘教学史的回顾和整理，也是增进各校交流互动，提高建筑测绘教学水平的难得机遇。展览开幕之际，由天津大学代表进行"古建筑测绘的理论与实践"专题报告，分享了天津大学古建筑测绘实习教学改革实践的经验和成果，在院校间进行深入的交流。展览结束后，成果整理出版为《上栋下宇——历史建筑测绘五校联展》一书（图 5-27 ）。古建筑专家罗哲文、时任国家文物局局长的单霁翔拨冗作序，强调了高校古建筑测绘是有利于建筑教育和文物保护的双赢。[1] 单霁翔更指出，高校历史测绘渊源深厚，具有不可替代的优势，完全可以更进一步，与文物保护需求直接接轨，表达了对高校古建筑测

① "高校参与文物古建筑的测绘，是一件对于教育部门与文物部门都有利、可以取得'双赢'的好事。在测绘实践中培养出来的人才还可以为文物部门增添新的力量。"引自罗哲文 . 序 . 见：《历史建筑测绘五校联展》编委会 . 上栋下宇—历史建筑测绘五校联展 . 天津：天津大学出版社，2006. "历史建筑测绘五校联展给了我们新的启示：测绘记录工作完全可以与高校教学科研活动相结合，少花钱，多办事，实现高等院校和文物保护单位的双赢。"引自单霁翔 . 序 . 见：《历史建筑测绘五校联展》编委会 . 上栋下宇—历史建筑测绘五校联展 . 天津：天津大学出版社，2006.

图5-28 "中国古建筑测绘大系"
丛书书影（资料来源：中国古建筑
测绘大系·园林建筑·北海．北京：
中国建筑工业出版社，2015）

绘的支持与期望。①

4."中国古建筑测绘大系"丛书的编写与出版

国内建筑高校的古建筑测绘实习课程自1950年代开设之后，经过长时期发展，借助各校的专业力量和地缘优势，形成了涉及类型丰富、规模庞大的测绘成果。2012年起，由天津大学提议，中国建筑工业出版社组织，计划将国内主要建筑院校60年来积累的古建筑测绘成果作系统整理，出版为"中国古建筑测绘大系"丛书。

2012年，中国建筑工业出版社召开该项目的第一次编写会议，邀请了中国工程院院士傅熹年以及各高校代表出席。傅熹年认为，基于古建筑测绘的重要性，系统出版高校测绘成果具有重大意义，对项目给予高度评价。会议会集清华大学、天津大学、东南大学、同济大学、重庆大学、哈尔滨工业大学、西安建筑科技大学等高校的代表，对古建筑成果出版的相关事宜进行了计划和讨论。

此后，由于该出版项目极高的学术价值和社会效应，被列入"十二五"国家重点图书出版规划，并由两院院士吴良镛、中国工程院院士傅熹年推荐，获得了2017年度国家出版基金资助。除2015年出版的分册——《北海》（图5-28）、《颐和园》以外，计划陆续出版的成果还包括《江南园林》（东南大学）、岭南寺庙（华南理工大学）、巴蜀佛寺（重庆大学）、天坛（天津大学）、关外三陵（哈尔滨工业大学）、西北祠庙（西安建筑科技大学）等。

在编辑、出版的过程中，为了尽可能完美地展示古建筑测绘成果，出版方曾就开本尺寸、装帧方式、图纸线型等问题进行多次推敲和斟酌，以最大限度地呈

---

① "事实上，历史建筑测绘是西方传统建筑教育的重要组成部分，我国在现代建筑教育、建筑历史研究、历史建筑保护领域中的先驱和泰斗梁思成、刘敦桢先生等人也正是在接受西方教育中认识到对历史建筑实地调查和测绘重要性，并亲身实践，成为中国历史建筑测绘的先行者和开创者。这些理念和经验后来也融入他们的教学实践中，历史建筑测绘成为我国建筑教育中的一个重要实践环节和优良传统，并延续至今。可以说，历史建筑测绘源自高等学校。建筑院校参与历史建筑测绘具有不可替代的优势。从本图集的测绘图来看，如果统一要求，使之与文物保护工程的技术标准接轨，高等院校师生的历史建筑测绘完全可以达到较高水平。"引自单霁翔．序．见：《历史建筑测绘五校联展》编委会．上栋下宇—历史建筑测绘五校联展．天津：天津大学出版社，2006.

现图纸面貌和细节。其中，线型对图纸效果影响最大。激光晒版中产生的矢量损失，导致线条的宽度及最终视觉效果必须以实际印刷结果为准。为此，在线型设置上颇费周折，前后反复进行印刷试验，最终取得了满意的效果。

"中国古建筑测绘大系"丛书，首次系统总结了高校古建筑成果，凝聚了我国建筑教育界几代师生的心血，展现了高校古建筑测绘的历史发展与专业实力，以及对建筑遗产测绘事业作出的巨大贡献，填补了建筑史学界的重要空白。

二、建筑遗产测绘技术管理体系的发展完善

（一）文物保护单位"四有"档案的深化

1. 文物保护单位测绘图纸档案的逐步完善

文物保护单位制度与"四有"工作确立后，以"设立专门机构与划定保护范围"为亟待落实的基本安全和管理问题。相比之下，建立文物保护单位记录档案的急迫性并不显著，技术力量极为匮乏——新中国成立十年间，古建筑测绘技术人员的培养集中于古代建筑修整所、故宫博物院、中国建筑历史与理论研究室等重要的研究保护机构，从业人员不逾百人；各地文物部门鲜有专业技术人员。基于这一现实情况，1961年出台的《文物保护管理暂行条例》并未明确规定测绘图纸为文物保护单位记录档案的必要内容。随后发布的《文化部文物局关于博物馆和文物工作的几点意见（草稿）》，对于记录档案的具体内容与完成时限也未提出强制性要求，而是鼓励通过延请专人等措施，逐步完善记录档案[1]，并且指出，"建立科学记录档案，需要有一个由简到繁，不断提高，不断完善的过程。"[2]

国家文物局制定的由简到繁、不断完善的遗产记录政策，是符合当时文物保护现实情况的。这一时期各地文物建筑测绘归档工作的进行仅限于少数

① "迅速实现第一批全国重点文物保护单位的'四有'工作……有条件的机构要负责进行划定保护范围，树立标志说明和建立科学记录档案的具体工作。没有专门机构的可以在不影响生产、劳动力的条件下，延请专人负责，给予生活补助。"引自文化部文物局1962年8月22日下发的《文化部文物局关于博物馆和文物工作的几点意见（草稿）》，转引自国家文物局编. 中国文化遗产事业法规文件汇编（1949-2009）.北京：文物出版社，2009.
② "建立科学记录档案，需要有一个由简到繁，不断提高，不断完善的过程。目前，首先应从对现状进行科学记录开始，如测绘、摄影及现存文字资料、雕刻、题记等汇辑整理。记录材料，要求做到具有科学性，准确性。"引自文化部文物局1962年8月22日下发的《文化部文物局关于博物馆和文物工作的几点意见（草稿）》，转引自国家文物局编. 中国文化遗产事业法规文件汇编（1949-2009）.北京：文物出版社，2009；45-46.

价值、等级较高的文物建筑及管理机构，其中有不少是委托建筑院校测绘的。高校的古建筑测绘实习也因此逐步跨出纯粹的教学性质，直接融入国家文化遗产保护体系①。

由于文物保护单位潜在的测绘需求与相关从业人数相差巨大，国家文物局于 1964 年举办的第三期古建筑培训班便将测绘作为训练重点和直接目的，该期培训班的 28 名学员成为各省市文物部门的第一批具有古建筑测绘基本技能的技术人员，肩负起各地文物建筑保护修缮、测绘建档、人员培训的工作，发挥了重要作用。但与已公布的文物保护单位数量相比，各地的技术力量仍然薄弱不均。基于历史原因和现实条件，备案建档工作的数量和深度仍不理想，至 1980 年代中期，全国已有全部测绘图纸的古建筑保护单位，尚不足 200 处。②

1980 年代以来，古建筑人才培养体系进一步完善，国家文物局采取的举办古建筑培训班、与高校合作举办古建筑专业系统教育等措施，都有助于古建筑专业人员数量与素质的提升。与此同时，第二批、第三批全国重点文物保护单位相继公布，总量增加至 500 处，完成"四有"档案仍然任务繁重。鉴于文物档案工作任重道远，罗哲文于 1981 年主持组建了国家文物局档案资料室，希望促进文物档案工作，对档案记录提出了更高的要求。对此，国家文物局专家组成员张之平回忆道：

> 罗先生成立档案资料室的时候把我调过来，希望能把全国文物保护单位的维修工程档案都收齐。当时罗先生的一句话我永远记得，他说"档案资料记录的要求就是：如果这个建筑毁掉了，凭着详细的档案资料能够把它完全修复"，所以这个要求是非常非常高的。③

同时，罗哲文不断呼吁重视档案与人才培养，在 1988 年国家文物委员会专家座谈会上指出，加强文物档案资料工作的当务之急是培养文物保护的专业人才。④ 此后又专门强调必须抓紧实施测绘，如在 1993 年全国文物建筑保护维修理

① 以天津大学为例，于 1963 年、1964 年相继接受清西陵管理处与沈阳故宫的委托，在古建筑测绘实习结束后，又组织部分学生以勤工俭学的形式继续留在现场测绘，成果作为档案资料留存于文物管理机构。
② "五十年来在大家的努力下，调查了很多重要实例，但做过详细测绘、深入研究的却为数不多，粗略统计已有全部测绘图纸的古建筑保护单位，全国尚不足二百处。这个数目和我们丰富的遗产及我们当前研究、保护、宣传各方面工作的需要都是极不相称的。此项基础工作的落后，必然影响建筑历史、建筑理论的深入研究。"引自祁英涛.古建筑、古园林研究工作浅议.古建园林技术，1983（1）.
③ 2015 年 2 月 9 日笔者访问国家文物局专家组成员张之平女士的记录（未刊稿）.
④ "文物发挥作用的工作，首先要通过科学研究阐发其意义才能很好地用。文物档案资料不仅是保护工作的基础，也是文物发挥作用的基础，因此，这两项工作必须要加强。而要加强这方面的工作则缺少于专业人才不行，所以培养文物专业人才更是当务之急，希望能引起注意。"引自国家文物委员会专家座谈会.文物工作，1988（3）.

论研讨会上发言时提到，文物档案资料的建设必须要抓紧进行，逐步完善。① 然而好景不长，随着机构变动，档案室逐渐改为档案资料室，至1990年代初演变为资料研究室。文物档案工作又恢复了缺乏管理机构的状态。此后，国家文物局于1998年至2000年布置各地对"四有"工作的进展情况进行自查，2001年组织工作小组分赴12个省、自治区、直辖市进行检查。从总体上看，全国各有关单位进行了大量工作，初步建立起了全国重点文物保护单位的记录档案。

2000年以来，国家文物局采取一系列措施来检查、强化文物档案工作，取得了显著成效。2002年，《文物保护法》修订后，国家文物局召开了宣传贯彻《文物保护法》座谈会，确定文物保护单位"四有"档案备案为国家文物局2003年的重点工作，计划3年时间内完成第一批至第五批全国重点文物保护单位档案的记录、整理和归档。为此，国家文物局成立"档案备案工作领导小组"与"项目实施小组"，并且编制了《全国重点文物保护单位记录档案工作规范》（下称《档案工作规范》）及《全国重点文物保护单位记录档案著录说明》。档案备案工作启动后，各地开展了第一批至第四批全国重点文物保护单位的记录档案报送、整理和归档工作。对于不能按实施方案的要求及时完成备案工作的地方，国家文物局减少或暂停安排其他项目，以便于集中力量及时、高质量地完成全国重点文物保护单位记录档案备案工作。② 经过两年时间的集中落实，前四批全国重点文物保护单位建档备案工作基本完成。③

2. 文物保护单位测绘图纸档案的技术标准

文物保护单位"四有"工作提出后，由于建档工作缺乏统一的规范，无法具体衡量档案的内容和质量。在1990年的"全国重点文物保护单位管理工作座谈会"上，对"四有"工作规范化进行了讨论，随后发布了《全国重点文物保护单位保护范围、标志说明、记录档案和保管机构规范（试行）》，对于记录档案的内容作

---

① "文物档案资料的建立，是一项非常复杂的工作，特别是古建筑的保护单位，需要大量的测绘力量，更为不易，不是一下子就能完成的。但是必须要抓紧进行。逐步地把它完善。"引自罗哲文.回顾与展望——继承传统、弘扬发展、总结经验，为建立有中国特色的文物建筑保护理论与实践科学而奋斗.文物工作，1993（1）.
② 国家文物局关于印发《全国重点文物保护单位记录档案备案工作实施方案》的通知.文物工作，2003（5）.
③ "经过各地文物工作人员的艰苦努力，于去年（2004年）底，第一至四批的750项全国重点文物保护单位建档备案工作基本完成，年底第五批全国重点文物保护单位的建档备案工作也将全部完成。在这项工作的实践中，全面、系统、科学地制定了全国重点文物保护单位记录档案建档备案的工作原则和技术规范，经过培训初步形成了一支具有较高专业素质和技术水平的建档备案工作队伍，为我国文物档案工作走向科学化、规范化、制度化打下了坚实的基础。"引自单霁翔、张柏、董保华、童明康.突出重点，夯实基础，推出文物事业再上新台阶——文物保护四项基础工作进展情况汇报.文物工作，2005（8）.

出明确规定。①

2003 年国家文物局发布的《档案工作规范》在对图纸内容的规定上有所扩展，要求档案主卷中的图纸卷包括总体图纸、考古图纸、建筑图纸、历史资料性图纸和研究复原图等。其中建筑图纸包括了群体的总平面图，单体的平、立、剖面图，结构图、节点大样图等。同年通过的《中华人民共和国文物保护法实施条例》要求，"全国重点文物保护单位和省级文物保护单位自核定公布之日起 1 年内实施'四有'工作"。②

强化档案的规范化管理无疑有利于文物保护单位测绘图纸档案的实施与完善。然而，已有规定停留在图纸档案的内容和建立时限，并未涉及技术层面的具体问题。③ 对于测绘图的深度，罗哲文曾进行过解释，认为应当达到能够根据档案资料加以复原的程度。④

从技术层面来看，文物保护单位档案资料的建立还需要就细节问题进行解释和规范，例如图纸标注内容、表达深度、对于未探明部位的处理、对于测量手段和数据整理过程的说明等，以达到进一步控制图纸质量的目的。另外，由于文物建筑在各地分布情况的差异，相应地形成了各省市技术力量的悬殊。山西、河南等文物建筑大省拥有固定且持续增长的技术力量，其他一些省份的古建筑保护工作则开展较晚，发展较慢，力量较为薄弱。技术力量的不均衡，加上没有明确的技术标准，导致测绘图纸档案的质量参差不齐。

3. 文物保护单位资料性图纸的整合管理

相较于文物管理机构专门组织的文保单位测绘，文物保护修缮工程在资金、人力方面更具保障，是记录文物建筑的最佳时机，文物保护维修技术档案的深度也满足文物保护单位记录档案的要求。因此，国家文物局提倡利用修缮工程档案来逐步完善"四有"科技档案，如 1993 年全国文物建筑保护维修理论研讨会上，

---

① "图纸包括地理位置图、总平面图；建筑群体和主要单体的平、立、断面图；历次重要维修的实测、设计、竣工图。"引自《全国重点文物保护单位保护范围、标志说明、记录档案和保管机构规范（试行）》，1990 年。
② "全国重点文物保护单位和省级文物保护单位自核定公布之日起 1 年内，由省、自治区、直辖市人民政府划定必要的保护范围，作出标志说明，建立记录档案，设置专门机构或者指定专人负责管理。"引自《中华人民共和国文物保护法实施条例》。
③ 2003 年开始的全国重点文物保护单位"四有"档案备案工作编制的《全国重点文物保护单位记录档案标准文本》、《全国重点文物保护单位记录档案著录说明》等规范，也未涉及测绘图纸的技术要求。
④ "一座作为文物保护单位的古建筑，为了更好地进行保护管理，为了更好地进行保护管理，为了更好地发挥它的作用，必须要有计划地建立起完整的科学记录档案资料。应当要求达到万一这一建筑物全部毁掉时，能根据档案资料加以复原的程度。"引自罗哲文. 回顾与展望——继承传统、弘扬发展、总结经验，为建立有中国特色的文物建筑保护理论与实践科学而奋斗. 文物工作，1993（1）.

国家文物局副局长张柏就指出，应当利用文物保护工程的机会，积累文物技术资料，充实文物档案工作。①

不过，1949 年后相当长的时间内，修缮工程资料与文物保护单位记录档案各自平行管理，缺少协同机制。曾就职中国文化遗产研究院的古建筑专家余鸣谦谈道：

> 修缮工程的图纸资料与保护单位的"四有"档案是两回事。"四有"属于文物局的要求，对于全省来说每一个保护单位都要做好"四有"，实际上也没有力量全部都很详细地做。勘察资料和工程档案就都保存在我们单位里了。只要属于勘察研究所去了解的这些档案、写的报告，都保存在我们单位，跟省里也没什么联系。很多地方单位需要这个资料就来我们这儿复印。比如湖北武当山他们就来描了很多图，拿回去作为他们的资料使用。这是两个系统，一个是文物局的要求，一个是我们古建所的要求，管理上各自平行，工程归工程，"四有"归"四有"。还没有整个地互相交流，这个工作没有人做。②

1963 年《文物保护单位保护管理暂行办法》只是原则性地指出记录档案应补充新资料。③ 在 1987 年的修缮工程管理办法座谈会上，国家文物局副局长沈竹谈到"四有"工作的执行情况，并指出文物修缮工程的申报材料不仅出于审批的需要，也是逐步完善"四有"的科学技术档案的重要内容。④ 随后，国家文物局明确在《档案工作规范》中规定，档案图纸包括历次重要维修的实测、设计、竣工图。⑤ 1993 年"全国文物建筑保护维修理论研讨会"上，罗哲文呼吁将维修设计和施工的资料补充在文物档案中。⑥ 在 2003 年开始的全国重点文物保护单位记录档案备案工作中，文物部门多次与古建设计单位协调，进行以往实施修缮工程

---

① "我认为在文建保维工程前期准备阶段，要有认真的细致的研究报告，……实践证明，认真带着这个目标去实施的工程，它的前期研究的水平，工程质量水平，档案资料管理水平都能得到很大的提高。……只要我们长期地坚持下去，我们就能形成一支由各种学科，各层次人组成的高水平的队伍，完成我们多年来一直在呼吁，要求而困难很大的'四有'档案，就能积累一批无比珍贵的文物古建的详尽的资料，留给子孙，传之后世。"引自张柏同志在全国文物建筑保护维修理论研讨会闭幕式上的讲话. 文物工作，1993（1）.
② 2013 年 12 月 13 日笔者访问余鸣谦先生的记录（未刊稿）.
③ 原文："记录档案建立后，应注意经常补充新资料，使它不断丰富和完善。补充新资料的单位应将新资料抄送保存记录档案的各单位，并采取定期核对的办法，使各份之间保持一致和准确。"
④ "这些（工程设计）文件及有关材料不仅是审批的需要，而且还是我们逐步地完善'四有'的科学技术档案的一个重要内容。文物保护单位的'四有'工作，至今确实做得不好，虽然有各种的条件限制，但确实还有我们重视不够的原因。"引自沈竹同志在贯彻《纪念建筑、古建筑、石窟寺等修缮工程管理办法》座谈会上的讲话. 文物工作，1987（6）.
⑤ 参见《全国重点文物保护单位范围、标志说明、记录档案和保管机构工作规范（试行）》.
⑥ "补充资料，包括每次维修的设计、施工资料，新的发现，新的研究成果等等均应补入档案资料之内。"引自罗哲文. 回顾与展望——继承传统、弘扬发展、总结经验，为建立有中国特色的文物建筑保护理论与实践科学而奋斗. 文物工作，1993（1）.

设计图纸的复制 [①]，较大力度完善了档案。2007 年全国重点文物保护单位管理数据库的建立，为整合和集中文物保护单位科技资料提供了新的平台。

经过努力，早期文物记录工作中重视不够、人员不足、管理松散、缺乏标准的无序状况得到明显改善，但仍存在不少弊端。归根结底，我国目前与文物记录相关的职责机构分属不同部门管理，还未形成针对文物建筑记录的专项多层级管理模式，不利于高效管理和资源整合。随着文物保护单位数量急剧增加，在现实条件和技术力量的范围内，亟需建立明确的管理规定和技术要求，解决施行监管滞后、成果质量含混的问题。

（二）文物保护工程测绘记录的法制化建设

改革开放以来，随着计划经济的解体和文物保护经费的提高，文物保护工程在全国范围内铺开并逐步市场化，文物保护意识的提高与文物修缮规范化不足的矛盾日益突出。在国家文物局的管理下，文物保护工程的法规体制建设日臻完善，相关的规范章程日益健全。[②]

1992 年的"全国文物建筑保护维修理论研讨会"上，国家文物局副局长张柏强调，应加强文物保护工程法规建设，尤其需要针对设计、施工等具体环节制定规范。[③]

2003 年，文化部颁布《文物保护工程管理办法》，将现代工程建设投资管理体

[①] "按照新公布的备案工作规范，所有图纸、文件、论文、大事记等以收录原始材料为主，复制原始文件来备案建档，但由于多年来，基层工作不规范，人员流动快，没有形成一定的建档制度，许多老资料补不齐。尤其是我们对一些建筑实施的部分修缮保护。基本上没有什么资料。档案资料从数量、种类、内容上都没有具体的东西，使本次立卷内容充实不上。为了做好工作，省局同省古建所等单位多次协调，对原搞过的项目由省古建所协助进行设计图纸的复制，许多文物保护单位公布文件及保护范围和建控地带的划定文件进行了调拨、整理，使档案得到进一步完善。"引自白雪冰. 对文物保护单位记录档案备案工作的思考——由第五批国保单位建档工作所想. 文物工作，2005（10）.

[②] 1987 年 7 月，为进一步解决文物修缮管理存在的问题，国家文物局召集全国各地文物主管部门、修缮工程主持单位、文物保护科学技术研究所及各省市主要修缮工程的技术人员，在易县清西陵以《管理办法》为主题召开座谈会，这是新中国成立以来第一次全国性的文物修缮管理会议。国家文物局专家组成员杨烈强调，应逐步制定设计规范、施工规范、验收规范等规章制度，并对修缮设计和施工机构进行资格审查。
1992 年 12 月，国家文物局邀请全国文物管理部门、考古部门、建设部门、大专院校的百余位人士，于北京召开全国文物建筑保护维修理论研讨会。会议重点研究讨论文物建筑保护维修的理论与方法，提出对从事文物建筑保护工程的技术人员、设计单位和施工队伍实施资质审核，并聘请各方面的文物保护专家作为技术顾问参与评审维修保护工程项目。会议深入探讨了《文物维修保护工程管理办法》与《文物修缮保护工程勘察设计资格分级标准（讨论稿）》，标志着文物保护工程的资质管理制度开始建立。
2002 年，新修正的《文物保护法》及《实施条例》颁布，使文物保护法更适应社会经济发展的实际需求，明确了从事文物保护工程必须具有相应的资质，为文物保护工程的市场化转型奠定了法律基础。

[③] "我们已有文保法及细则，但比起一些成熟的行业，我们的法规建设的量是相当大的，在我们的设计、施工管理上，很多程序、环节对法规建设的要求是非常急迫的，……我们的管理只有把这些法规性的文件搞出来了，大家在法规的链条上进行工作，才能提高我们整个的管理水平。"引自张柏在全国文物建筑保护维修理论研讨会闭幕式上的讲话. 文物工作，1993（1）.

系纳入文物保护工程，对文物保护工程的定义、范围、内容、立项、设计文件内容、实施管理等作出了明确的要求，规定了"承担文物保护工程的勘察、设计、施工、监理单位必须具有国家文物局认定的文物保护工程资质。"

以《文物保护工程管理办法》为核心，后继颁布了一系列文物保护修缮管理规范化法规，形成了以《文物保护管理办法》为核心、资质认证和技术要求相配套的文物保护工程法规框架。这些规章制度的颁布实施，逐步改变了文物保护工程缺乏管理规范的被动局面，中国文物保护维修工作步入法制化健康发展的轨道。在此背景下，与文物保护工程测绘相关的一系列具体要求得以出台落实，其规范化管理也得到进一步提升。

1.《纪念建筑、古建筑、石窟寺等修缮工程管理办法》的要求

文物保护修缮制度自民国时期建立，通过 1949 年以后文整会的不断实践、深化，发展出一套包含技术标准的系统模式。相关的管理、技术要求初步体现在 1963 年的《管理办法》中。1980 年代，随着文物修缮日益市场化，缺乏技术监管成为文物修缮行业欠规范化的问题之一。因此，在 1986 年发布的《管理办法》中，首次涉及具体的图纸标准。

首先，《管理办法》对文物保护工程设计文件的内容做出了具体规定。[①]其次，比照建筑行业的标准，并结合文物部门的现实情况，对图纸比例、制图规范提出相应的技术标准。[②]这一标准出台后，文物保护修缮开始参照建筑行业的制图标准，逐渐摒弃了以厘米作为测量数值单位，而改用建筑行业通用的毫米单位制。

2. 文物保护工程资质管理

为配合《管理办法》的实施，国家文物局于 2003 年同时推出了《文物保护工程勘察设计资质管理办法（试行）》和《文物保护工程施工资质管理办法（试行）》。

---

① "方案设计阶段包括现状实测图和修缮设计方案图、现状勘察报告、修缮概要说明书、概算总表，技术设计阶段包括技术设计图和施工详图、技术设计和施工说明书、设计预算、现状照片等。"

② "（1）对图纸文件比例的要求：建筑群总图——位置图 1/5000 比尺；总平面、总立面、总剖面图 1/200—1/500 比尺。总图中应标明建筑群内的古树、碑碣及其他附属文物的相对位置。建筑群中的主体建筑——各层平面、各立面、各断面图，均用 1/50—1/100 比尺；斗栱、门窗、匾额及其他体量较小的构件大样图，用 1/20、1/5 或 1/10 比尺。（2）对制图标准进行规范，明确按照建筑工程制图标准，并规定图样应标注必要尺寸：上述各类图样，应按照建筑工程绘图规范绘制，并详细标注必要的尺寸。本'办法'所规定的方案设计及技术设计图，除有特殊要求外，可按照各建筑工程设计部门的标准和规范办理。"

经过两年实践，于 2005 年正式发布施行。国家文物局又分别于 2004、2007、2009、2010、2012、2014 年授予有关单位第一至六批文物保护工程勘察设计甲级、施工乙级、监理甲级资质证书，各省级文物主管部门也相继颁发乙、丙级设计、施工、监理资质证书。2013 年 12 月，国家文物局再次修订《文物保护工程勘察设计资质管理办法》，增加了对专业人员的规定，明确了从业资格、从业范围、考核培训、责任范围等方面的内容。2014 年 4 月，国家文物局发布《文物保护工程监理资质管理办法（试行）》。随着一系列规章制度出台，基本实现了文物保护工程的资质认证管理。

3.《文物保护工程设计文件编制深度要求（试行）》

为加强对文物保护工程勘察设计文件编制工作的管理，规范文物保护工程申报文件的深度，保证勘察设计质量，国家文物局于 2003 年制定《文物保护工程设计文件编制深度要求（试行）》（下称《要求》）。这一文件阐明了文物保护工程勘察设计的目的和作用，规定了设计文件编制深度，对文件内容做出详细要求。

《要求》将建筑类保护工程设计文件分为三个阶段，即现状勘察文件、方案设计文件和施工图设计文件。各阶段分别对应现状实测图纸、设计图纸和施工图图纸，并且对各类图纸的比例、范围、表达内容、尺寸标注、文字标注等提出具体的技术标准。[①]

《要求》规定，各阶段图纸文件应按照所处工程实施阶段的特点和需求进行编制。现状实测图纸表达建筑的现状形态和尺寸，以及损害现象的范围和程度。设计图纸表达工程实施后的建筑形态、关系和尺寸，"以图形、图例或文字形式在图面上反映针对损伤和病害所采取的设计措施和材料做法。"施工图反映工程对象、工程范围，着重表述技术措施、材料要求、操作标准，以屋面构造、梁架结构、铺装层次做法作为重点表述部位。此外，《要求》突出了构造详图的要求，以此强调局部结构节点的表达。

《要求》的颁布，首先对图纸文件内容提出了具体的要求，在技术管理层面建立了基本的规则。其次，明确了以文字标注为手段，提高图纸的信息承载量。与直营工程中基本图纸以反映几何形态为主相比，这种方式使现状图、设计图、

---

① 以现状实测图纸中的剖面图为例，有下列要求："（1）按层高层数、内外空间形态构造特征绘制；如一个剖面不能表达清楚时，应选取多个剖视位置绘制剖面图。（2）剖面两端应标出相应轴线和编号。（3）单层建（构）筑物标明室内外地面、台基、檐口、屋顶或全标高，多层建筑分层标注标高。（4）剖面上必要的各种尺寸和构件断面尺寸、构造尺寸均应标示。（5）剖面图重点反映屋面、屋顶、楼层、梁架结构、柱及其他竖向承载结构的损伤、病害现象或完好程度。残损的部构件位置、范围、程度。（6）在剖面图中表达有困难的，或重要的残损、病害现象，应索引至详图中表达。（7）比例一般为 1：50 ～ 1：100。"

施工图各自具有不同的目标、内容和深度，从而真正发挥了测绘图的索引功能，增加了图纸的深度和实用度，也改进了保护工程中基本图纸"千篇一律"的情况。

4. 工程档案的管理与出版

勘察测绘资料以及保护工程图纸记录了文物建筑的大量信息和干预过程，是文物保护档案的重要组成部分，也是查考、研究以及管理、利用的基础资料，因此，既有作为工程档案的保存价值，也有作为工程报告出版的意义。尽管文物保护事业早在1935年旧都文整会成立之际拉开帷幕，但由于接连战乱和1949年后的政治运动，加上修缮经费、时间不足与文物保护工程管理体系不完善，档案管理和后续出版工作始终未得到足够重视。

为了推进保护工程档案的管理和出版工作，国家文物局领导、专家多次进行呼吁和督促。罗哲文在1987年《管理办法》座谈会上就曾建议"较大工程完工之后，必须进行总结，立碑刻石，出书留档，以为永久性的查考。"[①] 又在1992年"全国文物建筑保护维修理论研讨会"发言指出，应当加强维修前的科研工作和档案资料留存工作并且编辑出版。[②]

此后，随着文物经费的增长以及国家重点文物保护专项补助经费的设立[③]，文物保护工程报告的出版相继展开。1998年，《国家重点文物保护专项补助经费使用管理办法》明确了文物保护工程支出费用包括"维修资料出版费"，加大了对保护工程报告出版的鼓励支持。自1993年以来，国内多部文物保护工程报告陆续面世。[④] 尽管部分报告书还存在记录不全、主题含混等缺憾[⑤]，但已有的工程

---

① 提高古建筑文物保护维修工作的科学技术水平——罗哲文同志在贯彻〈纪念建筑、古建筑、石窟寺等修缮工程管理办法〉座谈会上的讲话. 文物工作,1987（5）.
② "一个文物建筑的维修工程，特别是大型项目本身也是这一建筑历史的重要历程。因此，应当把它的维修经过记录下来，作为历史档案资料加以保存。应当按照国家规定分送有关部门保存，而最好办法是将其整理出版，这样可广泛流传，提供各方面参考。"引自罗哲文. 回顾与展望——继承传统、弘扬发展、总结经验，为建立有中国特色的文物建筑保护理论与实践科学而奋斗. 文物工作，1993（1）.
③ 国家文物局于1993年制订了《国家重点文物保护专项补助经费管理办法》，规定"专项经费是中央财政用于全国重点文物保护单位维修、重要考古发掘、珍贵文物征集和国家重点博物馆维修的补助经费"。
④ 包括《朔州崇福寺弥陀殿修缮工程报告》（1993年）、《西藏布达拉宫修缮工程报告》（1994年）、《青海塔尔寺修缮工程报告》（1996年）、《太原晋祠圣母殿修缮工程报告》（2000年）、《西安长乐门城楼工程报告》（2001年）、《海南丘浚故居修缮工程报告》（2003年）、《颐和园排云殿、佛香阁、长廊大修实录》（2006年）、《朝阳北塔——考古发掘与维修工程报告》（2007年）、《辽宁省惠宁寺迁建保护工程报告》（2007年）、《中国古代建筑：蓟县独乐寺》（2007年）、《苏州云岩寺塔维修加固工程报告》（2008年）、《清孝陵大碑楼》（2009年）、《山西华严寺》（2009年）、《武当山紫霄大殿维修工程与科研报告》（2009年）、《广州光孝寺建筑研究与保护工程报告》（2010年）、《广元皇泽寺文物保护维修工程报告》（2010年）、《故宫古建筑保护工程实录：武英殿》（2011年）、《柳林香严寺研究与修缮报告》（2013年）、《和硕恪靖公主府修缮保护工程报告》（2014年）、《元代木构延福寺》（2014）等。
⑤ 参见狄雅静. 中国建筑遗产记录规范化初探. 天津：天津大学，2009：183–184.

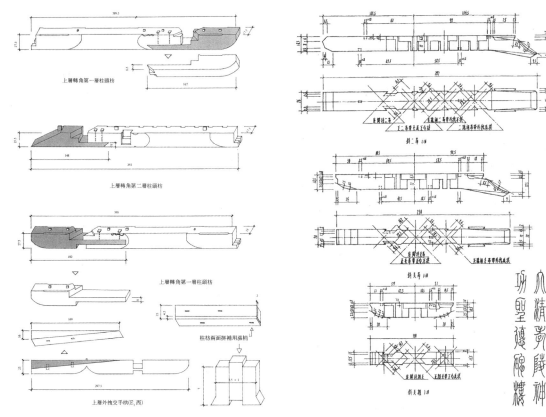

图 5-29 蓟县独乐寺观音阁上层柱头枋、交手栱修配记录图（资料来源：杨新.蓟县独乐寺.北京：文物出版社，2007：356）

图 5-30 清孝陵大碑楼斗栱分件测绘图（资料来源：郭万祥.清孝陵大碑楼.北京：中国建筑工业出版社，2008：59）

报告毕竟积累了珍贵的工程实践经验，承载了包括设计资料在内的大量工程信息，记录了建筑遗产保护的发展历程，其中不乏施工记录丰富翔实的优秀案例（图5-29、图5-30）。此外，已出版的报告书大多是国内设计水平和施工质量较高的范例型文物保护工程，相较于全国文物保护工程的整体数量，仍寥若晨星，文物保护工程档案的转化出版有待于进一步发展和推进。

三、建筑遗产测绘技术的发展及应用

（一）建筑遗产测绘的数字化发展

1990 年代以来，随着测绘技术和计算机技术的进步，测绘仪器、计算机硬件以及数字化测图软件迅速发展并广泛应用，测绘行业由传统的人工单点接触式测绘（模拟测图、常规手工测绘）逐渐向数字化测绘发展。手工测绘具有操作简便、观察细致、校核准确等优点，但存在精度低、直接接触文物、劳动强度大、质量管理难度大等弊端。数字化测绘能够提高测绘效率、降低人员作业风险、减轻劳动强度，其测绘成果具有使用方便、维护快捷以及多样化的优势，普遍运用于文物建筑测绘中，客观上提高了工作效率和精确程度。与此同时，在应用新技术的过程中,仪器测量与手工测量的结合具有单独使用仪器所难以达到的效果,传统的手工测量方法仍发挥优势,具有不可取代性。

1. 全站仪

全站仪由经纬仪发展而来,是集距离测量、角度测量、高差测量于一体的测量设备。全站仪的基本原理是发射电磁波到被测物并接受反射回来的信号,借助于机内固化的软件进行多种测量。在古建筑测量中常用于测量棱镜不便于到达的部位。

2. 摄影测量技术

摄影测量技术是基于测量学解析处理后的影像信息,测定被摄物体的大小、形状和空间位置,经过解析摄影测量阶段,如今已经进入数字摄影测量阶段。摄影测量的近距离技术在建筑领域应用广泛——使用专门的测绘相机,对被测目标拍摄成组照片,然后由计算机自动识别解析,运用解析摄影测量的方法获得目标的三维尺度信息,并输出正射影像图等。近景摄影测量技术对古建筑测绘尤其是形体不规则的构件具有很大优势,能够精确描述复杂的几何变化。

此外,根据摄影机所处位置的不同,摄影测量可分为地面摄影测量、航空摄影测量和航天摄影测量。以无人航空器为空中作业平台,载运测绘相机,可以对目标区域进行快速拍摄,再由内业处理测绘照片,通过反求解计算得到三维数据,进而绘制输出图纸。2010年,天津大学建筑学院在传统航测技术的基础上,将摄影测量技术与无人直升机平台结合,自主研发无人机低空航空摄影测量系统,专门应用于建筑遗产保护。该系统弥补了地面摄影测量拍摄角度受限,无法拍摄建筑顶部的不足,可以近距离、多角度进行三维测绘,从而清晰表现建筑总体布局与环境特点,尤其适用于聚落、组群的测绘。

3. 三维激光扫描技术

三维激光扫描技术采用激光进行测量,利用激光测距的原理,记录被测物体表面大量点的三维坐标,能够主动、快速、连续地获取目标物的三维坐标数据,具有非接触、高密度、数字化的优势。相对于传统的单点测量,三维激光扫描技术实现了从点测量到面测量的革命性技术突破。被测物体经过扫描后得到的大量

点云 　　　　 mesh 模型 　　　　 纹理映射模型

图 5-31　利用点云和照片生成带真实纹理的承德普宁寺大乘阁千手千眼观音像局部，三维模型，天津大学建筑学院制作（资料来源：天津大学建筑学院提供）

扫描点集合称为"点云"，包含采集点的三维坐标和颜色属性的全数字化文件，据此可以快速复建被测目标的三维模型及线、面、体等各种图件数据，在建立三维立体模型方面有着无可比拟的优越性。

三维激光扫描技术应用于古建筑测绘中，能够实现精度的统一，消除测量中总尺寸和分尺寸的矛盾，减小对文物的损害和影响，并且真正实现了全面测绘。内业操作中，基于点云数据，可以从三维立体模型中提取特征线和轮廓线，绘制古建筑的立面图、平面图、等值图、投影图、透视图等，实现古建筑测绘成果的数字化。将点云进行去噪、抽稀、封装处理后，借由采样等距点创建三角形面，可使点云转变为三角网格面模型，然后经过纹理映射、影像匀光等处理，使用真实的影像照片，利用特征点贴图，对照片进行裁切处理和色调调整，可以形成纹理映射模型（图 5-31）。

4. 测绘成果数字化

20 世纪后期计算机图形学朝向标准化、集成化、智能化发展，加上多媒体技术、人工智能、科学计算可视化与虚拟现实的结合，建筑遗产测绘逐渐步入数字化时代。借助计算机辅助制图、近景摄影测量与三维激光扫描技术、三维渲染工具、三维图形技术的发展，建筑遗产测绘成果也逐渐从传统单一的实物图纸向形式多元的数字化产品转变，衍生出计算机二维图纸与三维模型、正射影像、点云模型以及纹理模型等，在信息表达、存储和管理利用方面得到突破性提升。

随着三维图形技术的发展和普遍应用，三维虚拟技术出现在建筑遗产测绘成果的表达中。借助于 3ds MAX、MaYa 等三维建模软件生成虚拟互动产品与三维动画产品，能够直接模拟再现动态视觉和空间感受。国内一些大型文化遗产已经在展示工作中应用这项技术，如虚拟故宫、数字敦煌等。

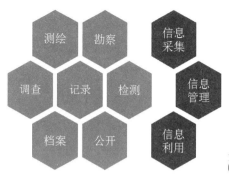

图 5-32 从传统记录到信息化测绘，引自"天津大学文物建筑测绘研究暨文化遗产保护成果展"（资料来源：天津大学建筑学院提供）

（二）建筑遗产测绘的信息化发展

1950 年代以来，随着通信化、计算机化与自动控制化、多媒体技术和互联网的发展，人类社会朝向以信息为主要资源的信息时代过渡。信息技术与信息化建设渗透到社会各行业，深刻改变和影响了人们的生活行为方式与价值观。其中，测绘技术领域以全球卫星定位导航、卫星重力探测、卫星测高、航空航天遥感技术、地理信息系统、互联网、虚拟现实技术的发展应用为先导，步入了信息化测绘时代（图 5-32）。信息化测绘体系建设成为当前测绘行业发展的热点问题。

在建筑遗产测绘领域，全站仪、摄影测量、三维激光扫描、卫星遥感等新技术的应用实现了高精度数据采集的同时，也带来了测绘信息量的快速增长与信息类型的多样化。传统的记录手段、存储管理方式难以满足新的实际需求，遗产记录的信息化成为大势所趋。其中，以地理信息系统（GIS）与建筑信息模型（BIM）为代表，空间信息技术逐步推广应用于遗产保护领域，成为未来建筑遗产测绘发展的必然趋势，也促使建筑遗产记录进入信息化管理阶段。

1. 地理信息系统（GIS）

地理信息系统是综合处理分析地理空间数据的技术系统。GIS 产生于 1960 年代初期，是在地理学、地图学、测量学以及计算机技术发展的基础上形成的一门学科，最初主要应用于空间地理环境数据的存储与分析。随着计算机技术的发展与大型数据库系统的建立，GIS 处理地理空间数据的速度与能力取得突破性进展，在各类需求的驱动下成为跨学科多方向的研究领域。近年来，GIS 以其强大的地理空间信息分析功能，得到了极为广泛的应用。

1990 年代以来，能够提供三维可视化空间信息的 GIS 技术开始应用于建筑遗产保护领域，尤其在建筑遗产的调查评估、规划研究方面发挥作用。1992 年，联合国教科文组织研究团队在柬埔寨吴哥窟古迹的保护中，开创性地将 GIS 技术应用于吴哥窟遗址分区及环境管理规划中，是 GIS 技术在建筑遗产保护领域的首次应用。此后，联合国教科文组织进一步在越南顺化世界遗产管理项目、泰国素可泰文化资源管理项目、老挝瓦富占巴塞遗址及文化景观保护区规划等项目中应用 GIS 技术，促进了遗产保护领域 GIS 技术应用的探索与研究。

国内 GIS 技术起步较晚，早期应用以考古领域为主。2000 年，联合国教科文组织与东南大学建筑学院合作成立了 GIS 中心，将 GIS 技术应用于历史街区的规划和保护管理中。经过西津渡历史街区保护管理信息系统等多个实例研究，开发出基于 GIS 技术的历史街区保护管理信息系统。[①] 此后又以南京为例，探索 GIS 技术在历史文化名城保护规划方法体系中的应用，研发了基于 GIS 技术的历史城市空间信息工作模块，为历史文化名城保护及管理系统一体化方面开创了新的方法。[②]

2. GIS、BIM 技术的融合

GIS 技术的优势在于管理大尺度的地理信息数据，多用于建筑遗产空间环境信息的宏观管理。对建筑本体而言，GIS 局限于外部空间数据的采集和管理，难以从建筑结构和构件入手来具体管理建筑的内部信息。因此，这一真空地带需要专用模型提供支持。再者，基于 GIS 的应用以文字形式表达建筑的等级、年代、形制、现状、价值等属性信息，建筑实体信息限于相关图纸的检索链接。一方面，二维图纸在反映空间逻辑关系方面作用有限，另一方面，每次记录成果独立存在，难以通过一种载体反映多次记录的动态发展。

上述瓶颈是遗产信息管理平台需要解决 的 GIS 应用中的问题。当前能够与 GIS 信息化理念相适应的信息模型技术，以建筑信息模型（Building Information Modeling）为首选。建筑信息模型简称 BIM，是利用数字模型对项目进行设计、施工和运营的过程[③]，用于建设项目全生命周期信息管理。[④]

"BIM 具有使建筑的几何信息和非几何信息在单一建筑模型中产生一致性关联的特点，并为统一管理各种时间维度的建筑本体信息提供了可能，能够深入到构件层面管理建筑内部空间数据"[⑤]，恰好呼应了建筑遗产领域信息管理体系的发展需求，与 GIS 技术结合可以搭建起建筑遗产的全生命周期管理平台，"即通过数字化

---

① 胡明星、董卫 .GIS 技术在历史街区保护规划中的应用研究 . 建筑学报，2004（12）.
② 董卫、陈薇、李新建 . 城市与建筑遗产保护教育部重点实验室（东南大学）建设和研究概况 . 南方建筑，2011（5）.
③ 何关培 .BIM 总论 . 北京：中国建筑工业出版社，2011.
④ 美国国家 BIM 标准定义为："BIM 是一个设施（建设项目）物理和功能特性的数字表达；BIM 是一个共享的知识资源，是一个分享有关这个项目的信息，为该项目从概念到拆除的建筑全生命周期中的所有决策提供可靠依据的过程；在项目不同阶段，不同利益相关方通过在 BIM 中插入、提取、更新和修改信息，以支持和反映其各自职责的协同作业。"引自何关培主编 .BIM 总论 . 北京：中国建筑工业出版社，2011.
⑤ 朱磊 . 中国古代早期木结构建筑信息模型（BIM）建构的实践分析 . 天津：天津大学，2012：19.

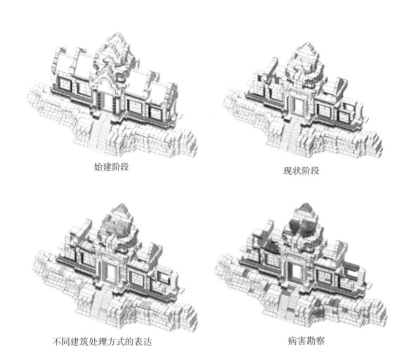

始建阶段

现状阶段

不同建筑处理方式的表达

病害勘察

图 5-33　柬埔寨吴哥古迹茶胶寺南外门建筑信息模型，天津大学建筑学院制作（资料来源：天津大学建筑学院提供）

平台对建筑遗存发现至消亡过程中历次研究、测绘、记录、保护、监测等活动获取的信息进行集成式管理与利用"[①]，促使遗产信息管理进入信息化阶段（图 5-33）。

　　BIM 实现了对建筑本体信息的全面覆盖，提供可视化、三维动态、交互式的全面信息服务，弥补了 GIS 信息管理的不足，为建筑遗产测绘成果表达的信息化发展和遗产全生命周期管理提供了途径，具有革命性意义和发展前景，有待于未来作进一步的信息模型开发与研究。

　　建筑遗产测绘与管理的信息化方兴未艾。可以预见的是，未来建筑遗产测绘与管理的信息化具有广阔前景。随着全面信息化管理的实现，建筑遗产的研究、保护、展示、利用将不再各自为政，而是存在一致关联。技术进步与平台完善也将推动建筑遗产测绘充分向公用化、社会化发展，形成开放共享的综合信息服务框架，实现文化遗产信息公开，改变目前公众认知不足、参与有限的状况。同时也必须认识到，技术仅仅是手段，无论技术如何发展，建筑遗产测绘的核心仍在于测绘者对遗产的研究、认知和判断。以此为前提，才能深入获取、展示遗产的价值和信息，真正发挥遗产的作用。

（三）三维激光扫描技术在建筑遗产测绘领域中的应用研究

　　自 2003 年起，国内多家建筑院校和文物保护单位陆续引进三维激光扫描仪，投入文物建筑保护与研究，展开大量扫描测量实践，形成了可观的测量成果，同

① 狄雅静、吴葱 . 建筑遗产全生命周期管理与建筑信息模型研究——以柬埔寨茶胶寺南外门为例 . 新建筑，2013（4）.

时也存在许多误区。由于三维激光扫描技术属于测量领域的新兴技术，相关设备缺乏统一的技术标准、评价指标和检定标准。同时，出于技术保密和商业利益，相关的核心技术资料往往秘不示人，以致专业人员对其各项指标和性能缺乏足够的认识。此外，由于专业缺乏交叉，建筑专业人员大多仅了解设备的基本原理，难以具体地理解三维激光扫描设备的特性、引起误差的相关因素，以及针对性的操作处理细节，使用中难免存在误区和遗漏，不利于这项技术在古建筑测绘领域的有效转化与合理应用。

为揭示和澄清相关技术问题，天津大学白成军等人在实践和实验的基础上，从测量原理入手，深入研究测算三维激光扫描设备的性能指标和操作细节，从古建筑测绘的特点和需求出发，分析并总结古建筑测绘应用中的相关问题，对三维激光扫描技术的推广应用提供了有益的启示。

1. 三维激光扫描仪的精度

三维激光扫描仪的精度指标为单点定位精度，取决于扫描仪的测距精度和测角精度，并非固定值。一方面，据《三维激光扫描技术在古建筑测绘中的应用及相关问题研究》的统计，角度测量所能达到的最高精度为 0.5 秒。按照点位确定过程的误差传播规律，相应地，点位确定的误差大于 3mm。另一方面，测距精度受测量长度和测量次数影响，随着扫描距离的增大，点位确定的误差变大。[①]

对于古建筑测绘而言，衡量长度测量的精度指标，即点与点之间的相对位置，更具实际意义。[②] 对于不同尺度的建筑测量数据，点位相对精度所体现和描述的精度不同。对于面阔、进深来说，精度较高，对于斗栱、椽飞，则差强人意。

为了进一步测试古建筑构件长度测量的实际误差，白成军以高分辨率、近距离的扫描方式对不同物体进行三维激光扫描后发现，测量误差随着扫描物体到扫描仪距离的增加而大幅度增加。[③] 古建筑测绘的实际操作中，扫描距离通常在 20 米到 100 米的范围内，分辨率的设置也需要现实地考虑。因此，实际扫描中的测量精度将远超出这一范围。

---

① 白成军. 三维激光扫描技术在古建筑测绘中的应用及相关问题研究. 天津：天津大学，2007：56.
② "按照单点定位的最优精度 3mm 计算，点位相对精度大约为 4.2mm。"引自白成军. 三维激光扫描技术在古建筑测绘中的应用及相关问题研究. 天津：天津大学，2007：56.
③ "当扫描目标相位于距扫描仪 5m 处时，三维扫描量测得结果中包含约 3～5mm 的误差（由于手工测量比较仔细，可以忽略手工测量结果中的误差）。虽然没有得到量测误差与扫描距离的关系，但根据激光测距定位的特点，可以断定随着扫描物体到扫描仪距离的加大，量测误差必将大幅度增加。"引自白成军. 三维激光扫描技术在古建筑测绘中的应用及相关问题研究. 天津：天津大学，2007：60.

三维激光扫描仪所能达到的精度取决于实际观测条件，温度、气压、扫描距离、扫描对象的材质等条件的变化都将导致测量精度发生变化，而仪器的标称精度是仪器在特定的观测条件下的精度，三维激光扫描设备标称的毫米级精度在现实条件下往往是达不到的。

2. 点云的位置偏差

三维激光扫描过程中，在各种因素作用下形成点云的位置偏差。具体表现为，扫描一个较规则的平面得到的具有厚度的点云集合，点云的厚度取决于多个因素。[①] 由距离测量误差和角度测量误差形成的点位误差，能够导致点云偏离其所在平面。同时，测量中无法随时根据温度、气压的变化情况调整相应的距离测量改正值，也给偏差程度带来一定影响。

扫描系统的激光光束的离散度决定了激光光斑的大小，在相同条件下，光斑越小，测距精度越高。因此，只有在使用扫描仪时正确对焦，保证扫描位置能够接收最小光斑，才能最大限度地提高精度。

经过试验发现，材质和物体表面的平整度对点云偏差也有影响。激光可能穿透某些材质，从而获取物体表面以下位置的点云，造成测量结果偏差。扫描光滑表面比粗糙表面获得的点云厚度较小且均匀。[②]

点云厚度导致提取测量数据时难以正确地捕捉到实际的点，给数据提取造成误差。因此，应仔细分析误差产生的来源，以此确定成果的实际精度。

四、建筑遗产测绘规范化建设

（一）文物保护标准化建设

改革开放之后，国家实施科教兴国战略，文物科技工作得到快速发展。进入

[①] 包括单点定位误差、光斑大小、扫描目标的材质和表面平整度，以及温度与气压的变化。参见白成军. 三维激光扫描技术在古建筑测绘中的应用及相关问题研究. 天津：天津大学，2007：63.

[②] "在表面粗糙、光斑较大的情况下，距离测量具有离散性。在光斑覆盖的范围内某一点反射回来的激光强度较强时，扫描仪将用该点的距离代表光斑中心的距离，依此得到光斑中心位置点的点云，这样得到的点云位置和实际位置的偏差也造成点云的厚度加厚。"引自白成军. 三维激光扫描技术在古建筑测绘中的应用及相关问题研究. 天津：天津大学，2007：63.

21 世纪以后，文物保护工作的广度、深度以及复杂程度远超以往，伴随国家文物局的一系列政策措施，文物科技法规建设和管理工作持续得到加强，开创了新的局面。[1]

中国的文物保护事业始于近代。作为新兴的行业，文物科技保护事业形成规模较晚，并且一直缺少行业标准，更缺乏技术操作规程和质量控制体系，成为严重制约文物保护发展的瓶颈问题。为了彻底扭转这一局面，配合国家实施技术标准战略，国家文物局于 2006 年成立文物保护标准化技术委员会，将文物保护标准体系建设全面纳入国家的标准化工作体系，标志着文物保护的标准化时代正式到来。其组织管理采取国家文物局、专业标准化技术委员会、标准编制单位三级管理的方式，成功实现了既有科研成果向行业标准的转化，陆续出台了 15 项国家标准和 60 余项行业标准，初步建立起标准化工作技术框架，为文物保护标准化事业奠立了基础。

（二）文物建筑测绘规范化研究

在文物保护标准体系建设的推动下，文物建筑测绘的规范化研究进入重要的发展转折期。作为文物保护中占重要位置的基础性技术环节，文物建筑测绘记录长期处于"无统一指导原则、无统一测量规程、无统一深度要求、无统一制图规则、无统一评价标准、无统一信息管理的状态"[2]。

针对这一现状，天津大学申请了国家自然科学基金项目"文物建筑测绘及图像信息记录的规范化研究"（下称"测绘规范化课题"），与故宫博物院、中国文物信息咨询中心合作展开研究。测绘规范化课题主要包括下述几个研究方向：第一，通过调查国内建筑遗产记录工作现状和从业人员的建议，梳理建筑遗产记录工作在行政体系、执行体系、技术体系、实施方式、成果管理等方面存在的弊端与问题。第二，通过调研英国、美国、日本、韩国的建筑遗产记录情况，解读相关政策、技术文献以及成果，介绍并分析各国建筑遗产记录的历史发展、管理组织、记录理念、成果利用等情况，作为中国建筑遗产规范化的

---

[1] 首先是 2002 年修订后的《文物保护法》及实施条例，对文物科技做出明确规定。随后，国家文物局依法陆续颁布了《文物保护科学和技术研究课题管理办法》、《文物保护科学和技术研究课题招标评标暂行办法》、《文物保护科学和技术创新奖励办法（试行）》、《文物保护行业标准管理办法（试行）》、《国家文物局重点科研基地管理办法（试行）》等管理规章，设立了国家文物局科研课题管理办公室，为文物科技工作的健康发展提供了保证。参见全面落实科学发展观开创文物保护科技工作新局面——单霁翔局长在 2004 年全国文物保护科技工作会议上的报告. 中国文物报, 2004, 10（20）.

[2] 引自天津大学文物建筑测绘研究暨文化遗产保护成果展。

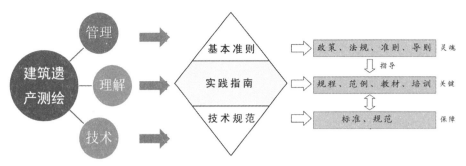

图 5-34　建筑遗产测绘的三个方面与建筑遗产测绘技术体系的关系，引自"天津大学文物建筑测绘研究暨文化遗产保护成果展"（资料来源：天津大学建筑学院提供）

研究借鉴。第三，立足国内建筑遗产测绘的历史与现状，参照国外案例，为中国建筑遗产管理体系和技术体系的规范化建构提出基本思路和实施框架，对相关的实践性问题进行分析并提出对策。第四，设置子课题"基于 BIM 和 GIS 技术的文物建筑信息管理与展示系统"，结合多个实例对文物建筑测绘的信息化管理进行专门研究，为后续的信息管理专业化系统开发提供参考。在具体问题的研究中，主要取得了以下突破。

1. 分级构建建筑遗产测绘技术体系的理念

测绘规范化课题研究借鉴国外遗产保护经验，提出建筑遗产记录体系由准则体系、指南体系与规范体系三级构成，并分别对应着建筑遗产测绘的三个主要方面：组织管理、认识理解和技术手段。[①] 相应地，测绘技术指导文件也分为三个层次，包括基本准则、实践指南和技术规范。具体来说，基本准则是最权威的引导性和纲领性文献，在总体上规范记录的各个层面，对记录的各方面作一般性介绍和说明，旨在强调记录本身所具有的独特意义和价值。实践指南是由不同领域的专家以及专业团体根据实际案例编写的指导记录实践的教材、工作手册以及指南。[②] 技术规范指通过规范术语、统一程序和格式的标准来规范技术应用或成果表达的文献，包括国家标准和行业标准，是三者当中最具强制性和适于标准化的层面。建筑遗产测绘需要在三方文件协同互补的作用下，对记录的过程和成果进行控制，从而达到建构完整的建筑遗产测绘指导与规范体系的目标（图 5-34）。

---

① "组织管理指各层面法规和指导原则的制定以及具体的组织调配，包括测绘活动中的计划方案、人员培训、财务管理、安全事项、操作流程、进度控制、质量控制、成果制作、验收与存储等组织管理活动。认识理解是对建筑遗产本身及其规律的认识和理解，即从相关学科角度对被测对象的研究，是影响测绘最为核心的要素，也可以说是从事文物建筑测绘的门槛，能够深刻影响到测绘范围、侧重方向、工作深度以及具体成果。技术手段即建筑遗产测绘中的数据采集、成果表达、数据存储管理等方面的相关技术，为测绘的具体实施提供技术保障，适于标准化管理。"引自文物建筑测绘研究基地（天津大学）：《文物建筑测绘规程编制说明》（稿）。
② "实践指南是准则的专业细化版，又是技术规范的前期研究版，涵盖了文物建筑记录的各个领域与时段，是技术体系中数量最为庞大、论述最为系统的部分，对实际工作极具指导性。"引自《文物建筑测绘规程》（试用稿），第 27 页。

国内建筑遗产技术体系的建构起步较晚，各级技术指导文件存在不少空缺。其中，作为纲领性的指导文件，准则具有举足轻重的意义。为此，测绘规范化课题研究中参考了文化遗产保护方面的国际宪章和先进国家已有成果，充分调查国内建筑遗产的基本特点，基于现实国情草拟了《中国建筑遗产记录准则》的基本框架，涵盖了记录的时机、内容、等级以及实施者、步骤、管理等基本问题，为今后具体编写提供了规划方案。

2. 对文物建筑测绘分级的探讨

建筑遗产测绘成果转化应用于多个领域，成果的深度直接取决于应用的目的和需求。由于对成果缺乏明确的评价指标，往往导致因针对性不强而产生工作量陡增或不足的情况。为了明确测绘成果与实际需求之间的关系，测绘规范化课题研究分别从测量精度、测绘广度两方面出发，分析了学术研究、文物保护工程、文物保护规划以及文物建筑管理展示等应用领域对于古建筑测绘数据的需求情况（表5-1、表5-2），为文物测绘规程的编制奠定了研究基础。

测绘精度与不同领域应用需求的对应关系　　　　　　　　表5-1

精度要求	方法技术	应用领域			
		研究	工程	展示	管理
高	水准仪、电子全站仪、摄影测量，必要时采用手测量	有需求	有需求	基本无需求	基本无需求
低	手工测量、全球卫星定位系统、三维激光扫描仪、摄影、摄像	需求较多	基本无需求	需求较多	需求较多

（资料来源：沙黛诺.古建筑测绘方法和技术的适用性和可靠性，天津大学，2009：61）

测绘广度与不同领域应用需求的对应关系　　　　　　　　表5-2

广度	方法技术	研究	工程	展示	管理
高	近景摄影测量与三维激光扫描仪、航空摄影测量与激光雷达、卫星遥感	有需求	需求较多	基本无需求	基本无需求
中	手工测量、全站仪、全球卫星定位系统、近景摄影测量	需求较多	有需求	有需求	有需求
低	手工测量、全球卫星定位系统、全站仪	有需求	基本无需求	需求较多	需求较多

（资料来源：沙黛诺.古建筑测绘方法和技术的适用性和可靠性，天津大学，2009：61）

3. 文物保护工程施工记录技术策略

目前，国内文物保护工程报告书的记录深度差强人意，关键在于工程信息记录不力，对于施工期间建筑隐蔽部分的跟踪测绘还未形成体系。专业技术人员难以常驻工地，工匠虽然现场施做并熟悉工艺细节，最有条件进行完整记录，但由于专业认识水平有限，难以执行现场记录工作。为了寻求有效、可行的方式，化解现实矛盾，避免大量珍贵的施工信息流失，天津大学与故宫博物院合作，于2007年至2009年跟踪了故宫太和殿、神武门、慈宁门保护工程工地，研究制定出施工记录的技术策略，即：借助数码摄影技术的成熟与普及，在以往拍摄方法上稍加改进——在近似正投影照片上标写重要控制尺寸和文字说明，以照片记录为主，其他手段为辅，记录构建分件、构造节点、隐蔽部位以及施工工艺（图5–35）。这项操作简便易行，记录速度较快，工匠经过一定培训和指导便可实施，可以很大程度上替代专业门槛高、记录难度大的草图记录，形成专业人员主持并控制质量、工匠承担具体操作的运作体系。这一策略能够有效解决长期以来专业技术人员难以常驻工地的实际问题，得到故宫博物院古建部主任石志敏的高度评价，建议在施工单位推广。时任国家文物局局长单霁翔也表示，这一研究在建筑遗产保护工程记录技术策略的理论方法上有重要建树，在实践方法上亦有重大进展。

（三）《文物建筑测绘技术规程》的编写

1.《规程》的缘起与目的

与其他行业相比，我国建筑遗产测绘行业在标准化进程方面相对落后。由于缺乏可行的标准或规范、统一的方法与表达方式、系统的记录级别标准与深度要求，难以对测绘成果的质量进行科学评价。肖旻在其著作《唐宋古建筑尺度规律研究》中就指出，由于我国缺乏严格的古建筑测绘规范，判断研究文献中测绘数据的可靠性比较困难。[①] 这一局面不利于建立协调高效的技术管理秩序，并且在很大程度上影响和制约了文物保护科学技术事业的发展。

国家文物局文物建筑测绘重点研究基地（天津大学）成立后，意图通过规定文物建筑测绘的操作程序、技术手段和成果表达方法，解决测绘数据获取的真实

---

① 肖旻. 唐宋古建筑尺度规律研究. 南京：东南大学出版社，2006：62.

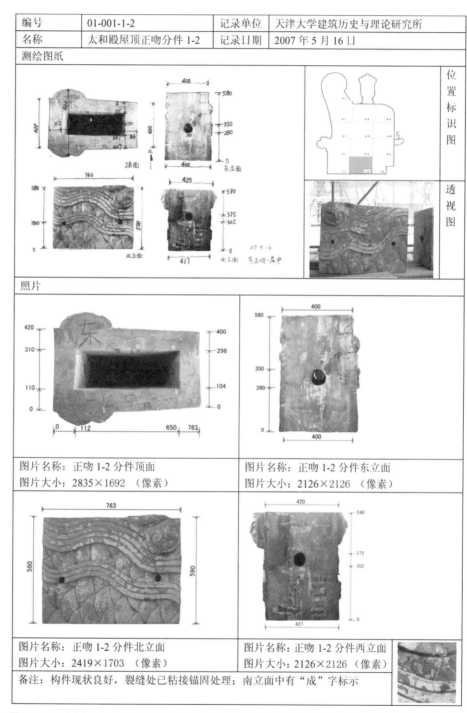

编号	01-001-1-2	记录单位	天津大学建筑历史与理论研究所
名称	太和殿屋顶正吻分件 1-2	记录日期	2007 年 5 月 16 日

测绘图纸

位置标识图

透视图

照片

图片名称：正吻 1-2 分件顶面
图片大小：2835×1692 （像素）

图片名称：正吻 1-2 分件东立面
图片大小：2126×2126 （像素）

图片名称：正吻 1-2 分件北立面
图片大小：2419×1703 （像素）

图片名称：正吻 1-2 分件西立面
图片大小：2126×2126 （像素）

备注：构件现状良好，裂缝处已粘接锚固处理；南立面中有"成"字标示

图 5-35 天津大学参与故宫太和殿修缮工程记录分件的成果，故宫博物院古建筑专家建议将这项策略在施工单位推广（资料来源：天津大学建筑学院提供）

性、可靠性和成果表达的适用性问题,推动文物事业科学、规范的发展。为此,以"指南针计划——中国古代建筑与营造科学价值发掘研究"项目为依托,由天津大学主持,联合东南大学、清华大学、同济大学、北京大学、北京工业大学,在中国文化遗产研究院、故宫博物院的协作下,展开《文物建筑测绘技术规程》(下称《规程》)的编制,经过前期准备、正式编制、项目内部讨论、专家书面意见、修改、专家评议等环节,最终于2012年9月形成了《文物建筑测绘技术规程》试用稿。

2.《规程》的性质与定位

《规程》为推荐性行业标准。《规程》主要规范文物建筑测绘中相关的测绘技术,制定测绘操作与表达的原则性和控制性条款,并倾向于常规大量型的技术使用规定。同时,在国内缺乏权威测绘操作指南的情况下,《规程》不可避免地涉及组织管理和如何认识、理解被测建筑的问题,对于手工测量、常规仪器测量等操作也进行了通用性的说明。但鉴于二者并不适于或不完全适用于标准化管理,因此只作出原则性规定。此外,测绘成果表达形式多样,其中的正射影像以及三维数字化模型在国内的应用尚在探讨之中,影像资料另有专门规范,《规程》仅对二维线画图和测绘技术报告的表达作出了规定。

总之,《规程》是测绘指南和规范的综合体。作为文物建筑测绘领域的第一个标准文件,《规程》条文中强制性条款和推荐性条款共存,并以推荐性条款居多。

3.《规程》的主要内容

《规程》分为"范围"、"规范性引用文件"、"术语和定义"、"总则"、"测绘基本流程"、"前期准备"、"总图测量"、"建筑测量"、"成果表达"9个部分,其主要内容包括:

(1)参照相关领域的法律法规、标准规范、学科理论以及国外同类型研究成果,对涉及文物建筑测绘活动的基本概念、专业术语、技术名词进行梳理,提出明确、统一的定义,建立文物建筑测绘术语体系,作为规程编写的基础。

(2)宏观上提出文物建筑测绘的基本原则。一是安全第一,确保人员安全、文物安全与设备安全;二是科学严谨,遵照实施前充分准备,操作中完备记录,完成后科学总结的完整流程;三是面向需求,根据使用需求选择恰当的测量方法和技术手段。

（3）以面向需求的原则为前提，根据前述"文物建筑测绘与图像记录规范化研究"的已有成果，将文物建筑测绘数据的精度分为 4 级，测量广度分为 3 级，并作出分级适用性说明。

（4）明确文物建筑测绘的基本流程以及各环节注意事项，强调了成果检核、验收、存档的管理要求。

（5）对测绘操作与成果表达进行具体细致的规定，按照测绘分级提出相应的测量要求和图纸表达深度。

4.《规程》的特点与创新点

（1）适用性

由于测绘涉及建筑本体、实际需求、技术水平、经济条件等因素的多样性和复杂性，测绘实践中的具体需求千差万别。为此，《规程》遵循原则性与灵活性结合的理念，在测绘分级方面仅仅规定了各精度级别和广度级别的基本要求和适用情况。其中，全面测绘适用于解体式保护工程前期勘察和全面了解、研究文物建筑形制特征及现状的测绘，典型测绘适用于为满足文物建筑初步建立科学档案、一般性保护工程前期勘察与文物建筑形制特征研究等测绘活动，简略测绘一般在文物建筑普查和某些专题性调查等需求下被采用。作为推荐性的分级标准，《规程》容许实践中对测量范围、精度要求以及图纸表达深度作适当和必要的调整，并充分考虑了不同需求对测绘精度及广度的要求，兼顾了各层次、级别的测绘具体需求，促进了资源高效、合理配置，具有可操作性和适用性。

（2）科学性

建筑遗产测绘分级首次被明确提出是在 1970 年代由文整会组织编写的培训教材《古建筑测量》当中，对于推动建筑遗产测绘体系的发展具有历史意义。此后又有多部论著基于不同标准提出建筑遗产测绘分级体系。如 2003 年出版的《古建筑测绘学》按测绘目的不同分为"精密测绘"与"法式测绘"[①]，2006 年出版的《古建筑测绘》将测绘工作分为"全面测绘"、"典型测绘"和"简略测绘"[②]，2009 年的《中国文物保护与修复技术》则分为"法式测量"、"基本测量"、"一般维修

---

① 林源 . 古建筑测绘学 . 北京：中国建筑工业出版社，2003：3–4.
② 王其亨 . 古建筑测绘 . 北京：中国建筑工业出版社，2006：52–54.

工程测量"、"落架工程测量"、"历史痕迹的测量"。①

然而，已有的分级体系在精确度和准确性方面都难尽人意。一方面，缺少测量精度的具体指标，难以进行成果检验和评价。另一方面，分级大多以测绘目的为出发点，具体以数据覆盖范围即测绘广度作为划分等级的依据，存在不同标准，难以统一，并且缺乏准确定义，以致"法式测绘"等概念含义不明，长期处于"约定俗成"的模糊状态。

在以往分级的基础上，《规程》吸收了其他学科的理论与方法，基于前述规范化研究课题对测量精度、广度与需求关系的分析，对建筑遗产测绘分级进行重新定义和划分。首先，综合测量学原理、建筑遗产保护原则、古建筑制作工艺标准、人眼视觉分辨力以及现实测量技术水平等多项因素，制定出测绘精度分级指标，填补了测绘分级缺乏量化标准的空白。其次，引入统计学的研究方法，将测绘调查中的数据采集视为统计调查，依据抽样理论重新表述不同测绘广度下的建筑遗产测绘类型，分为全面测绘、典型测绘与简略测绘。其中全面测绘对应"全面调查"的概念，典型测绘对应抽样调查中非随机抽样的"典型抽样"概念。这种新的定义方式契合建筑遗产测绘的本质，更加科学、严谨、规范。

另外，《规程》对数据说明提出更加科学的要求，规定了在测绘技术报告和图纸中应详细说明二维线画图中数据的来源和处理过程，包括测量的具体位置和选取依据、样本尺寸表，以及说明建筑尺寸是否可在图纸上直接测量。

（3）兼容性

《规程》制定的条款、标准在技术层面具有通用性，能够满足不同类型文物建筑记录的信息采集技术活动的要求。同时，《规程》可以与拟议中的相关实践指南性文件兼容互补，共同为测绘活动的规范化分工协作。随着整个文物建筑记录调查规范化体系的完善，"各种目标不同的文物建筑记录调查，将是应用多种技术规范、指南，对所需各类信息进行采集和表达的科学过程，在涉及相关测绘技术问题和技术指标时，可直接援引《规程》的相关条款。"②

（4）"信息索引框架"概念的提出

一直以来，测绘图被用作底图。与建筑遗产研究与保护相关的其他各种属性

---

① 中国文化遗产研究院 . 中国文物保护与修复技术 . 北京：科学出版社，2009：21-22.
② 引自文物建筑测绘研究基地（天津大学）：《文物建筑测绘规程编制说明》（稿）。

的信息被标引、附加在测绘图中，以不同目的、不同形式结合，最终形成特定的专题性图纸，如勘察实测图、设计图、竣工图、分析图、表现图等。这也正是测绘图作为建筑遗产研究保护基础资料的原因。当前，测绘技术大致完成了从传统手段到数字化测绘的阶段，正经历着从数字化测绘向信息化测绘的变革。顺应信息化发展的趋势，《规程》从"信息"角度来考察测绘活动及成果，将测绘图的引导功能赋予"信息索引框架"的概念，以促进二维线划图与数字照片、点云影像、正射影像等多种形式的成果交叉索引，丰富各种"专题图纸"的信息量和表现力，不仅满足传统的索引功能，还更新了测绘成果转化应用的理念。

5.《规程》的意义

测绘是融合诸多学科的交叉性领域，因其特殊性与专业性，此前一直未有相应的技术规范出台。《规程》结合测绘学科的相关技术规范与文物建筑测绘实践，提出了具有针对性和专门性的技术规范，填补了这一空白。

针对国内各地区技术经济条件不平衡、文物保护力量相差甚远的现实情况，《规程》通过按照实际需求的原则进行测绘分级，给予不同等级、水平的测绘活动以合理地位，以适应我国文物保护现状，具有重要的现实意义。

由于文物建筑测绘相关因素的复杂性与多样性，文物界就其相关的一系列问题存在长期悬而未决的争议。《规程》的编制以充分调研、吸收各方意见为基础，对相关的基本概念进行明确，并针对重要争议性问题提出新的理念，力图促进行业交流，统一技术思想。随着《规程》出台，国内文物测绘行业技术操作的混乱局面也有望得到改观。

五、建筑遗产测绘对建筑史学研究的影响

（一）实物测绘与学术研究的相互促进

中国建筑史学研究在 1930 年代中国营造学社的开创下，结合实物测绘与文献研究，形成了研究古代建筑历史的基本方法，奠定了建筑史学的理论基础。然而，囿于时局，大量具体工作未及展开。1949 年后，建筑遗产测绘的规模今非昔比。大量实测工作与相关研究相辅相成，在诸多方面获得了新的进展和启示。

1. 实物测绘不可被推演取代

梁思成、刘敦桢进入营造学社后，以古建筑实物测绘作为解读两部古代建筑典籍《营造法式》和《工程做法则例》的突破口，不仅迅速掌握了大量建筑构件、形式、做法的术语称谓，对于古代建筑尺度规律的研究也取得了初步成果——厘清了宋代建筑使用材栔、明清建筑使用斗口作为用材标准的模数化设计方法。基于此，学术界长久以来存在清代官式建筑严格遵循固定规制的认识。在实物测绘中，时常套用《工程做法则例》直接计算推导遗漏数据。还有一种观点认为，只要获得了清代建筑的斗口尺寸，就可以据此推算出整个建筑的所有尺寸。这类观点虽然不乏理论基础，但大量、深入的实物测绘表明，建筑的实际尺寸与文献记述并不完全吻合。以下试举例说明。

清代皇家的最后三座陵寝定陵、惠陵、崇陵之间，具有很强的因袭关系。三者做法统一，在用于核销工料的《销算黄册》中也有一致记载。以三座陵寝的方城明楼为例，除了用料树种不同，尺寸、做法则完全相同，在《工程做法则例》《销算黄册》的记载也基本一致。然而，天津大学在长期测绘清代皇家陵寝的成果基础上，将三处方城明楼的主要构件的实测数据与《销算黄册》的相关技术进行比对，结论是除了脊桁、上金桁、下金桁的直径，以及三架梁、踩步金枋的厚度全部吻合外，其余各项数值均未取得三者一致符合文献的结果，皆存在或大或小的出入（表5-3）。除了尺寸的差别，实测中还发现，三处建筑的具体构造也有明显差异（图5-36）。这说明，实际营建过程并不严格遵照《工程做法则例》的规定，具体处理方式由工匠灵活掌控施用。事实上，大量实测结果显示，鲜有清代官式建筑符合所谓的尺寸权衡规则。因此，根据文献推测数据并简化或取代实物测量是不可取的。测绘中发现的真实细节，恰恰可能反映了建筑结构、构造的机制或者工匠、工艺的流变，是展开深入研究的重要线索。

2. 研究与测绘的良性循环

测绘是在理解被测对象的基础上完成的。对于古建筑的测绘而言，成果能否反映建筑的本质特点，在一定程度上比追求测量精度更为重要。因此，对古代建筑设计、构造、工艺、尺度规律的认知水平，决定了测绘的具体方法和实施程序，直接关系到测绘的科学性与准确性。以下试举例说明。

1935年，王璧文在《中国营造学社汇刊》第五卷第四期发表文章《清官式

定陵、惠陵、崇陵与《销算黄册》比较（按 1 尺 =320mm 折算，单位：mm）　表 5-3

构件名称	《销算黄册》	定陵实测尺寸折算	惠陵实测尺寸折算	崇陵实测尺寸折算
脊桁	径 448	径 448	径 448	径 448
脊垫板	宽 256	宽 256	宽 180	宽 256
	厚 96	厚 120	厚 175	厚 96
脊枋	宽 384	宽 400	宽 415	宽 384
	厚 320	厚 320	厚 400	厚 320
上金桁	径 448	径 448	径 448	径 448
上金垫板	宽 256	宽 360	宽 80	宽 256
	厚 96	厚 120	厚 175	厚 96
上金枋	宽 384	宽 340	宽 415	宽 384
	厚 320	厚 320	厚 400	厚 320
下金桁	径 448	径 448	径 448	径 448
下金垫板	宽 256	宽 195	宽 80	无
	厚 96	厚 120	厚 175	
下金枋	宽 384	宽 370	宽 415	宽 384
	厚 320	厚 320	厚 400	厚 320
正心桁	径 352	径 448	径 448	径 352
挑檐桁	径 256	径 256	径 150	径 256
脊瓜柱	高 1184	高 1070	高 855	高 1184
	见方 416	见方 500	见方 500	见方 416
荷叶角背	长 1440	长 2130	无	长 1440
	宽 384	宽 460		宽 384
三架梁	长 3712	长 3712	长 3670	长 3712
	宽 512	宽 415	宽 512	宽 512
	厚 384	厚 384	厚 384	厚 384
踩步金	长 3200	长 6670	长 7010	长 5290
	宽 672	宽 550	宽 550	宽 672
	厚 512	厚 512	厚 465	厚 512
踩步金枋	长 5760	长 5760	长 5760	长 5475
	宽 416	宽 450	宽 385	宽 416
	厚 352	厚 352	厚 352	厚 352
抹角梁	长 5056	长 5234	长 4350	长 5295
抹角随梁	长 5056	长 3835	长 4710	长 4600

（资料来源：常清华.清代官式建筑研究史初探.天津：天津大学，2012：157）

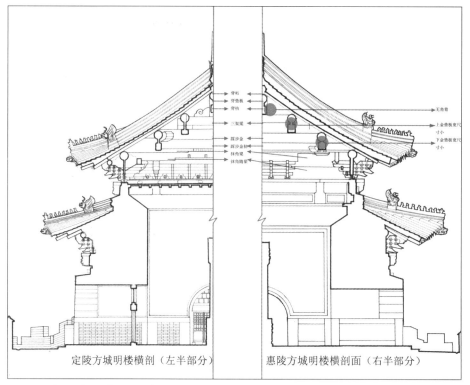

图 5-36　定陵、惠陵方城明楼横剖面比较图（资料来源：常清华 . 清代官式建筑研究史初探 . 天津：天津大学，2012：159）

石桥做法》。该文根据《营造算例》、样式雷图档以及相关档案，按照"以算求样"的方法，对桥座通行的双心券做法进行数理分析并绘图，是对清代官式建筑双心圆拱券结构的最早分析。莫宗江在 1942 年至 1943 年参与中央研究院历史语言研究所主持的成都前蜀高祖永陵调查时，最初判断其玄堂北壁券形曲线类似抛物线，经过实测数据的推算分析，确定为双心券，并在测绘图中标定了圆心和偏心率，是最早对双心券应用于古代建筑实物的测绘和研究（图 5-37）。

此后，天津大学通过大量实测发现，清代北方官式建筑的筒拱结构普遍采用双心圆为券形曲线。结合测绘数据与样式雷图档，以及清代建筑工程籍本当中的相关记述，通过计算作图，能够得到拱券高与券口面阔之比为 1.1 的数理规律。[①]以此为基点，天津大学进一步对其他时代、地域的建筑实例作广泛考察，通过测绘明代帝陵及 28 处藩王坟，证实了明代北方官式建筑普遍采用双心券结构，四川、重庆等地的建筑中也广泛应用这一结构。与此类似，天津大学在北京北海建筑测绘中发现了锅底券的穿拱结构，证实了此前王璧文在《清官式石桥做法》中对锅底券算法探索的成果，澄清了长期以来将锅底券等同于双心券的误区。

另外，天津大学在长期测绘明清官式建筑中发现，建筑檐口勾头、滴水的排列方式以雍正朝为时间分界，呈现出前后截然不同的规律——雍正朝之前为勾头

① 王其亨 . 双心圆：清代拱券券形的基本形式 . 古建园林技术，1987（2）.

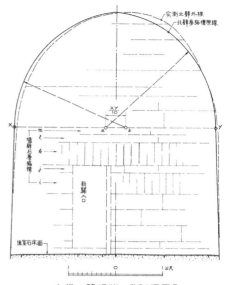

图 5-37　莫宗江测绘的五代前蜀永陵玄堂北壁现状及券弧复原图（资料来源：梁思成等．未完成的测绘图．北京：清华大学出版社，2006：174）

坐中，之后为滴水坐中。与之类似的是，清代垂花门的"出梢"尺度也随时间而发生变迁——清早期为三椽半，晚期为四椽半。这些规律的背后，折射出古代建筑技术、艺术的深层问题。与之相应的是，随着做法规律的证实，对测绘方法、程序进行改进，可将记录上述建筑做法作为测绘注意事项，补充为重要的测绘实践指南。

3. 实物测绘与文献的综合研究——以清代陵寝综合研究为例

清代陵寝建筑工程中，产生了形形色色、卷帙浩繁的工程籍本。其中官方编修的《工程做法则例》、《工程备要》或《工程记略》、《销算黄册》分别因不同目的形成于工程不同阶段。[1]

工程籍本中记载大量建筑尺度、做法的信息，尤其是《销算黄册》，虽然以核销工料为编制目的，实际上却直接反映了工程实施完竣时建筑诸多细节方面的丰富信息。

不仅如此，工程籍本围绕实践产生，有大量完好遗存的实物与之对应，更有清代样式雷图档作为参证。因此，朱启钤在创办营造学社之初，就提出结合考察实物、挖掘工程档案、整理样式雷图档的综合研究方法。此后，刘敦桢按照这一理路，对清西陵进行实地考察与研究，完成了清代陵寝综合研究的开山之作《易县清西陵》。受时局牵掣，其余众多工程个案未遑展开。

1980 年代以来，天津大学受益于这一方法的启示，组织上千名师生对清

---

① 《工程做法则例》规定工程规模及做法原则；《工程备要》或《工程记略》汇集工程经营全过程的完善档案；《销算黄册》是核销工、料、银的明细账册。

代皇家陵寝遗存进行了大规模的全面测绘，并深入发掘相关工程档案，完成了慕陵、定陵、惠陵、崇陵、昌西陵、慕东陵、定东陵等一系列工程个案研究，形成了丰富的学术成果。其中，利用《销算黄册》与实物遗存、样式雷图档的对应关系，借助推算作图的方法，使清代官式建筑研究中存在的诸多难题得到解决。① 例如，利用《销算黄册》推算作图完成的《清代陵寝地宫研究》，对定陵、定东陵及惠陵等地宫深入剖析，推算复原图，揭示了地宫结构的隐蔽层次。这一方法同样应用在定陵牌楼门的研究中——根据《销算黄册》中载录的关于建筑形制、名称、构造及做法工艺等方面的数据和信息，推算并复原成图，并核对落架维修现场的实测成果，获得了对于牌楼门构件名称、形制、做法的全面了解，又以定陵牌楼门画样作为验证，说明了实物测绘与以算求样相结合的研究方法的有效和可靠（图5-38）。②

事实上，梁思成早在1934年《营造算例》初版时，就曾指出以算求样方法的重要意义。③ 天津大学的研究成果也表明，利用清代工程籍本，依托大规模实物测绘，对于清代官式建筑研究的突破和进展具有重要意义。沿袭这一方法，对尚存丰富的清代宫殿、坛庙、园囿、府邸等建筑也参照档案图籍、工程籍本开展综合性的研究，将可望在建筑术语判释、结构剖析与工艺探究以及研究清代建筑工程籍本研究方面获得更为丰富的成果。

4. 建筑术语研究与实物测绘

自20世纪20年代开始，营造学社围绕两部官方建筑文献——清《工部工程做法》和宋《营造法式》，结合中原地区古代建筑和北方官式建筑的调查测绘，对相关构件名称、建筑术语逐一调查考证，完成了中国建筑基本知识体系的架构，初步解决了建筑史研究当中"是什么"层面的问题。抗战南迁之后，学社在西南地区继续田野考察，发现了大量具有地域特色的建筑实例，丰富了古代建筑研究

---

① "一方面，可以通过建筑实物的测绘研究而初步解读对应的工程籍本；另一方面，也可以利用工程籍本有关内容来检验和深化认识测绘成果。而在把握了建筑实物与工程籍本有关信息之间各种微妙关系以后，利用工程籍本推算作图，还可以更深入地剖析非经考古发掘或落架重修而难以深入洞察的建筑内部，尤其是隐蔽工程的诸多细节。在这个过程中，工程籍本大量怪异名词术语的解读，以及建筑实物名称的确定，也都可以逐一得到合理的解决。"引自王其亨.清代建筑工程籍本的研究利用.见：王其亨.当代中国建筑史家十书·王其亨中国建筑史论选集.沈阳：辽宁美术出版社，2014：542.

② 王其亨、王西京.清代陵寝牌楼门制度与做法.古建园林技术，1992（3、4）.

③ "其实这全部书（《营造算例》）最大的目标在于算而不在样。不过因为说明如何算法，在许多地方于样的方面少不了有附带的解释，我们现在由算的方法得以推求出许多样的则例，是一件极可喜的收获。"引自梁思成.清式营造则例.北京：清华大学出版社，2006：126.

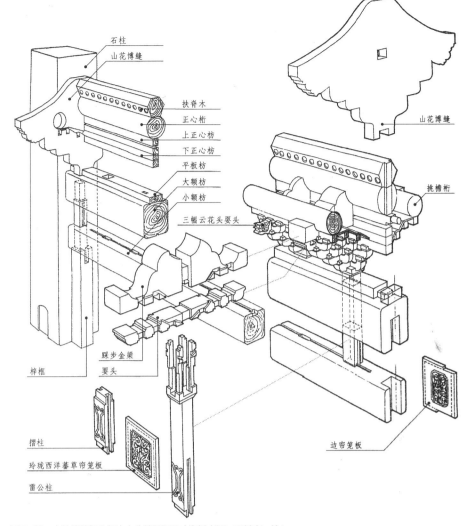

石柱
山花博缝
扶脊木
正心桁
上正心枋
下正心枋
平板枋
大额枋
小额枋
三幅云花头耍头
梓框
踩步金梁
耍头
摺柱
玲珑西洋蕃草帘笆板
雷公柱
山花博缝
挑檐桁
边帘笆板

图 5-38　定陵牌楼门上架大木分件透视图（资料来源：王其亨　绘）

材料的多样性。其中，刘致平在四川调查住宅 200 余所，择优测绘了其中的 60 多处，并且通过寻访工匠，重点调查建筑做法和名词术语，与已有的建筑文献《工部工程做法》、《营造法式》、《营造法原》进行对照，完成了岷江流域建筑名词对照表 [1]，开创了地域建筑术语研究的先河。在此基础上，刘致平撰写了《四川住宅建筑》一书，由于种种原因，直至 1990 年才发表在其著作《中国居住建筑简史——城市、住宅、园林》当中。

　　1949 年以后，建筑遗产调查测绘在全国范围内统筹展开，经过跨部门、多机构的大规模普查、勘察及测绘，积累了丰富的地域建筑实物材料，在调查范围和广度上取得了突破性进展。

　　改革开放以后，地域建筑研究对于完善建筑史研究体系和古代建筑文化源流研究的重要意义引起重视，相关的研究视角也有了较大扩展，由单一的建筑类型

① 刘致平.中国居住建筑简史.北京：中国建筑工业出版社，1990.

研究发展为结合社会学、历史学、民族学、语言学的综合研究。其中，清华大学在陈志华主持下，以乡土社会"生活圈"为单位，进行广泛的乡土建筑调查研究，取得了以《楠溪江中游古村落》①为代表的一系列学术成果。华南理工大学在陆元鼎主持下，展开"南方民系、民居与现代村镇居住模式研究"的课题研究，从"民系"的角度将东南地区建筑划为五大谱系，并对其建筑模式及其衍型进行比较研究，完成了《客家聚居建筑研究》、《中国东南系建筑与区系类型研究》、《闽海系民系民居建筑文化研究》、《越海民系民居建筑与文化研究》、《湘赣民系民居建筑与文化研究》、《广府民系民居建筑与文化研究》等一系列博士学位论文。此外还有东南大学对徽州地区古村落的测绘研究，同济大学对福建土楼建筑的测绘研究，西安建筑科技大学对西北窑洞建筑的研究，西南交通大学对四川地区建筑的研究，昆明理工大学对云南民居建筑的研究，等等。

　　随着建筑文化遗产保护研究的深入，对地方性营造技术传统研究的关注得到加强，地域建筑研究由偏重建筑文化理论的探讨回归到建筑建构技术层面。东南大学朱光亚先后主持的"南方古代建筑研究"、"江苏传统建筑工艺抢救性研究"、"南方发达地区传统工艺抢救性研究"、"东南地区若干濒危和失传的传统建筑工艺研究"等课题，对南方地区建筑工艺进行抢救性调查记录，在此基础上进行技术源流、工艺做法等技术层面问题的研究。完成有《福建传统大木匠师技艺研究》②等一系列成果。天津大学结合"甘青地区传统建筑及其保护研究"课题，以甘肃、青海地区传统建筑的大规模测绘为基础，进行工匠、工艺的调查研究，厘清了甘青地区建筑的营造工艺流派和做法谱系，完成了《甘青地区传统建筑工艺特色初探》、《明清时期河西走廊建筑研究》等一系列学位论文。华南理工大学在"岭南民间工匠传统建筑设计法则及其应用研究"课题中，对岭南地区传统工匠的营造技术和经验进行整理，对传统建筑的设计法则进行了初步分析。华中科技大学则以"明清移民通道上的湖北民居及其技术与精神的传承"为课题，从移民文化的视角出发，对鄂、湘、川、赣移民通道交界地区的建筑技术做法、居住环境和文化进行系统考察，通过对移民路线的考证和实物调查厘清移民对建筑文化的影响。另外，还有同济大学对传统木作加工工具、工序进行考证整理，对传统营造工艺技术的发展概况进行梳理研究，成果出版有《中国传统建筑木作工具》③、《中国传

① 陈志华.楠溪江中游古村落.北京：生活·读书·新知三联书店，1999.
② 张玉瑜.福建传统大木匠师技艺研究.南京：东南大学出版社，2010.
③ 李浈.中国传统建筑木作工具.上海：同济大学出版社，2004.

统建筑形制与工艺》①等。四川大学建筑学院近年以刘致平 1940 年代对四川建筑的调查为起点，对四川地区地方性建筑术语和构造做法工艺展开研究。通过走访工匠，并结合测绘教学，围绕传统建筑的主要特征与特色构件等进行调查。在刘致平整理的四川地区和其他地区建筑术语对照表的基础上，选择了极具地域特色的构件——建筑翼角部位的撑栱和虾须进行深入研究。②重庆大学建筑城规学院结合教学与科研，对西南地区传统建筑进行长期的调查和研究，测绘了以平武报恩寺、青城山道观、成都武侯祠、重庆湖广会馆等为代表的上百处古建筑，为地域建筑研究和保护提供了重要资料和技术支持。近年来，建筑城规学院建筑历史与理论研究所将 30 余年的测绘成果整理出版为"中国西南古建筑典例图文史料"丛书。

地域建筑研究的角度、方法各异，但基本上都以实物调查测绘为基础，并涉及建筑术语的研究，成果散见于相关的研究著述之中。近年来，传统建筑营造工艺的研究逐步深入，专注构造、做法等具体的技术问题，为建筑术语的系统整理提供了契机。例如，东南大学对南方地区、天津大学对甘青地区、四川大学对四川地区传统建筑术语的总结，都取得了相应的成果（图 5-39、图 5-40）。

建筑术语的背后，关联着建筑形制、结构、构造、工艺、材料等具体的营造信息（图 5-41）。对这些建构问题的研究，既以实物调查测绘为基本手段，又是测绘"前理解"的重要内容，直接关系到测绘过程中的判断、操作以及测绘成果的质量。同时，形象化的测绘成果也为记录、传达建筑术语信息提供了有利途径。

（二）古代建筑尺度规律研究

自中国营造学社开创中国建筑史学以来，经过几十年的调查研究，已经掌握了现存建筑遗产的基本情况。在此基础上，初步建立起中国建筑史学的结构体系，初步整理出古代建筑的发展脉络，对于古代建筑的类型与特征有了宏观的认识。以此为奠基，建筑史学研究从"有什么"、"是什么"的命题发展至"为什么"的理论层次。

伴随实物考察研究，梁思成、刘敦桢等学者都曾论及理论层面的内容，然而囿于客观原因未遑深入展开。例如刘敦桢就曾在 1965 年发表的《中国木构建筑

---

① 李浈 . 中国传统建筑形制与工艺 . 上海：同济大学出版社，2010.
② 2015 年 4 月 14 日笔者采访四川大学建筑学院赵春兰教授的记录。

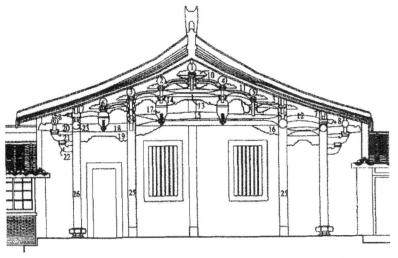

泉州構架名稱示意圖：　　(底圖引自99年東南大學泉州民居測繪圖紙---泉州東觀西臺第二進)

1. 脊圓　2. 付圓　3. 前後青圓
4. 頂付圓　5. 下付圓　6. 小青圓
7. 前後步枋圓　8. 前後捧錢
9. 前後捧錢圓　10. 脊束　11. 肥束
12. 稱束　13. 二通梁　14. 通隨（梁巾）
15. 大通梁　16. 托木　17. 挫瓜筒（走筒）
18. 步通梁　19. 翹光　20. 通梁出尾（正厝）
21. 圓光出拱（副拱）　22. 副栱　23. 壽梁
24. 前後大眉　25. 前後青柱　26. 前後步柱

图 5-39　泉州民居构架术语示意图（资料来源：张玉瑜.福建传统大木匠师技艺研究.南京：东南大学出版社，2010：48）（上）
图 5-40　甘青建筑檐下做法与构件术语（资料来源：唐栩.甘青地区传统建筑工艺特色初探.天津：天津大学，2004：67）（中）
图 5-41　以北京故宫太和门为例的清官式建筑术语标注（局部），张学芹绘制（资料来源：故宫博物院提供）（下）

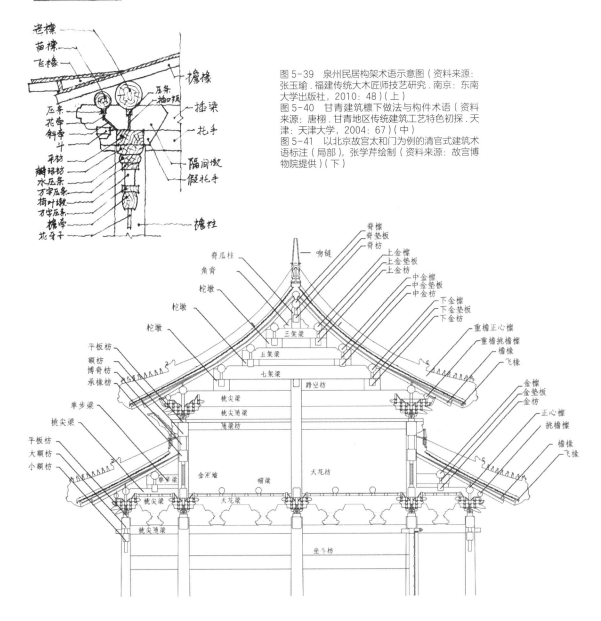

造型略述》中提出，必须在古代建筑的形制中寻求规律①，并指出，必须依靠大量实测图才能进行多方位的比较和深入研究。② 因此，正如陈明达所述，向理论层面转型是建筑史学研究发展的内在需求。③

1. 陈明达的研究

研究初期，实测资料用于对建筑遗构客观真实的记录，以及对建筑形制、法式方面的分析研究。对于测量数据及其背后隐含的尺寸规律和设计理论的解读，是随着 1960 年代陈明达对山西应县木塔的研究而展开的。陈明达由实测数据入手，探索古代建筑的营建规律与设计思想体系，取得了突破性的重大成果。

1960 年左右，陈明达提出，已进行详细测量的建筑实物很少，并且大多停留在测绘图纸层面，缺乏深入研究和分析利用④，遂决心在已有条件下逐个分析古代建筑实例，拟定了 20 多个具有代表性的实例进行深入研究。时值文物出版社编印全国文物保护单位资料图录，陈明达发现当时掌握的资料以应县木塔最为完整，于是决定将木塔作为第一个研究对象。

在 1933 年梁思成、刘敦桢等调查测量应县木塔的基础上，陈明达于 1962 年补测木塔，并围绕平面尺度如何决定、总高如何确定、与断面有何关系等一系列涉及建筑设计的问题展开实测数据分析。通过分析立面图的实测高度数据，发现塔在竖直方向上存在各段高度数值的关联性，即大致按照普拍枋为结构分段点的 7 段中，除塔顶外，其余 6 段高度相近，并且与第三层柱头面阔尺寸吻合，是各设计段的标准高度。随着继续剖析各段高度数据的内在逻辑，得到形成这一标准

---

① "中国古代建筑的造型，是随着各种建筑类型的不同而形成差异的，就是在同一类型中也会出现若干变化，因此我们必须在这些千变万化中，努力整理并寻找出它们的规律来。……通过许多实例，人们不难发现其间存在着某些数学上和美学上的原则和比例，而它们又是和建筑的平面和结构有着密切的关系。这些内在和外在的许多规律，都是中国历代匠工在长期的建筑实践中，通过经验累积而传承下来的，因此十分珍贵。"引自刘敦桢.中国木构建筑造型略述.见：刘敦桢.刘敦桢全集（第六卷）.北京：中国建筑工业出版社，2007：227-228.

② "中国建筑的造型，大体上可分为对称与不对称两大类型。其中又各有变化，即如屋顶就有多种形式，要全面说明这一问题，首先必须依靠对各种建筑的大量实测图，才能对它们进行多方位的比较和深入的研究，从而得出较为全面与合理的论证。"引自刘敦桢.中国木构建筑造型略述.见：刘敦桢.刘敦桢全集（第六卷）.北京：中国建筑工业出版社，2007：227-228.

③ "冷静地细读三本建筑史，可以看出在 1966 年以前，我们的成果还只是属于考古学范畴的，主要内容只是表面现象的认识和分类、排列，能鉴定实例的年代，熟悉各时代的名称术语和立面外观、结构形式。也就是有了较完备的感性认识，理性认识很薄弱，还没有进入建筑学的范畴。当然，不是说完全没有涉及建筑学，只是初步地、不完备也不系统地有一些认识。即如上文所叙第一本建筑史中找到的课题，实际上就提出了各项从建筑学观点上的看法。这是亟需继续发展的部分。"引自陈明达.古代建筑史研究的基础和发展——为庆祝〈文物〉三百期作.文物，1981（5）.

④ "我们有那么多古代建筑实例，但经过详细实测能够拿出图样的却很少。已经测量过的实例则大多停留在测绘图纸前面，没有进一步深入探讨。我们虽有一部完成于 11 世纪的建筑学——《营造法式》，但认真研究的人却寥寥无几。大量的工作正等待着我们去做！"引自陈明达.应县木塔.北京：文物出版社，1966：63.

高度的数值组合规则，以及由此获悉的立面设计中的数学规律，从而得出"立面构图有严密的数字比例"①的结论。

基于应县木塔研究，还获得了以下重要认识。第一，古代平面设计以柱头为依据。第二，各层铺作是一个整体结构层。第三，全塔由若干结构层水平重叠而成，是《营造法式》中记录的殿堂结构形式。

陈明达认为，这其中以平面、立面设计构图规律和殿堂结构形式两项最为重要，"它触及了古代建筑设计和结构设计的本质问题，打开了探讨古代建筑设计方法的大门，是对建筑学和建筑技术是发展的新收获。"②

限于对《营造法式》理解的不足，应县木塔研究也存在一定欠缺。1978年，陈明达在《应县木塔》再版附记中写到，当时未将实测数据换算为材份值进行分析即是这一原因：

> 原文对释迦塔的研究，全部是直接用实测的数字为依据，而没有将实测数字折算成材份再进行分析。不但费时，而且认识不深，不易发现问题，也必然会有遗漏或理解不到之处。③

然而，也正是通过应县木塔的研究，证明了建筑尺度具有严密的数学关系，使陈明达确信古代建筑中存在着一套完整的设计方法："在研究释迦塔之前，对《营造法式》的材份制只有一个不完全的认识，以致既感觉到它有一个类似模数的东西存在而又有重大的缺点，或者只能称之为不完善的模数制；及至完成释迦塔的分析，证明了塔的平面、立面、结构各部分尺度有那么谨严的关系，使我深信它一定是有一套完整的设计准则，而且是早已形成的。"④

《应县木塔》在探索古建筑设计方面取得了重大进展，极大地推动了后续的相关理论研究（图5-42）。⑤《应县木塔》完成后，受政治运动影响，陈明达的研究陷入停顿，直到1976年才"重理旧业"。通过研究木塔，他深刻感到，"实物研究和《营造法式》研究应当互相补充、互相促进"⑥，虽不能肯定木塔立面构图规律

① 陈明达.应县木塔.北京：文物出版社，2001：58.
② 陈明达.应县木塔.北京：文物出版社，2001：59.
③ 陈明达.应县木塔.北京：文物出版社，2001：59.
④ 陈明达.应县木塔.北京：文物出版社，2001：63.
⑤《中国大百科全书》评价道："这本专著阐明，中国古代建筑从总平面布置到单体建筑的构造，都是按一定法式经过精密设计的，通过精密的测量和缜密的分析，是可以找到它的设计规律的。"引自中国大百科全书出版社编辑部，中国大百科全书总编辑委员会《建筑·园林·城市规划》编辑委员会.中国大百科全书（建筑、园林、城市规划卷）.北京：中国大百科全书出版社，2004：509.
⑥ 陈明达.《营造法式》大木作研究.北京：文物出版社，1981：5.

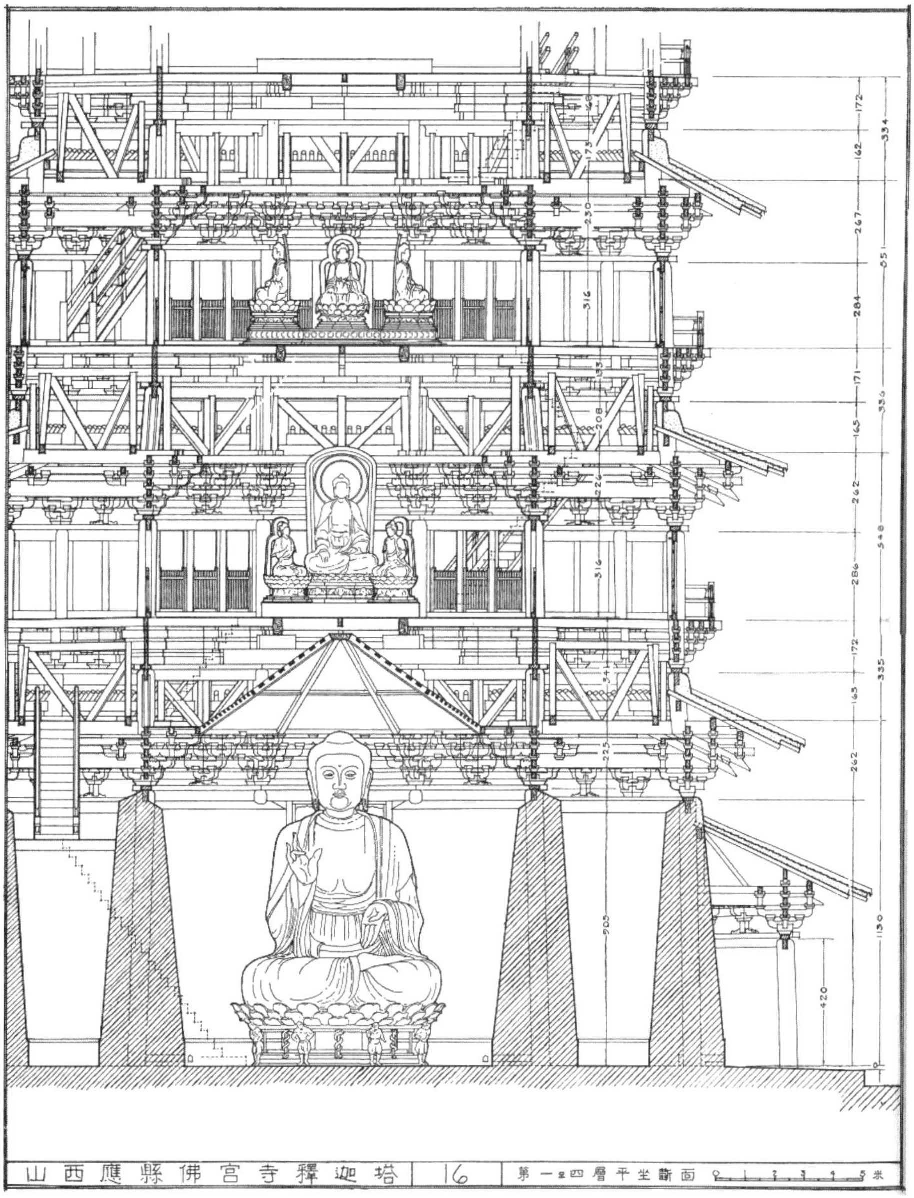

图 5-42　应县木塔断面图（资料来源：陈明达.应县木塔.北京：文物出版社，1980：82）

为当时的一般性规律，但在记录、总结唐宋建筑的《营造法式》中应当有类似记载。[①]
鉴于此，陈明达决定先深入研究《营造法式》大木作，再继续分析古代建筑实物，
自 1976 年开始专力从事《营造法式》的研究。1981 年，其研究成果撰为《〈营造
法式〉大木作研究》（下称《大木作研究》），由文物出版社印行出版。傅熹年指出，
《大木作研究》在明确了"按材等建造房屋的具体规模"、"铺作铺数、朵数与间广、
建筑规模之间的关系"、厅堂和殿堂用材、铺作、间广及结构特点、"楼与阁、殿

---

① "塔的时代既在《营造法式》之前，那么《营造法式》中不能没有这种设计准则的反映，至少应有痕迹可寻，所
　以必须再重新深入研究《营造法式》，首先是它的大木作。"引自陈明达.应县木塔.北京：文物出版社，1966：
　63.

阁与堂阁、副阶与缠腰在渊源和结构、构造做法上的区别"等方面取得了重要成果。^①其中，古建筑实物及其实测数据发挥了关键性的参证作用，体现在以下方面。

第一，《营造法式》的一个重要之点是提出"以材为祖"的材份制，即古代建筑设计、施工的模数制。尽管《营造法式》按照材份制规定了大木作各个部件的材份数，对于建筑的基本尺度如间广、椽长、柱高、檐出等等，却仅提出了具体数值，未提及材份数。陈明达认为，这显然属于《营造法式》的一项重大缺漏。为了将上述尺度还原为材份数，他通过将具体尺寸按八个材等分别折算为份值，筛选出其中的整数，并结合古建筑实例验核，与原书制度、功限、料例等有关材份的记述相互证明，从而确定每项尺寸的材份值。全部数据中除了椽子的净距和檐角生出缺乏足够的实例测量数据核对外，其他各项都与实例相符或相差极小。

第二，陈明达在《大木作研究》中，将27座唐宋木结构建筑的实测数据按照材栔、间广、檐出、柱头及柱脚间广、铺作等进行分类列举，与《营造法式》制度比对分析，指出《营造法式》大木作制度与现存实物的关系：原则上与自唐以来的实例相符合，从而确定《营造法式》是根据"自来工作相传"的经验，加以系统严密的整理而制定出的房屋标准材份制度。^②

《大木作研究》基本证明了北宋时已经存在着满足不同建筑设计需求的标准化模数制设计方法，是陈明达在建筑史研究上最杰出的突破性贡献，提高了对于古代建筑所达到的科学水平的认识。^③

陈明达完成了《〈营造法式〉大木作研究》之后，即按照原有计划继续实例分析，着手进行独乐寺建筑的专题研究。^④在独乐寺研究中，陈明达指出，早期建筑中存在着标准材，是建筑尺度设计的重要依据。按照1963年文整会（时称"文物保护科学技术研究所"）的实测数据，观音阁有四种用材规格。因此，将建筑控制性实测数据如间广、进深尺寸，按照不同单材材高分别换算为材份数，选取结果较整齐、接近材的整倍数者确定为观音阁的标准用材。根据标准材将建筑实

---

① "明确了按材等建造房屋的具体规模及相邻材等间的交叉情况，以及如何视不同情况'度而用之'；明确了厅堂和殿堂是两种不同的结构形式，以及这两种形式各自的用材、铺作、间广及结构特点，澄清了以往木构建筑结构形式中存在的'减柱造'等模糊观点；明确了铺作铺数、朵数与间广、建筑规模之间的关系；辨明了楼与阁、殿阁与堂阁、副阶与缠腰在渊源和结构、构造做法上的区别等等。"引自杨永生，王莉慧编.建筑史解码人.北京：中国建筑工业出版社,2006：61-62.

② 陈明达.《营造法式》大木作研究.北京：文物出版社，1981：177.

③ 杨永生，王莉慧编.建筑史解码人.北京：中国建筑工业出版社，2006：61-62.

④ 1984年，他在独乐寺重建一千周年庆祝活动暨学术研讨会上发表文章《独乐寺观音阁、山门建筑构图分析》，随后又扩展为长篇研究论文《独乐寺观音阁、山门的大木作制度》。2007年，在原文基础上，增编中国营造学社、中国文物研究所、天津大学等单位历年积累的独乐寺建筑测绘图、照片等资料，出版为专著《中国古代建筑：蓟县独乐寺》。

测数据的材份值进行比较分析后推测，独乐寺在设计时采用了量才施用的原则。[1]

结合实测成果以及对《大木作研究》的已有认识，陈明达对独乐寺两座建筑进行平面、断面、立面构图分析，发现了其中存在的简约数字比例关系，并探讨了建筑规模形式、标准间广的确定、塑像与建筑构图的关系等一系列建筑设计问题，在中国建筑理论研究方面取得了进一步突破（图5-43）。陈明达指出，正是将实测数据折合为材份数值这一方法，在建筑实例与《营造法式》之间搭设了桥梁，从而导向探索古代建筑设计理论的途径。[2]

综上所述，陈明达在探索古代建筑理论方面的成果，是伴随着实物与《营造法式》的反复互证研究而逐步深化的，其中的每一步进展都与实物测绘研究密不可分。在这一过程中，他不断省察研究方法，使之由西方学科理念回归到本民族的传统语境，从而在建立本民族建筑学体系的过程中又迈进了一步，并且给予后来的研究者很大启发。

2. 傅熹年的研究

傅熹年毕业于清华大学建筑系，曾先后在梁思成、刘敦桢、陈明达的指导下工作。在长期研究中，受陈明达研究古代建筑设计理论的启发，傅熹年十分关注古代建筑的尺度问题，经过对大量实测资料的分析，发现古代单体建筑设计、建筑群布局、城市规划都存在着以模数为特征的尺度规律。例如，按照1940年代基泰工程司绘制的北京中轴线建筑测绘图，将紫禁城、太庙和社稷坛等建筑群分别用10丈、5丈、3丈的方格网进行尺度控制，从而发现北京内城与紫禁城的尺度也存在着倍数关系。

根据大量研究线索，傅熹年于1995年开始，在以往研究的基础上扩大探索范围，系统分析已有的古建筑测绘数据与图纸，证明至迟自南北朝起就形成一

---

[1] "观音阁、山门用材应是有意识的安排，它将尺寸较为接近的料分为五组，以尺寸最小的一组用于观音阁平坐，次一组用于山门。其他三组分别用于观音阁下屋身内、上屋及下屋外檐，又因这三组的尺寸相差不很大，只需各配以不同的栔高，就可以使足材均取得相等的高度。"引自陈明达. 蓟县独乐寺. 天津：天津大学出版社，2007：9.

[2] "所谓新的研究方法，就是将一切实测数据折合成材份，以利于分析比较。在《大木作研究》中，明确了宋代材份制的要点及其材份，则是实例与《营造法式》规范相比的基础。……因为各个实例所用的材等、材份不同，只有折合成材份后，才能和《营造法式》的既知规范成为可比数，各个实例均折合成材份，彼此之间也才能成为可比数，然后才得以从分析比较中引导出变化的规律。……而在综合分析研究古代建筑的设计原则及规范时，只有折成材份后，才能找出它们的异同。因为我们既已知道古代建筑是'以材为祖'，按材份进行设计，按材份制定规范，现找出它们的材等份值，按实际尺寸折合出材份数，也就是恢复了它原来的规范，当然易于了解原设计的原则。"引自陈明达. 独乐寺观音阁、山门的大木作制度（下）. 见：张复合主编. 建筑史论文集第16辑. 北京：清华大学出版社，2002：29.

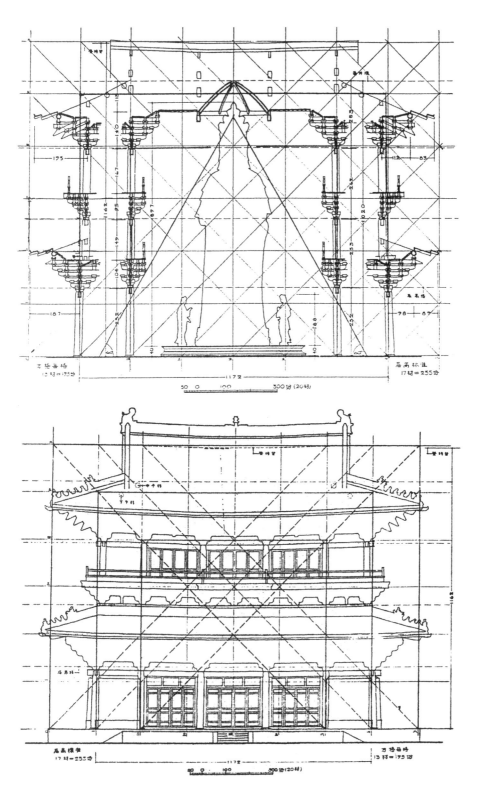

图 5-43 蓟县独乐寺观音阁纵断面、正立面图（资料来源：陈明达.蓟县独乐寺.天津：天津大学出版社，2007：27）

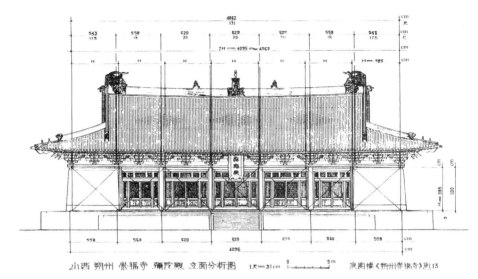

图 5-44　山西朔州崇福寺弥陀殿立面分析图 [资料来源：傅熹年 . 中国古代城市规划、建筑群布局及建筑设计方法研究（下）. 北京：中国建筑工业出版社，2001：144]

套不断发展完善的用模数和模数网格控制规划布局和设计的方法[①]，相关成果于2001 年出版为《中国古代城市规划、建筑群布局及建筑设计方法研究》一书（图5-44）。通过对大量实测数据的分析，该研究主要获得以下推论：

（1）从已有资料来看，古代皇城的规划存在以宫城尺度、面积为基本模数的原则。

（2）古代建筑群的规划设计原则，其一是"择中"，即主体建筑置于组群几何中心，单体建筑呈中心对称布置。其二是视建筑、院落的大小规模和所属等级选用大小不同的方格网为布置基准，以主建筑或某一院落的尺度作为扩大模数。

（3）单体建筑设计中除以材份制为模数外，还以檐柱之高作为扩大模数，立面和断面设计中使用扩大模数网格进行尺度控制。

（4）为方便具体操作，单体建筑设计根据材份制、扩大模数产生的具体尺度，折合为尺数，并调整成以尺或半尺为单位，作为施工的实际尺寸。

傅熹年提出的以檐柱高为扩大模数的尺度规律和整数尺寸设计的观点，是继陈明达《大木作研究》之后探索古建筑设计理论的又一项重要成果。他认为，运用模数方格网是中国古代建筑组群布局使用的最具特色、最为有效的方法，既可简化设计过程，又可控制其比例关系，使其易于在整体上取得统一协调的效果，

① 杨永生，王莉慧编 . 建筑史解码人 . 北京：中国建筑工业出版社，2006：207.

不但满足古代社会等级制度的需要，也能较快完成规划设计并有利于备料和构件的预制工作，这正是中国古代快速建成巨大都城和宫殿的重要原因。

同时，他也指出，进行这项研究最重要、最基本的条件是精确的实测图和数据，必须依靠已公开发表的实测材料。一些颇有研究价值的实例因无精确图纸和准确数据而被迫放弃，使研究的范围和内容受到很大限制。受图纸和数据的精度、所选资料代表性等限制，据以得到的推论只是阶段性成果，研究不够全面和系统，时间上也未能前后贯通，如木结构设计方法如何由宋代的材份制发展为清代的斗口制和其间的继承和发展关系就是仍待探讨的重大问题[①]，尚待取得更多实测资料后进行系统的分析、比较、归纳、总结，逐步将中国古代在规划设计方面的原则、方法、规律完整地发掘出来。[②]

3. 其他相关研究成果

清华大学王贵祥基于现存唐宋主要木构建筑的实测数据，对唐宋建筑尺度的数理关系进行了一系列深入研究。在《$\sqrt{2}$与唐宋建筑柱檐关系》[③]中，基于对现存实例的测绘数据统计分析，得到唐宋建筑柱檐高度比（即橑檐枋上皮标高与平柱柱顶标高之比）近似为$\sqrt{2}$的普遍数理规律。延续这一思路，在《唐宋单檐木构建筑比例探析》[④]中，进一步分析唐宋建筑的平面、立面、剖面的尺度关系，发现平面深广比例、檐下当心间立面比例、屋身立面比例存在着随开间数递变呈规律性变化的特征，并在柱檐高度比为$\sqrt{2}$的假设条件下，对比例与开间数的内在关系进行了数学式表达。在此基础上，王贵祥继续在《唐宋时期建筑平立面比例中不同开间极差系列探讨》[⑤]一文中，对主要的建筑比例在不同开间建筑之间可能存在的极差系列关系进行深入探讨，并且结合《营造法式》对不同材等应用于不同规格建筑的相关叙述，分析了不同开间规模建筑中可能存在的比例共生关系。

东南大学张十庆在《中日古代建筑大木技术的源流与变迁》[⑥]中，对中日古代建筑的尺度构成进行了比较研究。其中，根据唐、宋、辽时期建筑的平面测量尺寸，推定出相应时代的营造尺长。在这一过程中，显示出与日本奈良时代建筑

① 傅熹年.傅熹年建筑史论文选.天津：百花文艺出版社，2009：498.
② 傅熹年.中国古代城市规划、建筑群布局及建筑设计方法研究.北京：中国建筑工业出版社，2001：208.
③ 中国建筑学会建筑历史学术委员会.建筑历史与理论第三、四辑.南京：江苏人民出版社，1984.
④ 杨鸿勋.营造（第一辑）.北京：北京出版社，文津出版社，2001.
⑤ 王贵祥.唐宋时期建筑平立面比例中不同开间极差系列探讨.见：张复合.《建筑史》2003年第3辑.北京：机械工业出版社，2004.
⑥ 张十庆.中日古代建筑大木技术的源流与变迁.天津：天津大学出版社，2006.

相似的以整数营造尺作为开间、进深单位的尺度特征。在此基础上，张十庆提出了早期建筑采用"整数尺开间制"的观点，推测建筑整体尺度如长、宽、高与材份制规定无直接关联，处于材份模数制约束范围之外，是对古代建筑平面尺度构成与斗栱尺度相关性的新的解释。

华南理工大学肖旻在《唐宋古建筑尺度规律研究》中，以归纳已有尺度研究为材份控制、比例控制、整数尺寸控制三类观点为基础，引入基本模数尺度构成的概念，对唐宋建筑的尺度规律进行解释。肖旻从唐宋建筑的实测数据出发，探索在建筑基本尺度中可能存在的基本模数，并按照基本模数满足营造尺整数尺寸的原则，以度量衡史研究提出的历代尺长厘定值为参考，对营造尺长进行复原。实例数据分析显示，《营造法式》时期古建筑木构架基本尺度规律普遍存在一种模数制的尺度规律，基本模数控制了建筑物的面阔、进深、柱高等几个方面。在此基础上，结合《营造法式》的规定，对基本模数和实际用材、尺度的关系进行分析、比较，获得了以下结论。第一，基于部分实例的基本模数和用材相同，常用取值序列基本相近，认为基本模数和用材具有同源性。第二，基本模数和用材的分离表明，《营造法式》的"材份制"应该为更广泛的模数制代替。第三，基本模数相同的前提下，柱高、单间间广和房屋的规模无关。《唐宋古建筑尺度规律研究》突破了材份的局限来探索模数制，对完善"材份制"的认识具有深刻意义。

近年来，清华大学在使用三维激光扫描技术测绘多处古代木构建筑的基础上，进行了一系列建筑个案的尺度分析研究，先后发表了多篇学术论文，包括《佛光寺东大殿实测数据解读》[①]《康熙三十四年建太和殿大木结构研究》[②]《保国寺大殿大木结构测量数据解读》[③]《少林寺初祖庵实测数据解读》[④]《福州华林寺大殿大木结构实测数据解读》[⑤]《山西陵川北马村玉皇庙大殿之七铺作斗栱》[⑥]《再读先农坛神厨井亭木结构设计》[⑦] 等。相关成果于2011年收录于《中国古代木构建筑比例与尺度研究》一书。在对三维激光扫描数据进行分析时，与历史测绘数据

① 张荣、刘畅、臧春雨.佛光寺东大殿实测数据解读.故宫博物院院刊，2007（2）.
② 张学芹、刘畅.康熙三十四年建太和殿大木结构研究.故宫博物院院刊，2007（4）.
③ 刘畅、孙闯.保国寺大殿大木结构测量数据解读.王贵祥主编.中国建筑史论汇刊第二辑.北京：清华大学出版社，2008.
④ 刘畅、孙闯.少林寺初祖庵实测数据解读.王贵祥主编.中国建筑史论汇刊第一辑.北京：清华大学出版社，2009.
⑤ 孙闯、刘畅、王雪莹.福州华林寺大殿大木结构实测数据解读.王贵祥主编.中国建筑史论汇刊第三辑.北京：清华大学出版社，2010.
⑥ 刘畅、刘芸、李倩怡.山西陵川北马村玉皇庙大殿之七铺作斗栱.王贵祥主编.中国建筑史论汇刊第四辑.北京：清华大学出版社，2011.
⑦ 李倩怡、刘畅、刘小涛.再读先农坛神厨井亭木结构设计.贾珺主编.建筑史第27辑.北京：清华大学出版社，2011.

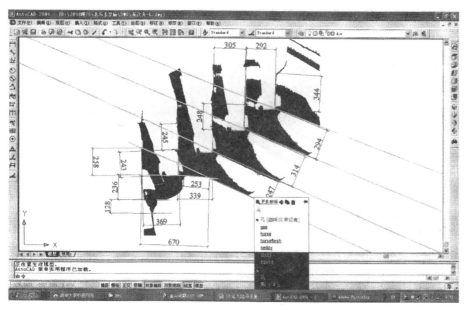

图 5-45　山西陵川玉皇庙大殿柱头铺作三维扫描图像数据分析（资料来源：刘畅.山西陵川北马村玉皇庙大殿之七铺作斗栱.见：王贵祥、刘畅、段智钧.中国古代木构建筑比例与尺度研究.北京：中国建筑工业出版社，2011：309）

进行比对，剔除了历史测绘中无法自洽的数据，根据现场勘察情况筛除扫描数据中的特异值，并选择相关性、可靠性、几何约束性更高的数据采集位置，以尽量降低数据误差率。在整理和分析实测数据的基础上，推算材份、营造尺长、平面丈尺，结合梁架结构逻辑、斗栱材份等方面对推算结果进行鉴别和评判，以假说的形式揭示大木结构的比例关系和几何约束条件，对建筑设计过程进行推演和讨论。这一系列研究以建筑个案为对象，在设计方法和尺度规律方面进行了诸多深入的探讨，并且发表了大量新的实测数据，为古代建筑尺度研究开拓了新的视野（图 5-45）。

　　上述研究成果皆以建筑实例的测绘与《营造法式》的解读为基础，围绕中国古代建筑尺度问题展开探索，形成了不同的研究思路和观点，并在一定程度上取得了数据层面的支撑，初步证明了中国古代建筑存在尺度规律及设计理念。作为研究尺度问题的核心材料，测量数据的可靠性和完整性是影响研究的决定性因素。不少研究者反映，实测数据的公开发表不足，加上对于数据的测量位置、采集数量、整理过程等重要信息缺乏说明，给研究带来的普遍的困难和限制。因此，已有对古代建筑尺度规律的推定和解释，还需依托更为深入、广泛的实物调查测绘结果，作进一步的扩展验证和综合评判，各种尺度构成机制之间可能存在的关联和演进也有待获得进一步的揭示。

六、文物保护工程测绘记录的发展与问题

（一）个案分析——独乐寺观音阁维修工程

天津蓟县独乐寺的两座辽代建筑——观音阁与山门，是古代木结构建筑的"宝中之宝和重中之重"[1]，在中国建筑史上具有特殊地位。独乐寺观音阁屹立千年，显示出中国古代木结构建筑的卓越优势。然而，鉴于年久积累的拔榫、下垂、歪闪等结构险情日益严重，1990年，独乐寺观音阁维修工程正式立项。因观音阁的重要价值、复杂结构，国家文物局高度重视维修工程，采取委托设计、自营施工的方式，由多家单位派员组成工程指挥部，并多次邀请专家现场考察、研讨论证、指导协助。工程从立项到竣工经历了八年时间。因贯彻文物保护方针的严肃认真、修缮方案的细致周到，观音阁维修工程得到国内外专家的广泛好评，堪称古建筑保护维修最突出的典范之一，对拓展文物建筑保护思路具有积极意义。

观音阁维修工程中完整的历史记录和修缮记录，是工程完满竣成的基础，也是我国建筑遗产保护史上的突破点。翔实的记录以设计者的大量测绘工作为前提——由文物研究所（前身即"文整会"，今"中国文化遗产研究院"）余鸣谦主持、杨新负责，在工程前期与实施过程中持续测绘，突破了常规模式中以前期测绘为重点的局限，对测绘的相关问题重新思考，进行诸多有益的探索，对于探讨文物保护工程与测绘记录的关系具有深刻启示。

1. 观音阁维修工程测绘记录的技术路线及特点

（1）全面完整的测绘记录

首先，观音阁测绘具有较高的测量广度。观音阁为辽代建造，施工粗放加之年代久远，实物尺寸混乱而不统一，同类构件尺寸的离散性明显。考虑到统一尺寸的数据整理方式易造成建筑结构特点和历史信息的淡化甚至消除，观音阁维修测量在数据覆盖面上超出了通常的典型测量，保留并利用大量第一手数据进行分析研究，并只在必要范围内十分审慎地使用统一尺寸的原则。[2]

其次，对观音阁的测量记录贯穿了维修工程的各个阶段：

---

① 杨新 . 蓟县独乐寺 . 北京：文物出版社，2007：1.
② "依勘测资料分析，统和再建工程中，施工用料比较粗放，还使用少部分再建前的旧料。本次维修，要注意不可轻易加以统一，以致冲淡了粗放的时代特点。"引自杨新 . 蓟县独乐寺 . 北京：文物出版社，2007：106.

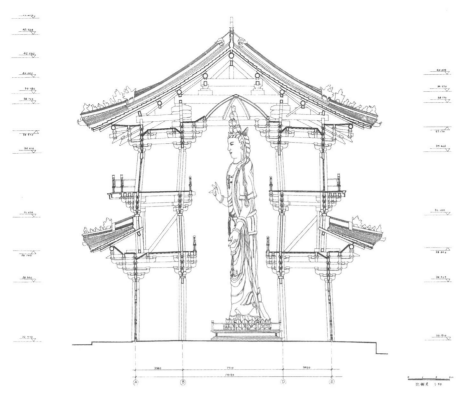

图 5-46　观音阁明间横剖面现状图，天津大学 20 世纪 90 年代绘制
（资料来源: 陈明达 . 蓟县独乐寺 . 天津: 天津大学出版社，2005: 76 ）

　　前期勘察测绘——天津大学建筑系担任前期实测工作，采用部分变形尺寸绘制实测图，将建筑主要柱框的变形状态反映在图纸上，直观地表现了歪闪部位的现状特征，使实测图的现状信息得到了体现，对于维修设计分析起到了辅助和引导作用（图 5-46）；

　　维修设计阶段——对建筑本体作全面测绘，以大量测量数据为基础，确定了半落架以拨正木构柱架的维修方案；

　　施工拆解阶段——设计人员跟随做测量和勘察，深入测量隐蔽部分、构造形式，记录大量历史信息，据此进一步调整完善维修方案；

　　竣工后——测绘记录观音阁的修后状况。

　　最后，是针对观音阁落架进行深入细致的记录。独乐寺观音阁维修工程的大木落架过程为深入调查研究观音阁的结构、特征、历史提供了重要条件。一方面，由于前期勘察的局限性，内部隐蔽部位的构造方式、残损状况、历史痕迹等大量信息并未显现。另一方面，建筑拆解过程是直接测量构件的绝佳机会，从而修正前期测绘中只能间接求取的测量数据，尤其是观音阁这类多层建筑，其构件叠压组合的特点更为突出，"只有在拆落上一层构件后，才可能对所要测量层的构件进行找中位置的测量"。因此，观音阁施工过程中进行了有意识的跟踪勘察。

　　工程技术负责人杨新总结：

　　　　施工现场记录是进一步勘察的过程，是对修前维修方案的进一步可行性研究和完善方案的过程，是最终确定维修具体方法的重要程序。①

拆解阶段的记录分为测量与勘察两大部分，测量重点在于进一步量化分析大木构架形变情况、调整方案参考数据，勘察则主要在于历史信息的收集。② 例如，观音阁上层东南转角斗栱构件全部断裂的情况，就是在拆开后才了解到的。③

古建筑维修是一项动态的干预过程，完整详细的记录必须依靠设计人员长期驻扎施工现场。正如杨新女士所言："工程每天都推进一点，如果不在现场，这一点就看不到了。"④ 凭借工程设计者的高度敬业精神，观音阁维修测绘记录涵盖了整个施工的全过程，在数据广度和时间跨度上都超出了常规修缮工程的范畴，对于文物建筑保护工程测绘的发展具有积极意义。

（2）以测绘为基础的研究性修缮

观音阁维修过程中，持续测绘得到的大量分析性数据直接反映了建筑的真实状态。虽然从绘图角度而言，未加以整理的数据难以形成图形成果，却是珍贵的第一手资料，无论从工程实践或学术研究角度都有重要价值。

首先，伴随工程前期与施工过程的现场测绘，为设计者逐步加深理解、准确把握建筑法式特征与结构特点提供了数据信息。基于大量测量数据的分析研究，是深入理解建筑构架的重要基础，而这种综合性分析是确定拨正幅度、落架范围的重要参考，最终影响并确定维修设计尺度：

> 对于落架工程，被落部分要经历一个从有到无、又从无到有的过程，像观音阁这类两层以上的木构架建筑，下一层柱网的定位关系到上层柱网和构件的定位，因此，如果不能真实、准确地记录下修前大木构架的尺寸，修复尺寸的设计将无所依据。⑤

> 我就想搞清楚究竟哪里需要修、垫、纠正，中途回一趟北京就可能错过一次抄平的机会，所以施工时不断盯着、不断理解、不断发现问题，做各种测量，积累了大量测稿，在这些数据里琢磨构架的法式特征和结构特点，像做数学题似的，不断在施工当中把这些事情弄明白。这些测稿其实最后都

---

① 杨新. 蓟县独乐寺. 北京：文物出版社，2007：25.
② 在观音阁的拆解过程中发现了大量历史信息，如"一、一块望板有9×3.5厘米的'中国山东验明'戳记。二、一块望板有直径3.2厘米圆形'高'字和无边框'正源'戳记。三、南坡上有几块带红漆的望板，像是挪用天花板。四、有一斧子，应是上一次维修遗留物。五、发现一残破风铲用带有'美孚'印记的铁皮修补。"引自杨新. 蓟县独乐寺. 北京：文物出版社，2007：25.
③ 杨新. 蓟县独乐寺. 北京：文物出版社，2007：123.
④ 2012年8月27日笔者访问中国文化遗产研究院杨新女士的记录（未刊稿）.
⑤ 杨新. 蓟县独乐寺. 北京：文物出版社，2007：123.

很难成图。通过测量来很准确地把握一个建筑不是很容易。①

其次，拆解落架解决了隐蔽部位无法直接测量的问题。在这一机遇下设计者得到更为准确的数据和信息，从而揭示出观音阁真实的结构关系，为相关学术研究提供了确凿的佐证，修正甚至改变了学界对于观音阁建筑的已有认识与研究。例如，在落架条件下，通过统一的抄平测量、衡量和比较，发现观音阁三层柱子在高度上没有累计生起，这与以往对观音阁柱高的解释完全不同。因此，"通过测量，发现建筑三层的柱高与过去所认识的概念有所差异，为我们进一步认识建筑的法式特征提供了翔实的依据"。②又如，通过测量扶脊木上皮发现了生起高度，说明"原建筑正脊是有早期建筑生起特点的"③。

再者，伴随施工进行勘察、测量所得到的数据和信息，为支撑独乐寺及相关研究的深化提供了材料和线索，这也是设计者寄予工程报告出版的愿景：

> 独乐寺这样的工程，如何评价它，其中小到一个榫卯，它有什么作用，我觉得是可以继续朝着这个方向去研究的。我觉得这本书（《独乐寺工程报告》）有一些这样的角度，提出整个建筑在构造上的关系，施工的一些规律，比如说"檐压山"，或者是"山压檐"；再比如榫卯的"东阴西阳"，或者是"南阴北阳"，诸如这类。通过这本书给出很多研究线索，可以继续再做。一方面是自己认为有意思，另一方面是想给别人提供可研究的线索。通过这个机会就赶紧把它记录下来了，机会难得，跟工程本身没有太直接的关系。④

观音阁维修工程当中，设计者有意识地将修缮工程与学术研究相结合，获得了保护实践与学术研究的双赢。在保护维修过程中进行的精心完整的勘察实测，也将为进一步研究提供重要资料线索。

（3）从工程需求出发的测绘和数据整理

观音阁维修工程中测绘的深度超出了常规的典型测绘，而具体到测量数据的精度、广度，则完全以工程需求为出发点，将构造的关键层位和影响框架的大木尺寸作为测量重点，尤其重视不同构造层的轴线位置和标高，以分析确定维修工

---

① 2012 年 8 月 27 日笔者访问中国文化遗产研究院杨新女士的记录。
② 杨新. 蓟县独乐寺. 北京：文物出版社，2007：123.
③ "拆正脊前，我们在扣脊瓦上皮拉水平线，检查正脊是否有生起做法。检查结果是正脊没有生起。再检查扶脊木上皮，发现两端有 8～9 厘米的生起高度。显然这部分生起高度被后来翻修正脊时取平了。这说明原建筑正脊是有早期建筑生起特点的。"引自杨新. 蓟县独乐寺. 北京：文物出版社，2007：127.
④ 2012 年 8 月 27 日笔者访问中国文化遗产研究院杨新女士的记录。

程的方案。[①]

同样地，整理测量数据也从工程实施的角度出发，关注整体结构、构造的关系和矛盾。对于施工来说，基于尽量保留原有构件的原则，关键在于把握整体，重视控制性的尺寸：

> 整理数据要考虑总尺寸和分尺寸之间的关系，然后在这里面来权衡。整理数据从施工的角度考虑得更多，要考虑到整个建筑的情况，而不是局部之间的对比差异。另外，测量也是一个不断认识的过程，测完之后你会发现，其实对于这样大体量的建筑来讲，这儿高一点或是那儿高一点并不是个问题，还是要看整体。比如说补配斗栱，如果稍微低了可以采用垫高的方法，也可以从其他地方找一些尺寸来调整。所以一些数据相差三五公分其实并不影响全局。[②]

相应地，绘制图纸过程中，同样以结构性的大尺寸作为控制尺寸，对于设计、施工影响不大的局部尺寸仍然采用统一的原则，减少了不必要的繁杂：

> 绘图有区分，不会都统一。开间、柱高尺寸按照实测数据来画，斗栱就忽略它的细部尺寸，以它的总体尺寸为准，各个尺寸的高高低低都统一在总体尺寸里了。[③]

观音阁维修工程从测量、整理数据到绘制图纸的各个步骤，都以把握维修实践为原则，以分析问题、理解建筑、解决矛盾为思路，对庞杂的实测数据进行筛析。从这一角度来说，对于维修工程来讲，提炼和把握建筑的整体特征和结构态势远比追求绝对的测量精度重要。

（4）反映文物保护的真实性原则

观音阁维修工程突破了维修工程中实测图、设计图以至竣工图源自同一套数据的常规模式，根据维修前、维修设计和施工后三个阶段中建筑结构的真实尺寸，如实绘制出建筑的三种不同状态，直观反映出观音阁在维修前后的变化，也清晰体现出维修设计的逻辑，使竣工图名副其实地具有存档价值（图5-47）。

此外，设计者还采用多种图纸表达方式，以更多地记录建筑的构造情况和维

[①] "根据上层柱网、上层斗栱、下层草架的构造特点，我们分别对各层做了绝对高度和相对标高的测量。绝对高度是指构件的真长，它是构件的个体长度。相对标高则是指抄平高度，它反映的是构件之间的高度关系。对于要进行大木调整的工程，相对标高的测量十分重要。"引自杨新.独乐寺观音阁落架勘测记录报告.见：杨新.蓟县独乐寺.北京：文物出版社，2007：125.
[②] 2012年8月27日笔者访问中国文化遗产研究院杨新女士的记录（未刊稿）。
[③] 2012年8月27日笔者访问中国文化遗产研究院杨新女士的记录（未刊稿）。

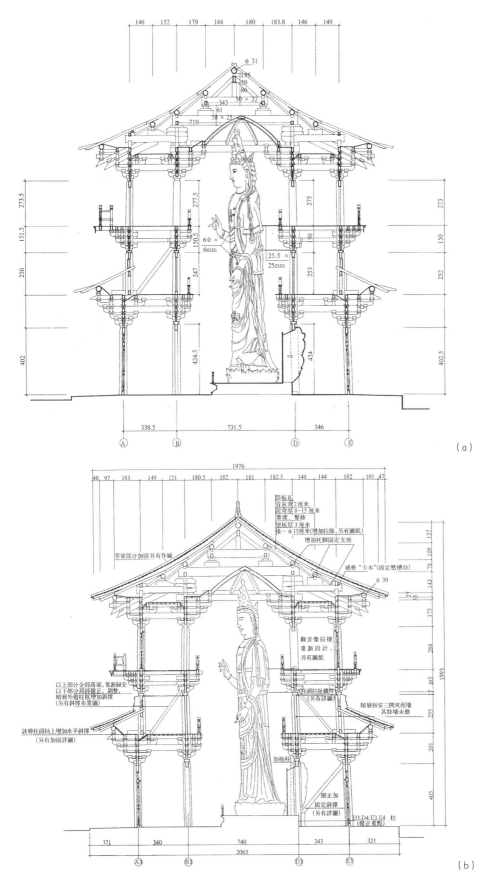

图 5-47　独乐寺观音阁明间横剖面实测图、竣工图对比（资料来源：杨新. 蓟县独乐寺. 北京：文物出版社，2007：248、311）

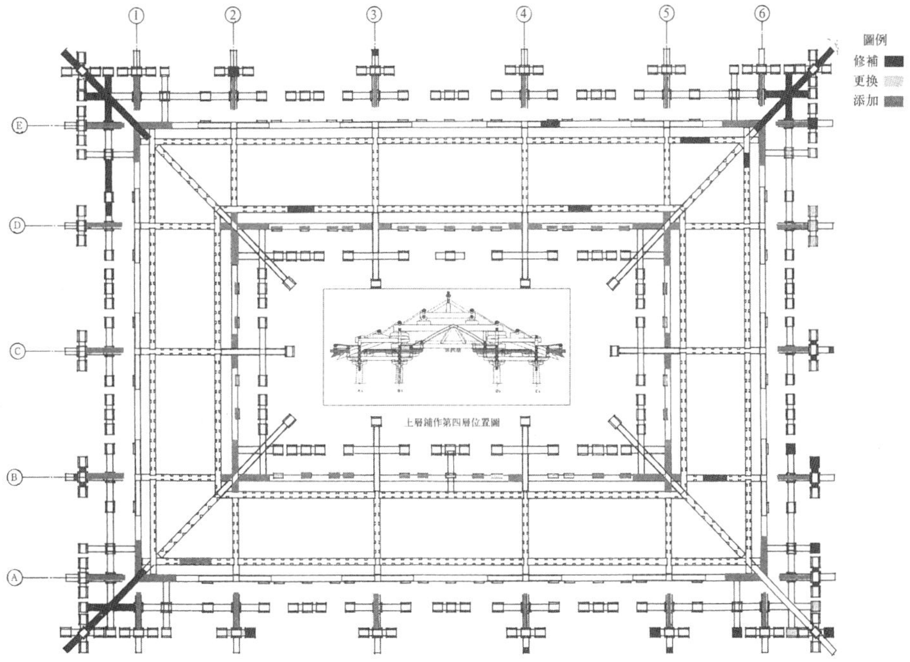

图 5-48　观音阁上层铺作第四层构件修配记录图（资料来源：杨新 . 蓟县独乐寺 . 北京：文物出版社，2007：353）

修过程：对涉及维修的部分通过增加多个剖面的方式记录和表现修后结构状况；对被落架的暗层和上层斗栱及其他水平构件通过分层绘制俯视图的方式，以表现和记录构件的榫卯连接方式和上下构件的搭接关系；重点标注特殊构件的修配情况，如利用斗栱分层图标注出各层斗栱构件的修配位置和数量；直接收录竣工实测的数据图，如归安后的抄平记录以及建筑总高的测量记录，真实表现竣工时的构架状况和对竣工构架的实测部位与方式；典型木构件的修配图，用于记录构件的修配方式（图 5-48）。

2. 观音阁维修工程的启示

（1）施工阶段测绘的重要性

观音阁维修工程实践证明，伴随施工进行的现场测量，对于建筑遗产的保护和研究具有重要价值。新数据的产生引发新的思考和认识，从而弥补前期设计的局限，并且推动形成新的研究成果。以柱子生起测量为例，是在进一步考虑大木构架调整方案的具体操作时，对三层柱高做了叠加分析。如果没有这一条件，或者没有必须搞清楚问题的精神，这个突破也就无从实现了。对此，工程技术负责人杨新深有感触：

　　我觉得我的认识也是逐步发展的，不断地理解它，不断有新的要求提
　　出。设计阶段不可能做得特别完善，因为很多数据测不到。比如柱头，我
　　在柱中测量，构架不拆解的话就没这个条件。所以前人因为没有这个机会，
　　测量上就有局限，对测量数据的认识就会受到测量的局限。我们这次之所

以能做到这个程度就是因为我们有这个条件了，并不是比前人高明多少，只是现在有条件的时候做了，然后发现了问题。[①]

（2）重复测绘的必要性

独乐寺观音阁曾经历过多次测绘。由于每次测绘的目的、方法、条件不同，以致由测绘所得到的信息以及由此引发的认识也在不断发生变化。

1932年，梁思成及中国营造学社同仁造访蓟县独乐寺，进行了有史以来对观音阁的第一次测绘，也标志着引入现代科学方法对建筑遗构进行实地调查测绘的开端。20世纪五六十年代，文物研究所前身"古代建筑修整所"曾以调查和收集资料为目的对观音阁进行测绘。1990年，天津大学建筑系师生于观音阁维修工程前期对观音阁进行了现状测绘，直观反映了维修前的变形状态。维修工程期间，文物研究所的设计人员对观音阁各个阶段的结构性尺寸进行详细测量，记录和反映了大木结构经过修缮的变化过程。

伴随着历次测绘，关于观音阁斗栱用材的观点和结论也在不断变化。1932年营造学社测绘观音阁时，对于古代建筑的实测尚处起步阶段，加上现实测量条件所限，以致观音阁用材数据都来自最便于测量的平坐，为24厘米×16厘米。经过古代建筑修整所的详细测量，发现全阁用材出入很大，归纳为38.5厘米（上、下檐）与34.5厘米（平坐）两种足材高，并认为上下檐内外斗栱具有三种不同栔高，分别为11.2厘米、13厘米、12.5厘米（表5-4）。据此，古代建筑修整所祁英涛推断"材、栔的发展过程很可能是先由足材的统一，再过渡到单材和栔高的统一。观音阁的用材情况，是材、栔发展过程中的一处重要实物例证。"[②]

祁英涛归纳观音阁斗栱用材情况表　　　　　　表5-4

部位	材高	材宽（斗口）	栔高	足材（高×宽）
下层外檐	27	18	11.5	38.5×18
下层内檐	25.5	18	13	38.5×18
平坐内外檐	23.5	16	11	34.5×16
上层内外檐	26	18	12.5	38.5×16

（资料来源：杨新.蓟县独乐寺.北京：文物出版社，2007：47）

[①] 2012年8月27日笔者访问中国文化遗产研究院杨新女士的记录（未刊稿）。
[②] 杨新.蓟县独乐寺.北京：文物出版社，2007：47.

陈明达曾在《独乐寺观音阁、山门的大木作制度》一文中，对观音阁的测绘及用材尺寸研究历程做了回顾，并着重提出重复测量的重要意义："随着认识的提高，对已测量过的实例，应当复测或者补测。测量的结果，是研究工作的基本资料，应当不断地充实和修正。"[1]1990年代的观音阁维修工程，由于维修设计需要，设计人员再次对斗栱数据进行归纳整理，并对前人整理的数据提出了疑问。[2]通过比较足材构件的高度统计情况，测量和计算所在铺作层的总高，设计人员对斗栱用材尺寸进行综合评价，认为内外檐斗栱用材无明显差异，提出观音阁三层建筑只有两种相同栔高的用材尺寸，并且认识到栔木在构成足材高度的同时，还具有拉接和稳固构件的构造功能。

早期建筑残损变形更甚，修缮史复杂，实测之后往往得到大量的离散数据。对此进行归纳整理，虽然在客观上以构件材栔份数、搭接情况为根据，也无可避免地附加着个人的解读，正如观音阁维修技术负责人杨新所言，是一种人为的取舍过程，不同的理解和认识导致了不同的数据处理结果（表5–5）。[3]

杨新归纳观音阁斗栱用材情况表   表5–5

部位	单材高	栔高	足材高	材宽	材高宽比
下层内外檐	27	11.5	38.5	18	18/27=10/15=0.6666
暗层内外檐	23.5	11.5	35	16	16/23.5=10/14.6875=0.68
上层内外檐	27	11.5	38.5	18	18/27=0.6666

（资料来源：杨新.蓟县独乐寺.北京：文物出版社，2007：48）

---

[1] "独乐寺是当时开始实测的第一处辽宋建筑物，那时所熟悉的是明清时期的建筑，对早期实例缺乏具体的认识；《营造法式》的研究也刚刚开始，对材份的概念还不明确。因此，测量是按照对明清建筑的理解进行的，即以斗口为度量的标准，并且认为同一座房屋的斗口必定是一致的，这就不可避免地产生了一些缺点和疏忽之处。加以观音阁本身的现实条件最便于测量平座，在下檐屋面上、在平座暗层内，无需脚手架即可仔细测量各个部位。以致用材的数据都来自平座，没有注意到上屋、下屋用材都大于平座。直到次年为了要制造模型，需补充一些详细数据，再去补测时，仍未发现这一错误。所以，我们制造的第一个古代建筑模型——独乐寺观音阁的材份数是不正确的，同时，也还不知道柱子有生起。……如上所述，可见观音阁材份测量的错误，是在研究工作由浅入深的过程中产生的，这是我们必须吸取的经验教训：随着认识的提高，对已测量过的实例，应当复测或者补正。测量的结果，是研究工作的基本资料，应当不断地充实和修正。"引自陈明达.独乐寺观音阁、山门的大木作制度（上）.张复合主编.建筑史论文集第15辑.北京：清华大学出版社，2002：73.

[2] "观音阁斗栱的实测尺寸相当离散。由于在局部落架过程中需要用铺作层现状高度的总尺寸进行构架分析，并且在修配、归安过程中需要用铺作层的总高度尺寸把握调整幅度，因此必须对再次测量的斗栱数据进行归纳整理。在整理过程中，我们也发现如果完全使用前人整理过的数据存在一定问题。首先，从斗栱单材和足材的使用情况看，一般悬挑构件使用足材，用以加大受力断面。足材由单材和栔组成，因此在足材尺寸不变的情况下，变化材、栔，对构件的承重方面没有实际意义。其次，作为同一铺作层的斗栱，内外檐在铺作层总高上出现1.5厘米的高差变化，对于如此体重的建筑似乎也没有实际意义。"引自杨新.独乐寺观音阁建筑与维修的思考.见：杨新.蓟县独乐寺.北京：文物出版社，2007：47.

[3] "我们对观音阁斗栱用材的归纳整理，也是一次人为的取舍过程。根据观音阁斗栱实测数据分散的情况，不同的理解和认识会有不同的数据整理结果。"引自杨新.独乐寺观音阁建筑与维修的思考.见：杨新.蓟县独乐寺.北京：文物出版社，2007：48.

观音阁的测绘历程反映出，测绘作为提供基础信息的手段，在不同目的和条件下仅能提供不同程度的信息，解决相关的问题，无法一劳永逸。随着认识和技术的不断发展，在必要条件下进行重复测绘是突破固有、与时俱进的内在要求和客观趋势。

（3）统一测量尺寸对于维修工程的辩证性

根据统一尺寸绘制的二维图纸，可直接由图面反映的数据有限，且并不精确地反映建筑的真实尺寸。因此，从数据使用方面而言，统一尺寸对于施工的实用性存在局限，这一点也表现在观音阁维修工程中：

> 因为从无到有的过程，既不是还原到修前的歪闪状态，也未必能完全恢复到最初的正常状态。因此，无论是反映变形状态的现状图还是统一尺寸的现状图，其画面所能反映的数据对于施工的实用性方面都存在局限。[1]

通过统一尺寸得到的数据，能够概括体现建筑的基本特征，被称作"建筑特性尺寸"。而基于工程的尺寸考量，主要集中在标高等结构性尺寸的测量。对此，统一后的特性尺寸正具有直接的参考价值。从这一方面讲，统一尺寸对于维修过程中把握整体结构仍然具有现实意义。[2]

独乐寺维修保护工程中，详细记录了工程各个阶段以及修缮前后的状况，形成了完整的基础资料，反映了此次维修干预的情况，还为相关研究提供了大量线索，并且公开出版了翔实的工程报告书，在文物保护工程测绘史上具有典范价值，因此得到了建筑遗产保护业界专家的高度评价。然而，独乐寺工程的成功实施，除了设计者的敬业精神、施工方的精心作业，也涉及观音阁自身的重要价值、建筑结构的复杂性，还与工程半落架的特殊性有关。工程技术负责人杨新也表示，独乐寺保护工程是十分特殊的案例，从现实条件和必要性来讲，其测绘方式并不适合推广至所有文物保护工程，尤其是不涉及大木结构调整的维修工程。尽管如此，独乐寺工程在测量数据整理、记录的完整性、工程的研究性以及工程档案管理方面仍具有开先河的借鉴意义。

---

① 引自杨新. 蓟县独乐寺. 北京：文物出版社，2007：25.

② "与前期测量相比，在工程实施过程中的测量，重点是标高测量和变形测量。从现状测量结果看，数据十分混乱和分散。尤其是七个构造层的叠落关系，即使是依据'大木保中不保严'和'保顺不保直'的概念，也难于应用统一的尺寸标准。但是，并不意味统一尺寸的工作没有现实意义。因为统一尺寸是对数据整理、分析的一种方式，而统一尺寸的目的应该是对建筑特性尺寸的提炼。建筑特性尺寸又是比对和判断现状数据的参考依据。因此，统一尺寸得到的特性数据，对把握大木调整有参考价值。同时统一尺寸的过程使我们加深认识了观音阁大木尺寸具有粗放性的特点，了解了其存在的状况，再结合所勘察到的歪闪变形情况，就可以确定工程范围，并根据建筑的构造特点，预测判断哪些部位可以调整以及可能调整的幅度，最终形成对大木调整的具体要求。"引自杨新. 独乐寺观音阁建筑与维修的思考. 见：杨新. 蓟县独乐寺. 北京：文物出版社，2007：25.

（二）文物保护工程测绘记录的发展与问题

1. 文物保护工程测绘记录的问题

改革开放后，随着经济的迅速发展、各级政府和全社会文化遗产保护意识的提高，中央财政对文物保护经费的专项资金投入逐年持续加大，文物保护工程数量不断增长，重大工程频频上马，文物保护行业进入了前所未有的快速发展期。通过深化改革，文物保护工程法制体系已经基本建立，相关标准、规范的编制工作日益完善，文物保护工程走入法制化、规范化的轨道。然而，由于诸多因素的影响，目前文物保护工程在测绘记录方面所存在的问题仍然值得重视。

第一，文物保护工程中的记录和研究还需强化。

文物保护工程与新建工程相比，最大差别在于对象是已存在的实体。因此，保护维修必须将研究和评估作为首要基础，这就决定了修缮前勘察与研究具有重要价值。施工过程中，通过局部或全部解体，将暴露前期勘察中难以预见的问题，也是进一步发现、记录建筑构造、材料、工艺、尺寸、历史题记等珍贵信息的最佳时机，对于建筑遗产保护和研究具有重要价值。因此，业内专家长期强调施工记录的重要性。陈明达在1950年代就提出，修理工作施工期中，要注意新发现的情况，以补充对古建筑研究的资料。[1] 祁英涛也指出，了解隐蔽部分的结构是施工中的重点工作之一，伴随施工的记录也是对古建筑深入研究的重要资料。[2]

对于文物保护工程中的记录和研究，《中国文物古迹保护准则》也明确要求，"研究应当贯穿在保护工作全过程"。无论从遗产保护的真实性原则还是实际需求出发，研究工作都应当贯穿文物保护工程的始终，伴随工程的研究也必须以测绘和记录作为基础。目前，随着遗产保护理念的发展，工程记录和相关研究在重要的文物保护工程中已经得到重视和实施，但将其系统化、规范化和普及化还需待以时日。

第二，文物保护工程测绘档案的管理和共享有待完善。

文物保护工程中形成的测稿是重要的基础测绘资料，反映的是比成果图纸更加真实的第一手数据，对于研究和保护都是不可忽视的材料。陈明达在研究古代

[1] 陈明达.古建筑修理中的几个问题.文物参考资料，1953（10）：296.
[2] "内部结构如墙内的结构、基础情况、木构件搭交榫卯，只有在修理中才有机会见到。……因此，要求施工中，尤其是大型的修理工程、复原工程和迁建工程中，常把了解隐蔽部分的结构作为重点工作之一.随时用文字、照像、图纸进行记录，作为对一座古建筑深入研究的重要资料."引自祁英涛.中国古代建筑的保护与维修.见：中国文物研究所编.祁英涛古建论文集.北京：华夏出版社，1992：33.

建筑尺度规律时就常在资料室翻阅测稿，以获取古建筑的翔实数据。

文物保护工程的资料收集和整理是一项烦琐费时的工作，尤其在文物保护工程市场化之后，档案工作可带来的效益微乎其微，其落实难度更大。由于长期缺乏相关的规范守则，文物保护工程档案未形成统一的标准化管理模式，各个机构对于测绘基础资料的整理和保存也处于自发状态。随着文物保护工程数量与规模的大幅扩增以及文物保护工程的规范化建设，亟需建立文物保护工程档案的管理利用机制。

2010 年，浙江省古建筑设计研究院、浙江省古典建筑工程监理有限工程起草的《文物保护工程文件归档整理规范》作为国家级行业标准正式发布。这部规范规定了文物保护工程文件归档整理的范围、内容、文件质量要求、立卷编目事宜、审查标准和移交规则，建立并完善了保护工程档案的相关制度，有利于文物保护工程中测绘图的保存和利用。尤其就工程归档文件的完整性、归档时间、交接程序等与工程移交相关的问题从制度上予以明确，避免了归档不及时、不完整，工程移交不清晰等行政弊端。由于规范涉及工程全部档案的整理，内容相当广泛，因而对于测绘资料的规定较为笼统，未特别强调基础测量资料的保存。此外，《文物建筑测绘规程》（试用稿）也对测绘成果的保存与管理作出规定，应存档的测绘成果包括了草图与测稿、现场制作的图表、测绘技术报告、二维线划图。随着相关规程的出台，将有助于推进文物建筑保护工程测绘档案管理体系的建设和完善。

另外，目前除了已出版的文物保护工程报告之外，大多数工程测绘资料处于不对外公开甚至保密的管理模式。这种模式虽然降低了管理的难度和强度，但对于推动成果利用、加强教育宣传、促进遗产保护事业的发展却是有弊无利的。为了改变现有状况，应当尽快建立开放管理体系，采取合理的方式，鼓励测绘成果的社会化应用。

2. 影响文物保护工程记录的因素

出现上述问题的原因是多方面的，首先是文物保护工程记录管理机制的欠缺。

遗产保护中记录研究工作的重要性，在诸多国际宪章与准则中都有所体现。例如 1964 年通过的《威尼斯宪章》指出，"一切保护、修复或发掘工作应有配以插图和照片的分析及评论报告，要有准确的记录。清理、加固、重新整理与组合的每一阶段以及工作过程中所确认的技术及其形态特征均应包括在内。"[1]

---

① 引自《威尼斯宪章》。

2002 年制定的《中国文物古迹保护准则》提出"文物调查是保护程序中最基础的工作"①，"研究应当贯穿在保护工作全过程，所有保护程序都要以研究的成果为依据。"② 尽管有准则层级的约束，但由于缺乏进一步的管理机制和规定，完善的记录工作在实际操作中难以全面落实。囿于现实条件，记录的深度往往与遗产的重要性相关。例如在独乐寺、应县木塔、佛光寺等极重要的建筑遗产保护中，重视程度高，投入力度大，记录研究能够顺利实施。如若在更大范围内推广，必须制订相应的管理细则或操作文件，从而明确记录的内容、程序、标准、职责等具体问题。对此，国家文物局专家组成员张之平女士表示，相关管理制度还需要进一步完善：

> 古建筑修缮就像文物器物的修缮一样，需要耐心细致，一丝不苟。像蓟县独乐寺、新城开善寺，还有一些重要的项目，首先是把它当作研究项目，保护是第一位的，工程是第二位的。我觉得将来所有的文物保护工程都应该这样做。古建筑保护的工程技术人员应该明白，工程只是手段，而最终目的是保护文物。其实《准则》里说得很清楚，研究应当贯穿保护工作全过程，所有保护程序都要以研究的成果为依据。但执行起来却往往按照建设工程的程序，这和文物保护之间是有很大差别和矛盾的。从国家整体管理层面，到古建筑保护工程的管理体制，目前问题很多，针对古建保护工程特点的管理制度和要求没有跟上。③

其次，是现行保护工程制度的不利影响。

独乐寺保护工程可以算作文物保护工程直营模式的尾声。从 1949 年至 1980 年代，我国实行的是高度集中的计划经济体制，固定资产投资基本上是由国家统一安排，财政统筹拨款，文物保护工程管理多采用"事业模式"下的直营工程制度，由相关单位抽调人员组成工程建设指挥部进行管理。改革开放以后，文物保护工程引入市场竞争，设计机构、施工单位开始摆脱行政附属地位，逐渐转向市场。文物保护工程以招标方式选择设计和施工企业，文物保护工程各参与者之间的经济关系得到强化。实践证明，"企业模式"下的文物保护工程不适于古建筑保护。由于企业的性质是"以营利为目的"，与文物古建筑保护"以

---

① 引自《中国文物古迹保护准则》。
② 引自《中国文物古迹保护准则》。
③ 2015 年 2 月 9 日笔者采访国家文物局专家组成员张之平女士的记录（未刊稿）。

修好为目的"存在着根本性的抵触①，引发了多方面的问题和矛盾。②其中，文物保护工程中的记录和研究工作必须贯穿工程始终，这就决定了施工周期应服从研究的需要，随着记录和研究的进度作出调整或延长。然而在招投标工程制度下，工期的限定更为严格，不利于记录、研究的深入开展，势必会影响建筑历史信息的发掘和研究工作的深度。

另外，记录工作的深度归根结底受到现实条件的限制。从事遗产保护的专业技术人员长期匮乏，特别是具有研究能力的学术骨干更是屈指可数。随着近一二十年文物保护工程数量的急速增长，工程设计人员的任务日益繁重，难免分身乏术，与过去直营工程中常驻现场的状况相比，如今越来越难兼顾施工现场记录。因此，文化遗产数量与专业技术的反差也是造成记录与研究无法完整跟进的原因之一。

3. 对策与措施

针对文物保护工程档案资料工作中存在的问题，国家文物局以及相关的研究保护机构一直在积极应对，不断地通过实践来探求适用于我国文物保护工程档案资料工作的科学严谨、实用高效的管理制度和管理办法，目前在某些方面已经初见成效。

第一，以重要保护项目为切入点，健全保护工程资料管理制度。例如在山西南部早期建筑保护工程中，山西省文物局先后颁布了《山西南部早期建筑保护工程资料管理规定》、《山西南部早期建筑保护工程资料编制收集要求》，对保护工程的资料收集和编制工作提出了具体的、规范化的指导要求，为保证整个南部工程依法有序进行提供了制度保障。

第二，在专家长期呼吁的基础上，国家文物局日益重视保护工程前期研究的重要性，已经开始在实际项目中独立出前期勘察、测绘和研究，作为项目储备提前进行，将工程前期和工程实施阶段分为两个部分。实践证明，这种方式给予前期勘测研究足够的重视，提供充分的经费和时间保障，勘测研究的深度显著提高，更加适应保护工程的实际需求。

① 马炳坚、李永革 . 我国的文物古建筑保护维修机制需要调整 . 古建园林技术，2010（1）.
② "从文化建设、文物保护事业转变为基本建设式的经济行为，对文物建筑的保护产生诸多不利的影响。在保护方面则有勘察、评估不到位、研究工作无法深入、历史信息被破坏等问题。在施工系统则导致原料不合格、施工队伍不稳定、工艺失真、技术传承式微等问题。"引自林佳 . 中国建筑文化遗产保护的理念与实践 . 天津：天津大学，2013：7.

第三，提倡、鼓励文物保护工程的设计方和施工方从属于同一机构，有利于科研与实践的整合，从而在一定程度上避免设计方在实施阶段跟进不足的情况。

第四，针对现场跟踪记录的实施难点，积极探索保护工程记录的技术方案。2007年开始，天津大学在"文物建筑测绘及图像记录的规范化研究"中，利用数码相机的普及易用性，提出匠师替代专业技术人员、运用照片记录法完成现场记录的技术策略，通过故宫太和殿、慈宁宫、神武门等保护工程的现场实践，归纳出具体流程与操作要点，以利于解决设计人员难以兼顾现场的现实矛盾。在2008年开始实施的山西南部早期木结构建筑维修保护工程中，为了最大限度地保留文物建筑的历史信息，国家文物局委托清华大学研究制定工程档案记录的程序，将工程的档案记录作为一项重点内容列为与文物建筑修缮并行的专项工作。[1]具体方法是，根据不同的施工工序制定信息记录表格，用照片加文字描述的方式进行记录，通过超链接的方式将各工序记录链接至总体的实施进程记录表，最终形成树状资料数据体系。通过采取这些措施，使文物建筑历史信息记录与保护工程得以同步。

小结

1980年代至今是文物保护事业恢复和快速发展、逐步成熟的时期。由于经济体制的转型，以往通过行政手段安排整合资源的方式不再奏效，以高等院校为主的科研教育机构与文物部门经过长时期的努力，逐步在人才培养、保护实践、测绘研究方面展开合作，一定程度上破除了条块分割的弊端。文物类型、含义的扩展与基础保护工作的深化，促使建筑遗产测绘的应用领域和作用范围不断扩大，加上测绘技术变革的手段多样化，建立测绘标准化、规范化体系迫在眉睫。同时，为解决长期形成的管理、技术问题，国家文物局文物建筑测绘研究重点科研基地应运而生，在文物建筑测绘记录和信息管理领域进行理论、政策、管理和技术等方面基础研究和应用开发，开始将建筑遗产测绘作为基础技术环节进行专项研究，已经在文物建筑测绘规范化体系研究与建设、数字化与信息化探索以及共享与交流等方面取得了初步进展。此外，为应对文物保护工程记录中存在的现实问题，文物部门与科研院所积极探索可行的管理制度与技术方案，在重点保护工程项目中尝试，为文物保护工程记录的进一步规范化奠定了基础。

---

① 参见郑宇.南部工程实施档案记录——平顺九天圣母殿梳妆楼实践.中国文化遗产，2010（2）.

第六章

个案研究——天津大学古建筑测绘历程

　　1940 年代，张镈与天津工商学院建筑系师生测绘北平中轴线建筑，在国难之际抢救性记录了民族建筑遗产，留取了具有重要历史价值的宝贵资料。延续这一传统，天津大学建筑学院古建筑测绘实习自 1953 年开设以来，除十年动乱期间外未曾间断。近十数年来，天津大学与文物部门积极合作，与文化遗产保护需求接轨，初步形成了教学实践和文物保护互惠的局面，步入教学、科研和文物保护实践综合发展的轨道，培养了一批优秀建筑师和从事文物保护的专业人才。鉴于天津大学在建筑遗产测绘领域的长期实践凝聚了测绘历史中各个时期的特点，具有明显的典型性，本书将其作为建筑遗产测绘史的个案进行研究，作为 1949 年以后建筑遗产测绘发展历程的缩影。

一、发轫（1953—1964 年）

（一）古建筑测绘实习开设的背景

1. 高等院校"院系调整"与"全面苏化"

　　中华人民共和国成立初期，在大规模工业化建设的推进下，急需培养大量工科技术人才。在 1950 年召开的第一次全国高等教育会议上，计划整合全国高等院校，减少综合性大学，增加单科专门学院，以便从国家利益出发，高效率地培养专业人才。

　　1952 年开始，教育部在"全面苏化"的唯一方针下进一步推进高校课程改革，在"关于制定高等学校工科本科各专业教学计划的规定（草案）"中，要求"各有关院校参考苏联相同专业的教学计划暂自行拟订各该院校所设置的本科与专修科各专业的教学计划"；"制定教学计划前，应先学习苏联专业设置与教学计划拟订的精神，吸取苏联的先进经验"。[1] 1954 年，教育部在天津大学召开全国建筑

---

① 高等教育办公厅 . 高等学校文献法令汇编第五辑 . 北京：高等教育出版社，1958.

学专业五年制教学计划修订会议①,之后以莫斯科建筑学院建筑学专业教学计划为蓝本,向全国各建筑院校颁发《统一教学计划》。在必须按照统一计划教学的大环境下,天津大学建筑系②的教师们进行多次讨论,以强调基础理论和基本功训练为指导思想,恢复和增设了工地劳动实习、古建筑测绘实习、水彩画实习、工地工长助手实习、设计院实习等多种实践性教学环节。③

2. 建筑界的复古主义思潮

大量苏联专家来华援助和指导的同时,也将苏联的建筑理论"社会主义内容,民族形式"引入中国,在建筑界掀起复古主义的思潮。在当时全面学习苏联的政治要求下,传统形式建筑盛行起来,引发了各建筑单位和高校学习、研究传统建筑形式的极大热情。④在古建筑资料缺乏的情况下,建筑历史教研室的年轻助教投入大量时间、精力,将各类古建筑资料复制为蓝图供学生借阅,作为建筑历史学习和设计参考的案头常备资料。⑤建筑初步课程中,在西方古典建筑渲染的基础上,增加了中国传统建筑的渲染,各占一半比重。⑥

3. 建筑教育思想

中国建筑教育事业开创早期成立的建筑系,几乎全部继承了西方学院派建筑教育体系,除核心的建筑设计外,重视绘画和史论课程,强调图面表现技巧等基本功训练。在建筑教育界占重要地位的中央大学建筑系,自鲍鼎、谭垣、虞炳烈、刘既漂等具有法、美留学背景的建筑师任职后,其学院派教学方法得到进一步强化。⑦天津大学建筑系创办人徐中和建筑历史专业奠基人卢绳即毕业于该系。1950年代建筑教育全面学习苏联,天津大学建筑系主导教师的背景与当时的苏联建筑学界同样源自"学院派"建筑教育,均特别强调建筑艺术基本功的训练和古典美学素养的修炼。"建筑设计"、"建筑史"和"美术"课最为受重视,在当

---

① 宋昆.天津大学建筑学院院史.天津:天津大学出版社,2008.
② 1952年9月,北方交通大学建筑系、津沽大学建筑工程系与北洋大学土木系合并,成立为天津大学土木建筑系(今天津大学建筑学院)。
③ 魏秋芳.徐中先生的教育思想与天津大学建筑学系.天津:天津大学,2005:30.
④ 天津大学王学仲先生回忆,1953年建筑系成立时"建筑史教学和研究是一个鼎盛时期",根据2004年10月23日白丽丽访问王学仲先生的记录,参见白丽丽.卢绳研究.天津:天津大学,2006:86.
⑤ 2011年9月7日笔者访问天津大学荆其敏先生的记录(未刊稿)。
⑥ 2012年4月26笔者日访问天津大学荆其敏先生的记录(未刊稿)。
⑦ 参见钱峰.现代建筑教育在中国(1920s–1980s).上海:同济大学,2005.

图 6-1　卢绳先生像
（资料来源：天津大学建筑学院提供）

时被称为三大"功夫课"。[1]

　　中央大学建筑系历来便有考察古建筑的传统。1931 年夏，刘敦桢率该系师生赴山东、河北及北平参观古建筑。[2] 此后，中大师生与营造学社成员协作调查、测绘的成果发表在刘敦桢《北平智化寺如来殿调查记》一文中。1933 年，中大建筑系毕业班学生在营造学社梁思成、林徽因带领下，至蓟县独乐寺参观考察。[3] 根据以上情况推测，1935 年毕业于该系的徐中可能接触过相关信息或者亲身参与过古建筑考察。卢绳在中大建筑系就读时便醉心于建筑历史，常与教授中、西建筑史的鲍鼎一起探讨建筑史学问题。[4] 毕业后，卢绳进入中国营造学社进修中国建筑，其间协助梁思成编撰《中国建筑史》，并通过古建筑测绘实践积累了丰富经验，为日后继续建筑历史研究铸造了坚实的根基。

（二）古建筑测绘实习的历程

1.1953 年的古建筑认识实习

　　天津大学建筑系成立后，卢绳（图 6-1）作为建筑历史学科的创始人，开始积极倡导古建筑测绘活动。

　　1953 年暑期，天津大学建筑系 1952 级学生组成"参观测绘实习团"，由卢绳主持，童鹤龄、郑谦、张佐时、赵冠洲协助带队，在北京进行古建筑认识实习。卢绳在当年发表的《鲁迅故居实测记》中记述了此次实习的概况：

① 根据 2012 年 4 月 26 日笔者访问天津大学荆其敏先生的记录。
② 东南大学建筑学院. 刘敦桢先生诞辰 110 周年纪念暨中国建筑史学史研讨会论文集. 南京：东南大学出版社，2009：230.
③ 张镈. 我的建筑创作道路. 天津：天津大学出版社，2011：25-26.
④ 郑孝燮在回忆卢绳时说："一转入建筑工程系卢绳就一头扎进了中国建筑历史的研究，所以学生时代的卢绳非常景仰鲍鼎先生，经常和他一起探讨建筑史学的问题，同时在人生观和处世态度上卢绳也深受鲍鼎先生影响，形成了坚韧、温和、不怕困难的个性。"引自白丽丽访问郑孝燮记录，见：白丽丽. 卢绳研究. 天津：天津大学，2006：74.

天津大学土建系建筑设计教研室在今年（1953 年）暑期率领房屋建筑学专业一年级同学到北京参观中国古代建筑并作实测的实习。这次实习测绘了北海的庭园建筑和西四牌楼宫门口西三条胡同二十一号的鲁迅先生故居。①

借助与原营造学社成员及文物界人士的熟识，卢绳在北京多方联系接洽参观、测绘、照相事宜，均顺利获得接待，并由管理方提供梯子、绳子、竹竿等测绘工具。②

卢绳在日记中详细记录了此次认识实习的过程：

7 月 14 日，实习团乘火车抵京，借宿北方交通大学。次日起，先后至历史博物馆、北海、天坛、鲁迅故居、清华大学建筑系、颐和园、故宫、智化寺、雍和宫参观考察，并在北海、鲁迅故居和故宫进行了实测。8 月 3 日回津整理总结。至每处古迹，卢绳对建筑的建置沿革、布局特征、结构做法等进行现场讲解③，并要求学生写参观笔记，着重强调记录"建筑物的历史、对建筑物的印象、建筑的具体形象及做法、特征"④。

7 月 17 日参观北海后，测绘见春亭、春荫碑、垂花门、引胜亭。卢绳"引同学分别讲解四处结构及实测要点，讲毕同学讨论明日实测计划"。7 月 18 日开始绘制草图，上午测量尺寸，下午画图。卢绳当日在笔记中写道："同学们兴趣皆高，各组进行都尚速，至十一时，量迎春亭、垂花门各组都大体量毕；量引胜亭者亦只斗栱未测矣；量春荫碑者亦大体没事。"⑤ 7 月 24 日开始，实习团测绘鲁迅故居，卢绳向每组同学详细讲解画图测绘方法。至 28 日下午，完成铅笔线图。7 月 30 日参观故宫后，7 月 31 日仍分四组实测。

此次认识实习以参观为主，兼有少量测绘，带有一定的实验性质，是天津大学建筑系学生实地认识、考察古建筑的首次尝试。

2. 古建筑测绘实习的开设

1953 年进行认识实习时，正值建筑系讨论教学计划。决议课程设置的同时，卢绳就实习一事征询了系主任徐中的意见：

---

① 卢绳. 鲁迅故居实测记. 文物参考资料，1953（11）.
② 根据卢绳日记（1953 年），天津大学建筑学院藏。
③ 根据 2012 年 4 月 26 日笔者访问天津大学荆其敏老师的记录（未刊稿）以及卢绳日记（1953 年）：7 月 17 日"在（北海）天王殿由德焞交涉参观工地，解释流璃及屋角结构"，7 月 22 日"首至圜丘，讲天坛建筑概况，摄影……至祈年殿，讲木构大略，东西庑有祭祀架器"，7 月 23 日"召集同学分组讲解鲁迅事迹及民居建筑概况"，7 月 30 日"在太和门讲明清宫殿建置的沿革……与同学谈故事"，8 月 2 日"八时半后，同学皆至，率以讲解智化寺历史，布局和结构特征，十时许离去"，天津大学建筑学院藏。
④ 根据卢绳日记（1953 年），天津大学建筑学院藏。
⑤ 同上。

7月19日上午，赴六里台与徐公谈实习及课改事，又至系中与徐、周、储议教学计划决定草案：中建为一、二年，四学期（2293），西史三年（33），初步一年（99）。①

从中可以看出，建筑史和建筑初步作为基础专业课占有较大分量，是课改讨论的重点。对史论和基本功的重视反映出建筑系对学院派建筑教育传统的继承。

1953年认识实习的探索性尝试效果，得到建筑系教师的一致赞同。1954年高教部颁发的建筑学五年制统一教学计划以苏联教学大纲为蓝本制定，在固定学期安排各类实习，突出体现了教学联系实践的特点。教学计划并未规定教学、生产实习的具体内容，由各校自行组织安排。这一年，建筑系将教学计划中的一项生产实习设置为古建筑测绘实习②，与水彩实习一起进行（表6-1）。

1954年高教部颁发建筑院系五年制统一教学计划中的教学实习部分　　表6-1

实习	学期	周数
1. 第一次教学实习	2	3
2. 第二次教学实习	4	5
3. 第一次生产实习	6	7
4. 第二次生产实习	8	8
5. 毕业实习	10	6
合计周数		29

[资料来源：钱峰、伍江.中国现代建筑教育史（1920—1980）.北京：中国建筑工业出版社，2008：246-247]

当年6月，卢绳主持1951级学生赴承德测绘避暑山庄及外八庙，建筑系主任徐中亲自带队，从此开启了天津大学大规模测绘实习的历程。

中央新闻纪录电影制片厂1954年第三十九号"新闻周报"以《测绘古代建筑物》为题，拍摄并报道了天津大学承德古建筑测绘实习的情况。影片记录了徐中在避暑山庄为学生讲解的画面、现场实测的场景，以及使用皮尺测量吻兽、用经纬仪测量琉璃塔的影像，形成了珍贵的历史档案（图6-2）。

承德实习的成功实施，鼓舞了年轻教师学习传统建筑的热情，为日后古建筑测绘的持续展开奠定了基础（图6-3）。文物保护专家郑孝燮认为，承德避暑山庄是清代苑囿建筑中少数保存完好的珍宝，在建筑的技术和艺术上有极高成就，

① 根据卢绳日记（1953年），天津大学建筑学院藏。
② "天津大学建筑系建筑学专业三年级，按照教学计划的规定，于1954年6月至前热河省，进行古代建筑测绘的生产实习。"引自卢绳.承德避暑山庄.见：卢绳.卢绳与中国古建筑研究.北京：知识产权出版，2007：56.

图 6-2 中央新闻纪录电影制片厂 1954 年拍摄《测绘古代建筑物》中的影像。左：徐中在承德避暑山庄为学生讲课；右：使用经纬仪测量琉璃塔（资料来源：天津大学建筑学院提供）

图 6-3 承德普宁寺大乘之阁纵剖面，天津大学测绘，1954 年（资料来源：天津大学建筑学院提供）

卢绳选择避暑山庄作为天津大学大规模测绘教学活动的开始，是独具慧眼的。[①]

3. 备战为名：沈阳测绘实习与勤工俭学

1957 年，卢绳在反右斗争中被打为右派，建筑历史教研室遭到撤销。随后而来的是"大跃进"运动和"教育革命"。接连的政治运动中，卢绳作为反动权威受到批判。由于"教育革命"批判脑力劳动脱离体力劳动，要求教育联系实践，测绘实习因而未致取缔。但是因为政治因素，在当时的历史背景下谈历史、谈文化存在很大风险。

虽然政治形势日益严峻，但卢绳对组织教学和实习仍然充满乐观，结合时势为实习寻求新的出路，加入勤工俭学的方式促进测绘实习，将测绘对象扩展至明清陵寝建筑，于 1962 年至 1964 年进行了河北易县清西陵、辽宁沈阳关外三陵的测绘。

1964 年 4 月，卢绳先生与沈阳故宫联系商议测绘事宜，决定测绘大政殿、文溯阁、碑亭及颐和殿，并与当地建筑设计院商定借图板、尺等工具。

在"以阶级斗争为纲"的特殊环境下，学生不理解为何要测绘"封建社会的遗物"，卢绳只有以备战为理由向学生解释，即古建筑一旦毁于战争，需要留下资料以便日后维修、复建。如此煞费苦心地引导，实为无奈之举。据当时参加测绘的东南大学教授朱光亚回忆：

> 应该说在那个时候大家对测绘是很矛盾的，跟现在不一样，现在我们觉得古建筑测绘是一门必修课，是对古建筑认识的过程，当时不是。当时首先就是阶级斗争，绷得很紧，我们要批"封资修"。在这种情况下，为什么要搞测绘，老师不讲个明白我们怎么会愿意去测绘呢？卢绳老师本身被打成了右派，所以他就不能讲政治方面的内容，只能讲一个，就是备战的需要。沈阳市文化局他们从备战的角度考虑，如果一旦发生战争，被炸毁了，要有一套资料留下。就讲这一点，大家觉得算是个理由。[②]

6 月 21 日至 7 月 14 日，建筑系 1961 级学生 26 位以及 1960 级学生 17 位赴沈阳故宫和关外三陵进行测绘和勤工俭学（图 6-4）。到达现场后，卢绳布置实习大纲和安全制度，并讲解沈阳故宫建筑，随后分组安排工作，为每一位同学分

[①] 2005 年 3 月 31 日白丽丽对郑孝燮的访问记录，参见白丽丽．卢绳研究．天津：天津大学，2006：74.
[②] 笔者 2012 年 10 月 24 日访问东南大学朱光亚先生的记录（未刊稿）。

图 6-4　天津大学 1964 年测绘沈阳故宫工作照，高树林摄（资料来源：天津大学建筑学院提供）

配图纸、落实各图纸比例。[1]

　　现场工作时，卢绳除了每天指导、检查学生画图以外，还兼负摄影、考察周边古迹、带领学生参观、组织学生生活[2]、商洽勤工俭学、学术交流等多项事务。

　　近半个月后，现场工作临近尾声，卢绳与带队教师高树林、杨道明讨论后，为学生做实习总结。学生交图 34 张，其中"三十张校准型者"[3]。

　　在测绘实习过程中，沈阳故宫博物院的沈长吉、刘国镛曾两次与卢绳商谈勤工俭学一事，请学生测绘清宁宫、大清门、十五亭及北陵明楼，并提供补助金。7 月 19 日测绘实习结束，大部分学生先行返津，剩余 10 名同学与随之赶来的 17 名 60 级同学继续勤工俭学。[4] 勤工俭学完成了沈阳故宫大政殿、大清门、崇德殿、文溯阁等主要建筑的测绘工作。

（三）古建筑测绘实习的教学与管理

1. 组织管理

　　每次实习之前，事先与拟测对象所在地的文物主管部门及保管单位进行联络、协商，明确测绘对象以及搭设脚手架事宜。此外，提前与文物部门或当地工程设

---

[1] "（6 月 27 日）……为同学分配整图：文溯阁订比例为 1/40，总平面为 1/100，装修 1/10；贾画总平，韩正、背立面，施剖面，罗侧立、中断，刘描楼断；陈国良二、三平面，陈洪通匾额装修及底平面。"引自卢绳 . 沈阳故宫"建三"实习日记（1964 年）. 见：卢绳 . 卢绳与中国古建筑研究 . 北京：知识产权出版，2007：352.

[2] 由于当时的历史背景，在沈阳故宫现场测绘中，需要穿插组织学生看电影、过组织生活、学习毛泽东著作等。

[3] 卢绳 . 卢绳与中国古建筑研究 . 北京：知识产权出版，2007：354.

[4] 这 17 名四年级学生以刘金华、杨永祥为队长，分组情况如下。北陵组（明楼）：刘金华、王凤亮、赵瑞祥、田瑞图、陈武吉、简起来、李松林、张生午，大清门：郑少辉，清宁宫：季仁铨、李富南、彭春维、杨永祥，十五亭：杨凤临、齐振南、郭水根、翁钟波。

计单位联系落实借用梯子、竹竿、测量仪器、图板等不方便携带的测绘工具。

通常，至各地测绘实习时，学生免费借住在当地的学校，并且就近在学校食堂解决伙食。[1] 若逢测绘现场位于郊区或山野时，甚至住在寺庙。饮食亦不便利，需要自行开伙，雇人代做，有时甚至需要教师亲自烹饪饭食。在政治高压时期，师生间仍然互相关怀，卢绳就曾在 1962 年的实习日记中记述道："吃饭时同学复以仅有的黄瓜让我吃。"

测绘实习需要登高爬屋，安全防范为重中之重。对此，卢绳多加强调："实习期间，教师全权负责"、"实习安全问题，要特别注意，要做好保安保密，注意不能游泳，有些地方不能任意照相"。[2] 除了提前在校内进行安全教育外[3]，现场工作中也不时强调遵守纪律，服从集体，热爱工作。

计划经济时期，由于共产、平均思想的影响，地区、单位之间进行合作普遍奉行无偿互助的形式，参观、交通、食宿由合作单位协助解决。据天津大学多位老师回忆，测绘实习时通常自带铺盖乘火车，至目的地后由对方单位派交通工具接至现场，参观、住宿、饮食、搭设脚手架、借用工具均免费。加之物价水平低廉、实习经费由国家全盘统筹，生活方面有定量票据供给，因此无需专门筹措经费。

2. 教学模式

实习前，由负责教师拟具实习大纲，在校内进行动员学生、交代注意事项和组织学习大纲等准备工作。

到达测绘现场后，通常按以下程序展开工作：参观实物——现场讲解——分组——各组研究工作计划——绘制草图——测量。

分配任务时，按照测绘对象的规模和复杂程度进行统筹安排。难度较大的工作通常被划分给能力较强的学生。同时，分组兼顾能力较差与较好的学生，相互搭配。各幅图纸的内容、比例以及分配由教师与各组具体商定。

测绘期间，制定统一作息时间和日程表，每日工作约 6 小时。如 1962 年承德实习时，按"上午 9：45~11：45，下午 2：00~4：30，晚 7：30~9：00"时间

---

[1] 如在北京实习时借住在清华大学学生宿舍；1962 年在承德实习时，38 名学生住河北石油学院，另外 18 人住当地农校。
[2] 引自卢绳日记，天津大学建筑学院藏。
[3] "晚饭后布置同学实习大纲，讨论（大纲于日晨在校内报告）及安全制度。"引自卢绳. 沈阳故宫"建三"实习日记（1964 年）. 见：卢绳. 卢绳与中国古建筑研究. 北京：知识产权出版，2007：352.

图 6-5　故宫倦勤斋室内渲染图，1960 年代（资料来源：天津大学建筑学院提供）

段工作。[1]

　　测量即将告竣时，组织学生谈论古建筑测绘实习体会、心得及意见。返校前，将完成的图样打包，对现场进行清理，并向对接单位辞行致谢。

　　回校后，以现场描绘的草图与注记的尺寸为基础，绘制正式图纸。图纸的内容包括：平面图、各立面图、纵横剖面图、屋顶俯视图、屋顶仰视图以及细部大样图。根据不同建筑的特点确定相应的图纸内容。例如，屋顶俯视图和仰视图多对应于屋顶形式较特殊的亭榭类建筑。图纸多为线描形式，严格区分不同线型，以此来表现测绘对象的轮廓、层次、景深等空间特征。

　　图纸表达的内容，除建筑大木结构外，还包括彩画、石刻、装修，以及佛像、香炉等附属物，几乎涵盖了测绘对象的全部细节特征，并且针对艺术价值高的部位绘制专门详图（图 6-5）。细部图案的繁复优美，加上线型的严谨复杂，使得绘制图纸的实际工作量不可小觑，稍有差池又须重新来过。如此，绘制成图必须具备扎实的徒手功夫和充分的耐性。因此，建筑系当时有"通过古建筑测绘实习等于建筑基本功出师"的说法。[2]

　　作为一项教学活动，评分时除考虑图形的准确性和绘图质量外，学生的工作态度和现场参与情况也是重要的参考因素。因而，图纸绘制的优劣与所得成绩并不完全对应。

　　值得注意的是，卢绳在园林、陵寝的研究中，十分重视建筑组群的整体布局，在各地测绘期间常绘制组群透视图和鸟瞰图。相应地，测绘成果中除惯常的总平面图外，加入组群立面、剖面进行总体记录、表达。

① 卢绳 . 承德实习日记（1962 年）. 见：卢绳 . 卢绳与中国古建筑研究 . 北京：知识产权出版，2007：329.
② 2013 年 4 月 18 日笔者访问天津大学章又新老师的记录（未刊稿）.

附：卢绳编写的实习注意事项 [①]

实习期间，教师全权负责，实习期间要管教管人，由于生活与学生在一起，故要言教身教，思想工作要与学术教育、生活教育结合起来，在实习期间希望能艰苦朴素，与同学打成一片。

另外有几个关系问题：

在实习时，必须有大纲，系里要先向同学动员，注意事项，再进行大纲学习，学生外出组织工作，要在校内完成。教师与同学干部要开会，统一认识明确要求，这些事要在校内完成。

（1）独立进行的，由学校领导为主，有双重领导的，则由生产方面为主。工作上如不符合实习要求，由教师向生产方面联系，改变；但要通过生产领导。同学要参加所在地的组织生活，还要有自己班级的组织生活。

（2）师生关系，关键在于发挥干部作用，教师带动干部做好工作，教师要主动地联系干部，接近同学。教师起主导作用，发挥干部积极性。学生在实习期间有严重违反纪律事，教师有权停止其实习，候学校作出决定。出外时有关生活规定，可与□□□联系，教学工作可与□□联系。

在外政治时事学习（一单元）一组晚上的组织生活，有时可请人作报告等（组织生活可与班团交叉开）。一般性思想批评等教师可参加，有些工作可由同学自己办，以发挥同学组织能力。

实习安全问题，要特别注意，要做好保安保密，注意不能游泳，有些地方不能任意照相。财务制度由教师负责，要贯彻勤俭办学，现在学生伙食标准是 15.5 元（每天 5.1 角）。

（四）古建筑测绘与建筑教育思想

1. 建筑学基础实践

古建筑测绘实习不单是中国建筑史课程的补充，更是对于包括测量学、画法几何、建筑初步、建筑历史、美术在内的多门建筑学专业基础课程进行综合运用的实践环节。通过这些课程的学习，能够获得以下技能，并在测绘时加以综合应用：

测量学——准确获取对象的尺寸数据；

---

① 引自卢绳日记，天津大学建筑学院藏。

画法几何——将三维实体转化为二维投影图；

建筑初步——建筑绘图能力和建筑表现技法；

建筑历史——认识并理解古代建筑；

美术——美学素养与绘画水平。

天津大学建筑系历来重视基础课程，这与初创者徐中的教育经历密切相关。徐中在中央大学建筑系接受了学院派教育理念，虽然毕业后曾赴美国伊利诺伊大学学习，但这段经历并未触动其教育理念中的基础训练部分。[①] 徐中在教学方法中重视图纸表现力和建筑学基本功，并由此奠定了天津大学建筑系的教学基调。对此，天津大学章又新老师回忆：

> 徐先生是很重视基本功的，他坚持把最好的教师放在低年级。徐先生认为，测绘能够把一、二年级的课程综合运用。所以测绘不是就为了画这张图，而是把两年来学的知识综合在一起，训练综合运用的能力，这个能力是很重要的。他根据这个理念，所以要把测绘作为一门课，从 1954 年开始就实行了，是教学中很重要的一个环节。天大学生基本功扎实，这得感谢徐先生。[②]

青年教师的业务能力同样受到严格要求。[③] 当时建筑系中青年教师占全体教师中的 86%[④]，培养新的师资力量对学科发展至关重要。[⑤] 测绘实习作为一项综合实践，是理想的培训机会。因此建筑系内部常常打破专业界限，调配年轻教师参加。20 世纪五六十年代建筑系在职的教师，几乎全部参与过测绘实习。这一举措对师资力量的增强起到了切实的作用。

2. 培养空间思维

测绘过程的本质是遵照投影原理将实体表达为图形，实现从三维到二维的转

---

① "美国当时攻读硕士的主要内容，通常是在教师的一定指导下参与一些实际工程项目，并不涉及包括基础训练在内的整套教育。因此新的教育经历没有改变徐中对学院式基础教育的重视，相反，对培养美学感和绘画表现能力的训练的重视，一直是他教学中的特点，也是他作为建筑教育者一贯的基本思想。"引自钱锋、伍江. 现代建筑教育在中国（1920s—1980s）. 北京：中国建筑工业出版社，2008：74.

② 2013 年 4 月 18 日笔者访问天津大学章又新先生的记录（未刊稿）.

③ 天津大学彭一刚先生回忆："天津大学建筑系初创之际，在办学规模、图书设备和师资力量等方面都十分欠缺，徐中先生敏感地意识到，人才是办好建筑系的重中之重，于是在他有限的权力范围内，逐年都要从学生中挑选一批素质较好的学生充实师资队伍。留校的青年教师，必须从建筑初步教起。按徐中先生的思想，青年教师必须熟悉中国和西方古典建筑形式。于是，他便亲授西方古典柱式和中国传统建筑形式，意在以经典的东西来陶冶青年教师健康、高雅的审美情操。他要求十分严格，不仅要了解，而且要动手画示范图。当时，我们这些刚毕业的青年教师，除保证睡眠时间外，几乎把全部时间都用在绘制示范图上。"引自彭一刚. 徐中先生与天津大学建筑系的成长——纪念徐中先生诞辰九十周年. 见：宋昆. 天津大学建筑学院院史. 天津：天津大学出版社，2008：18.

④ 卢绳工作笔记（1958），天津大学建筑学院藏.

⑤ "有计划地培养青年师资，发挥老教师的作用，这也是关键问题。"引自卢绳工作笔记（1958），天津大学建筑学院藏.

换。这一过程与通过思考二维图形构建三维实体的建筑设计过程互为逆向。测绘实习是建筑学专业教育中近乎唯一的进行空间认知反向训练的课程，能够促进学生对图形与空间的关联作更为透彻的理解，对于提高建筑学素养意义深远。

从首次大规模测绘实习开始，测绘图就采取线描图作为主要的表达方式。[①] 与渲染图相比，线描图能够更加清晰、明确地反映测绘对象的几何信息与形象特征，对图形思维意识的建立大有裨益。[②]

3. "学院派"建筑教育体系的反映

"学院派"建筑教育体系偏重艺术性训练，因而重视图纸的视觉效果。建筑图纸同其他艺术作品类似，经过精雕细作诞生，并且具备一定艺术价值。天津大学建筑系成立初期，以"学院派"教育理念为主导，古建筑测绘图具有鲜明的"学院派"特征。无论流畅的线条、严密的线型，还是考究的字体和配景，都充分显现出学院派追求唯美的意味。

（五）古建筑测绘与建筑历史研究

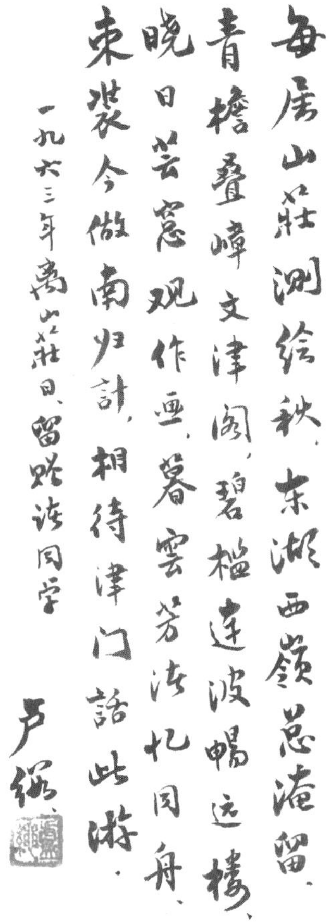

卢绳是天津大学建筑系建筑历史学科的奠基者。早在中大建筑系求学时，他便产生了对中国建筑文化和历史的兴趣，这与他自幼秉承家学、精通史籍文献不无关系。他常常在测绘现场结合历史典故、诗词歌赋讲解中国建筑和传统文化，极受学生欢迎。卢绳具备深厚的古典文学造诣，擅长诗词，时常在实习中即兴成诗（图6-6）。

图6-6 卢绳诗作手稿，1963年
（资料来源：天津大学建筑学院提供）

---

① 除1954年承德测绘、1955年北京故宫测绘中有少量细部渲染图（约占图纸总数的20%），此后的测绘图几乎全部为线描图。在1954年的建筑学专业统一教学计划会议上，徐中即表述了线描对于专业培养的重要性："在学校里建筑学专业学生的培养，就是要学生掌握建筑构图的基本功，要用中国画勾勒的方法，即用线条来勾出建筑的轮廓，不能含糊。"引自魏秋芳.徐中先生的教育思想与天津大学建筑学系.天津：天津大学，2005：34.
② "直到1963年，以清华大学建筑专业教学课程为蓝本制定、由教育部门统一颁发至各建筑院校作为参考，在初步练习中加入不少建筑测绘的内容，但测绘的最后目的是制成精细的渲染图，这就使学生对建筑本体的理解仍然停留在画面效果上，没有建立起图纸是设计思维工具的意识。"引自钱锋.现代建筑教育在中国（1920s-1980s）.上海：同济大学，2005：149.

　　测绘实习开设后，在大规模测绘的基础上很快形成了相应的建筑史研究专题：清代苑囿建筑——承德避暑山庄及外八庙、北京故宫内廷宫苑、北京颐和园；陵寝建筑——明十三陵、清东西陵、沈阳故宫及关外三陵。

　　以实地调查研究为基础，1956年至1957年，卢绳连续发表《承德避暑山庄》①《承德外八庙建筑》②《北京故宫乾隆花园》③，开拓了清代苑囿研究的新领域，改变了园林研究多集中于南方私家园林的状况。然而随之而至的政治灾难，迫使他不得不将其余的研究札记雪藏起来，直至若干年后才得以面世。这些成果包括：《清代苑囿概说》、《承德避暑山庄与其他苑囿的比较》、《多民族国家统一政策的贯彻与承德避暑山庄的建立》、《造园》、《漫谈假山》、《扬州园林》、《中国古代墓葬建筑》、《清代陵寝建筑群造型的艺术分析》、《宋永思陵平面及石藏子之初步研究》、《清东陵的"陵圈"建筑考记》。④其中，《清代陵寝建筑群造型的艺术分析》全面介绍了清代陵寝建筑的概况，并深入阐释了选址布局、组合构成、设计手法等内容，开创了该领域的先河。

二、继承（1976—1989年）

（一）回顾传统

　　1970年代末，科研教育战线率先进行拨乱反正，各项工作逐渐恢复正常秩序。值得庆幸的是，尽管经受十年浩劫，建筑系历年的古建筑测绘实习成果幸免于难，大都保存完好。因此，不少教师提出，承德避暑山庄测绘作为古建筑测绘实习的起点和代表，其成果应付梓出版。由此，在20世纪五六十年代的测绘成果基础上，由天津大学建筑系、承德市文物局和中国建筑工业出版社共同组织力量对避暑山庄和外八庙进行补充调查、分析、编写，形成《承德古建筑》一书。

　　编写过程中，建筑系冯建逵、童鹤龄、章又新、杨道明、方咸孚、杨永祥等教师赴承德补测普仁寺、万壑松风等遗址，又至外地调研避暑山庄建筑的创作原型——嘉兴烟雨楼、镇江金山寺、海宁安国寺⑤，以此为基础进行了避暑山庄及

---

① 卢绳.承德避暑山庄.文物参考资料，1956（9）.
② 卢绳.承德外八庙建筑.文物参考资料，1956（10—12）.
③ 卢绳.北京故宫乾隆花园.文物参考资料，1957（6）.
④ 卢绳.卢绳与中国古建筑研究.北京：知识产权出版社，2007.
⑤ 2013年4月18日笔者访问天津大学章又新先生的记录（未刊稿）.

图 6-7 《清代内廷宫苑》书影（资料来源：天津 大学建筑工程系 . 清代内廷宫苑 . 天津：天津大学 出版社，1986）

图 6-8 《清代御苑撷英》书影（资料来源：天 津大学建筑系，北京市园林局 . 清代御苑撷英 . 天津：天津大学出版社，1990）

外八庙已毁建筑的复原。早在 20 世纪五六十年代测绘实习时，卢绳就曾表示，可以利用日本学者关野贞拍摄的照片和对现有遗址进行测绘来复原已毁的建筑物[①]，这一愿望至此终于得以实现。在合作单位的共同努力下，《承德古建筑》于 1982 年出版。

《承德古建筑》成功出版后，建筑系决定将其他珍贵的测绘成果也"迅速付印出版"[②]。1986 年，由冯建逵主持，以清代内廷宫苑和皇家苑囿园中园为主题，对"文革"前的测绘图展开专题整理及出版。在整理 1950 年代故宫内廷花园测绘图的基础上，进一步实地考察、分析，总结宫廷内苑的造园手法，综合出版为《清代内廷宫苑》（图 6-7）。1987 年，继续着手《清代御苑撷英》的编写工作，利用已有测绘成果对清代皇家苑囿里的园中园进行专题研究。这项工作纳入了北京市园林局的《北京园林古建筑丛书》的编写计划，双方组成编辑委员会，在共同研究、调查的基础上，于 1990 年顺利出版《清代御苑撷英》（图 6-8）。

改革开放后，天津大学建筑历史学科在冯建逵的主持下逐步回复正轨。1978 年，教育部恢复研究生教育并实行学位制度。1984 年，王其亨作为首批建筑历史与理论硕士研究生毕业留校，继续主持天津大学古建筑测绘实习课程。1982 年，在导师冯建逵的引荐下，王其亨成为陈明达的入室弟子。身为建筑史学家，陈明达的学术研究成果正是建立在大量实物调查测绘的基础上，曾屡次强调测绘作为学术研究先决条件的重要性，并指出，测绘本身受到不同程度"前理解"的影响，不应满足和局限于单次测绘。

通过回顾、整理建筑历史教研室以往的成果，王其亨了解到，卢绳以清代皇家园林与陵寝为主题，坚持大规模测绘，已经形成丰富的教学成果和显著的学术效益。同时，清代皇家园林、陵寝规模宏大，仍有大量测绘缺项。另外，清代样

① 童鹤龄 . 卢绳先生的建筑史观与教学思想 . 新建筑，1980（3）.
② 天津大学建筑工程系 . 清代内廷宫苑 . 天津：天津大学出版社，1986：164.

式雷图档中至为丰富的两部分内容即为陵寝和园林。因此，后续的学术研究与学科建设无法脱离基础测绘，必须继承这一优势传统，深化清代皇家建筑系列研究，带动相关理论研究。同时，古建筑测绘作为建筑学教育中的基础性实践课程，恰恰是建筑遗产保护中技术含量高、专业人才短缺的关键环节。高校应借助自身特点和丰富的后备资源，跨出象牙塔，投入文化遗产保护应用，寻求学术效益与社会效益的统一。

（二）重要测绘项目

1. 清代皇家陵寝建筑

1960 年代，卢绳先生开始关注清代皇家陵寝建筑。1962 年与 1964 年，卢绳分别带领 1960 级、1962 级学生赴河北易县清西陵、辽宁沈阳福陵和昭陵测绘，为清代皇家陵寝的大规模测绘开启了序幕，可惜后来由于历史原因而停滞。

1980 年开始，在冯建逵的主导下，天津大学在整理已有成果的基础上继续清代皇家陵寝的大规模测绘。1980 年，恢复高考后的首批学生——1977、1978 级本科生测绘河北遵化清东陵孝陵、裕陵、定东陵；1982 年，1980 级本科生继续测绘清东陵孝陵、孝东陵。此时正值中国建筑工业出版社在出版《承德古建筑》、《曲阜古建筑》的基础上，计划再次以测绘为基础，出版一套古建筑大系类的学术著作。因天津大学对清代皇家陵寝测绘与研究的持续投入，出版社希望由其负责清代皇家陵寝的测绘、撰稿工作。由此，天津大学进一步补充清代皇家陵寝测绘图。1983 年及 1984 年，在杨道明带队下，1981、1982 级本科生测绘泰陵、昌陵、崇陵、慕陵。清代皇家陵寝建筑测绘历时四载，完成了大部分建筑的图纸资料。

2. 北京北海建筑

经过连续的测绘实践，清代皇家陵寝的主体已经测绘完备，按照拟定的学术战略，应立即转入皇家园林建筑的测绘。1985 年，天津大学与北海公园管理处取得联系，希望全面测绘北海建筑。其时，北海管理处聘请国家文物局专家组罗哲文、文物研究所杜仙洲、北京市园林科学研究所赵光华等学界专家作为顾问。在审阅天津大学以往的测绘成果后，专家认为在同类成果中优势显著，支持天津大学进行北海古建筑测绘。1985 年 6 月，建筑系教师王蔚、杨昌明、张玉坤以

图6-9　北京北海琼岛北岸建筑群立面图，天津大学测绘（资料来源：天津大学建筑学院提供）

及王其亨带领学生奔赴现场，由南侧入手，测绘了团城和琼岛的全部建筑；1987年，完成北海东岸和北岸建筑群的测绘；1988年，补充测绘蚕坛，至此完成了北海全部建筑的详细测绘。此次大规模测绘实习前后历时三年，有1983、1985、1986级本科生共212人参加，形成四百余张测绘图。

　　中国古代建筑最为显著的空间特征即在于院落式的群体组合布局，正如梁思成所言："中国建筑物之完整印象，必须并与其院落合观之。"[1]因而，组群测绘图能够更加完整、真实地反映建筑组群的全貌，对于园林建筑尤甚。中国古代园林将建筑与环境巧妙地融糅合一，是造园者哲学思想和审美情趣的生动体现，而单体建筑测绘图难以诠释组群的美学氛围与造园意境。因此，北海测绘实习要求完成各组群的总体测绘图，突出组群布局特征，以完整地展示这座存世格局最完整的皇家园林的气势与风貌（图6-9）。其中，琼岛的营建与东西两坡建筑群笔断意连，是整座园林的亮点。为此，天津大学组织测绘琼岛南北方向剖面，将地势变化和建筑布局清晰纵览于图纸成果中。这种突出园林特点的组群测绘图与大规模的组织方式得到了国家文物局罗哲文、杨烈等专家的认可，提倡在全国推广。

3. 山西浑源悬空寺

　　悬空寺位于恒山翠屏峰的悬崖峭壁间，背岩依龛，下临深谷，距地面约60米，奇巧壮观的同时也存在现场测绘的种种安全隐患。1986年，受山西省雁北文物工作站的委托，天津大学测绘浑源悬空寺。绘图时，受传统教学中渲染图的启发，指导教师设想使用界画的手法表现悬空寺的奇险之势，挑选绘画水平高的学生，将正立面图复制在大幅丝绢的中心，拓宽天地，加入山石、悬崖，用针管笔和磨制后的小钢笔表现山石的皴法，之后再填色加工。整个图面共使用6种不同粗细的线型区分内、外轮廓线及纹样线，形成丰富的视觉进退层次（图6-10）。起初，学生对于轮

① 梁思成.中国建筑史.天津：百花文艺出版社，2001：16.

图6-10 悬空寺立面渲染，天津大学测绘（资料来源：天津大学建筑学院提供）

廓线的处理并不理解，认为线型过于烦琐。针对这一细节，王其亨梳理视觉生理机制的相关知识，结合悬空寺山门轮廓线的处理进行讲解，使学生从理论上认识到阴影、轮廓的视觉机理和线型层次的关联，加深了对于二维图像景深表现的理解。

（三）古建筑测绘实习危机

1970年代末，中国开启了改革开放的历史进程。随着经济体制的变化与社会结构的调整，古建筑测绘实习课程开始遇到重重阻力。

第一，实行经济体制改革后，文化机构虽然固守于计划经济体制内，但受市场经济的影响，部分文物管理部门考虑到自身的长远利益，对高校的测绘实习采取敬而远之甚至拒之门外的态度。条块分割的管理模式，将文物资源置于行政控制下，致使古建筑测绘实习项目的落实往往大费周折。

第二，随着全球经济一体化进程的加快，中国传统文化承受着西方强势文化的猛烈冲击、挤压与排斥。建筑设计领域的"国际化"和"全盘西化"倾向日渐严重，部分教师和学生轻视古代建筑遗产的继承、借鉴和弘扬，对古建筑测绘缺乏积极性，或认为可有可无，或认为毫无价值，甚至主张取消。

第三，经济改革之初，长期供应短缺引起的隐蔽性物价上涨逐渐显现，物价全面上涨，路费、食宿费价格剧增，加上古建筑测绘动辄百余人的规模，导致测绘开销成倍增加，而高校教学经费却停留在原有水平，经费匮乏成为严重制约测绘实习的瓶颈。

第四，由于历史原因，高校师资出现断层，测绘实习的专业教师严重短缺。随着市场规模与效益水平不断提高，建筑设计专业需求量增大，偏重理论研究的建筑历史学科成为冷门。受文化虚无风气的影响，部分教师将条件艰苦、补助常常难以到位的测绘教学视为苦差，缺乏热情，难以保证教学质量。

在上述背景下，建筑院校的古建筑测绘实习大多难以为继，或办办停停，或以参观实习取代。天津大学数十年来坚持的大规模测绘实习更是举步维艰。对此，天津大学建筑历史教研组总结经验，寻求解决途径，成功化解了危机。

首先，建筑系群策群力。测绘实习作为天津大学建筑系的优势传统，积累了丰富的管理教学经验，形成了稳定的师资培养机制，一旦停弃将难以恢复，学科建设也将丧失研究基础，成为无米之炊。基于对测绘实习价值和意义的共识，建筑系以学术发展与人才培养为重，尽可能将教学经费向测绘实习倾斜。按照教育部门规定，测绘实习、水彩实习、工地实习的教学经费有固定金额。美术教研室教师章又新提出，就近解决水彩实习，可免除食宿、差旅支出，节省教学固定经费中的水彩实习费用以支持测绘实习。同时，由于牵涉企业改制，工地实习频遭推辞，逐渐取消，经费转而补给测绘实习。

其次，最大化降低成本。外出住宿、饮食费用激增，使现场作业的基本食宿难以保障，也是测绘无法维持的最现实因素。为此，教学组采取相应对策节省开支。第一，将实习时间统一调整至每年7月中旬以后，借各地中、小学校放假之机，廉价租住校舍，以地铺方式解决大批学生的住宿问题。第二，采用膳食自助管理模式，请学校后勤员工跟随测绘队伍驻扎现场，供应集体伙食，不仅保证了饮食安全，也实现了最大程度的成本缩减。改革开放以后，教学经费的提高一直落后于物价增长的速度。时至今日，经费短缺仍然是高校测绘实习最大的生存困扰。天津大学能够持续进行这项教学工作，一个重要原因就是采取了这种"小米加步枪"的生存策略。

再者，精选测绘项目。古建筑测绘是学生贴近古代建筑遗产、加深传统文化认知的实践过程。为此，教学组选择古代建筑艺术和技术杰出的国家级或世界遗产级的大型古建筑群作为测绘对象，其中大部分为全国重点文物保护单位，多数被列为世界文化遗产。为避免文物管理部门体制变动、人事调整带来的不利影响，通过充分激发学生潜力、提高工作强度，在短时间内形成大量成果，高效、迅速地完结测绘项目。相比20世纪五六十年代的测绘实习，训练密度大大增加，平均每人完成的图纸由过去的1—2张变为4—8张。

另外，保证学生利益。学生是完成测绘成果的主体力量，为学科建设与遗产保护事业作出了贡献。测绘教学组在经费不足的情况下，首先保证学生的饮食、住宿、交通经费与制图成本；如有结余，再考虑作为指导教师的研究生与高年级本科生的实习补助；最后考虑在职教师的教学补助。经费困难时期，曾有人提议，由学生交纳部分实习费用，以弥补经费差额。对此，教学组并未采纳。除了1989年的特殊时期，由学生自行解决饮食外，始终坚持学校统一解决测绘经费。

（四）古建筑测绘教学思路

1. 教师主导性与学生主动性相结合

每届测绘实习前，由系领导和教学组对学生进行动员，以历届古建筑测绘的显著成果和优秀范例鼓舞、激发学生对民族文化遗产的情感和投入现场工作的热情。现场教学中，注重实地示范讲解，引导学生自主思考，提高发现和解决问题的能力。同时，启发学生独立思考，大胆表述观点，激励学习热情和思维创新。

二年级本科生处于专业学习的起步阶段，知识水平有限。教师的充分引导和循循善诱，能够帮助学生加深理解。在1987年北京的北海测绘实习中，教学组希望增加绘制快雪堂组群东立面图，以充分展现三进院落的园林空间构成。由于不理解绘制组群立面图的意义，学生产生了抵触心理。指导教师引导学生围绕快雪堂院落并作讲解，使学生感受园林空间意境。通过亲身实践体会，学生充分领悟了中国古典园林的空间特征，理解了教学思路，从而心悦诚服地绘制出组群立面图。

在长时期的古建筑测绘教学实践中，教学组鼓励学生在测量过程中抛开程式化束缚，留意实物做法的真实细节。由此，在长期大规模测绘中，发现了大量实物细节与形制规律，直接促进了相关的学术研究。例如，1991年测绘北京故宫西三所时，学生发现一座单体建筑的吻兽一侧为龙、一侧为凤的特殊实例。再如，包括明嘉靖时期的故宫天一门在内，以及故宫、清东陵、明十三陵等建筑群中较早的遗构，与清雍正朝之后营建的建筑对比后，显示出雍正朝前后建筑檐口由勾头坐中转为滴水坐中的实质性变化。这些实物信息均反映出，学术界长久以来存在明清官式建筑遵循严整的尺寸权衡体系的误区，实际上没有任何一座官式建筑符合所谓的尺寸权衡规则，测绘应注意各个时期细节的变迁与实际的构造做法特征。

古建筑测绘是综合运用多门建筑学专业知识与技能的实践性课程，往往涉及诸多理论知识与实际问题。教学组深刻认识到，为使教师的主导性与学生的主动性紧密结合，达到教学相长的效果，需要充分调动学生的积极性，同时针对其认识盲区和心理特点采用渐进式的引导，帮助学生加深理解。在长期的教学实践探索过程中，以教师的主导性与学生的主动性充分结合为基础，古建筑测绘实习突破了单纯记录的范畴，成为兼具勘察、研究性质的综合调查活动，不仅使学生尝试到发现、钻研的乐趣，进一步调动其主动性，并且促进了建筑遗产实物认识的深入，推动了相关学术研究的深化。

2. 教学的扩展与深化

结合测绘实习，教学组尽可能向学生提供观摩与学习的机会。例如，每年测绘现场工作之余，组织学生参观周边建筑遗产，并积极邀请建筑遗产研究保护领域的专家、学者至测绘现场指导。罗哲文、单士元、于倬云、李竹君、马炳坚等古建筑专家都曾受邀为天津大学古建筑测绘实习的学生讲课。民族遗产的现场体验与学术熏陶，对于学生视野的开拓与文化修养的提高具有长远的裨益。

在测绘实习的前、中、后各阶段穿插介绍相关的学术研究成果，帮助学生增长学识、提高理论水平、扩展知识结构。例如，在明永陵测绘实习中，测量获得的数据正合清代营造尺约100尺，根据这一结果，并结合其他相关实例，向学生系统解读了中国传统建筑"千尺为势，百尺为形"的外部空间设计理念。

3. 专业素养的提升

全球化一体化进程将世界推向全面融合的时代，传统地域特色不可避免地受到冲击甚至破坏，建筑界亦不可幸免。随着民族自信的增强和传统文化危机的自省，民族文化的重塑成为建筑行业的焦点。中国传统建筑以人为本、尊重自然的态度，恰恰符合现代西方提倡的生态学与可持续发展观点，日益受到关注与推崇。因此，探索具有民族精神的现代建筑创作道路成为中国当代建筑师与规划师不可推卸的时代使命。

挖掘传统建筑文化的精髓，必须由认识、学习古代建筑实物入手，古建筑测绘实习为此提供了绝佳的实践机会。首先，置身于优秀的古代建筑杰作，再经过教师的评析引导，能有效激发学生的民族自豪感和对传统文化的认同。其次，亲临其境，能够真实地感知建筑空间环境，获得实际的行为体验，是浮光掠影式的参观或图像的模仿所无法比拟的。再者，经过详细测量，熟悉和掌握建筑各部分的比例尺度、做法特征，有助于更好地理解和吸收传统建筑文化，为创作具有传统文化特色的建筑奠定基础。

建筑规划设计工作需要多工种协同配合，建筑师和规划师必须具备良好的沟通协调能力，但建筑学本科教育中多强调个人成果，协作完成的课程极少。相比之下，古建筑测绘以小组为单位分配实习任务，要求组员之间密切配合，增进交流，成为培养和锻炼学生合作组织能力的重要机会。

（五）古建筑测绘的收获与对外交流

1. 国家级教学成果奖

1988 年，国家教委召开"全国高等学校教育工作会议"，提出建立教学优秀奖励制度，并发出《关于认真做好 1989 年全国普通高等学校优秀教学成果奖励工作的通知》（下称《通知》），决定对本科教学工作中取得的优秀成果给予奖励。《通知》规定，优秀教学成果是指在教学改革、教学质量、教学管理等某一方面具有国内先进水平的优秀成果或突出成绩，并经两年以上的实践检验。其中成果特别突出或成绩特别优异的，可评定为国家级普通高等学校优秀教学成果特别奖。

鉴于古建筑测绘长期以来取得的突出成绩，时任建筑系主任胡德君决定申报国家级教学成果奖。评奖期间，建筑历史教研室组织专家评审并举办了测绘成果

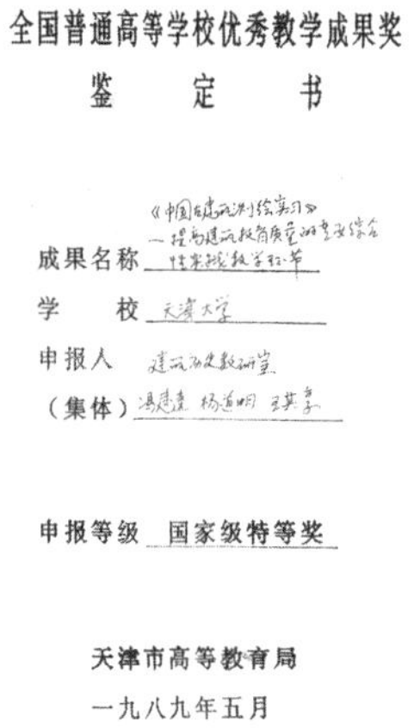

全国普通高等学校优秀教学成果奖

鉴　　定　　书

成果名称 《中国古建筑测绘实习》——提高建筑教育质量的重要综合性实践教学环节

学　　校 天津大学

申报人 建筑历史教研室

（集体）冯建逵　杨道明　王其亨

申报等级 国家级特等奖

天津市高等教育局

一九八九年五月

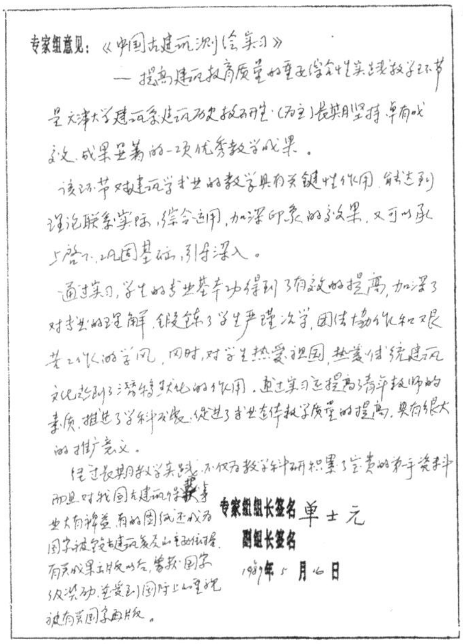

专家组意见：《中国古建筑测绘实习》

——提高建筑教育质量的重要综合性实践教学环节

是天津大学建筑系建筑历史教研室（为主）长期坚持、卓有成效、成果显著的一项优秀教学成果。

该环节对建筑学专业的教学具有关键性作用，能达到理论联系实际、综合运用、加深印象的效果，又可以承上启下、巩固基础、引导深入。

通过实习，学生的专业基本功得到了有效的提高，加深了对专业的理解，锻炼了学生严谨治学、团结协作和艰苦工作的学风，同时，对学生热爱祖国、热爱传统建筑文化起到了潜移默化的作用。通过实习还提高了青年教师的素质，推进了学科发展，促进了专业总体教学质量的提高，具有很大的推广意义。

经过长期教学实践，不仅为教学科研积累了宝贵的第一手资料，而且对我国古建筑保护事业大有裨益，有的图纸已成为国家级重点古建筑复原的重要依据，有关成果出版以后，曾获国家级奖励，并受到国际上的重视，被有关国家再版。

专家组组长签名 单士元

副组长签名

1989年5月16日

图 6-11　天津大学中国古建筑测绘实习获全国普通高等学校优秀教学成果奖鉴定书及评语
（资料来源：天津大学建筑学院提供）

汇报展览。专家组以故宫博物院单士元为组长，组员包括国家文物局罗哲文、杜仙洲、中国建筑学会副理事长虞福京、清华大学建筑学院徐伯安、天津大学建筑系沈玉麟、张敕。经过评议，专家组认为：天津大学的古建筑测绘实习是一项长期坚持、卓有成效的优秀教学成果，对于建筑学专业教学具有综合性实践作用，对学科发展和我国古建筑保护事业贡献卓著，具有很大的推广意义。专家尤其赞赏成果中的大规模组群测绘图，认为组群布局是中国传统建筑的精华之一，强调组群是学术思想的进步。

1989 年 12 月 28 日，天津大学建筑历史教研室的“中国古建筑测绘实习——提高建筑教育质量的重要综合性实践教学环节”获得特等奖，成为建筑学教育领域至今唯一获得国家级教学成果特等奖的项目（图 6–11）。

2. 对外交流

1960 年，天津大学建筑系将历年苑囿建筑测绘实习成果编纂为《清代苑囿建筑测绘图集》（第一辑），由天津大学印刷厂印制 500 份。这份图集收录了避暑

上：北京故宫乾隆花园
禊赏亭、旭辉亭正立面
图
左上：乾隆花园延趣楼
东立面图
左下：萃赏楼、碧螺亭、
养和精舍北立面图。这
些图案都是50年代时
天津大学建筑系"古建
筑测绘实习"课程所做
出的成果。由此说明50
年代之后中国古典建筑
的调查研究工作已经在
全国各地分别由有关部
门大量地全面展开了。

图 6-12 《华夏意匠》书影（资料来源：李允鉌. 华夏意匠：中国古典建筑设计原理分析. 天津：天津大学出版社，2005：437）

山庄、故宫乾隆花园等测绘图，首次将天津大学测绘成果付梓面世，曾在建筑高校与文物单位间进行广泛交流。[1] 香港学者李允鉌写于 1975 年的著作《华夏意匠》中，引用了天津大学测绘故宫乾隆花园的成果，并由此说明"1950 年代之后中国古典建筑的调查研究工作已经在全国各地分别由有关部门大量地全面展开了"[2]（图 6-12）。

1980 年代，高校教育科研恢复正常并逐步加强对外交流与联系。天津大学史绍熙校长出国访问时，以《承德古建筑》作为外交礼品赠送国外高校。1981 年，建筑系派教师荆其敏赴美国明尼苏达大学建筑与风景建筑学院访问交流。此后荆其敏陆续赴美国、欧洲多所高校访问，介绍中国传统建筑文化，并将天津大学历年测绘图集赠送相关机构。中国古典建筑的艺术魅力吸引国外大学师生多次来天津大学交流互访。1981 年，天津大学相继举办三期美国留学生短训班，邀请美国明尼苏达大学、哥伦比亚大学、麻省理工学院、康奈尔大学的建筑师、研究生作短期学习。留学生学习的主要内容便是学习中国古典建筑，并通过欧美分析经典建筑的图解方法对其内在的设计思路、创作构图进行解析，起到了中西文化充分交流的目的并拓展了古建筑的认识思路。

① 卢绳日记中多次提到其他院校和单位借用或购置测绘图集。
② 李允鉌. 华夏意匠：中国古典建筑设计原理分析. 天津：天津大学出版社，2005：437.

三、突破（1985—1997年）

（一）重要测绘项目

1. 明清官式建筑测绘

1990年，故宫博物院古建部相关负责人赴天津大学商洽测绘事项。故宫方面提出，除了1940年代张镈先生组织天津工商学院建筑系学生完成的测绘图外，故宫大约还有70%的建筑缺少图纸资料，希望同天津大学合作，开展系统测绘。1991年，天津大学古建筑测绘实习进入故宫，完成了慈宁宫与西三所建筑的测绘图纸。

此外，天津大学延续测绘明清官式建筑的脉络，对已有的测绘项目进行完善和扩充，继续遵化清东陵、沈阳故宫、北京明十三陵、北海团城建筑的测绘，并陆续展开钟祥明显陵、北京太庙、社稷坛、天坛建筑的测绘实习项目。经过多年大规模测绘实习及前后数千名学生和教师的努力，完成了明清皇家陵寝的全部测绘成果，为后续保护规划以及明清皇家陵寝申报世界文化遗产奠定了坚实的基础。

2. 蓟县独乐寺建筑现状勘测

1990年3月，因蓟县独乐寺年久失修，残损严重，国家文物局正式批准独乐寺进行落架大修，由罗哲文、余鸣谦、于倬云、杜仙洲等专家组成的维修工作领导小组明确了维修前期工程包括现状测绘和安全鉴定。受天津市文物管理中心委托，天津大学建筑系杨道明、王蔚率领24名学生，对独乐寺进行落架大修前的全面测绘，重点对观音阁和山门作了现状精密勘测。

独乐寺维修工程涉及大木结构的拨正调整，需要在干预前充分了解构架形变、扭曲的状况和病害特征。为了获取建筑各部位的空间绝对位置，决定打破传统的以构件样本为标准的测绘记录方式，对观音阁和山门实施精确的现状测绘。在天津大学土木工程系（今"建筑工程学院"）测量教研室的协助下，通过考量现场条件和技术细节，确定在建筑内外布设控制网和垂直基线，结合手工测量和经纬仪，采用交会测量法获取观音阁和山门建筑各部分的数据，并沿用独乐寺监测时引入的大沽口海平面水准点，作为观音阁和山门建筑各点绝对高程的参照值。

根据测量结果，最终完成总平面图、山门残损现状图及细部大样图、观音阁

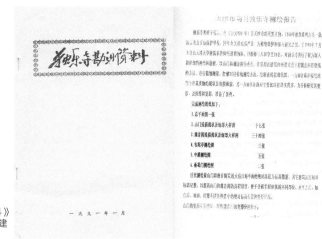

图 6-13《独乐寺勘测资料》
书影（资料来源：天津大学建
筑学院提供）

残损现状及细部大样图及其他建筑测绘图共 60 余张。由于此次测绘不再采用一般
古建筑测绘中默认各项数据纳入正交坐标系的方式，而是建立了真实的坐标参照
体系，从而获得更贴近实际的数据，图纸则直观地反映出建筑物的现状及残损面貌，
为分析研究其变形和修缮提供了基础。通过将各层平面图叠加，发现建筑发生了
水平扭转变形，为其后的维修设计提供了依据。

此外，师生们对观音阁、山门进行了详细的勘察，完成了《天津市蓟县独乐
寺测绘报告》（即《独乐寺勘测资料》）（图 6-13）。报告重点对观音阁各部分的
变形及相关数据进行整理和描述，通过分析结构和构造，对部分病害和形变部位
提出修缮建议。例如，勘察中发现，台基超出屋檐范围以及柱顶石以下直接夯筑
素土的构造，是柱根和墙基受潮的主要原因。

独乐寺这一重要的历史遗构自 1930 年代起，历经多次测绘。此次天津大学立足
于维修工程的前期需求，采取现状测绘方式，为工程设计提供了直观精确的基础依据，
得到同期参与现场工作的工程技术人员的肯定。中国文化遗产研究院杨新在工程报告
《蓟县独乐寺》中，称天津大学此次测绘是"一次非常有意义的尝试"。[①]

3. 青海乐都瞿昙寺及甘青地区传统建筑的测绘、研究与保护

新中国成立以来，国家文物局不断扩展、强化全国文物保护人员的业务培训，
但囿于地区差异和条件限制，地面文物保护专业力量呈现出地域发展不均的态势，
偏远地区的古建筑保护与维修力量尤为薄弱。由于专业技术人员与施工队伍严重
匮乏，青海、甘肃等地的古建筑建档、修缮工作相对滞后。改革开放后，随着国
家经济的发展和各地文物普查工作的落实，西北地区具有显著独特价值的文物建
筑日益受到国家文物局关注。1992 年，在保护经费紧张的情况下，国家文物局

---

① 杨新. 蓟县独乐寺. 北京：文物出版社，2007：24–25.

决定以立项维修青海乐都瞿昙寺为起点，扶持"老少边穷"地区的重要文物建筑保护项目。

为弥补当地技术力量的缺口，青海省文化厅委托天津大学建筑系进行瞿昙寺维修方案设计，希望结合高校的教学与资源优势促进地域文物建筑的保护工作。1993年，针对保护工程的需求，建筑历史教研组改变了过去安排本科二年级学生实习的方式，选择三年级建筑学课程设计作为课题，参与瞿昙寺的前期测绘和勘察。

由于瞿昙寺完好地保留着明代初年的大规模建筑实物以及大量壁画、雕塑和陈设等文物，具有很高的宗教、艺术和学术研究方面的价值，国家文物局高度重视，委任古建筑专家罗哲文、宿白、郭旃、傅连兴、晋宏逵相继在现场考察。维修项目组聘罗哲文、傅连兴、王其亨为技术顾问，孙儒僩为工程技术指导。傅连兴表示，希望把瞿昙寺变成样板工程。

项目组在设计和施工过程中按照不改变文物原状的原则，采用最小干预、可逆性措施解决实际问题。前期病害勘察表明，屋面瓦件普遍松动、脱落，造成大面积渗漏，进而引发80%以上的椽望糟朽，其根本原因在于当地黄土属风积大孔土，易透水吸湿产生冻胀而松动。同时由于湿陷性黄土遇水沉降的特性，造成寺院排水不利和地基下沉的险情。为此，项目组邀请天津大学研究土力学多年的结构专家作为顾问，协助处理湿陷性黄土地基问题，最终成功完成了基础加固。针对屋面渗漏问题，利用传统的技术、参照清代官式建筑工艺的改性做法，广义上仍保持了原有材料和传统工艺。这一措施通过了国家文物局专家组的论证和评审。修缮后的屋面经过近20年冻胀循环的考验，仍然无开裂和渗漏现象，成为名副其实的修缮"样板"。

以瞿昙寺测绘为契机，天津大学与甘肃、青海两地文物部门建立了长期合作关系。自1993年起，天津大学陆续完成了青海黄南隆务寺、甘肃永登鲁土司衙门及妙因寺、甘肃张掖大佛寺及山西会馆、青海玉树藏娘佛塔及桑周寺、青海贵德玉皇阁等全国重点文物保护单位的测绘、修缮设计、保护规划及其他研究工作。由于这一地域的传统建筑做法大多相近，瞿昙寺修缮经验推广施行后普遍取得了良好的效果。鉴于价值评估到位、技术路线可操作性强，天津大学设计的《甘肃永登鲁土司衙门旧址修缮工程施工图设计及预算》入选国家文物局评定的2004年度"全国十佳文物保护工程勘察设计方案及文物保护规划"。

围绕甘青地区的文物测绘、修缮实践，教研组利用相应测绘调查成果，适时展开甘青地区传统建筑做法的专题研究，并结合安排建筑历史与理论研究生的课程教学。1994年，以测绘、修缮工作为基础，天津大学吴葱完成硕士学位论文《青海乐都瞿昙寺建筑研究》，对瞿昙寺个案系统挖掘梳理，完成了瞿昙寺测绘背景研究的深度扩展。2001年，天津大学与甘青文物部门合作申报的专项研究课题"甘青地区传统建筑及其保护研究"获准国家自然科学基金资助，一系列地域性建筑个案测绘研究伴随着文物保护实践相继展开。

瞿昙寺维修工程是天津大学由测绘勘察、修缮设计到成功实施，系统完成的文物保护工程，属于国内高校较早从事文物保护工程的实践项目。借助遗产保护平台，教研组开展相关学术研究与教学，使测绘深化形成的学术成果直接转化成为保护实践中评判、实施的依据材料和理论基础，达到了测绘与研究的相互促进，进而带动了地域性建筑的专题研究，体现出高校在学术力量和技术思路方面的优势。

（二）古建筑测绘教学与改革

1. 产、学、研一体化思路

天津大学古建筑测绘实习初创时，在"学院派"教育体系下，以培养学生的专业综合能力和传统建筑认识实践为目的，推崇图面表现，在尺度表达上也直接继承了中国营造学社的传统，以简明的比例尺作为标杆，为了图面美观而免去了尺寸标注。测绘成果虽然以认真实测为基础，但大量数据却未反映其中。由于缺乏精细的尺寸和构造信息，这种形态描述性的图纸在满足学术研究和文物档案的要求之外，难以在保护维修中得到应用。时任古代建筑修整所工程组组长的祁英涛曾对天津大学测绘实习成果给予好评，同时表达了欢迎高校的测绘力量加入文物保护体系，建议在图纸上标注详细尺寸以便于修缮设计利用的愿望[1]，可惜紧随而来的十年浩劫使文物保护事业彻底陷入混乱无序的状态。

改革开放后，自1985年中国加入世界遗产缔约国以来，国家对世界遗产的保护和申报工作越来越重视。然而，受限于专业人员的匮乏，大量全国重点文物保护单位远未达到文物"四有"的法定要求，亟需建立测绘图纸档案，与文物建筑相关的维修设计和保护规划等工作也大量需求高质量的测绘图纸。

面对这种实际需求，教学组适时转变观念，将古建筑测绘实习的教学目标与文物保护的实际需求联系起来，调整教学思路和方案，着力使教学成果达到文物保护技术要求。在新的教学模式下，高校大量的人才资源和有限的教学经费同文

---

① 根据2012年9月4日笔者采访天津大学杨道明老师的记录，据杨老师回忆，祁英涛先生是在1960年代提出的建议。

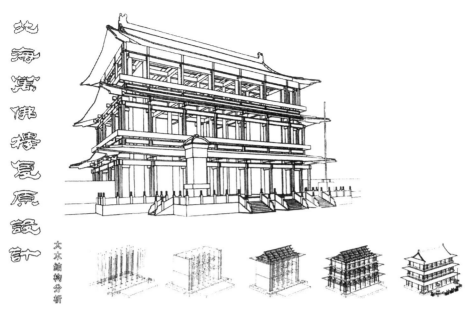

图6-14 北海万佛楼复原设计的计算机模型（资料来源：天津大学建筑学院提供）

物部门的需求和资助相结合，既促成了教学与文物保护共同获益的双赢局面，也缓解了长期以来教学实习项目和经费筹措的困难。通过改革，教学实习不再是单纯的教学活动，而是直接成为国家文物保护、相关科研和生产的有机组成部分，取得了较诸以往更为显著的综合效益。沿着这一方向不断探索，天津大学古建筑测绘实习成功突破危机，逐步进入产、学、研一体化的良性循环轨道。

2. 数字化改革

20世纪末的数字革命深刻改变了信息与其物质载体之间的关系，计算机硬件以及数字化软件的发展使得计算机辅助绘图的应用日益广泛。1990年代初期，天津大学古建筑测绘教研组开始关注数字化技术，尽力创造数字化应用条件。同期参与测绘的学生也积极探索，希望以数字化技术反映实习成果。曾经参与北海测绘实习及万佛楼复原设计课程的1991届毕业生张红，在天津市建工设计院工作期间，借助该院全套进口电子管工作站的条件进行basic语言研究，结合毕业设计成果制作了北海万佛楼复原设计图的数字化二维图和计算机模型，成为全国首例数字化古建筑图纸（图6-14）。在1993年举办的"神户大学——天津大学学生建筑设计联展"中，作为东亚遗产保护尤其古建筑测绘中的第一次计算机技术应用成果，万佛楼复原图纸引起日本同行的重视和很高的评价。

此后，天津大学建筑学院开始以本科毕业设计和研究生课程为试点进行计算机制图培训。考虑到计算机制图精度高、信息量大等显著优势，教研组积极主张应用计算机技术绘制测绘图，并在1997年测绘实习中进行小规模试验。1997年暑期测绘北京太庙、社稷坛时，教研组运送7台电脑至测绘现场，安排学生尝试运用 CAD 技术绘制测绘成图和建筑模型，并邀请国家文物局专家组罗哲文、傅连兴至测绘现场考察，获得肯定。实践证明，数字化测绘图纸相比手绘图纸的数据信息完整、保存利用便利，更适应建筑遗产记录要求。自 1998 年起，天津大学将 CAD 技术在文物建筑测绘中全面推广使用，并着手原有手绘图档的数字化工作，在全国率先将古建筑测绘推向数字化，使这一技术优势在建筑遗产测绘和维修设计中得到发挥，受到业内专家的高度评价。

3. 技术开发与设备提升

同时，为推进古建筑测绘教学的发展，充分掌握和运用数字化技术，天津大学古建筑测绘教学组针对古建筑测绘进行技术开发与教学改革，并积极向国内建筑界和文物界推广。

（1）开发多媒体课件

在天津大学的立项资助下，古建筑测绘教学组开发了"中国古建筑测绘实习多媒体课件"，简要、直观地演示教学内容，并且着重加入了建筑各部分构造难点的讲解。教学组还针对测绘图中的常见错误制作了计算机应用程序"测绘找错游戏"，将几何投影错误、遮挡关系错误、细节遗漏、轮廓线加粗错误、尺寸标注错误等出错类型体现在具体图纸中，限制操作者在一定时间内通过比对正误两幅图纸找出错误部分，通过趣味的学习方式令学生加深印象、达到防范常见错误的作用（图 6-15）。

（2）研发"中国古建筑测绘制图工具"（SDT）专用软件

1996 年起，天津大学在常用的计算机制图软件 Autodesk AutoCAD 平台上开发古建筑测绘插件"SurveyDraftingTools"（SDT）（图 6-16）。软件编制遵循古建筑测绘制图的步骤、方法和规律，设计出具有实用性和针对性的命令和功能，分为平面工具、立面工具、剖面工具、轮廓线工具、图框工具、标注工具等。前三类功能重点针对手工绘图中重复性强、烦琐或准确性低的情况，设计出翼角飞椽、分椽、板瓦等工具，在输入相关信息后，能够自动生成图形。例如，使用立面的分椽命令时，分别选择左边界点、右边界点、输入椽径、椽数后，选定区域内即自动生成均分的椽子。后三类功能则提供了包括图层、线型、尺寸、字体、图签的标准化样式。教学实践表明，应用 SDT 软件能显著提高古建筑测绘和管理的

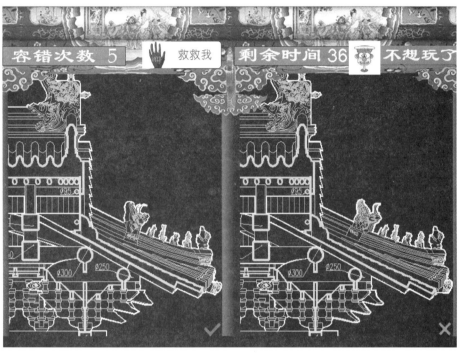

图 6-15 测绘图改错多媒体游戏画面（资料来源：天津大学建筑学院提供）

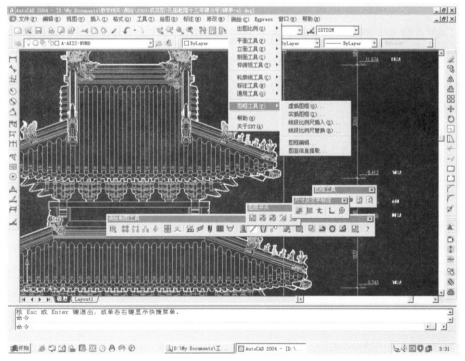

图 6-16 古建筑测绘插件"SurveyDraftingTools"（SDT）的应用界面
（资料来源：天津大学建筑学院提供）

图 6-17　运用"准正直摄影－扫描－人工矢量化"绘制的北京太庙大戟门正吻
（资料来源：天津大学建筑学院提供）

效率和规范化，值得在相关单位推广，其研发论文也被收入亚洲建筑 CAD 协会
2001 年会议。

（3）引进测量设备

在天津大学的支持下，建筑学院获准国家"211 工程"建设立项，引进半站仪、全站仪、摄影经纬仪、解析作图仪、大型工程扫描仪等先进测量设备。同时，教学组利用古建筑维修保护项目的收益，更新测绘教学设备，添置扫描刻录设备、摄影器材及大量计算机，进行计算中心、局域网和多媒体教室的建设，为大规模数字化作业提供了保障。

引入全站仪后，利用其数据处理的快速准确以及无接触性特点，提高了总图测量和单体控制性测量的精度和效率，大大降低了现场作业的劳动强度和危险性。同时，教学组利用近景摄影测量技术，开发运用"实物拓样·准正直摄影－扫描－人工矢量化"的作业流程，弥补了以往采用写生方式勾画纹样或艺术构件主观性强、偏差较大的缺陷（图 6-17）。

4. 教学要求

为使古建筑测绘成果符合文化遗产保护的要求，发挥实际效用，教学组从测量学理论与遗产保护理念出发，在测绘教学中更正误区、填补疏漏、防范错误，提升了古建筑测绘成果的技术水准和理论内涵。

（1）完善图纸信息

以往的测绘成果仅反映建筑实体的几何信息，省略了测绘数据、方法及事件性信息。自 1980 年代以来，教学组在测绘教学中强调保存测稿及原始数据的重要性，规定成果图纸标注控制性尺寸，逐渐添加了测量样本的位置、测量时间、地点、测绘人姓名等内容，并形成具体的操作规则，使测绘成果的数据信息、管理信息得以完善。

（2）选择最小干预样本

1961 年颁布的《文物保护管理暂行条例》提出了"不改变文物原状"的原则。在文物维修中，以保存状况最优的构件作为参照进行同类构件的补配和更换成为重要准则。教学组按照保护工程的技术规则，规定测绘现场作业前必须通过仔细勘察，甄别出同类型或对称结构、构件当中变形最小者作为测量样本，并在成果中以简图标注、说明样本在建筑中的位置。这些样本相比变形较大者，更贴近文物的原初状态。据此形成的测绘图纸，可以作为底图，标示其他部位的变形数值，同时满足施工干预以变形最小部分作为参照的技术要求。

（3）控制误差

教学组依据测量学原理和教学实践经验，制定测绘操作规程，有效防范测量误差。首先，由于测量数据庞杂，实施分层把控，以"从整体到局部，先控制后细部"为原则，限制数据偏离。进入测量阶段时，先测量控制性尺寸，确定建筑控制点的水平与高程位置，再深入测量细部尺寸。对于大量、重复性的构件，如椽子、瓦垄等，也在一定区域内（如以开间作为限定）分段控制。其次，在可能情况下，同一方向的成组数据必须连续读数，既提高了效率，也减少了由于分段读数造成的误差积累。另外，针对皮卷尺伸缩性强的特点，使用前进行比长，找出皮尺拉紧后名义长度与实际长度的比例关系，从而降低工具误差。

（4）校核关联数据

以二维投影方式表达的古建筑测绘图中平立剖侧各图的关联数据，一向缺乏整体协调校核机制，致使测绘成果极易发生错漏或各图数据抵牾。因此，教学中按照先控制整体后细部的原则进行要求，即遵循数据相关性的规律，由平面至剖面、立面，先绘制柱网、梁架类的控制性结构，再分别深入细部，同时严格要求依照投影原理校核各图的关联数据，有效防范错漏，从具体细节中锻炼学生严谨求实的作风（图 6–18）。

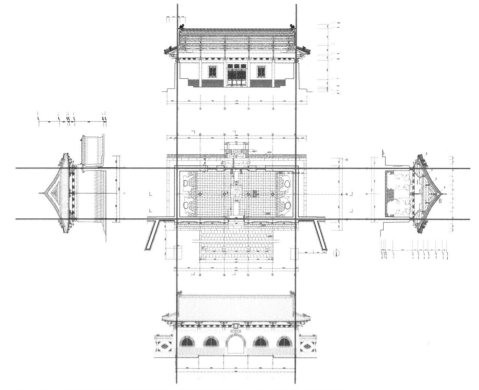

图 6-18　按照投影原理校核关联数据示意图（资料来源：天津大学建筑学院提供）

5.教学改革

（1）调整教学计划

自 1998 年 CAD 技术全面推行后，测绘程序与教学安排随之更新。现场完成草图、测稿、仪器草图三个步骤并经过严格审查校核之后，学生返校上机，继续数字化测绘图的制作。如此一来，最为费时费工的成果绘制阶段改为内业完成，使得现场工作时间由过去的 26 天缩短到 15 天，不仅降低了现场作业的不安全因素和暑期气候引发不适的隐患，而且缩减了日趋高涨的现场食宿费用，有力缓解了测绘实习经费短缺的压力。

为了配合古建筑测绘数字化改革，建筑学院将 AutoCAD 课程的开设时间由三年级调整到二年级，使学生在测绘前便已具备计算机绘图基础，保证了教学程序的连贯性与完整性。实习中注重计算机制图训练，在内业绘图前培训 AutoCAD 高级技巧和古建筑测绘制图专用软件（SDT）。通过上机操作，学生充分实践并熟练掌握计算机制图技术，在完成测绘成果的同时，制图水平得到快速强化和提升。

（2）深化教学目标

古建筑测绘实习不仅是多学科综合性实践课程，更具备显著的教学潜能。凭借这一优势，教学组增加建筑史教学和文物保护培训的内容，在实习中安排了古建筑调查报告的写作以及文化遗产保护相关理论的学习，促进学生对古代建筑文化遗产的理解和对建筑史学科基本方法的了解，以及分析研究能力和理论修养的提高。测绘实习由单纯的专业能力训练转为综合素质培养，也在某种程度上弥补了国内建筑学教育中文化遗产保护的缺环。不少本科生通过测绘实习产生了建筑史理论研究和文化遗产保护的浓厚情趣，继而主动参与相关古建筑保护规划和维修设计，或报考攻读建筑历史与理论专业硕士、博士学位以及选择从事相关职业。

（3）强化教学管理

古建筑测绘是一项包含多个实践环节的综合性活动，协同有序的管理组织成为保障测绘效率和质量的重要前提。因此，教学组投入大量精力进行教学管理的规范化建设，使测绘各环节的运作趋向程序化、系统化。第一，强调测稿存档，将测稿的绘制质量、整理工作纳入评分因素，纠正了以往忽视原始资料的倾向。第二，制定测绘各阶段教学范图及计算机制图规范，确立评分标准，对成果分段把关。第三，在外业工作尾声，详细校核仪器草图成果，对照建筑实物验证测量数据。第四，利用局域网施行计算机辅助教学管理，方便图纸备份、查阅、评改，有效防止了文件丢失。第五，组织多人反复校核修改成图，保证成果质量。第六，建立测绘日志制度和自动化测绘图信息数据库，形成了完备便捷的档案管理体系，改变了以往成果管理及运用相对原始的状况。

教学组对测绘实习教学成果总结的论文在 2000 年 11 月由全国高等院校建筑学专业指导委员会主办的"2000 中国建筑史教学研讨会"上得到了与会代表及专家教授的肯定，希望将这一教学改革成果在全国建筑院校推广。同时，测绘实习的教学模式、方法和管理体系逐步形成了较为完善的体系，得到建筑遗产保护多家机构的关注，以及希望在古建筑测绘规范编制方面加强合作的意向（图 6-19）。

（三）古建筑测绘成果转化

古建筑测绘实习形成的大量成果通过向文物保护、相关研究与规划设计方面转化，取得了综合社会效益，并有力推进了学科建设，实现了产、学、研一体化互动发展的模式。

1. 文物建档

借助高校具备大批专业力量的优势，古建筑测绘实习在短短几年间完成皇家

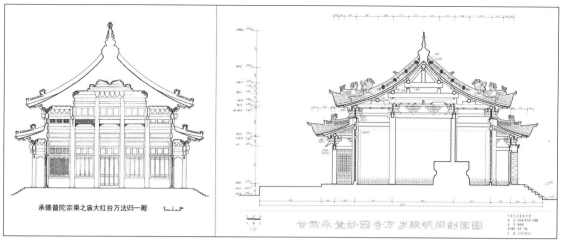

图 6-19　教学改革前后测绘成果对比。左：承德普陀宗乘之庙万法归一殿剖面图，1962 年；
右：甘肃永登妙因寺万岁殿明间剖面图，1999 年（资料来源：天津大学建筑学院提供）

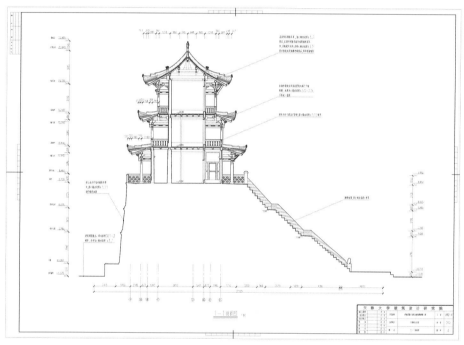

图 6-20　青海贵德玉皇阁修缮设计图，天津大学，2002 年（资料来源：天津大学建筑学院提供）

园林、陵寝等大规模组群的测绘图纸，解决了大型文物建筑组群"四有"档案建设的难题。随着测绘实习项目范围向全国各地扩展，为文保专业技术力量薄弱地区的重点文物建筑档案建设提供了有力支持。

2. 文物修缮与保护规划

基于测绘成果质量的保证，得到了文物部门的肯定，从而获得诸多测绘、修缮设计、保护规划延续的整体保护项目。测绘成果顺利转化为文物维修设计和保护规划的依据，在多项国家重点文物建筑的抢救维修或保护规划中发挥了作用（图 6-20）。

3. 申报世界文化遗产

1990 年代以来，天津大学测绘教学及相关研究成果成为包括承德避暑山庄与外八庙、明清皇家陵寝、颐和园、天坛等多项世界遗产申报文本中相关图纸和论述的重要文件。其中，教学组通过明清皇家陵寝的长期大规模测绘与清代样式雷图档的综合研究，挖掘陵寝建筑在选址、规划及营建过程中体现出的设计理念，即人与自然高度和谐、建筑艺术与环境美学深刻结合的建筑环境观与"天人合一"的哲学思想。这一理念作为明清皇家陵寝的核心价值，得到世界遗产委员会的认同并成为其登录世界遗产的标准之一。国际古迹遗址理事会副主席郭旃就此评价道，高校介入世界遗产的申报不仅提供了大量的高水平测绘图纸，并以此为基础作后续的学术研究，揭示出联合国教科文组织认定的遗产核心价值，使整个申报工作提高了档次。

4. 学术效益

古建筑测绘实习同科研直接挂钩，实习成果转移到相关研究领域，直接促进了学术研究、学科建设和人才培养的深化与发展。测绘教学改革经验经过总结、整理后，形成了古建筑测绘研究成果，推进了古建筑测绘的规范化进程与文化遗产保护的理论研究。教学组以明清皇家建筑长时间、大规模的测绘为基础，结合文献及样式雷图档的综合研究，获准多项国家自然科学基金和教育部博士点基金研究课题，形成了明清皇家陵寝、园林、宫殿、坛庙、府邸等多种建筑类型的研究成果。以测绘、修缮等工作为基础，结合国家自然科学基金课题"甘青地区传统建筑及其保护研究"的深入开展，在地域性建筑专题研究也取得了显著成果。

（四）培养综合素质

1. 培养意志力

古建筑测绘需要爬房、上梁、钻天花，既累且脏，高处作业又存在安全隐患，是一项辛苦又危险的工作。暑期测绘还必须克服酷暑炎热、屋面暴晒的不利因素。工作条件恶劣，生活条件亦很艰苦。经过改革，测绘实习经费的短缺状况虽然得以缓解，但仍然十分有限。为保障测绘实习能够长期顺利进行，教学组坚持厉行节约的原则，采取种种措施压缩住宿、饮食两大基本开销。然而，随着国内生活水平的普遍大幅提高，加上生源当中独生子女的比例激增，学生群体逐渐暴露出自私散漫、意志薄弱等素质问题。对于和日常生活反差较大的测绘现场条件，个别学生感到难以接受，甚至带有抵触情绪。

为此，测绘前，教学组进行实习动员；测绘现场，教师以身作则进行表率；生活中，师生同甘共苦。由于常常缺乏搭设脚手架的条件，很多情况下使用梯子爬高。为保证学生安全，由带队教师或研究生率先登上屋面或梁架，将携带的绳子一端捆绑在结实的部位，安排学生捆紧安全绳后再爬上梯子，开始测量作业。多年来，测绘实习中始终遵守这一规则，将学生安全置于首位。教师的敬业精神使学生受到感染，消除了顾虑和畏惧心理。

通过教师的引导和带动，学生潜在的意志力得到发掘，绝大多数能够自觉接受锻炼，克服困难，甚至废寝忘食。学生的敬业精神也经常获得赞誉。1999年测绘甘肃永登妙因寺时，寺院的藏族僧侣在短短几天内被师生们的敬业精神感动，认为测绘工作是利国、利民、利教的善举，从起初不理解、不配合，甚至刁难的态度，转变为坚持要拿出寺院善款支持改善师生伙食的积极赞助。

2. 培养职业道德

改革开放经济发展的同时，社会秩序也受到了前所未有的冲击，道德失范成为转型社会的突出问题，诚信缺失的危机愈演愈烈。受其影响，高等教育中职业道德的培养比以往更为重要，在古建筑测绘教学中体现得尤为明显。

全国建筑院校内，多数在本科三年级暑期设置古建筑测绘实习。按照建筑学与城市规划专业的教学安排，一、二年级以专业基础课为主，三年级开始全面学习专业课。因而，三年级学生的理解力和专业综合能力优于二年级学生，并且正处在急于创新、希望实现个人能力的阶段。测绘实习中，由于师生比例悬殊，教师难以全面监控测量过程，编造数据的现象防不胜防。基于学生的专业进程特点和心理发展规律，二年级学生对于测绘技能的掌握由生疏到熟练，是一个完整自然的过程，具备可塑性优势，经过严格训练后能够更深刻地领悟到遵循道德准则的重要性。因此，天津大学选择在二年级暑期进行测绘实习。在教研组的严格要求下，学生在测绘中反复核对数据，有效防范了敷衍草率甚至编造数据的不良现象，培养了严谨求实的作风，体现出对文物保护真实性原则的贯彻和对文化遗产及其保护工作的尊重，同时也有助于形成职业操守意识。

四、拓展（2004—2017 年）

（一）古建筑测绘直接融入国家文化遗产保护体系

长期以来，限于条块分割的管理体制，古建筑测绘项目和经费落实困难。通过 1990 年代的教学改革，项目和经费困难得以缓解，但远未根本解决。此后，天津大学顺应国家文物局的体制改革，于 2007 年成立了国家文物局测绘研究重点科研基地，测绘教学实习进一步融入国家体系，从而为改革人才培养模式、改善教学内容及相关教材，改进教学方法和技术，推进素质教育，提高教育质量等方面的持续发展，提供了体制保障。

1. 文化遗产保护实践

2004 年 1 月，基于丰富的文物保护实践经验，天津大学成为第一批获得全国文物保护规划和古建筑修缮设计甲级资质的建筑院校之一。顺应文物保护的形势，天津大学将科研成果应用于建筑文化遗产保护实践，承担了数十项文化遗产保护项目。其中的大量保护实践以文物建筑测绘为前导，进而展开后续的保护规划和修缮设计，实现了保护项目的连贯推进。例如 2011 年承担的北京北海保护规划，通过专项评估，恢复其历史格局，以本体保护为核心，加强周边环境整治，使这座世界上现存历史最悠久、格局最完整的皇家园林达到世界文化遗产的保护标准，有力推动了北海公园纳入北京中轴线申报世界文化遗产的工作。

在文化遗产保护实践当中，天津大学充分发挥高校的科研优势，以测绘为基础，通过科学的调查与研究，剖析保护对象的本体特征，揭示其历史文化内涵，以准确的价值评估作为专项设计与规划的基石，从而达到尊重遗产的独特性与原真性并加以合理保护利用之目的。2004 年以后，相继完成了甘肃天水麦积山石窟、天津广东会馆、蓟县独乐寺、湖北钟祥元佑宫、甘肃张掖大佛寺及山西会馆保护规划，北京北海延楼、山西应县佛宫寺释迦塔钟鼓楼、天津文庙、颐和园清外务部公所修缮设计等国家文物保护重要工程项目。其中，经科研团队系统深入测绘研究的北海、太庙、凤阳皇城、麦积山石窟、解州关帝庙等项目，被国家文物局、中国遗产保护协会列入世界文化遗产备选名录。

2. 出版教材与编写文物建筑测绘行业规范

为促进测绘质量标准和管理水平的提高，天津大学结合教学改革中逐步形成的规范化、体系化的教学模式和规程，编写了古建筑测绘试用教材和古建筑调查报告辅助教材。教材将相关的技术知识、管理方法进行系统梳理，针对文物建筑测绘的自身特点和内在规律，归纳出各个阶段的具体方法和原则，对于提高实际操作的科学性、规范性和高效性具有实际意义。测绘教材于2006年正式出版使用，填补了东亚传统木结构建筑测绘技术和运作程序百余年来的空白，在国内建筑院校和文化遗产保护专业人员中得到普遍应用，并得到日、韩等国同行的关注和好评。

文物建筑测绘研究基地建立后，受国家文物局委托，着手编写《文物建筑测绘规程》（下称《规程》)，并列入国家文物局相关计划。《规程》编写以测绘学科和建筑制图的相关规范为基础，根据中国古建筑的形制和结构特点，重点规范其空间几何数据信息获取的基本方法、操作流程、技术选择、数据成果的内容和常见表达方式及评价指标。这一成果建立在天津大学长期积累的测绘技术和管理经验的基础上，使教学中总结的方法经过体系化和规范化，进一步转化为行业标准。

（二）古建筑测绘的全面发展

1. 新技术的应用和开发

追踪测绘科学技术发展态势，天津大学在古建筑测绘教学中引入并拓展数字化技术，在教育部"211工程"以及"985工程"的支持下，将GPS、GIS、近景摄影测量、三维激光扫描、多媒体数据库、虚拟现实等先进技术设备相继应用在测绘实践中，率先在国内完善并推广了古建筑测绘的数字化技术。此外，发挥高校跨学科优势，致力于信息技术的开发应用，向信息化测绘发展，保持测绘技术的前瞻性。

（1）三维激光扫描技术应用

以教育部"985"、"211"建设为契机，天津大学于2006年从国外购买了全系列三维激光扫描设备。2007年，天津大学与中国文化遗产研究院合作，首次运用三维激光扫描技术对辽宁义县奉国寺大殿进行了精细测绘，得到国家文物局主管领导和专家的肯定。此后，与多家文物考古部门合作，在大量古建筑保护和研究项目中运用三维激光扫描技术（图 6-21）。

经过两年的尝试与探索，自 2009 年开始，天津大学将三维激光扫描技术运用到大规模的古建筑测绘实习中。在教学过程中，使本科二年级学生通过亲自操作，逐步了解仪器的原理、操作流程、注意事项、成果形式等。三维激光扫描技术测量大尺度数据的精度优势，为手工测量提供了二次核验的机会，有助于提高成果质量，同时降低了操作难度和人员风险。此外，基于大量实践，对这一高新设备的优势和弱点进行专门研究，初步形成了三维激光扫描技术在文物建筑测绘中的行业指南。

（2）地空协同快速数据采集

受地面角度限制和地物遮挡影响，三维激光扫描设备难以方便探查建筑顶部。同样地，地面摄影测量也存在无法拍摄建筑上部细节的局限。针对这一问题，天津大学在国内建筑领域率先引入小型无人机信息采集与后期处理技术，依靠自有技术并结合学校多学科优势，自主研发了国内首架 40 公斤级涡轮轴无人直升机（超低振动高级遥感平台），获得国家实用新型专利，完成的"基于无人机直升机的建筑高精度三维测绘"、"组合型平台建设"等高精技术成果，位于国内该领域相关技术、同级技术平台的最高水平。

低空摄影测量技术将 40 公斤级涡轮轴直升机与 4000 万像素测绘专用相机结合，可以在距离地面 1000 米以内的任意高度、角度、方向拍摄地面建筑，达到厘米级分辨率的拍摄图像。引入无人机平台后，近景摄影测量在地面、低空分别进行，结合三维激光扫描等测量手段，形成"空地一体化"的协同快速数据采集模式（图 6-22）。

天津大学将这一技术手段应用在大尺度遗址和大规模建筑组群的记录中，并逐步应用在测绘教学中，实现了空间三维数据与海量环境数据的同步获取。结合颐和园、避暑山庄、清东陵等多地的测绘教学实践，专门成立"低空信息采集研究兴趣小组"，鼓励本科生直接参与设备调试、现场拍摄和数据处理工作，培养学生的创新意识与动手能力。通过探索实践，实现了满足古建筑测绘精度要求的低空高精度激光三维扫描，将高空、低空、地面三种平台"无缝链接"成为完备的空间数据获取平台，提高了遗产空间信息获取的效率和自动化水平。

（3）建筑遗产测绘信息化管理

针对测绘技术数字化和管理信息化的趋势，天津大学致力于地理信息系统

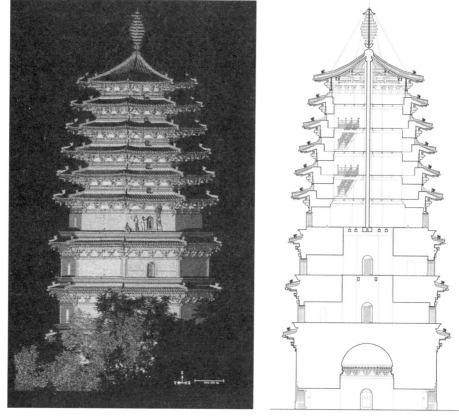

图 6-21　运用三维激光扫描技术测绘河北正定天宁寺凌霄塔的教学成果，天津大学，2009 年（资料来源：天津大学建筑学院提供）

图 6-22　广元千佛崖石窟航拍照片（资料来源：天津大学建筑学院提供）

（GIS）、建筑信息模型（BIM）技术在建筑遗产保护中的开发应用，以柬埔寨吴哥古迹茶胶寺南外门为试点，后续以天津蓟县独乐寺、河北正定隆兴寺、北京颐和园德和园大戏楼等为实例，取得了 BIM 应用于建筑遗产保护的初步成果。通过一系列实际操作，对信息模型的构件分类和属性设置进行探索，实现了信息模型的阶段化设置。以实践为基础，天津大学在"基于 BIM 和 GIS 技术的文物建筑信息管理与展示系统"课题的支持下，对建筑遗产成果表达信息化发展的需求进行专门研究，总结了基于 BIM 技术建构信息模型的思路和方法，为后续建筑遗产信息共享和服务系统的专业化开发奠立基础并提供了实例参考。

（4）碳十四测年方法的应用

碳十四测年方法是基于碳元素各个同位素比例的稳定性，凭借生物体残存的碳十四成分的含量来推测其存在年龄的研究方法，作为实物断代方法在考古学领域应用了半个世纪。随着碳十四测年技术的完善，目前的 AMS 碳十四测年方法测试时间短、精确度高，在建筑遗产研究保护领域的应用得到了扩展。近年来，天津大学与北京大学科技考古实验室（北京大学考古年代学国家文物局重点科研基地）合作，进行 AMS 碳十四测年技术应用于古代木结构建筑年代判定的研究——在"辽代建筑系列研究"课题中，结合传统的实物调查测绘与文献考证方法，对国内 26 座古建筑进行 200 余次取样，为建筑的断代和修造史的研究提供了新的信息。在此基础上，结合具体案例蓟县独乐寺观音阁修建史的研究，探讨碳十四测年方法在中国木结构建筑研究领域的可行性，并总结了 12 处早期重要建筑的取样测年结果的数据分布规律，完成了硕士学位论文《C14 测年和观音阁修建史的初步研究——C14 测年在中国古代木结构建筑中的应用》。

目前，天津大学在传统的实物测绘、文献研究方法的基础上，引入三维激光扫描、碳十四测年、建筑信息模型、低空摄影测量等新兴技术，从而获得文字、测绘图纸、点云、数字模型、年代数据、摄影图像等多种形式的调查成果，形成了以测绘为核心、结合不同学科方法与技术手段的古建筑综合调查研究方法（图 6-23）。

2.古建筑测绘与教学、科研的结合与互动

测绘成果直接转化为优秀科研课题与实践项目，吸收本科生、研究生参与，促进教学与科研互相支撑、互相促进的发展局面，使产、学、研构成完整的转化链条。

其一，测绘实践为本科毕业设计提供优秀课题，通过修缮设计与保护规划有效带动本科教学的展开。学生的文物保护意识和专业技能得到综合提升，先后在全国建筑学专业优秀作业评选、全国城市规划专业规划设计竞赛中获奖。

其二，结合研究生教学，测绘成果及相关课程设计作为研究生科研选题，并发展为国家科研项目。如"清代皇家园林综合研究"、"清代样式雷建筑图档综合研究"、"明清皇家陵寝综合研究"、"甘青地区传统建筑及其保护研究"、"文物建筑测绘及图像信息记录的规范化研究"等国家自然科学基金项目，培养了众多硕士、博士研究生，形成了一系列硕、博士学位论文。

其三，测绘成果为科研课题提供基础资料。例如，依托清代皇家建筑遗存实

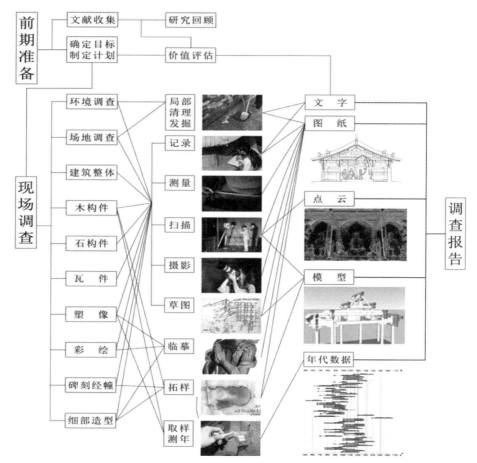

图6-23　天津大学古建筑调查工作流程示意图（资料来源：刘翔宇.大同华严寺及薄伽教藏殿建筑研究.天津大学，2015：17）

物的大规模测绘，系统开展样式雷图档综合研究。以全部完成明清皇家陵寝与大量皇家园林、坛庙、宫殿的测绘图纸为基础，通过系列个案研究和相关历史档案的深度发掘，实现了两万余件"样式雷"传世图档整理研究的突破和深化，由此进一步揭示出古代建筑设计理论、工官制度、施工技术、图学等方面的成就，并运用推算作图的方法研究清代建筑工程籍本，解释了名词术语、结构构造、技术工艺等方面的诸多疑点，在明清皇家陵寝与皇家园林、清代样式雷世家与建筑图档、传统建筑设计理论与方法、文化遗产保护实践与理论等多项研究领域取得突破。

（三）重要测绘项目

1.甘青地区传统建筑测绘与研究

自1990年代起，天津大学结合教学与科研活动，持续对甘肃、青海地区的重要文物建筑进行测绘与研究。已完成的测绘项目包括甘肃张掖大佛寺与山西会馆、甘肃永登鲁土司衙门及妙因寺、青海贵德玉皇阁建筑群、甘肃永登显教寺及雷坛、甘肃武威文庙等重要的全国重点文物保护单位，总计20余处。以大规模

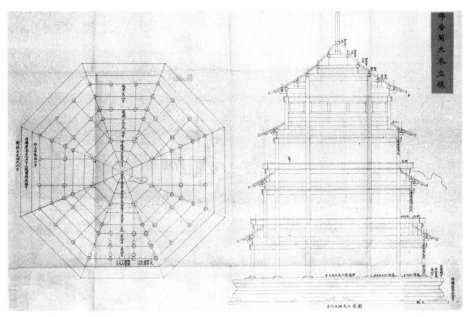

图 6-24 清代样式雷图档之"颐和园佛香阁大木立样"（资料来源：中国国家图书馆藏）

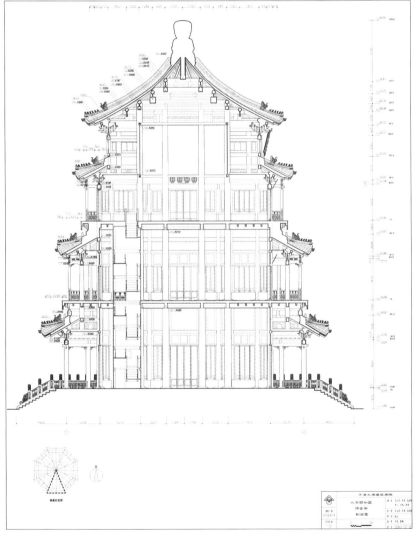

图 6-25 颐和园佛香阁剖面图，天津大学，2006 年（资料来源：天津大学建筑学院提供）

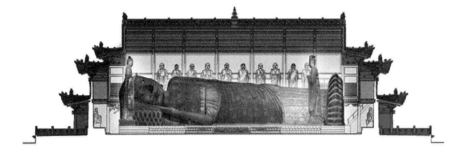

图 6-26　点云贴面模型与 CAD 图形结合的甘肃张掖大佛寺大佛殿剖面图（资料来源：天津大学建筑学院提供）

测绘取得的大量图像及数据资料为基础，进行专题性学术研究，并完成相关的文物保护规划与修缮设计，填补了这一地区传统建筑调查研究的空白（图 6-26）。

2001 年，该项目获得国家自然科学基金"甘青地区传统建筑及其保护研究"资助，随之结合研究生教育展开一系列结合测绘调查、文献考证与工匠访问的专题研究，形成了丰富的学术成果。2004 年，唐栩的硕士学位论文《甘青地区传统建筑工艺特色初探》初步厘清了甘青传统建筑的工艺谱系和法式特征，阐述了其历史脉络与艺术成就，是甘青地区传统建筑课题的标志性成果。此后，课题组继续结合测绘教学与专题研究，完成多篇建筑个案与建筑工艺专题结合的硕士学位论文。例如，《甘肃永登连城鲁土司衙门及妙因寺建筑研究——兼论河湟地区明清建筑特征及河州砖雕》对鲁土司衙门及妙因寺个案研究与河州砖雕工艺研究、河湟地区明清建筑工艺做法研究的结合；《青海黄南隆务寺及其附属寺院建筑研究——兼论热贡艺术及藏式建筑装饰》对隆务寺及附属寺院与热贡艺术及藏式建筑装饰研究的结合；《张掖大佛寺及山西会馆建筑研究——兼论河西清代建筑特征》对大佛寺、山西会馆与清代河西建筑特征、甘谷地区脊饰工艺研究的结合，等等。此外，为了深入分析明清时期甘肃河西走廊的建筑文化景观、工艺体系及发展历程，又形成专门的子课题"明清时期河西走廊建筑研究"，对河西文化进程与建筑景观、河西走廊特色建筑工艺做法、明清时期河西城镇演进、河西走廊主要城镇建设进行专题研究，完成了博士论文《明清时期河西走廊建筑研究》。

2. 早期建筑调查与研究

2000 年以来，天津大学结合整理建筑史学家陈明达有关宋《营造法式》与辽代建筑的遗稿，展开对《营造法式》与早期建筑的研究，对北方地区的早期遗构进行调查测绘，包括晋东南、晋中地区早期建筑、河北蔚县古建筑群、甘肃武都南宋时期的广严院以及四川、山西、陕西、湖北、福建、广东、河南、河北、山东、北京、辽宁等省市的 200 余座早期建筑。

2009 年以来，在国家自然科学基金"辽代建筑系列研究"及"辽代建筑系列研究（续）"的资助下，天津大学系统展开辽代建筑的个案与综合研究，结合对已有辽代建筑研究成果的整理，进行大量的实地调查和测绘，对现存全部辽代木构建筑及

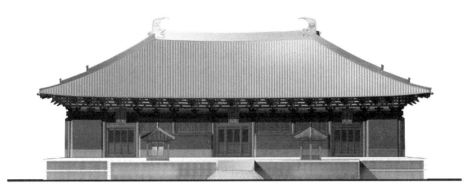

图6-27 辽宁义县奉国寺大殿正面复原渲染图（资料来源：天津大学建筑学院提供）

辽上京地区皇家建筑遗址进行三维激光扫描记录，对其中重要者如奉国寺大殿、独乐寺观音阁、应县木塔等进行多次扫描调查。通过全面考察和精细化测绘，获取了完整详细的实物信息，掌握了建筑、造像、绘画、陈设等各项内容，绘制了大量的现状测绘图（图6-27）。[①] 此外，继续对相关文化区的早期建筑实例进行调查。以实物考察为基础，课题组吸收借鉴考古学、图像学、文化人类学、历史学等相关学科的方法理念，应用碳十四测年技术，对辽代建筑进行全面的分析研究，不仅在年代信息方面取得了突破性认识，还对辽代建筑文化分期与分区、建筑工艺特点与地域传播、佛教建筑空间体验与宗教活动等相关问题有所推进，深化了对于辽代建筑的整体认识，形成了一系列研究成果，其中学位论文有《河北易县开元寺研究》、《襻间考》、《C14测年和观音阁修建史的初步研究》、《大同华严寺及其薄伽教藏殿建筑研究》，在读的博士论文计有《蓟县独乐寺建筑研究》、《平顺县浊漳河谷五代、宋、金建筑研究》等。此外，辽代课题组在整理出版陈明达的遗著《〈营造法式〉辞解》的过程中，为《营造法式》1105个词条进行补充图释，添加了大量图片、线画图等图像信息，正是源自考察测绘中积累的资料。

3. 清代皇家园林研究——颐和园

近十年来，天津大学与颐和园管理处开展长期合作，以系统完成颐和园建筑测绘为基础，相继在学术研究、保护实践、遗产监测等方面深化协作，取得了系统性的研究与保护综合成果。

2005年至2013年，天津大学结合古建筑测绘实习、遗产保护方向毕业设计教学，投入近千人，完成了颐和园95%以上古建筑的数字化测绘工作，并运用GPS、三维激光扫描、低空信息采集系统、建筑信息模型技术，实施试点建筑的三维扫描以及建筑信息模型的开发。同时，结合大戏楼保护工程，在施工过程实

---

① 2009年以来考察测绘的辽代建筑及遗址有：天津蓟县独乐寺、内蒙古赤峰辽祖陵、辽庆陵、辽宁义县奉国寺、山西大同善化寺、华严寺、易县开元寺旧址、河北涞源阁院寺、山西应县佛宫寺释迦塔、北京房山云居寺等。

图6-28　颐和园德和园大戏楼三维建模渲染（资料来源：天津大学建筑学院提供）

施隐蔽部位信息记录。

　　依托国家自然科学基金资助，天津大学对颐和园样式雷图档进行了系统整理，结合文献图档和大规模的测绘，完成了博士论文《颐和园样式雷建筑图档综合研究》，其运用当代科学方法论，系统揭示了皇家园林规划设计思想、理论、技术和方法，以及艺术成就。在此基础上，双方合作申报"颐和园营建过程研究"、"颐和园植物景观的历史原貌探究及恢复方案研究"，旨在以颐和园现存古建筑全面数字化的基础上，动态地展现颐和园的营建过程，建立颐和园文物建筑的历史信息平台。

　　以全面测绘为基础，天津大学与颐和园合作进行遗产保护实践，先后完成了颐和园文物保护规划、颐和园总体规划、颐和园清外务部公所修缮设计、赅春园遗址保护性展示规划与复原设计、四大部洲建筑群修缮设计、治镜阁遗址保护性复原设计、须弥灵境建筑群复原研究、须弥灵境建筑群遗址保护与修复设计等项目，为世界文化遗产颐和园的完整性、真实性的保护作出了贡献。

　　另外，以德和园大戏楼修缮工程为契机，天津大学与颐和园管理处合作开展"德和园大戏楼变形监测"、"清可轩摩崖石刻及周边山体水土流失监测"、"颐和园彩画信息及微环境监测"、"基于视频监控的游客流量统计"、"万寿山原始山石基础数据分析与稳定性研究"等工作，对施工过程中的变形情况进行了跟踪监测，实现了变形监测数据信息的远程实时采集和动态化管理，构建了德和园大戏楼后续健康监测管理系统（图6-28）。

（四）对外交流与合作

1. 搭建文化遗产保护与研究的平台

　　在"中国古建筑测绘"、"中国建筑史"、"外国建筑史"等专业课程的基础上，天津大学增设了"文化遗产保护"、"古建筑修缮"等专业课程，以弥补教育体系中的缺环，直接同文物保护需求接轨，并建成测绘课程教学网站，将教学方法、内容、课件、参考资料等上传至互联网，提供共享资源，利用网络进行教学和交流。

2008年，天津大学成立文化遗产国际研究中心，以建设国际共同研究机构为目标，与国外多个高水平研究机构建立了合作关系。该机构获得国家文物局的直接支持，并在2010年成功申请成为"天津市普通高等学校人文社会科学重点研究基地"。从2008年开始，国际研究中心申请承担国家社会科学基金重大项目1项、国际研究项目2项、国家自然科学基金面上项目2项及其他多个基金项目，获得国内外学术界和媒体的广泛关注、报道，提高了文化遗产保护的社会影响。

2. 为国内建筑高校搭建融入国家文保体系的共享平台

2004年，由天津大学发起，联合清华大学、东南大学、同济大学、北京大学，成功举办了"历史建筑测绘五校联展"，在全国建筑院校和文物保护机构巡展，引起了社会各界的广泛关注。

文物建筑测绘研究基地成立后，按照"文物建筑测绘研究国家文物局重点科研基地"建设要求，围绕古建筑测绘教学和研究，天津大学与各地建筑院校，如内蒙古工业大学、沈阳建筑大学、华侨大学、西南交通大学、四川大学、西藏大学等校建筑院系合作交流，培训师资、传授技术，开展文物建筑测绘，吸引更多人才投入国家遗产保护事业。

2009年，天津大学积极策划国家文物局"指南针计划"之专项"中国古代建筑与营造科学价值挖掘研究"，项目联合清华大学、北京大学、北京工业大学、武汉大学、华中科技大学、北京建筑工程学院等院校合作参与，组成多学科联合队伍，围绕古建筑与营造科学价值挖掘与展示进行专题研究，促进科研院所的资源优化整合与共享。

3. 与故宫战略合作

21世纪以来，我国文化遗产保护事业进入重要的战略机遇期。为推动文化遗产事业的科学发展，《国家文物事业发展十二五规划》提出"鼓励科研院所、遗产地、遗产管理机构联合创建遗产保护科技联盟，以打破我国文化遗产保护工作的条块分割而带来的资源浪费"，将文化遗产保护提升到国家战略的高度。以此为契机，2013 年，天津大学与故宫博物院合作建设"中国历史建筑与传统村落保护协同创新中心"，拟围绕线性遗产、大遗址、古建筑群、近代遗产、传统村落、民间文学、民间艺术、民俗八大研究方向展开研究。借助多重优势，双方将全面携手，并整合高校、政府部门、行业学会、科研院所等协同单位的优势资源，打破传统物质与非物质二元划分界限，建立成果共享平台与人才储备库，在文化遗产保护、传承与人才培养等领域开展合作，并对文化机制体制改革、文化遗产保护模式等问题进行探索。

4. 国际合作与港澳台交流

随着国际化合作日益广泛，天津大学开始参与国际化的文化遗产保护研究交流。2008 年起，天津大学参与"中国政府援助柬埔寨吴哥古迹保护工程"中的测绘调查与研究工作，其成果得到国家文物局及相关单位的好评。2011 年 4 月，天津大学建筑学院受意大利那不勒斯东方大学邀请，协助意方学者对意大利中南部库马古城的古建筑遗址进行详细的调查与数字化测绘，并完成了住宅遗址的部分复原设计工作。

2008 年 12 月，王其亨应邀参加法国文化部等多家机构主办的《中法建筑师、规划师、景观师遗产教育研讨会》，以《中国国家级精品课程——文物建筑测绘》为主题进行报告，获得与会者一致认同，促成了天津大学建筑学院与法国文化部及相关建筑院校在遗产教育领域的国际合作。自 2012 年起，天津大学建筑学院结合暑期的中国古建筑测绘教学实习，开设具有国际化特色的课程教育，主要面向欧洲尤其是法国相关院校的研究生及专业人员，进行建筑文化领域的短期非学历教育。

近几年，结合古建筑测绘研究的学科优势，天津大学建筑学院与海内外知名学府和研究机构建立了稳定的交流与合作。自 2007 年以来，持续举办 6 次两岸大学生传统建筑文化工作坊，邀请台湾五所高校的建筑学、城市规划等专业师生参与传统建筑文化体验。2010 年开始，邀请香港大学建筑系暑期建筑研习活动，相继举办了"古城探幽"、"溯本逐源"、"京畿览胜"、"塞外寻古" 4 期津港建筑院校暑期研习班（图 6-29）。测绘教学向港台与国际成功拓展，广泛的境外校际交流为建筑遗产保护与研究搭建起国际化平台，对于文化交流促进和视野拓展具有积极深远的作用，在展示中国建筑教育和文化遗产保护优秀水准的同时，也使传统建筑设计思想与方法得到更广泛的传播和认同。

（五）影响与荣誉

鉴于天津大学古建筑测绘实习取得的成绩，这一课程于 2007 年荣获"国家级精品课程"称号，教学团队也被评为 2009 年国家级教学团队。

同时，古建筑测绘的成果也受到各界关注和赞誉。清华大学建筑学院文物保护研究所所长王贵祥教授曾在"历史建筑测绘五校联展"中评价道："参加测绘的学生足迹遍及河北、北京、山东、山西以及甘肃、青海等地，这样丰富的学习实践和宽泛的测绘教学领域，在国内建筑系教学中是居于前列的。天津大学的测绘作业，在历史建筑测绘五校联展中以其严格与严谨的教学组织与优异的测绘成果令人瞩目。"[①]

2008 年，国家文物局局长单霁翔在参观天津大学建筑测绘研究成果展之后，致信称："天津大学建筑学院院史展览中展示的辉煌历史与成就，令我叹服。建国五十多年来，天津大学建筑学院已先后开展了承德避暑山庄及外八庙、北京故宫、明十三陵、北海、天坛、太庙、社稷坛、颐和园、清东陵与清西陵、沈阳故宫等世界文化遗产地、国家级及省级文物保护单位的大规模古建筑测绘，取得了丰硕的成果，积累了大量至关重要的基础资料，奠定了扎实的学术理论基础，建立了稳定的科学队伍，促进了我国文物建筑测绘研究水平的整体提升。"[②]

2014 年，国家文物局专家组成员张之平女士在文物测绘研究基地揭牌仪式上发言，对天津大学长期坚持测绘研究给予充分肯定："文物建筑的记录、测绘和实地调查是一项辛劳艰苦、没有名利、默默无闻的基础性工作，需要具有极强的事业心、敬业精神、奉献精神和吃苦耐劳精神，同时还需要具有很高的专业素质和技术水准的人才可以完成。我觉得天津大学建筑系的师生们是具有这种境界和精神的。众所周知，天大不仅是高校中最早开展建筑测绘、记录的学校，而且特别难能可贵的是，70 年来面对社会发展过程中的重重困难，甚至是重重诱惑，他们从来没有动摇、停顿和退缩，始终扎扎实实、年复一年、坚持不懈地奔赴实地开展测绘调查，他们的足迹遍布山野乡村、高原边陲。通过理论教育和实践活动，培育了一茬又一茬的古建筑保护事业的骨干和传承人。他们编制了古建筑测绘的书籍教材和绘图制图规范，而且把 GPS 近景摄影、三维激光扫描甚至是无人驾驶的小飞机这些先进的设备和方法都引入了重要文物的测绘记录，完成了大量的文化遗产的实测和记录，也积累了大量工作经验和第一手的实测记录档案。天大学人的特色就是既有学院派的理论，

---

① 王贵祥先生在"历史建筑测绘五校联展"中对天津大学测绘实习的评价，天津大学建筑学院提供。
② 单霁翔先生致天津大学函，天津大学建筑学院提供。

图 6-29　津港建筑院校暑期研习班海报、天津大学中国传统建筑园林文化暑期国际班结业证书（资料来源：天津大学建筑学院提供）

又重视实践既坚持传统，又能和最新的科学技术紧密结合。"[1]

2016 年 4 月，由教育部组织，在天津大学召开了"建筑遗产测绘关键技术研究与示范"成果鉴定会。鉴定委员会专家审阅了天津大学建筑遗产测绘技术研究的有关资料后，一致认为，天津大学长期致力于建筑遗产测绘的集成创新、技术整合、规范化管理及推广示范，形成了多种技术综合应用的测绘技术体系，其技术创新成果达到了国际先进水平，为文化遗产保护的专业性、科技性、严谨性提供了引领和示范作用，取得了显著的社会效益

2016 年，天津大学"建筑遗产测绘关键技术研究与示范"项目，基于在建筑遗产测绘领域的多项创新——包括创建测绘采集与成果表达技术综合应用体系、构建建筑遗产测绘规范化体系，以及教学、研究和社会实践相结合的推广与示范模式，获得了 2016 年度教育部高等学校科学技术进步奖。

小结

纵观天津大学古建筑测绘历程，可以看出，与古建筑测绘相关的管理组织方式、测绘技术、学术研究长期并行发展，这也是支持测绘活动持续稳定展开的三个关键因素。管理组织方面，寻求可行策略克服经费短缺等现实困难，利用高校在专业力量上的优势坚持大规模测绘。学术研究方面，结合科研、教学，按研究专题有计划地选择测绘项目，形成体系化的研究成果。同时，结合遗产保护实践，使研究和保护相互促进，形成产、学、研综合效益，并由此培养了大批专业人才。测绘技术方面，制定科学的操作规程，重视测量误差的防范，并及时投入新技术的应用、研究和开发，促进自主研发创新，从而提高测绘技术水平和成果质量。另外，天津大学结合国家文化遗产保护事业的需求，长期与文物部门沟通，为推动高校融入国家文化遗产保护体系做出了持续努力并取得了显著的进展。

---

[1]　张之平女士在文物测绘研究基地揭牌仪式的发言记录，天津大学建筑学院提供。

第七章

结语

一、建筑遗产测绘发展历程综述

以 1932 年梁思成测绘蓟县独乐寺建筑为起点，中国建筑遗产测绘事业已逾 80 年。纵览这一历程，大致可分为三个发展阶段。

第一阶段，自 1932 年至 1949 年，为建筑遗产测绘的开创和奠基时期。20 世纪初，在近代西方学术传入以及域外学者考察中国建筑的影响下，以研究和保护建筑文化遗产为目标，中国学社将建筑实物测绘作为基点，支撑起解读《营造法式》、构建中国建筑史的鸿篇伟业。营造学社先后对华北、西南地区进行田野考察，发现并测绘了珍贵的早期建筑实例，抢救性记录了大量的古代建筑遗构，同时，以旧都文物整理委员会及其实施事务处成立为契机，开展北平明清建筑保护维修，以测绘图为工程依据，完成了古建筑维修由传统意义到现代意义的转换。

第二阶段，自 1949 年至 1980 年代，为建筑遗产测绘的全面扩展时期。1949 年以后，国家政权稳定，文物保护与研究步入正轨，在营造学社和文整会的基础上向全国范围系统展开。经过机构与人员重组，形成了文物部门、高等院校、建设单位三大力量。在营造学社和文整会奠定的基础上，古建筑研究保护在全国范围内系统展开，古建筑测绘实践、文物保护维修的范围和力度都超过以往，古建筑测绘技术方法研究与专业人才培养也取得了突破性的进展。限于新中国成立初期人力、物力的匮乏，这一时期主要针对重点项目进行勘察与维修。在保护实践的基础上，首次总结了古建筑测绘的操作方法及技术理念，并进一步衍生出文物界通用的古建筑测绘教材。由梁思成、刘敦桢领衔，建筑历史与理论研究室成为全国建筑史学学术中心，进行持续、广泛的古建筑实物调查，开拓了民居、园林、少数民族建筑、宗教建筑等崭新的研究领域，推动了建筑史学研究的深化发展。此外，清华大学、东南大学、天津大学、同济大学的建筑系于新中国成立初期开设古建筑测绘实习，形成了各具特色的测绘与研究课题。

第三阶段，自 1980 年代至今，为建筑遗产测绘的恢复和快速发展时期。改革开放以来，随着中国经济的迅速崛起，文化遗产保护理念、政策的提升，国家文物保护事业步入快速发展的轨道，已经上升至国家战略层面。文物保护经费投入的持续大幅度增长，推动文物保护项目不断增加，"四有"档案建设、保护规划编制等基础工作也得到进一步深化。以高等院校为主的科研教育机构与文物部门经过长时期的努力，逐步在人才培养、保护实践、测绘研究方面展开合作，一定程度上破除了条块分割的弊端。文物类型、含义的扩展与基础保护工作的深化，促使建筑遗产测绘的应用领域和作用范围不断扩大。测绘技术的变革与应用日新月异，进入数字化与信息化发展阶段，建筑遗产测绘的标准化和规范化建设取得初步进展。此外，建筑遗产测绘的发展进一步促进学术研究，尤其是以测绘数据为基础的古代建筑尺度研究取得了重要进展。文化遗产保护高速发展的今日，建筑遗产测绘研究正在朝向跨学科、科学化、规范化的方向持续深入。

二、相关问题探讨

（一）关于"统一尺寸"的探讨

测量数据的整理是古建筑测绘中极为重要的问题，涉及古建筑记录、研究、修缮等诸多方面。中国营造学社开创了大规模测绘古建筑与建筑史研究相结合的学术理路。学社遗留的大量调查报告和测稿反映出，整理数据是学社在绘制图纸前的必要步骤。对数据整理方法进行正式总结并提出的，是1955年古代建筑修整所编写印发的小册子《纪念建筑物的测量方法》，其中将数据整理过程定义为"统一尺寸"。

1. "统一尺寸"的原因

（1）测量数据离散，不易绘图

实测得到的大量数据，相较于建筑初始设计阶段的理想状态，具有很大离散性。造成数据离散的原因，可归纳为4点。

一是施工操作误差。施工是建筑由设计阶段到实物的必经环节。古代建筑营造为手工操作，由于木材加工工艺、使用工具和材料特性的限制，建筑构件在加工和安装过程中产生不可避免的误差，使得建筑物在建造时已经存在与设计阶段的理想状态之间的尺寸偏差。

二是材料变形。中国古代建筑以木构为主，木材承受恒载时，强度降低，变形随时间增加而积累。同时，选材的不同（树种、顺木纹与垂直木纹、边材与芯材、古木与新伐材等等）也会造成受力变形以及干缩湿胀变形不一致导致的裂缝。

三是干预变形。现存的古建筑大多已有数百至上千年的历史，经受了长时期的外界干预和影响。既有自然因素如风力、降雨、雷击、地震等导致的建筑物基础及主要传力结构的损坏，包括柱子下沉、倾斜、梁的弯曲等，也有后代历次维修的人为改动。

四是测量误差。由于具体的观测条件所限，包括外界环境不稳定、测量工具、仪器的灵敏度和分辨能力有限、观测者感官鉴别能力以及技术熟练程度不同，测量结果和被测量真值之间总会存在或多或少的偏差。

（2）误差积累图形关系改变

绘制测绘图依据的所有测量数据，可以归为两类：一是实体尺寸，如柱高、栱长、梁栿厚度等构件几何尺寸；二是空间尺寸，如槫缝间距、柱间距、檐出尺寸等，用于确定构件之间的位置关系。手工测量模式下，难以直接获取空间尺寸，多借助铅垂、水平尺等工具间接测得正投影距离。而构件尺寸数量多、测量便易，一般直接用皮尺或者钢尺沿实物外沿观测数值，这便等同于默认以正交体系作为前提，换句话说，即认为构件绝对水平或竖直。构件测量数据与真实的正投影尺寸之间存在着微小差异，对于单次测量或许能够忽略不计，但由于木构建筑构件数目庞大，经过数十个甚或数百个构件的累积，往往引致局部构件交接、对位关系产生变化，与实物存在明显差异，并直观地体现在图纸上，也就是业内常说的"交不上圈"。而这无论从建筑史研究重视法式、形制还是从修缮工程重视结构、构造关系来讲，都是必须重视的问题。为解决这一问题，"统一尺寸"是必要的数据整理环节。李竹君曾对此解释道：

> 陈明达同志有个说法，画图都有交圈，交不上圈不行。为了交圈，也得统一尺寸。[①]

2. 如何"统一尺寸"

"统一尺寸"的必要性包含两方面因素，一是对离散数据进行整理，得到

---

① 2012 年 5 月 22 日笔者采访李竹君先生的记录（未刊稿）。

同类构件中的标准值，二是正确反映结构关系。关于"统一尺寸"的具体方法，1976 年的《古建筑测量》提出四条原则：次要尺寸服从主要尺寸；分尺寸服从总尺寸；少数服从多数；后换构件服从原始构件。

"少数服从多数"和"后换构件服从原始构件"是处理数据离散问题的具体方法。

"次要尺寸服从主要尺寸"与"分尺寸服从总尺寸"则体现了测量学中从整体到局部、先控制后碎部的基本原则，意在防范图形关系改变，即"交不上圈"的问题。

3. "统一尺寸"与建筑设计尺寸的关系

关于"统一尺寸"中整理离散数据这项内容，《古建筑测量》提出，其目的是寻求建筑的设计尺寸：

> 统一尺寸的目的，是通过对建筑物各种现状尺寸的分析研究找出建筑物主要方面和基本构件的最原始、最合理的尺度，以达到各种结构的合理交接和有机联系；并正确地反映出建筑物各个部分的原貌及风格；还要保证能绘制出一套比较准确而完备的图纸。[1]

祁英涛也曾在文章中提及这一观点[2]，表达了通过"统一尺寸"回溯建筑原状的理念。

为了分析这一问题，首先需要对一座古代建筑自初建以来的尺寸状态变化过程进行回溯。自初建至形成一套理想状态的测绘图，涉及的建筑物尺寸经历了设计、施工、使用、测量、绘图 5 个阶段，其各部分的几何数据分别对应 5 套尺寸：设计尺寸、初建尺寸、现状尺寸、测量尺寸和绘图尺寸。由于各种相关因素，它们之间存在或多或少的差异，如图 7-1 所示。

图 7-1　与同一古代建筑相关的 5 套尺寸之间的关系（资料来源：作者自绘）

---

① 李竹君：《古建筑测量》（初稿）（未刊稿）。
② "在一般的调查报告中所绘的图纸，其中所注尺寸都是经过详测后统一而来的，这是为了研究它原来设计时的情况而绘制的。"引自祁英涛.古建筑维修的原则、程序及技术.见：中国文物研究所.祁英涛古建论文集.北京：华夏出版社,1992：176.

基于前文分析可知,"少数服从多数"的原则是为了解决测量数据的离散问题,而"次要尺寸服从主要尺寸"与"分尺寸服从总尺寸"是为了解决结构交接对位问题。虽然这些数据整理原则分别符合测量学和统计学的原理,但由于数据筛选的过程与测量对象的选择、操作者的个人认识与判断有着必然联系,因而存在一定的人为因素和偶然性,导致"统一尺寸"的结果并不唯一,而是具有多种可能性。正如文化遗产研究院杨新女士说的:

> 由于统一尺寸是一次人为的筛选过程,一方面基于对数据的测量情况,即测量数据的多少和准确度,另一方面基于数据整理者对众多离散数据与建筑现存状态的认识。……统一尺寸者对实测尺寸的把握程度和对测量对象的认识程度,都会对内心形成的潜在的先决意识有所影响,进而对统一尺寸的结果也会有所影响。[①]

基于"统一尺寸"自身存在的偶然性,无法确定"统一尺寸"的过程能够完全消除自设计尺寸至测量尺寸的一系列变化,这两个过程并不互为可逆。实际上,在相关条件不充分的现实情况下,难以根据现状尺寸推算出设计尺寸。例如,1984年开始的福州华林寺大殿修复工程中,经前期测量,大殿柱头尺寸之和与柱脚尺寸之和完全一致,构架倾闪,梁、枋、斗栱等构件弯垂扭曲严重,因此无法判断建筑是否存在侧脚,更无从求得侧脚尺寸。[②]

总之,"统一尺寸"是基于测量得到的建筑尺寸以及对建筑的已有认识,适量去除变形因素,使建筑各部分尺寸达到理想状态的分析过程。"统一尺寸"的结果是对于建筑设计尺寸的一种合理推测和理性认识,体现了数据整理者的研究思路,但并不等同于设计尺寸。

(二)建筑遗产测绘的真实性问题

"真实性"是文化遗产保护中的重要概念,最早出现于《威尼斯宪章》[③],此后《实施世界遗产公约操作指南》将真实性作为检验世界文化遗产的重要原则,《中国文物古迹保护准则》也提出,记录档案在传递历史信息方面具有重要价值。[④]

---

① 杨新.蓟县独乐寺.北京:文物出版社,2007:24.
② 2012年5月22日笔者访问李竹君先生的记录。
③ "人民越来越认识到人类各种价值的统一性,从而把古代的纪念物看作共同的遗产,大家承认,为子孙后代而妥善地保护它们是我们共同的责任,我们必须一点不走样地把它们的全部信息传下去。"引自《威尼斯宪章》。
④ "文物古迹的记录档案也是它们价值的载体,真实、详细的记录文件在传递历史信息与实物遗存方面具有同等重要的地位。"引自《中国文物古迹保护准则》。

1. "统一尺寸"与数据的真实性

　　就建筑遗产测绘而言，根据测量原理，待测量的真值是不可能测得的，测绘只能在一定程度上真实反映建筑遗产的信息。在此，必须再次提到"统一尺寸"的问题。自 1950 年代北京古建筑修整所提出"统一尺寸"的方法后，在很长一段时间内成为文物建筑测绘的指导原则。"统一尺寸"是对测量原始数据进行整理的一种描述，以绘制测绘图和概括建筑法式特征为目的，而具有现实必要性。同时，经过"统一尺寸"的简化整理，数据的真实性必然受到一定程度的损失，"建筑本身存在的不对称性、误差和变形以及应该有的结构特点，都可能在'图方便'的过程中被忽略。"[①] 测量数据是建筑遗产记录的第一手材料，真实反映了建筑当下的状态，其背后有可能关联着建造年代、制作工艺、设计理念等等重要的历史信息，并不能立即得到发现或解读。正因为测量尺寸的重要价值，陈明达特别重视测稿，经常在文整会资料室查阅、研究：

　　　　从祁工那时候开始特别重视测稿，草图加上尺寸就是测稿。测稿反映第一手资料，原始材料。我们对测稿还是很重视，甚至比图纸重要，因为图纸是从测稿来的，测稿上的尺寸比图纸多得多，也真实得多。[②]

　　　　陈明达老师特别看重测稿，他每次到我们单位看哪个建筑首先找测稿。所以当时陈明达老师经常到我们单位找测稿看。他主要是查数据，因为测稿是第一手资料，数据也比较多。他很讲究原始的数据，所里的档案测稿他经常借出去用，就是觉得这个数据比较可靠。[③]

　　测稿不是临时性文件，而是重要的建筑遗产记录档案，尤其具有学术价值。测稿记录的原始数据相较于图纸数据更接近测量真值，值得妥善保存。数据处理的方法和过程也应明确记录。否则，仅仅保留最终图纸的测绘成果，其真实性与参考价值将大打折扣。然而，长期以来，数据来源、处理方法及测稿一直未受到普遍重视。为此，国家文物局文物建筑测绘研究基地主持编写的《文物建筑测绘技术规程》，对测量数据处理与表达的原则和过程、草图与测稿的存档等方面作出了强制性规定。

　　在"统一尺寸"方法的影响下，一直以来，在不改变建筑样式的维修工程中，实测图、设计图、竣工图的基本尺寸没有差异，来自同一套经过整理的数据体系，

① 杨新 . 蓟县独乐寺 . 北京：文物出版社，2007：24.
② 2012 年 3 月 29 日笔者访问李竹君先生的记录（未刊稿）。
③ 2011 年 12 月 16 日笔者访问李竹君先生的记录（未刊稿）。

并不反映维修干预过程中建筑结构的调整和变化。在 1990 年代完成的蓟县独乐寺维修工程中,首次将工程各阶段主要的建筑结构性尺寸分别体现在三套图纸中,反映了干预前后建筑结构的变化趋势和范围。然而,独乐寺建筑本身价值的显著,加上工程项目的重要级别,决定了其特殊性,因而比一般工程需要更长周期、更多人力,在我国文物保护的现实条件下则难以普及推广。三维激光扫描技术问世后,能够高效、密集、快速地采集建筑数据信息,弥补了手工测量以构件绝对水平或竖直为前提引致的测量误差积累的缺点,在真实反映建筑几何信息方面具有显著的优势,同时也存在诸多局限。因此,在真实反映修缮前后建筑结构尺寸变化方面还有待推进。

2. 测绘成果与表达的真实性

在不进行拆解的条件下,建筑遗产的隐蔽部位(常见如地面铺装以下、檐口飞子后尾等部位)和内部情况(构造、工艺、材料等)无法触及或探明。测绘成果如何对这部分信息进行表达?长期以来,业界对此问题存在模棱两可的观点。多数情况下,测绘者按照建筑做法的规制进行推算,或者根据经验进行推测,并且在建筑断面处绘制材料图例。这种做法虽然能够保持图纸内容的完整度,却忽视了记录的真实性,其中涉及两方面误区。

第一,前文已述,古建筑实物与做法规制并不完全吻合。推算或者推测的结果都是在测绘基础上进行的推演,其性质不等同于忠实的记录。

第二,由于建筑遗产测绘领域缺乏专门的制图标准,绘图习惯性参照新建建筑的制图规范,在剖面图中使用建筑行业通用的材料图例进行材料方面的表达。然而,一些构造无法探明的部位,其用材详情亦不能明确,事先绘出材料图例有违记录的真实性。例如,已有材料表明,至少自明万历朝起,木构建筑中便出现了梁柱的拼接包镶做法,至清代得到大量应用。明代万历年间贺仲轼所著《两宫鼎建记》提到,万历朝重建乾清宫、坤宁宫时,由于木料尺寸不敷设计尺寸而"折足尺寸抵用"[①],以节省工料经费。王璞文在《工程做法注释》中,对清代建筑木材加荒规则解释称:"柱木制作如无合式圆木,则采取'分瓣攒掇'方法,周围包镶,

---

[①]《两宫鼎建记》是贺仲轼根据其父——主持乾清、坤宁两宫重建工程的营缮司郎中贺盛瑞的笔记及生前口述著成。原文如下:"一议柏木。查得内官监开注柏木一百二十根,各长五丈至二丈,径三尺至二尺,已经具题召买,看得柏木长围至大,一时召买不敷,不无误用,合无将神木厂见储柏木行内监酌量作选,虽图不合原估,不妨折足尺寸抵用一,委曲之间可省银数千百两矣。"引自(清)曹溶辑、(清)陶樾增删.学海类编.上海:涵芬楼,1920.

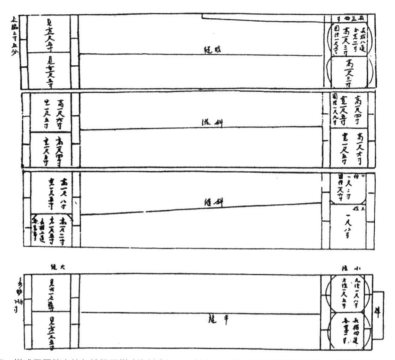

图 7-2　样式雷图档中的包镶梁画样（资料来源：王其亨.王其亨中国建筑史论选集.沈阳：辽宁美术出版社，2014：599）

加大围径，分八瓣放攒或十二瓣放攒。柁梁高厚较大的，无合式圆木可取，另加木植'放楞长盖'，或用二木'放攒长盖'。"[1] 在清代样式雷图档中，也留存有绘制包镶梁的画样（图 7-2）。另外，在北宋建筑宁波保国寺大殿维修落架中，同样发现了拼合柱的做法。[2] 因此，倘若直接在断面处填充木材图例，则表明构件用材为整块木料，将可能违背遗产保护的真实性原则。其余如地面铺砖之下、墙体之内等部位的材料和构造，在维修拆解之前均难以探查，亦无法标注材料图例。

　　因此，测绘中暂时无法判断的结构、构造和材料应留白处理，留待修缮过程中构架拆解的时机再作进一步完善和补充，形成连续、动态的测绘研究和管理体系。这一观点最早由天津大学在 1991 年测绘故宫建筑时提出，此后一直在古建筑测绘实践中应用，得到业界普遍认同。2010 年，国家文物局文物建筑测绘研

① 王璞子.工程做法注释.北京：中国建筑工业出版社，1995：21.
② 清华大学建筑学院郭黛姮、宁波保国寺文物保管所编著.东来第一山——保国寺.北京：文物出版社，2003.

究重点科研基地（天津大学）编写《文物建筑测绘技术规程》时，将此列为规程条款，即"不可见或者无法探明的部分应留白，对其分析、推测的内容不宜绘制在测稿中，以避免混淆"①，从而成为文物建筑测绘的行业操作规则。

（三）关于建筑遗产测绘精度的探讨

随着测量技术的进步，建筑遗产测绘领域广泛存在着追求全面测绘、高精度测绘的趋势，甚至以全面精细测绘作为一概而论的标准。事实上，一味追求高精度，不仅造成无谓的资源浪费，甚至由于对精度的认识误区而导致南辕北辙的结果。测绘精度应根据测量仪器、手段、现实条件，面向具体需求进行选择，使各方面因素达到有效合理的配置。

第一，认清测绘需求是选择测绘精度的主要因素。为此，需要重点分析古代建筑的现状尺寸与设计尺寸之间存在的差异，其与下述因素有直接相关性。

（1）古代木构建筑的设计规律

根据狄雅静的研究，按照宋《营造法式》，以"材份"或营造尺作为尺度单位，大多数木构件的最小尺寸为1"寸"，即3厘米，较小的以1"份"或1"分"为最小尺度，也就是说，不会小于3毫米。② 按照清工部《工程做法则例》，以"斗口"或营造尺为度量单位，最小尺寸也以3.2毫米为单位。③

（2）古代木构建筑的施工规律

按照国家标准《木结构工程施工质量验收规范》的规定，古建筑中较大构件的施工允许误差在5至10毫米，较小构件的施工允许误差在3至5毫米。④ 按木工工具与工艺的发展进程推断，古代的施工精度应当不会高于今日。因此，建筑测绘的最小单位达到5毫米就能够符合施工操作的误差特点。

（3）古代木构建筑的变形因素

木结构建筑所用的木料，从砍伐、晾干、安装使用，千百年的风吹日晒，其

---

① 《文物建筑测绘技术规程》（征求意见稿）。
② 狄雅静. 中国建筑遗产记录规范化初探. 天津：天津大学，2009：132-137.
③ 狄雅静. 中国建筑遗产记录规范化初探. 天津：天津大学，2009：132-137.
④ 白成军. 三维激光扫描技术在古建筑测绘中的应用及相关问题研究. 天津：天津大学，2007：75.

轴向和径向均处在不断地收缩和膨胀之中，尺寸变化无可避免。木材会因空气温度和湿度发生湿涨干缩，不同木材的涨缩方向和幅度都不相同，其幅度可达几十毫米。此外，后世的持续修缮、长时期荷载变形、地震灾害等因素进一步造成建筑变形，导致初始尺寸和现状尺寸之间的差异。

综上所述，建筑遗产的现状尺寸较于设计尺寸的分离程度普遍大于0.5厘米。以满足档案资料需求为目的的典型测绘为例，这类测绘以反映建筑基本特征为目标，如果测绘精度小于0.5厘米，显然是不必要的。

第二，测绘成果的实际比例和尺度也是衡量测绘精度的因素。根据人眼对物体的分辨能力[①]，人眼可分辨明视距处的最小线距离为0.1毫米。反映在图纸上，即可以确定图根点平面点位中误差。测绘精度过高，在一定比例的成果中呈现后，将无法被人眼所分辨，便失去了高精度的意义。

第三，测绘前应进行基于精度评估的技术设计，选择合理的测量方法。在实施测量过程中，应根据被测对象的特点和测量目的等选择合适的测量器具（器具类型、量程和精度）及合理的操作方法。

根据上述因素，《文物建筑测绘技术规程》设定了不同测绘等级的精度推荐指标，具有重要的现实意义（表7-1）。

测绘精度指标 [资料来源：文物建筑测绘规程（试用稿），2014]　　　表 7-1

等级	单体建筑控制测量精度指标		单体建筑碎部测量精度指标			
	图根点平面点位中误差	图根点高程中误差	通尺寸	结构性构件		细小构件
				长向	短向	
一级	图上 0.1mm	$\frac{1}{10}$ K	1/3000	1/2000	1/60	± 3mm
二级	图上 0.2mm	$\frac{1}{5}$ K	1/2000	1/1000	1/50	± 5mm
三级	图上 0.2mm	$\frac{1}{5}$ K	1/1000	1/500	1/30	± 8mm

注：K 是高程中误差系数，与比例相关

（四）重复测绘的必要性

从建筑遗产测绘历程来看，毋庸置疑，测绘和研究是互相促进影响的。对测绘对象的理解和认识水平，在很大程度上决定了测绘的过程和结果。对此，陈明

[①] 当物体对人眼的视角小于 1 角分时，人眼对物体的细节就不能分辨，与背景融合在一起。

达曾谈道："随着认识的提高，对已测量过的实例，应当复测或补测。测量的结果，是研究工作的基本资料，应当不断地充实和修正。"[①]

由于新的测量数据而产生新的观点和认识的例子比比皆是。以重复测量对材栔尺度观念的影响为例，1932年营造学社第一次测绘独乐寺观音阁时，将平坐用材数据作为全阁的标准用材，此后古代建筑修整所测量发现，全阁用材出入很大，并且据此推断材、栔的发展过程可能由足材的统一过渡为单材和栔高的统一。相似的还有正定隆兴寺转轮藏殿、新城开善寺大殿，也是在多次测量后才发现不同尺度的用材。在反复测量多个实例后，只用一种标准材栔的观念才得以转变。

任何学者的认识水平都受到其所处历史时期的学术进程、研究方法以及客观条件的影响而有所局限。因此，前人的测量结果存在瑕疵是无可厚非的。随着认识水平提高，技术手段进步，在重复测量相同对象后掌握新的数据、细节从而获得新的认识，甚至否定前人结论也是学术进步的自然表现。在充分尊重前辈学术成果的基础上，应当正视前人测量的局限，以再次测量的数据与之相互对照参证，以促进建筑遗产记录的更新和发展。事实上，曾经有重复测绘的数据成果迫于学术资历方面的压力和人为因素无法及时公布，显然是令人遗憾的。

（五）建筑遗产测绘管理体系

我国建筑遗产的管理机制目前仍不完善，未形成高效的运作体系，体现在以下几个方面。

首先，由于中央政府未设置固定的职能部门，对建筑遗产测绘进行长期专项管理，建筑遗产测绘仍处在各自为政的行政管理状态。文物建筑普查、文物保护单位档案工作往往由国家文物局临时组成领导小组进行督查管理。文物保护规划、保护工程的测绘资料归属于具体项目的管理。教育科研机构的测绘活动处于自行管理状态。专门机构集中管理的缺失，不利于建筑遗产测绘的统筹规划，从而影响到一系列涉及文物保护、研究、人才培养等发展问题。

其次，建筑遗产测绘缺乏明确、可操作的管理法规文件。目前，文物保护法规中涉及建筑遗产测绘的部分，往往从宏观视角规定测绘对象、成果内容等问题，具体操作层面的表述笼统含糊，缺乏可实施性。例如，关于文物保护单位"四有"

---

① 陈明达.独乐寺观音阁、山门的大木作制度(上).见：张复合主编.建筑史论文集第15辑.北京：清华大学出版社，2002：73.

档案,《文物保护法》规定由地方人民政府负责建立记录档案,《全国重点文物保护单位保护范围、标志说明、记录档案和保管机构工作规范（试行）》规定了档案内容包括建筑群体和主要单体的平、立、断面图以及历次重要维修的实测、设计、竣工图。此外,对于测绘的成果深度、质量控制、经费标准、人员资质、归档管理等一系列涉及技术与管理的细节问题均无明确说明。另外,《中国文物古迹保护准则》原则上规定了保护的每一个程序都应当编制详细的档案,但缺少实际执行层面的管理细则或操作文件。约束性文献的缺失,加上未建立问责制度,造成实际保护中执行弹性很大。

　　最后,建筑遗产测绘成果利用与开放不足。建筑遗产记录成果的利用以公开、共享为基础,已经成为国际共识。[①] 目前国内建筑遗产测绘成果除了少量通过出版物公开外,大部分还作为"内部资料"分散保管在不同机构。2006 年建立的前五批全国重点文物保护单位信息网络只限于为管理机构服务,并不对外公开。相关人员除了借助私人关系,很难查阅未公开的测绘资料。由于公开、共享不力,致使收集实测数据十分困难,从而给相关研究造成很大限制。这种情况愈演愈烈,不仅大大降低了测绘成果的利用价值,也严重阻碍了建筑遗产保护和研究的发展。为此,建立独立的管理体系,寻求合理的开放管理途径,才能切实解决建筑遗产测绘成果利用不足的弊端。

---

① 《威尼斯宪章》指出:"记录应存放于一公共机构的档案馆内,使研究人员都能查到,建议该记录应公开出版。"《记录古迹、建筑群和遗址的准则》规定:"法定管理部门、相关专业人员和公众应当能够查阅记录的副本,以便于研究、建设开发控制以及其他行政和法律程序,记录的存放地点应当公开,记录的主要成果报告应当适时发布并出版。"《北京文件》指出,"报告应存放在公共机构的档案室,得以使研究人员参考使用。"

参考文献

中文论著

B

北京市政协文史资料研究委员会、中共河北省秦皇岛市委统战部编 . 蠖公纪事——朱启钤先生生平纪实 [M]. 北京：中国文史出版社，1991.

北京市颐和园管理处，中国科学院遥感与数字地球研究所 . 颐和园佛香阁精细测绘报告 [R]. 天津：天津大学出版社，2014.

北京市建设委员会组织编写 . 中国古建筑修建施工工艺 [M]. 北京：中国建筑工业出版社，2007.

北京市建筑设计研究院《建筑创作》杂志社 . 北京中轴线建筑实测图典 [M]. 北京：机械工业出版社，2005.

北平市政府工务局 . 明长陵修缮工程纪要 [M]. 北平：怀英制版局，1936.

C

柴泽俊，李正云 . 朔州崇福寺弥陀殿修缮工程报告 [M]. 北京：文物出版社，1993.

陈明达 . 营造法式大木作研究 [M]. 北京：文物出版社，1981.

陈明达 . 陈明达古建筑与雕塑史论 [M]. 北京：文物出版社，1998.

陈明达 . 蓟县独乐寺 [M]. 天津：天津大学出版社，2007.

陈明达 . 应县木塔·附记 [M]. 北京：文物出版社，1966.

陈明达 . 应县木塔 [M]. 北京：文物出版社，2001.

陈从周 . 陈从周散文 [M]. 上海：同济大学出版社，1999.

陈从周 . 苏州园林 [M]. 上海：上海人民出版社，2012.

陈从周 . 扬州园林 [M]. 上海：同济大学出版社，2007.

陈从周 . 苏州旧住宅 [M]. 上海：上海三联书店，2003.

陈洪波 . 中国科学考古学的兴起 1928—1949 [M]. 桂林：广西师范大学出版社，2011.

陈平原，王守常，汪晖主编 . 学人（第六辑）[M]. 江苏文艺出版社，1994 年 .

陈存恭，陈仲玉，任育德编 . 石璋如先生口述历史 [M]. 北京：九州出版社，2013.

陈志华 . 北窗杂记——建筑学术随笔 [M]. 郑州：河南科学技术出版社，2007.

崔勇 . 中国营造学社研究 [M]. 南京：东南大学出版社，2004.

程建军，李哲扬 . 广州光孝寺建筑研究与保护工程报告 [M]. 北京：中国建筑工业出版社，2010.

D

东南大学建筑学院 . 刘敦桢先生诞辰 110 周年纪念暨中国建筑史学史研讨会论文集 [C]. 南京：东南大学出版社，2009.

东南大学建筑历史与理论研究所 . 中国建筑研究室口述史（1953—1965）[M]. 南京：东南大学出版社，2013.

东南大学建筑研究所 . 杨廷宝建筑言论选集 [M]. 北京：学术书刊出版社，1989.

敦煌研究院主编 . 敦煌石窟全集 22：石窟建筑卷 [M]. 香港：商务印书馆，2003.

F

傅熹年 . 傅熹年建筑史论文集 [M]. 北京：文物出版社，1998.

傅熹年 . 傅熹年建筑史论文选 [M]. 天津：百花文艺出版社，2009.

傅熹年 . 中国古代城市规划、建筑群布局及建筑设计方法研究（上册、下册）[M]. 北京：中国建筑工业出版社，2001.

冯仲科 . 测量学原理 [M]. 北京：中国林业出版社，2002.

G

国家文物局 . 郑振铎文博文集 [M]. 北京：文物出版社，1998.

国家文物局 . 中国文化遗产事业法规文件汇编 (1949—2009)[M]. 北京：文物出版社，2009.

高亦兰 . 梁思成学术思想研究论文集 [M]. 北京：中国建筑工业出版社，1996.

高等学校土建学科教学指导委员会建筑学专业指导委员会 . 全国高等学校土建类专业本科教育培养目标和培养方案及主干课程教学基本要求——建筑学专业 [M]. 北京：中国建筑工业出版

社，2003.

龚恺．金色回忆——东南大学古建筑保护干部专修科师生 2005 重聚南京纪念册 [Z]．南京：东南大学，2005.

龚恺．徽州古建丛书．南京：东南大学出版社，2001.

古代建筑修整所．建筑纪念物的测量方法．油印本，1956.

故宫世界文化遗产监测中心．故宫博物院世界文化遗产监测工作报告（2012 年）[R]．北京：故宫出版社，2014.

顾平，杭春晓，黄厚明．美术考古学学科体系 [M]．上海：上海大学出版社，2008.

广东省城市建筑设计院．广东省部门民居调查报告．油印本，1958.

国家文物局．长江三峡工程淹没及迁建区文物古迹保护规则报告（综合篇）[M]．北京：中国三峡出版社，2010.

郭万祥．清孝陵大碑楼 [M]．北京：中国建筑工业出版社，2008.

广东美术馆．抗战中的文化责任：西北艺术文物考察团六十周年纪念图集 [M]．广州：岭南美术出版社，2005.

GB50165-92，古建筑木结构维护与加固技术规范 [S].

H

胡适．胡适文存 [M]．合肥：黄山书社，1996.

何力．历史建筑测绘 [M]．北京：中国电力出版社，2010.

何关培．BIM 总论 [M]．北京：中国建筑工业出版社，2011.

黄良文．统计学原理 [M]．北京：中国统计出版社，2000.

J

季富政．三峡古典场镇 [M]．成都：西南交通大学出版社，2015.

建筑科学研究院建筑史编委会组织编写，刘敦桢主编．中国古代建筑史（第二版）[M]．北京：中国建筑工业出版社，2005.

建筑理论及历史研究室．建筑历史研究（第一辑）[M]．北京：中国建筑科学研究院建筑情报研究所，1982.

建筑文化考察组．义县奉国寺 [M]．天津：天津大学出版社，2008.

L

赖德霖．中国近代建筑史研究 [M]．北京：清华大学出版社，2007.

赖德霖．走进建筑走进建筑史：赖德霖自选集 [M]．上海：上海人民出版社，2012.

赖德霖．近代哲匠录：中国近代重要建筑师、建筑事务所名录 [M]．北京：中国水利水电出版社，2006.

（宋）李诫．营造法式 [M]．上海：商务印书馆，1954.

李允鉌．华夏意匠：中国古典建筑设计原理分析 [M]．天津：天津大学出版社，2005.

梁思成．梁思成全集 [M]．北京：中国建筑工业出版社，2001.

梁思成．清式营造则例 [M]．北京：清华大学出版社，2006.

梁思成．清工部《工程做法则例》图解 [M]．北京：清华大学出版社，2006.

梁思成等．未完成的测绘图 [M]．北京：清华大学出版社，2007.

梁思成．图像中国建筑史 [M]．天津：百花文艺出版社，2001.

梁思成．中国建筑史 [M]．天津：百花文艺出版社，1998.

梁思成著，林洙编．大拙至美：梁思成最美的文字建筑 [M]．北京：中国青年出版社，2013.

梁思成著；林洙编．梁 [M]．北京：中国青年出版社，2012.

梁思成先生诞辰八十五周年纪念文集编辑委员会．梁思成先生诞辰八十五周年纪念文集 [C]．北京：清华大学出版社，1986.

刘敦桢．刘敦桢全集 [M]．北京：中国建筑工业出版社，2007.

刘敦桢．中国住宅概说 [M]．天津：百花文艺出版社，2003.

刘敦桢．北平清宫三殿参观记 [J]．工学，1930，1（1）．

刘敦桢．苏州古典园林 [M]．北京：中国建筑工业出版社，2005.

刘致平．中国伊斯兰教建筑 [M]．北京：中国建筑工业出版社，2011.

刘英杰．中国教育大事典（1949—1990）[M]．杭州：浙江教育出版社，1993.

林洙．中国营造学社史略 [M]．天津：百花文艺出版社，2008.

林洙．建筑师梁思成 [M]．天津：天津科学技术出版社，1996.

林洙．困惑的大匠梁思成 [M]．济南：山东画报出版社，1997.

林洙．叩开鲁班的大门——中国营造学社史略 [M]．北京：中国建筑工业出版社，1995.

林源．古建筑测绘学 [M]．北京：中国建筑工业出版社，2003.

李海清．中国建筑现代转型 [M]．南京：东南大学，2004.

李允鉌．华夏匠意：中国古典建筑设计原理分析 [M]．天津：天津大学出版社，2005.

卢绳．卢绳与中国古建筑研究 [M]．北京：知识产权出版，2007.

楼庆西．中国古建筑二十讲 [M]．北京：生活·读书·新知三联书店，2004.

罗哲文．罗哲文文集 [M]．武汉：华中科技大学出版社，2010.

罗哲文．中国古代建筑 [M]．上海：上海古籍出版社，1990.

罗哲文．罗哲文古建筑文集 [M]．北京：文物出版社，1998.

路化林．中国古建筑油作技术 [M]．北京：中国建筑工业出版社，2010.

《历史建筑测绘五校联展》编委会．上栋下宇——历史建筑测绘五校联展 [M]．天津：天津大学出版社，2006.

M

马炳坚．中国古建筑木作营造技术（第二版）[M]．北京：科学出版社，2003.

孟繁兴，陈国莹．古建筑保护与研究 [M]．北京：知识产权出版社，2006.

N

南京工学院建筑系．江南园林图录 [M]. 1979.
南京工学院建筑系，曲阜文物管理委员会．曲阜孔庙建筑 [M].
北京：中国建筑工业出版社，1987.

O

欧阳哲生主编．傅斯年全集（第三卷）[M]. 长沙：湖南教育出
版社，2003.

P

彭卿云主编．谢辰生文博文集 [M]. 北京：文物出版社，2010.

Q

祁英涛．中国古代建筑的保护与维修 [M]. 北京：文物出版社，1986.
钱锋，伍江．中国现代建筑教育史（1920-1980）[M]. 北京：中
国建筑工业出版社，2008.
清华大学建筑系．颐和园测绘图集．油印本，1954.
清华大学建筑工程系．建筑史论文集（第三辑）[J]. 北京：清华
大学，1979.
清华大学建筑学院．匠人营国：清华大学建筑学院 60 年 [R]. 北
京：清华大学出版社，2006.

S

单踊．西方学院派建筑教育史研究 [M]. 南京：东南大学出版社，2012.
沈振森，顾放．沈理源 [M]. 北京：中国建筑工业出版社，2011.
宋昆．天津大学建筑学院院史 [M]. 天津：天津大学出版社，2008.
孙儒僩．敦煌石窟保护与建筑 [M]. 兰州：甘肃人民出版社，2007.
山西省古建筑保护研究所．中国古建筑学术讲座文集 [C]. 北
京：中国展望出版社，1986.
山西省住房和城乡建设厅．山西古村镇历史建筑测绘图集 [M].
北京：中国建筑工业出版社，2013.

T

童寯．童寯文集 [M]. 北京：中国建筑工业出版社，2006.
太原工学院土木系建筑学教研组．晋中民居调查．油印本，1958.
天津大学建筑工程系．清代内廷宫苑 [M]. 天津：天津大学出版
社，1986.
天津大学建筑系，承德市文物局编著．承德古建筑．北京：中
国建筑工业出版社，1982.

天津大学土木建筑工程系．清代苑囿测绘图集．油印本，1960.
同济大学建筑系．九华山建筑测绘．油印本，1978.

W

王其亨．古建筑测绘 [M]. 北京：中国建筑工业出版社，2006.
王其亨．当代中国建筑史家十书．王其亨中国建筑史论选集 [M].
沈阳：辽宁美术出版社，2014.
王存奎．再造与复古的辩难——二十世纪二十年代"整理国故"
论争的历史考察 [M]. 合肥：黄山书社，2010.
王璞子．工程做法注释 [M]. 北京：中国建筑工业出版社，1995.
王贵祥，刘畅，段智钧．中国古代木构建筑比例与尺度研究 [M].
北京：中国建筑工业出版社，2011.
王贵祥，贺从容，廖慧农．中国古建筑测绘十年：2000–2010：
清华大学建筑学院测绘图集 [M]. 北京：清华大学出版社，2011.
王金森主编．中国建筑设计研究院成立五十周年纪念丛书
（1952—2002）：历程篇 [M]. 北京：清华大学出版社，2002.
吴葱．在投影之外：文化视野下的建筑图学研究 [M]. 天津：天
津大学出版社，2004.
吴廷燮．北京市志稿 [M]. 北京：燕山出版社，1997.
吴良镛等．中国营造学社的学术之路——纪念中国营造学社成
立 80 周年学术研讨会论文集 [C]. 北京：清华大学，2009.
文物出版编辑部．文物与考古论集（文物出版社成立三十周年
纪念）[C]. 北京：文物出版社，1986.

X

西安建筑工程学院．陕南民居调查报告．油印本，1958.
许啸天编．国故学讨论集 [M]. 上海：上海书店，1991.
许明龙．欧洲十八世纪中国热 [M]. 太原：山西教育出版社，1999.
徐苏斌．日本对中国城市与建筑的研究 [M]. 北京：中国水利水
电出版社，1999.
徐苏斌．近代中国建筑学的诞生 [M]. 天津：天津大学出版社，2010.
肖旻．唐宋古建筑尺度规律研究 [M]. 南京：东南大学出版社，2006.

Y

杨永生，王莉慧．建筑史解码人 [M]. 北京：中国建筑工业出版
社，2006.
杨永生，王莉慧．建筑百家谈古论今——图书编 [M]. 北京：中
国建筑工业出版社，2008.
杨永生，刘叙杰，林洙．建筑五宗师 [M]. 天津：百花文艺出版社，
2005.
杨永生编．建筑百家回忆录 [M]. 北京：中国建筑工业出版社，2000.

杨永生编.建筑百家回忆录续编 [M].北京：中国建筑工业出版社，2003.

杨永生等编.建筑四杰 [M].北京：中国建筑工业出版社，1998.

杨新.中国古代建筑蓟县独乐寺 [M].北京：文物出版社，2007.

杨焕成.杨焕成古建筑文集 [M].北京：文物出版社，2009.

颐和园管理处.颐和园排云殿、佛香阁、长廊大修实录 [M].天津：天津大学出版社，2006.

于倬云.紫禁城建筑研究与保护——故宫博物院建院 70 周年回顾 [M].北京：紫禁城出版社，1985.

余明.简明天文学教程（第三版）[M].北京：科学出版社，2012.

云南省建筑工程设计处.傣族民居调查报告.油印本，1963.

Z

中国营造学社.中国营造学社汇刊 [M].北京：知识产权出版社，2006.

中国文物研究所.祁英涛古建论文集 [M].北京：华夏出版社，1992.

中国文物研究所.中国文物研究所七十年（1935—2005）[M].北京：文物出版社，2005.

中国文化遗产研究院.中国文物保护与修复技术 [M].北京：科学出版社，2009.

中国古迹遗址保护协会秘书处.古迹遗址保护的理论与实践探索：《中国文物古迹保护准则》培训班成果实录 [M].北京：科学出版社，2008.

《中国测绘史》编辑委员会编.中国测绘史·第 1 卷（先秦 – 元代）、第 2 卷（明代 – 民国）[M].北京：测绘出版社，2002.

中国建筑设计研究院建筑历史研究所.北京近代建筑 [M].北京：中国建筑工业出版社，2008.

中央人民政府文化部文物局.雁北文物勘查团报告 [M].中央人民政府文化部文物局出版：北京，1951.

朱启钤著，崔勇、杨永生编选.营造论——暨朱启钤纪念文选 [M].天津：天津大学出版社，2009.

朱涛.梁思成与他的时代 [M].桂林：广西师范大学出版社，2014.

朱剑飞主编.中国建筑 60 年（1949—2009）：历史理论研究 [M].北京：中国建筑工业出版社，2009.

张驭寰.张驭寰文集 [M].北京：中国文史出版社，2008.

张驭寰.吉林民间住宅建筑 [M].科学情报编译出版室，1958.

张驭寰.吉林民间住宅建筑 [M].科学情报编译出版室，1958.

张玉瑜.福建传统大木匠师技艺研究.南京：东南大学出版社，2010.

张镈.我的建筑创作道路 [M].天津：天津大学出版社，2011.

张书学.中国现代史学思潮研究 [M].长沙：湖南教育出版社，1998.

张十庆.中日古代建筑大木技术的源流与变迁 [M].天津：天津大学出版社，2004.

张岂之.中国近代史学学术史 [M].北京：中国社会科学出版社，1996.

张仲一、曹见宾、傅高杰、杜修均.徽州明代住宅 [M].北京：建筑工程出版社，1957.

宋昆.天津大学建筑学院院史 [M].天津：天津大学出版社，2008.

赵辰."立面"的误会：建筑·理论·历史 [M].北京：生活·读书·新知三联书店，2007.

浙江省古建筑设计研究院编，黄滋主编.元代木构延福寺 [M].北京：文物出版社，2013.

中国建筑设计研究院建筑历史研究所.浙江民居.北京：中国建筑工业出版社，2007.

译著及外文原著

（德）Boerschmann Ernst. Chinesische Architektur[M].Berlin：Ernst Wasmuth, 1925.

（德）Hildebrand Heinrich. Der tempel Ta–ch ü eh–sy（Tempel des grossen erkennens）bei Peking [M]. Berliner：A.Asher&Co., 1987.

（英）William Chambers. Design of Chinese Buildings, Furniture, Dresses, Machines and Utensils[M]. London：Arno Press，1980.

（瑞典）奥斯伐尔德·喜仁龙著，许永全译.北京的城墙和城门 [M].北京：北京燕山出版社，1985.

（德）恩斯特·鲍希曼著，沈弘译.寻访 1906—1909：西人眼中的晚清建筑 [M].天津：百花文艺出版社，2005.

（美）费慰梅著，曲莹璞等译.梁思成与林徽因 [M].北京：中国文联出版公司，1997.

（日）关野贞著，路秉杰译.日本建筑史精要 [M].上海：同济大学出版社，2012.

（日）日本观光资源保护财团编，路秉杰译.历史文化城镇保护 [M].北京：中国建筑工业出版社，1991.

（日）伊东忠太.伊东忠太建筑文献（第三卷）[M].东京：竜吟社，1937.

（日）伊藤清造.奉天宫殿建筑图集 [M].东京：洪洋社，1929.

（芬兰）尤嘎·尤基莱托著，郭旃译.建筑保护史 [M].北京：中华局，2011.

学位论文

白成军 . 三维激光扫描技术在古建筑测绘中的应用及相关问题研究 [D]. 天津：天津大学硕士学位论文，2007.

白丽丽 . 卢绳研究 [D]. 天津：天津大学硕士学位论文，2006.

陈芬芳 . 中国古典园林研究文献分析——中国古典园林研究史初探 [D]. 天津：天津大学硕士学位论文，2006.

陈天成 . 文整会修缮个案研究 [D]. 天津：天津大学硕士学位论文，2007.

陈艳丽 . 1917 年到 1962 年期间北京的保护与更新——林是镇工作时期对北京城的贡献 [D]. 天津：天津大学硕士学位论文，2010.

成丽 . 宋《营造法式》研究史初探 [D]. 天津：天津大学博士学位论文，2009.

常清华 . 清代官式建筑研究史初探 [D]. 天津：天津大学博士学位论文，2012.

狄雅静 . 中国建筑遗产记录规范化初探 [D]. 天津：天津大学博士学位论文，2009.

贺美芳 . 解读近代日本学者对中国建筑的考察与图像记录 [D]. 天津：天津大学博士学位论文，2013.

梁哲 . 中国建筑遗产信息管理相关问题初探 [D]. 天津：天津大学硕士学位论文，2007.

刘畅 . 考古学与建筑遗产测绘研究 [D]. 天津：天津大学硕士学位论文，2010.

刘江峰 . 辨章学术考镜源流——中国建筑史学的文献学传统研究 [D]. 天津：天津大学博士学位论文，2015.

刘翔宇 . 大同华严寺及薄伽教藏殿建筑研究 [D]. 天津：天津大学博士学位论文，2007.

刘瑜 . 北京地区清代官式建筑工匠传统研究 [D]. 天津：天津大学博士学位论文，2013.

李丽娟 . 建筑遗产测绘成果表达信息化发展初探 [D]. 天津：天津大学硕士学位论文，2011.

林佳 . 中国建筑文化遗产保护的理念与实践 [D]. 天津：天津大学博士学位论文，2013.

钱峰 . 现代建筑教育在中国（1920s-1980s）[D]. 上海：同济大学博士学位论文，2005.

魏秋芳 . 徐中先生的教育思想与天津大学建筑学系 [D]. 天津：天津大学硕士学位论文，2005.

温玉清 . 二十世纪中国建筑史研究的历史、观念与方法——中国建筑史学史初探 [D]. 天津：天津大学博士学位论文，2006.

朱磊 . 中国古代早期木结构建筑信息模型（BIM）建构的实践分析 [D]. 天津：天津大学硕士学位论文，2012.

后 记

回想起来，第一次测绘古建筑是在十年前的夏天。此后经历了若干回爬高登顶的恐惧后，对于测绘的兴奋、艰辛、繁杂、专注……统统有了体验。然而，真正思考与测绘相关的问题开始于2010年。对于研究测绘史的迫切性与重要意义，是随着调查研究的推进而逐步领悟的，相关的认识和理解也经过了由浅入深、从零散到系统的过程。其间，承蒙来自各方的支持和帮助，在此谨表达由衷的感激，并向其中已故的学者致以深切的缅怀：

感谢已故的国家文物局古建筑专家组组长罗哲文先生。罗先生曾在百忙中接受访问，给予耐心指导，使笔者获益良多。

感谢中国文化遗产研究院的古建筑专家余鸣谦先生。余先生已逾90岁高龄，先后五次接受访问，不厌其详地介绍民国时期以来文整会在古建筑保护方面的情况，以及1940年代北京中轴线建筑测绘的情形，为研究提供了珍贵的口述历史信息。

感谢已故的中国文化遗产研究院高级工程师李竹君先生。李先生富有大量测绘实践经验，曾编写文物界古建筑测绘培训教材。接受三次访问期间，他始终热情、耐心地解答疑惑，并且无私提供了大量珍贵的历史资料，对研究给予了极大帮助。

感谢敦煌研究院孙儒僩先生、孙毅华女士的指导和帮助。孙先生热情地介绍了敦煌莫高窟及周边木构建筑测绘的历程。

感谢国家文物局古建筑专家组张之平女士在百忙中答疑解惑，使笔者在深入理解建筑遗产保护的理念和方法方面受益匪浅。

感谢在调研期间接受访问以及对研究给予指导的多位学者。感谢清华大学楼庆西先生、王贵祥先生、林洙女士、刘畅先生；感谢东南大学刘叙杰先生、潘谷西先生、朱光亚先生、胡石先生；感谢同济大学路秉杰先生、李浈先生；感谢天津大学胡德君先生、荆其敏先生、杨道明先生、王福义先生、章又新先生、高树林先生、杨永祥先生、羌苑女士；

感谢中国建筑设计研究院建筑历史研究所陈同滨女士；感谢华南理工大学肖旻先生；感谢《中国建筑文化遗产》副主编殷力欣先生；感谢《华中建筑》主编高介华先生；感谢兰州交通大学建筑与城市规划学院邓延复先生。

感谢多位文物界专家的热情解答和不吝指导，许多有关测绘史的线索和思路都是在与他们的访谈中形成的。感谢中国文化遗产研究院杨新女士；感谢湖北省古建筑保护中心吴晓先生；感谢浙江省古建筑设计研究院黄滋先生；感谢故宫博物院白丽娟女士、李润德先生、黄有芳先生、张秉基先生、石志敏先生、狄雅静女士、杨新成先生。

感谢多家研究保护机构在查阅和引用资料方面给予的帮助。感谢中国文化遗产研究院柴晓明先生、郑子良先生、王小梅女士；感谢清华大学建筑学院李春梅女士；感谢中国建筑设计研究院建筑历史研究所王力军先生、傅晶女士、韩淑兰女士、韩蕾女士；感谢中国社会科学院考古研究所白云翔先生。

困于笔者精力所限以及部分档案资料无法查阅获取，本书涉及的研究资料难免挂一漏万。同时，本书引用的历史资料来源众多，虽已尽力联系，恐仍有遗漏，如有不当，敬祈各方谅解。

最后，向建筑遗产测绘领域大多数默默无闻的工作者致敬！

2017 年 5 月 28 日